中国科协学科发展研究系列报告

中国科学技术协会 / 主编

机械工程学科发展报告 机械制造

—— REPORT ON ADVANCES IN —— MECHANICAL ENGINEERING

中国机械工程学会 / 编著

中国科学技术出版社
·北 京·

图书在版编目（CIP）数据

2018—2019机械工程学科发展报告：机械制造 / 中国科学技术协会主编；中国机械工程学会编著．—北京：中国科学技术出版社，2020.11

（中国科协学科发展研究系列报告）

ISBN 978-7-5046-8529-2

Ⅰ.①2… Ⅱ.①中… ②中… Ⅲ.①机械工程—学科发展—研究报告—中国—2018—2019 Ⅳ.①TH-12

中国版本图书馆CIP数据核字（2020）第036881号

策划编辑	秦德继　许　慧
责任编辑	夏凤金
装帧设计	中文天地
责任校对	焦　宁
责任印制	李晓霖

出　　版	中国科学技术出版社
发　　行	中国科学技术出版社有限公司发行部
地　　址	北京市海淀区中关村南大街16号
邮　　编	100081
发行电话	010-62173865
传　　真	010-62179148
网　　址	http://www.cspbooks.com.cn

开　　本	787mm×1092mm　1/16
字　　数	420千字
印　　张	19
版　　次	2020年11月第1版
印　　次	2020年11月第1次印刷
印　　刷	河北鑫兆源印刷有限公司
书　　号	ISBN 978-7-5046-8529-2 / TH·69
定　　价	95.00元

2018—2019

机械工程学科发展报告：机械制造

首席科学家　郭东明

编　写　组（按姓氏拼音排序）

邓朝晖　房丰洲　韩志武　黄卫东　康仁科
雷源忠　李涤尘　李圣怡　刘战强　刘志峰
罗　俊　史玉升　孙容磊　汤　勇　王成勇
吴锡兴　袁巨龙　苑伟政　张德远　周正干
朱　胜　邹贵生　左晓卫

学术秘书　于宏丽

当今世界正经历百年未有之大变局。受新冠肺炎疫情严重影响，世界经济明显衰退，经济全球化遭遇逆流，地缘政治风险上升，国际环境日益复杂。全球科技创新正以前所未有的力量驱动经济社会的发展，促进产业的变革与新生。

2020 年 5 月，习近平总书记在给科技工作者代表的回信中指出，“创新是引领发展的第一动力，科技是战胜困难的有力武器，希望全国科技工作者弘扬优良传统，坚定创新自信，着力攻克关键核心技术，促进产学研深度融合，勇于攀登科技高峰，为把我国建设成为世界科技强国作出新的更大的贡献”。习近平总书记的指示寄托了对科技工作者的厚望，指明了科技创新的前进方向。

中国科协作为科学共同体的主要力量，密切联系广大科技工作者，以推动科技创新为己任，瞄准世界科技前沿和共同关切，着力打造重大科学问题难题研判、科学技术服务可持续发展研判和学科发展研判三大品牌，形成高质量建议与可持续有效机制，全面提升学术引领能力。2006 年，中国科协以推进学术建设和科技创新为目的，创立了学科发展研究项目，组织所属全国学会发挥各自优势，聚集全国高质量学术资源，凝聚专家学者的智慧，依托科研教学单位支持，持续开展学科发展研究，形成了具有重要学术价值和影响力的学科发展研究系列成果，不仅受到国内外科技界的广泛关注，而且得到国家有关决策部门的高度重视，为国家制定科技发展规划、谋划科技创新战略布局、制定学科发展路线图、设置科研机构、培养科技人才等提供了重要参考。

2018 年，中国科协组织中国力学学会、中国化学会、中国心理学会、中国指挥与控制学会、中国农学会等 31 个全国学会，分别就力学、化学、心理学、指挥与控制、农学等 31 个学科或领域的学科态势、基础理论探索、重要技术创新成果、学术影响、国际合作、人才队伍建设等进行了深入研究分析，参与项目研究和报告编写的专家学者不辞辛劳，深入调研，潜心研究，广集资料，提炼精华，编写了 31 卷学科发展报告以及 1 卷综合报告。综观这些学科发展报告，既有关于学科发展前沿与趋势的概观介绍，也有关于学科近期热点的分析论述，兼顾了科研工作者和决策制定者的需要；细观这些学科发展报告，从中可以窥见：基础理论研究得到空前重视，科技热点研究成果中更多地显示了中国力量，诸多科研课题密切结合国家经济发展需求和民生需求，创新技术应用领域日渐丰富，以青年科技骨干领衔的研究团队成果更为凸显，旧的科研体制机制的藩篱开始打破，科学道德建设受到普遍重视，研究机构布局趋于平衡合理，学科建设与科研人员队伍建设同步发展等。

在《中国科协学科发展研究系列报告（2018—2019）》付梓之际，衷心地感谢参与本期研究项目的中国科协所属全国学会以及有关科研、教学单位，感谢所有参与项目研究与编写出版的同志们。同时，也真诚地希望有更多的科技工作者关注学科发展研究，为本项目持续开展、不断提升质量和充分利用成果建言献策。

中国科学技术协会

2020 年 7 月于北京

《2018—2019机械工程（机械制造）学科发展报告》（以下简称《报告》）是根据《中国科协学科发展工程项目管理实施办法（2018年修订）》的精神和要求，中国机械工程学会组织机械工程学科的专家学者对机械制造领域开展调研，对其科技发展情况进行研究总结后编写而成的。

机械工程涵盖众多领域，学科内容极为丰富，其中，机械制造是将原材料加工成零件或产品的全部过程及其制造系统的知识体系。它包括精密及超精密加工、高质高效加工、微纳制造、生物及仿生制造、非传统加工、智能制造及数字工厂、绿色制造及再制造、增材制造、表面功能结构制造、基础零部件制造、机械传感、检测及仪器等学科体系。机械制造是工程科学，工程科学最重要的特征是应用性。机械制造科学的主要任务是解决机械工程中存在的科技问题，并在解决工程问题的过程中得到持续的创新发展。近些年来，在国家自然科学基金、国家“973”/“863”科技计划、国家重大重点专项等项目的支持下，机械制造学科领域取得了一系列突出进展和创新成果，为我国制造业提供了大批新理论、新技术和新方法，在国内外产生了重要影响。我国机械制造科学从过去的跟踪、发展到现在的并跑，有的领域已处于领跑状态。超精密加工、仿生制造、增材制造、绿色制造和再制造、功能表面结构制造、高质高效加工、非传统加工等领域已在国际学术界占有一席之地，研究水平总体上已步入国际先进行列。为此，中国机械工程学会组织成立了以中国工程院院士、本会副理事长郭东明院士为首席科学家的专家撰写组，下设11个专题小组，在充分收集资料、深入调查研究和严谨数据分析的基础上，经过多次研讨会讨论和广泛征求本学科领域内专家学者的意见，经反复修改，形成了《报告》。

《报告》共设综合报告和精密及超精密制造、高质高效加工、绿色制造、仿生与生物制造、表面功能结构制造、微纳制造、非传统加工、增材制造、机械基础零部件制造、传感、检测及仪器、智能制造与数字化工厂等 11 个部分，涵盖了与机械制造密切相关的主要领域。共有 100 余位专家学者参与了《报告》的专题研究及撰写工作，撰稿者都是工作在机械制造领域研究第一线的知名青年学者及专家。

通过研究、分析、总结，《报告》力求客观、科学地评价近几年我国在机械制造技术研究以及在不同工业领域应用中取得的创新性和突破性研究进展，通过对国内外研究进展进行对比，对今后机械制造技术的研究趋势进行了展望。努力为从事本领域教学、科研、生产的科技人员，以及国家相关的科研管理和决策部门提供有益的启迪。

由于时间、信息、研究和撰写水平的局限，《报告》中难免存在疏漏之处，欢迎读者指正。

中国机械工程学会

2019 年 11 月

综合报告

专题报告

ABSTRACTS

Comprehensive Report

Reports on Special Topics

综合报告

综合报告

一、引言

制造，是改造自然、改造社会、创造人类财富的重要手段。作为立国之本、强国之器的制造业是国民经济的主要支柱。

春风起海角，顺势九州延。改革开放的祖国如沐春风，大江南北欣欣向荣，制造业获得快速发展。2010 年中国制造业产出超过美国，居世界第一。2013 年，我国制造业产出占国内生产总值的 30%，占世界比重 20%，有 220 多种产品产量居世界第一。2018 年，我国有 120 家企业进入世界 500 强，其中制造业占一半。我国经济规模和综合实力大幅增长，国际竞争力显著增强。成为制造大国的中国，如同雄狮屹立在世界的东方。

“可上九天揽月，可下九洋捉鳖，谈笑凯歌还。”近年来，神舟和天宫载人航天、嫦娥和玉兔探月工程、长征系列大型火箭、悟空 / 墨子 / 慧眼科学实验卫星等航空航天技术实现新突破；华为 5G 通信设备、蛟龙号载人深潜器、神威 · 太湖之光、天河二号超级计算机、海上大型绞吸疏浚装备“天鲲”、500 米口径球面射电望远镜“天眼”等高端技术及装备荣登珠穆朗玛之巅；和谐 / 复兴号高速列车、华为智能手机、第三代核电“华龙一号”、隧道掘进装备、新能源汽车、大疆、翼龙、彩虹无人机等跻身世界前列；徐工、三一、中联等工程机械装备名扬国内外，海尔、海信、格力等名牌家电进入亿万人家。

此外，C919 大型客机、大型船舶、机器人、高档数控机床等加快追赶国际先进水平。12 英寸晶圆化学机械抛光机、卧式双机联合数控钻铆机、复杂铸件无模复合成形机、三维五轴激光数控机床、大型龙门五轴机床、8 万吨模锻压力机等装备填补多项国内外空白；超导磁共振等医疗器械实现国产化替代…… 我国制造业近年来的创新发展成就斐然。

把原材料变成产品的全部生产过程称为制造。制造包含产品的决策及设计、产品的制造及销售、产品的维护及再制造等。研究与上述制造过程和制造系统相关的科学称为制造科学。制造科学涵盖产品设计、成形制造（铸造成形、塑性成形、焊接与连接成形、模具制造、表面工程等）、加工制造（精密及超精密加工、高质高效加工、非传统加工、智能制造、微纳制造、仿生与生物制造、增材制造、表面功能结构制造、基础零部件制造、传感、测量及仪器等）和制造系统的运作管理等科学。

机械制造是用切削、磨削、非传统加工、表面加工、铸造、锻造、焊接与连接、热处理等机械加工方法及工艺，将原材料加工成零件或产品的全部过程。

伴随着中华民族五千年的演进，我国机械制造具有极其辉煌的历史。四川三星堆出土的4000年前的凸目青铜面具工艺精细，成都金沙出土的3000年前的太阳神鸟金饰具有绝高的艺术价值及精湛的制造工艺，玉璧的制造使用了切割、抛磨、制孔等工艺；西安兵马俑2300年前的宝剑至今无锈且锋利，其材料、锻造及热处理技术不可小觑；湖北随州发现的曾侯乙尊盘，复杂精美，现代也难以复制；曾侯乙编钟，音符完整、音色纯正，堪称古代钢琴，稀世珍宝，说明我们祖先在2400年前就能成形成性制造。

科学是人类认识自然、改造自然、改造社会的客观规律的知识体系，具有系统性、确定性、可验证、可实践和可重复性。2013年11月5日习近平主席在《深入贯彻落实党在新形势下的强军目标，加快建设具有我军特色的世界一流大学》报告中指出："基础研究是整个科学体系的源头，是所有技术问题的总机关。"制造技术是制造业生存和发展的有力支撑，机械制造科学基础研究是机械制造技术的不竭源泉。

机械制造科学是将原材料加工成零件或产品的全部过程及其制造系统的知识体系。它包括精密及超精密加工、高质高效加工、微纳制造、生物及仿生制造、非传统加工、智能制造及数字工厂、绿色制造及再制造、增材制造、表面功能结构制造、基础零部件制造、机械传感、检测及仪器等科学。

机械制造科学是工程科学，工程科学最重要的特征是应用性。机械制造科学的主要任务是解决机械工程的科技问题，并在解决工程问题的过程中得到持续的创新发展。

随着时代的进步和科学的发展，机械制造已不是简单的制造工艺，而已经发展成为一门全新的工程科学。

近年来，我国装备制造技术有了很大的进步，航空航天及国防装备中若干卡脖子技术有了大批新突破。太空飞船、探月装备、大型火箭、航空发动机、大飞机、高速列车、大型船舶、深潜器、新能源汽车等制造技术世界领先。精密、微纳、高速、高效加工技术发展迅速。复合材料、高强高硬等难加工材料的加工技术有了突破性进展。

超精密加工精度和表面粗糙度从微米、纳米级发展到亚纳米甚至原子级，解决了高精度自由曲面、大尺寸光学镜片及光栅等的加工制造难题；最近，在国家重大专项支持下，我国芯片行业捷报频传，芯片特征线宽加工技术进入10nm尺度。纳米抛光机、刻蚀机等集成电路制造装备有了可喜进展，不少制造技术具有重要的突破和原创性。支撑这些先进制造技术的是涵盖机械制造理论、方法和技术的机械制造科学。这些突出的创新成果和重大进展应当载入史册。

机械制造学科有了新的快速拓展。面向国家和市场的迫切需求，在国家重点专项及自然基金项目的大力支持下，激光、离子束、电子束等高能束技术持续创新，非传统加工学科发展迅速；微纳米及仿生制造等前沿科学与信息、材料、制造等学科的交叉融合，以及规模化的工程应用，使其发展进入了一个崭新阶段。

与传统的减材去除式加工成形方法不同，增材制造采用材料累积式成形方法。这是20个世纪末机械制造领域产生的一项重要的变革性制造方法。近年来由于国家重点专项的大力支持，这一制造新方法在装备、材料、工艺等方面不断涌现出新的进展和成果。表面结构功能，如减阻、脱附、吸热、散热、聚光等高性能产品及技术迅猛发展，功能表面结构学科的交叉科学问题亟待进一步提炼和总结。

当今世界，经济建设和社会的发展趋势是绿色化、数字化、网络化、智能化、全球化。近年来在国家重点专项及自然基金项目支持下，数字信息和人工智能技术正在让智能机器人、智能机器、智能汽车、智能家电家居等新产品插上了翅膀，纷纷进入企业、进入家庭。绿色制造及再制造、智能制造和数字工厂等科技及产业如沐春风，欣欣向荣，成为机械制造学科的新亮点。

轴承、齿轮、液压气动及密封等机械基础件在机械装备中的作用不可忽视，其加工制造的质量直接关系到装备系统的性能。高性能机械基础件同样内含关键科学问题。长期以来，未能引起科技界相关部门、企业和学术界的高度重视，造成了我国机械基础件产品性能的长期落后局面。本报告新设基础件专题，旨在改变上述状况，丰富机械制造的学科内涵，推动机械基础件加工制造科学技术和相关产业的振兴。

本报告包含了机械加工制造中的精密及超精密加工、高质高效加工、激光加工等非传统加工、智能制造及数字工厂、绿色制造及再制造、微纳制造、增材制造、仿生制造、表面功能结构制造、基础零部件制造和传感、检测及仪器共11个专题。专题的主要内容是：领域定义和范围；近5年来国内外发展状况及关键科技问题，突出科技进展和创新成果；学科的国内外先进性比较、差距及挑战；学科的未来发展趋势及对策。

本报告以机械加工（冷加工）制造领域学科为主，不包含铸造、锻压、热处理和表面处理等成形制造（热加工）领域。

二、最新研究进展

2013年7月17日习近平主席在中国科学院考察工作时指出："我们要引进和学习世界先进科技成果，更要走前人没有走过的路，努力在自主创新上大有作为。如果总是跟踪模仿，是没有出路的。我们必须着力提高自主创新能力，加快推进国家重大科技专项，深入推进知识创新和技术创新，增强原始创新、集成创新和引进消化吸收再创新能力，不断取得基础性、战略性、原创性的重大成果。"

国家的重大需求是机械制造学科取得快速创新发展的主要驱动力。中国拥有世界上最大的国家装备制造需求，拥有世界上最大的研究团队，为机械制造学科的创新发展提供了最好的条件和基础。

近些年来，在国家自然科学基金、国家“973”/“863”科技计划、国家重大重点专项等项目的支持下，机械制造学科领域取得了一系列突出进展和创新成果，为我国制造业提供了大批新理论、新技术和新方法，在国内外产生了重要影响。我国机械制造科学从过去的跟踪，发展到现在的并跑，有的领域已处于领跑状态。超精密加工、仿生制造、3D打印、绿色制造和再制造、功能表面结构制造、高质高效加工、特种加工等领域已在国际学术界占有一席之地，研究水平总体上已步入国际先进行列。

同时，我国机械科学领域近年来涌现出一批国际知名的科学家，在国际学术界占有重要的一席之地，包括国际仿生工程学会创始人及常务副理事长、吉林大学教授任露泉院士；国际摩擦学会副理事长、IFToMM 摩擦学技术委员会主席、清华大学教授雒建斌院士；国际生产工程院会士、南京航空航天大学朱荻院士和天津大学房丰洲教授；国际光电子与激光工程学会主席、美国激光学会秘书长、清华大学钟敏霖教授；SME 会士、俄罗斯工程院院士、武汉理工大学周祖德教授；IFToMM 执委会副主席、天津大学黄田教授等。

1. 精密及超精密加工领域

光学自由曲面是新一代光学关键件和功能器件的主要形面特征，是前沿探索和产业更新换代中国际竞争的重点领域，其设计、制造、检测及应用等方面均面临理论与技术挑战。天津大学房丰洲教授等多家高校及企业的研究人员针对光学自由曲面的制造需求，建立了光学自由曲面空间构建与物理再构理论、纳米尺度多物理场材料成形机理、原位测量系统与高精度再装配定位方法和评价体系等关键共性技术，实现了自由曲面高精度原位测量及定位和面形补偿加工。设计制造的光学自由曲面离轴三反望远光学系统视场角达到 50° ~60°，MTF 在 50lp/mm 接近衍射极限，新型自由曲面离轴头盔显示光学系统视场角 40°，质量 100~150g，解决了传统性能与体积重量的矛盾，达到国际先进头盔光学系统的水平。房丰洲教授先后两次在国际生产工程院年度大会发表主题报告。

集成电路的制造水平和产业规模已成为衡量国家产业竞争力与综合国力的重要标志。化学机械抛光（CMP）以其突出的材料均匀去除与纳米缺陷控制优势，已经成为集成电路制造最核心的关键技术之一。CMP 技术在 IC 制造平坦化应用中，需要突破跨尺度（毫米级至深亚纳米级）和多场耦合（化学、力学、流体、温度等）等科学挑战，是我国 IC 制造装备领域亟待突破的瓶颈与短板。清华大学路新春、王同庆、赵德文教授等针对 12 英寸集成电路制造纳米级平坦化控制难题，分析了抛光过程中原子级材料去除机理、摩擦腐蚀机制、纳米级膜厚测量原理等关键技术问题，建立了大尺寸表面一致实现纳米级平坦化的加工原理与方法，发明了直线运动式抛光系统架构、多区压力调控、终点检测、CMP 后清洗、智能工艺控制等 CMP 关键技术，研制开发出 12 英寸“干进干出”CMP 装备与成套工艺，实现了 IC 制造大尺寸晶圆表面的纳米级平坦化控制与纳米级缺陷控制。12 英寸晶圆表面粗糙度< 1nm、芯片内抛光均匀度< 3nm，整体技术达到国际先进水平；CMP 后清洗晶圆表面颗粒残留等缺陷可控制在 30 个以内（缺陷直径≥ 40nm），为当前国内集成电路大生产线的最高水平；片内均匀性（> 97%）、片间均匀性（> 97%）等关键技术指标已超越国外先进水平。

现代光学零件的超精密加工技术研究对提升国家核心竞争力具有重要的战略意义。迫切需要解决的关键科学问题和国际性难题，包括如何稳定实现小于纳米量级的材料去除满足纳米精度的要求，掌握复杂形状引起材料去除率的变化规律及其有效补偿，建立影响光学性能全频段误差一致收敛方法。国防科技大学李圣怡、戴一帆教授团队面对现代光学零件复杂面形和高精度的特点，开展了可控柔体抛光技术研究，攻克了纳米量级光学材料稳定去除、适应面形变化的补偿加工、超精密光学零件全频段误差收敛等技术难题。他们研究开发的磁流变抛光装备在机床轴数、加工能力、轨迹方式和加工精度等方面功能指标优于国外同类设备，离子束抛光装备在真空时间、中和方式和加工精度等方面功能指标优于国外同类设备，特别在装备加工工艺性方面明显占优，形成了与世界光学制造技术同步的具有自主知识产权的光学加工装备和工艺技术，为发展光学智能制造技术，实现光学零件的高质高效加工，提供了理论与技术支撑，推动了我国光学加工行业的技术进步。其相关成果获 2012 年国家科技发明奖二等奖。

2. 高质高效加工领域

碳纤维复合材料（复材）轻质、高强，可显著提升高端装备性能，但其加工时极易产生分层、撕裂损伤且随机不可控，构件的高性能要求难以保证，因此，复材构件高质高效加工已成为我国航空航天领域亟待解决的瓶颈问题。大连理工大学贾振元、高航、王福吉等针对上述难题，分析了现有复材刀具设计和使用中存在的关键科技问题，揭示了复材加工去除机理，提出了复材纤维断裂、界面开裂及加工损伤的产生机制，原创性地提出了基于切削能量最小化的微元去除理论，以及基于微刃反向剪切理论的复材刀具设计方法，建立了复材加工的新切削理论体系。创建了典型构件加工工艺数据库，发明了具有微元去除和反向剪切功能的钻、铣削等 9 个系列复材切削刀具，实现了复材的高质高效加工。基于上述新原理研制的系列复材专用加工工具，被国际学者认可为“新式刀具”。相比于国外及传统刀具，加工损伤由毫米量级降至 0.1mm 以内，刀具寿命提升 2~7 倍，加工效率提升 3~4 倍，加工精度提升 50%。该成果已应用于航天一院、三院、中航工业和中国商飞等企业关键复材构件的加工制造中，为我国航空航天高端装备的研制和批产做出了重要贡献。该项成果获 2017 年国家技术发明奖一等奖。

高速切削加工是集高效、优质、低耗于一身的先进制造技术。德国切削物理学家萨勒蒙（Carl Saloman）在 1931 年提出了著名的超高速切削曲线，认为当切削速度超过临界值后，切削温度将随着切削速度的升高而明显降低。萨勒蒙曲线存在的条件被认为是切削加工领域的“哥德巴赫猜想”，80 多年来在国际上一直未能通过实验得到验证。山东大学刘战强等在超高速加工切削变形区材料的时空瞬态激变行为研究基础上，阐述了超高速切削刀具的非傅立叶传热效应，揭示了超高速切削过程工件与刀具的温升与热量分配机制，发现了萨勒蒙切削温度曲线的存在条件并进行了理论推导、模拟仿真及实验验证。他们研究发现，萨勒蒙切削温度曲线存在于铣削等断续切削过程的条件包括：①切削速度足够高，即切削时间足够短；②切削周期内切削时间 / 空切时间之比足够大，刀具热量无累积，保证足够的非切削时间使刀具温度降至环境温度，刀具稳态切削温度才可出现降低拐点；而对于连续切削，由于热量持续累积导致刀具切削温度不会出现萨勒蒙切削温度曲线上的拐点，但随着热量在刀具、切屑、工件中的分配达到平衡，在切削速度提高时连续切削过程中的刀具温度升高幅度会减缓并达到最高点。上述进展获得了国内外学术界的高度评价，被认为是国际上近年来超高速切削理论的一项重要突破，国际学术媒体 *Vertical News* 进行了专题报道。基于上述研究成果开发的系列化超密齿全陶瓷铣刀已成功应用于航空发动机高温合金和钛合金的高效精密加工，加工效率（材料切除速率）提高 20% 以上，加工成本降低 15%~20%。

自动钻铆机是功能集成度和技术复杂度最高的航空制造工艺装备，长期被欧美垄断，是制约我国大型飞机壁板装配质量和效能提升的瓶颈。但是国外自动钻铆机普遍存在尺寸庞大、空间封闭等结构性弊端，壁板定位依赖于专门回转托架，壁板吊装必须采用行车，自动钻铆准备时间长。浙江大学柯映林教授带领的飞机数字化装配创新团队，原创了一种双机双五轴数控联动钻铆机。针对该新型钻铆机，建立了全作业空间末端抵抗刚度模型，揭示了内外侧铆头末端抵抗刚度非线性分布规律；基于外侧铆头绝对位姿误差和内 – 外侧铆头相对位姿误差综合控制的多体、多约束位姿协调优化方法，建立了末端位姿协调运动学模型，解决了钻铆机运动学参数全作业空间同步辨识难题；提出了移动轴和回转轴分离的位姿误差网格化补偿方法，保障了钻铆机全作业空间末端位姿精准协调，位置跟随精度达到 ±0.08mm，姿态跟随精度达到 0.02°；基于压铆过程力瞬态变化和设备位移响应规律，设计了压铆过程力 – 位混合自适应鲁棒控制器，解决了新型钻铆机末端位置相容和铆接力平衡控制难题，保障了压铆过程稳定、质量可控，钉头齐平度≤ 0.02mm，镦头高度误差 ±0.03mm。卧式双机双五轴联动钻铆机打破了国外对自动钻铆机的垄断，已完成 MA700、运 –9 和某战斗机等多个机型壁板的自动钻铆，保障了壁板装配的连接可靠性，推动了飞机壁板装配由封闭孤岛向开敞流水线模式的变革。该项成果获 2017 年度中国机械工业科学技术奖一等奖。

3. 非传统加工领域

汽车车身顶盖 – 侧围为空间曲线薄壁结构，其焊接极为重要，但焊接变形控制难、焊缝成形一致性差，焊接过程监测与反馈调节技术具有极高难度。相关激光焊接技术及装备长期被国外大型装备集成商垄断，是我国汽车工业存在“中国制造，外国装备”严峻挑战的关键技术瓶颈之一。华中科技大学邵新宇课题组针对汽车车身激光焊接形性控制难题，提出了大型薄壁曲面激光焊接控形控性技术，首次将激光搭接填丝熔焊工艺用于大型薄壁曲面白车身焊接，改善焊缝化学成分和组织，提高了接头力学性能；建立了激光焊接“气－液锐利界面”精确数学模型，揭示了缺陷形成机理并提出了抑制方法，显著降低了车身激光焊接缺陷率；研发了焊接变形预测与控制技术，发明了大型三维薄壁曲面焊缝形貌在线“测量－跟踪－补偿”技术与装置，实现了小变形、低应力、高质量激光焊接。相关研究成果得到包括英国皇家学会会员李琳、美国普渡大学 Shin 教授等人的高度评价。相比于原有技术，拼装允差从 0.3mm 提高到 0.8mm，光缝对中精度达到小于 0.1mm 水平。该成果已在上汽通用、江铃福特、江淮等企业生产线中得到应用。自 2013 年以来，共参与同类型竞标 56 次，中标 50 次，为我国汽车制造装备的研制和开发作出了重要贡献。相关成果获 2015 年国家科技进步奖一等奖。

超快激光在能量密度和作用时间等方面都可分别趋于极端，其制造物理化学效应不同于传统制造，蕴含了大量制造前沿基础热点，必须更深刻地掌握其制造机理和规律。北京理工大学姜澜课题组等提出并建立了量子等离子体模型，揭示了超快激光加工绝缘体机理，首次实现加工形状预测飞秒激光，并预测了一系列反常效应，被多个国家研究组实验确认；发现微纳热传导基石之一的经典双温度方程不能正确描述高能量密度情况下的超短脉冲与金属相互作用，建立了改进双温度方程，极大地扩展了双温度方程的适用范围，成功解决了 10 余年未能突破的国际难题，揭示了超快激光加工金属机理；根据理论模型预测，提出了通过调节激光脉冲时空分布进而调控材料局部瞬时特性的超快激光微纳制造新方法，使加工重铸层高度降低了约 60%，效率提高了 5~56 倍，深径比 / 深宽比极限提高了 30 余倍。相关研究成果获得国内外学者高度评价，2016 年获国家自然科学奖二等奖。

激光表面改性技术可有效提高材料表面的耐磨耐蚀性能，被认为是最具应用前景的表面技术之一。然而，现有激光表面改性技术存在冶金缺陷控制难、效率低、强化层深度及材料范围有限、成本高等问题，难以满足高端装备关键零部件表面改性的质量和效率要求，限制了该技术的应用，且我国大部分高端基础件仍需依赖进口。浙江工业大学姚建华课题组等针对激光表面改性控形控性难题，探索了多能量场复合改性耦合机制，首次实现了金刚石 /Ni60、WC/Cu、WC/Stellite 6 等热敏感、高硬度以及颗粒增强复合材料的高效率微锻态沉积，获得了热影响区 ≤ 9μm、硬度达 HV1300、无开裂的改性层；首次提出了恒稳电场和磁场耦合形成的定向洛伦兹力调控熔池流体传质传热的原理，实现了熔池的主动排气、形貌控制、增强颗粒分布调控、组织调控以及窄隙部位的高密度充型。用于汽轮机大型转子和铸铁缸体的表面改性，致密度达 100%；用于 1m 以上长叶片的表面改性，强化深度达 4 mm 以上；用于化工装备用阀门表面的防腐耐磨改性，全面替代电镀。相关研究成果获得国内外学者高度评价，在机械、能源、化工等多个行业的 200 多家企业实现产业化，相关产品覆盖我国除西藏之外的省市，同时出口到美国、印度、澳大利亚等30多个国家。已应用于大型转子、叶片、阀门等高端部件55万余件，实现了超超临界百万千瓦发电机组末级叶片的国产化制造，成为全国超过80%的工业汽轮机叶片强化的标准工艺。该项目技术作为表面工程共性技术，有效替代了高能耗、高污染、低效率的生产工艺，为保障高端装备的安全可靠性、实现国产化制造做出了贡献。相关成果获2012年国家科技进步奖二等奖、2017年中国专利优秀奖和2018年机械工业科学技术奖一等奖。

4. 微纳制造领域

航空航天特种MEMS需满足高速、高温、高冲击等极端环境下精确测量和操控的要求，具有高性能、多品种、小批量等特点，属于国外严格禁运的高端芯片产品。SOI基MEMS制造技术为发展航空航天特种MEMS提供了重要途径，但需突破悬置运动结构精准释放、高深宽比结构可控刻蚀、机电结构协调互联及封装应力控制等国际竞相开展的核心制造技术。西北工业大学苑伟政团队研究了SOI基MEMS制造技术中的深刻蚀、结构释放、沟道隔离、应力控制等MEMS核心制造环节的技术问题，提出了单掩膜与选择性释放制造方法，利用等离子干法刻蚀过程中Footing效应产生的密集纳米尖凸具有超疏水性的特性，采用干法刻蚀释放运动结构，有效解决在释放过程中常见的吸合和粘附难题。发明了大异宽高深宽比结构同步可控刻蚀方法，消除了“窄槽刻蚀迟滞效应”等不利影响，错位光刻实现了深宽比达120∶1的高品质纳结构精确刻蚀。他们研发了横向电绝缘窄沟道隔离方法，突破多晶硅致密填充等难题，实现了平面内2μm沟道多路横向电隔离，保障电信号的抗干扰联通。建立了真空封装的微机械结构热传递和应力分析模型，提出了在基底层构建八爪镂空应力隔离结构，大幅降低了异质材料热失配造成的应力形变，将敏感结构最大封装应力降低到原来的1/140，使芯片的平面翘曲变形量减少90%，实现了微结构的低应力高精度制造。建立成套MEMS制造平台，开发典型制造工艺3套，主持制订出《基于SOI硅片的MEMS工艺规范》国家标准1项。他们研制出单、双轴多种微扫描振镜产品，实现了产业化，成为MEMS激光雷达扫描器国内唯一的产品供应商，成果已用于多项航空航天国家重大专项，实现了高超声速飞行器超燃发动机内壁高温瞬态剪应力动态测量、C919大飞机超临界翼型剪应力定点定量测量、新型战机前缘涡抑制气动试验、导弹导引头激光雷达三维成像等。制造技术被推广用于60多家单位，定制加工的4款特种MEMS芯片用于国家重大专项核聚变点火工程、微纳卫星姿态调整、批量装备系列弹道导弹和最新型战机等。相关研究成果获得国家技术发明奖二等奖。

纳米制造是多学科的新型交叉研究领域，是一个国家的制造水平和综合国力的重要标志之一。在纳米结构制造领域中，纳米压印技术的结构填充和脱模、半导体材料的电化学压印技术以及面向非平坦表面的纳米压印工艺与装备是我国亟待解决的问题。西安交通大学卢秉恒科研团队发现并揭示了液/固电润湿体系中界面电荷的形成机制和界面电荷对接触角的影响规律，突破了传统电润湿理论中饱和接触角的限制，发现了固/固界面电荷的作用机制，提出了电场斥力辅助的脱模新方法，有效降低了脱模过程中的粘附力，提高了纳米结构制造的稳定性；建立了大面积嵌入式功能结构的电场辅助扫描填充技术，利用电润湿降低材料填充过程中的边缘效应和界面能量壁垒，突破了常规刮涂方法的填充难题，实现了金属、低维纳米墨水等功能材料对特定微纳米孔隙的电场辅助填充，解决了嵌入式器件或功能结构制造的难题；建立了电流体流动的强、弱控制准则，发现了并行直流泰勒锥喷射现象，提出的异型结构电致流变成形方法，为异型微纳结构制造提供了创新手段。为了解决纳米压印技术在微观非平整表面的接触难题，他们开发了离散支撑柔性模板等关键技术，将模板与非平整表面的有效压印接触区域提升 7 倍以上，并能够在数微米级的突变表面上实现纳米结构制造；在此基础上进一步提出了宏观表面的微区控制压印新方法，建立了电场时序控制的接触新策略，开发了“气 – 电”协同控制纳米压印装备（6 英寸晶圆级自动化纳米压印），实现了表面翘曲起伏的晶圆级基材与柔性模板的均匀接触，解决了三维曲面大面积纳米结构制造的难题，推动纳米压印技术由二维向三维方向发展。相关研究成果获得教育部技术发明奖一等奖。

柔性电子因其具有更大的灵活性，能够在一定程度上适应不同的工作环境，满足设备的形变要求，成为当前国际微纳制造领域的一个重要研究热点。相对传统的电子器件而言，目前柔性电子器件等高精尖信息电子设备的缺乏，是制约我国柔性电子领域发展的重要问题。华中科技大学尹周平科研团队在高分辨率、高效率电喷印工艺及装备研制方面取得了重要进展。他们建立了微米 / 亚微米按需点喷、力控电纺直写、螺旋电流体喷印等高分辨率电流体喷印工艺系统。他们研究了电纺螺旋射流绕圈的失稳现象，建立了带电微粒射流模型，提出了螺旋电流体喷印工艺，实现了自相似多级波纹结构的制备，并制备出具有超延性的压电传感器与能量捕获器，拉伸性能超过 300%。他们建立了批量墨滴独立喷射、微纳液滴飞行沉积、打印微环境以及大跨距高精密运动等喷印制造核心控制系统。基于电流体喷印原理及微纳制造工艺设计并制作出硅基可寻址喷嘴阵列，他们解决了邻近电场串扰导致的液滴飞行紊乱问题，实现了稳定高精度高效喷印、独立可控自动化喷印方法。他们研制出了国内首台成熟型的高精度、高效、全自动化的电喷印原理样机，实现了力控电纺丝直写和螺旋电流体喷印工艺，制备了高精度、高分辨率微纳米直线型和延性波纹结构，并成功应用在超延性生物集成传感器和能量捕获器上。在原理样机的基础上他们相继完成了多种型号（HEIJ–H）的电喷印设备的开发研制。相关研究成果获得湖北省自然科学奖一等奖。

5. 绿色制造领域

伴随机床与刀具条件的现代化进程加快，单位时间金属去除率剧增，为了降低切削温升，传统切削液喷淋浇注的冷却方式所使用的切削液用量被迫增大，造成严重的环境污染和职业健康危害。高速干切削技术和微量润滑技术可消除或减少切削液使用，提高切削加工工艺的绿色化水平。重庆大学曹华军等与重庆机床集团将干切削应用于齿轮加工领域，建立了滚齿高速干切多刃断续切削几何及力热特性三维瞬态分析模型，提出了基于切屑载热能力的高速干切条件判据；实现了高速干切滚齿机床温度场调控、力热误差自适应补偿；阐明了高速干切滚刀损伤机理，提出了基于顶刃载荷分布优化的高速干切滚刀延寿设计方法；成功研制新型结构高速干切滚齿机床、粉末冶金高速干切滚刀以及基于高速干切的齿轮加工自动生产线，实现齿轮少无切削油的清洁化加工。成果在30多家制齿企业推广应用，提高效率2~3倍，节约成本15%以上，为汽车变速箱、风电、工程机械的批量化高效绿色加工提供了保障，显著促进了齿轮行业技术进步，获2019年机械工业科学技术奖一等奖。

电子信息产业的迅速发展导致电子废弃物已成为城市垃圾中增长最快的类型。电子废弃物中含有毒有害物质与大量可回收利用材料，可通过回收工艺将其再资源化利用，但处理不当会造成严重的二次污染。因此，电子废弃物的绿色高效回收处理是实现绿色制造与缓解社会资源、环境压力的必由之路。中南大学郭学益与荆门市格林美新材料有限公司许开华等，创新开发了废旧线路板低温连续热解新技术，自主设计制作了大型工业化回收装置，实现了废旧电路板中有机组元深度碳化与金、银、铜、钯等有价金属的有效富集，通过控氧燃烧及活性炭雾化吸附，实现物料中有机溴、氯的无害转变与尾气超低标准排放，其中二噁英排值远低于欧盟标准，有效消除了废旧电路板中持久性有机污染物；发明了短流程再制造金属合金产品和梯级分离回收技术，实现了有价金属分级利用；开发了电子废弃物整体控制破碎、智能识别及精细分选与塑料高值化利用技术；构建了典型城市矿产大数据系统，创建了“互联网+分类回收”运营模式，开发了物联网全程可追溯信息化平台。其中，废旧电路板低温连续热解核心技术已在江西、山西、河南、内蒙古等9个省（自治区）推广应用，在全国建立了16个产业基地，推动我国循环产业进入世界先进水平行列。该成果获2018年国家科技进步奖二等奖。

目前热喷涂技术在表面防护和再制造工程中已经得到了广泛应用，其中电弧喷涂技术效率高、成本低，但是制备的涂层质量相对较低，氧化物含量和孔隙率较高。为了解决上述难题，解放军装甲兵工程学院徐滨士院士团队将电弧喷涂与高速火焰喷涂技术相结合，成功研制出了新型高速燃气–电弧复合喷涂设备（HVAF-ARC）。该设备利用煤油和高压空气剧烈燃烧产生的高速燃气雾化喷涂的丝材，提高了喷涂粒子的飞行速度，降低了粒子的氧化，创造性地解决了喷涂过程中材料严重氧化、涂层结合强度低等技术难题，打破了美国和乌克兰的技术垄断，所研制的喷涂设备拥有自主知识产权，在技术和性能上均优于国外技术设备。与传统的喷涂设备相比，该项技术所制备的涂层氧元素含量和孔隙率分别下降了33%和49%，硬度提高了12%，拓宽了传统喷涂技术的应用范围，为机械零件再制造新型易氧化涂层材料制备提供了新技术。该技术设备为军民融合通用技术设备，既可用于部队大修厂装备维修领域，又可用于国家循环经济再制造产业领域，具有广阔应用前景。该成果获2015年度军队科技进步奖一等奖。

6. 仿生制造领域

机械零部件表面时常发生摩擦、磨损、粘附和疲劳的联合作用，导致其效能下降、寿命缩短。特别在高温、重载条件下，会引发上述多种形式的叠加失效，造成更加严重的后果。长期以来，针对上述问题国内外主要考虑新材料开发及表面处理技术，未见实质性突破。吉林大学任露泉团队突破对上述问题仅从材料角度考虑的传统认识，基于潮间带贝类、沙蜥、鸵鸟等生物耦合规律与多功能机制，提出用表面材料、几何形态和物理结构等多元耦合仿生原理解决工程技术难题的新理念、新方法和新技术，建立了常温增阻、高温稳健、刚柔结合、功能协调的仿生耦合设计原理，发明了重载、高温、多相界面下机械零部件增阻、耐磨、防粘和抗疲劳一体化技术，首次提出仿生设计与制造全程参数优化方法，解决了激光技术用于仿生制造中耦合体尺寸和性能不能精确控制、深度难以满足工程需求等瓶颈难题。仿生耦合多功能表面技术在制造、交通、轻工等众多领域具有普适性，已应用于一汽、美的等 7 家大 / 中型企业，形成了 3 大类 11 个系列 63 种仿生新产品，提升热作模具综合寿命 1 倍以上，提升卡车制动毂常温和高温摩擦学性能 20%~30%、耐磨性 50%；研制的仿生炊具在深圳国际高交会上获优秀产品奖。该整体成果获 2013 年国家技术发明奖二等奖。

精准医疗技术的发展对生 / 机接触表界面提出了高要求，在医疗健康领域出现了许多新兴表界面技术难题，如载能电刀粘刀、手术夹钳湿滑、可穿戴传感湿界面信号失真等。生 / 机接触表界面功能按需设计制造已成为医工交叉领域亟待解决的瓶颈问题。物竞天择，自然生物恰巧依靠“生 / 机接触”模式来完成代谢或运动，为解决精准医疗生 / 机接触界面难题提供了创新途径。师法自然，北京航空航天大学陈华伟、张德远、江雷等针对载能电刀表面粘刀难题，系统研究了优势生物原型即猪笼草口缘区湿滑防粘机制，首次发现液膜定向连续搬运的神奇自然现象，发展了传统泰勒毛细升理论，创新性提出梯度泰勒毛细升、闭口梯度泰勒毛细升增强理论，揭示了开口微纳表面结构上液膜定向连续搬运机理。进一步研究了表面材质（亲水、疏水等）与微纳结构特征协同作用下的表面功能增效原理，提出协同仿生设计制造方法，为生 / 机接触湿滑防粘表面仿生设计制造奠定了理论与技术基础。基于猪笼草湿滑防粘机制，研制出全新载能仿生防粘电刀、微纳液膜隔离式仿生防冰涂层新方法。与传统电刀相比，载能仿生防粘电刀的粘刀量降低 80% 以上，组织损伤降低 70% 以上。微纳液膜隔离式仿生防冰涂层能耗仅为传统防冰方式的 1/5，实现了低热节能防冰目的，解决了载能有限无人机、耐高温性能差的复材防冰至今无计可用的技术难题。主要成果 2016 年 4 月发表在 *Nature* 期刊上。同时，定向水搬运现象的发现，引发了液体二极管效应结构研究热潮，并拓展到了纳米、分子尺度的限域流动控制，将引发表面微纳流体逻辑控制器件的革命性进步。

折纸来源于手工，更来源于昆虫蜕变翅膀折叠的灵感，成为小实体到大展开面的最神奇变换机构。陈焱等提出的新模型摆脱了原有的折纸运动学模型，创造性地将空间结构代替球面机构，建立了基于过约束空间机构网格的厚板折纸运动学模型，对各种折纸节点分布进行了系统的分析，得到单自由度的厚板折纸条件，使得已有的具有大折展比的折痕分布可以直接应用于厚板折叠；通过对厚板模型中多机构网格运动学分析，精确地描述厚板的折叠过程，完美实现了折纸结构与厚板结构运动学的等价，成功解决了厚板折纸问题（图 18）。这项工作突破了折纸科学从理论到应用的主要瓶颈，为折纸结构工程应用铺平了道路，已经用于大型空间可展结构、新型超材料与轻型复合材料、可变形机器人等方面。上述成果以 *Origami of Thick Panels*（厚板折纸）为题目，于 2015 年 7 月发表在 *Science* 期刊上。厚板折纸得到医疗、航天、航空、交通、机器人等领域广泛关注，扩大了其应用范围。

7. 表面功能结构制造领域

高效换热是解决管壳式换热器、空调及照明高能耗以及高铁核心 IGBT、卫星数据传输及相控阵天线高热流密度电子芯片热控问题的关键技术，其发展促使传热元件表面热功能结构 / 形貌趋于复杂，进而导致结构 / 形貌表征、建模及加工困难。华南理工大学汤勇团队针对上述难题，发明了复杂表面热功能结构形貌特征设计与可控制造关键技术，实现了管外、管内表面热功能结构高效成形及复杂形貌可控生成；提出了面向复杂表面热功能结构 / 形貌特征的建模与优化设计新方法，突破现有设计模型与表征手段无法有效描述的局限；开发了按热功能需求协同设计宏观结构与微观形貌特征的专业软件，填补了国际技术空白，改变了过去按经验或单一尺度简化设计的局面。相关产品主要性能指标超过日本高端换热器龙头企业 KAMUI 产品，单位压降总传热系数提高 21.33%；生产的 Φ6~7 mm 系列具有粗糙形貌特征的内翅片铜管翅片高度达 0.3 mm，相比国外（仅 0.25 mm）提高 20%，并突破传统技术管径（≤ Φ5 mm）极限。相关技术从根本上解决了制约功率型 LED 封装器件 / 照明系统规模化应用的热控难题，同时也解决了高铁核心 IGBT（中国高铁和日本新干线）、中国航天卫星数据处理系统及相控阵天线致命的高热流密度问题；已被广东精艺、国星光电等多家大型行业龙头 / 知名企业大量应用，产品成功销往海天塑机集团、格力空调、美国寿力等国际大型企业，部分产品出口到德、美、日等国，改变了我国过去依赖进口的局面。该成果获 2016 年国家科技进步奖二等奖。

在光学领域，规则排布的微结构阵列赋予表面独特的光学特性——极高的衍射效率、独特的色散性能以及可在折射光学系统中同时校正球差与色差。它可对红外、可见光、紫外 / 极紫外乃至 X 射线波段的光波物理特性进行调控和利用，实现传统光学元器件难以完成的任意波面变换的光学功能，是现代光学工程中重要的光学元器件。目前我国在微结构阵列制造技术发展方面还处于起步阶段，难以实现大尺寸微结构阵列的高效、低成本加工，限制了表面功能结构在光学领域的应用。北京理工大学周天丰等针对上述难题，提出了基于化学镀液 pH 和基于次亚磷酸钠在镀液中含量的调整方法，实现了表面功能结构阵列的高效加工；分析了微结构阵列模具加工用微铣刀的铣削加工特点，构建了微铣刀几何结构设计理论，提高了刀具整体刚度和切削刃刃口强度，改善了刀具铣削性能；通过建立热塑－粘弹性本构模型 Schofield-Scott Blair 模型，抑制了硫系玻璃模压成形中产生的微观缺陷，提高了硫系玻璃微结构阵列成形质量。相关技术实现了正弦波表面、扇面结构、三角波表面以及菲涅尔透镜等复杂微结构表面的加工制造，将所加工的微结构单元表面粗糙度 Ra 和面形精度 PV 分别控制在 50nm 和 0.65μm 以下，达到了国际先进加工水平；并且拥有成熟、完全自主知识产权的玻璃模压加工工艺，为表面功能结构高效率高精度低成本制造提供了创新性解决方案，表面功能结构制造精度达国际先进水平，填补了国内玻璃表面功能结构制造的技术空白。论文《界面热阻对玻璃微透镜阵列精密模压成形表面形貌演化规律研究》在 2017 年 8 月《应用光学》（*Applied Optics*）封面上刊登。

半导体发光技术在照明领域产生的颠覆性变革，引发中国半导体产业经济的新一轮跨越发展。中国半导体照明、显示等器件制造规模已跃升至世界第一（约占全球 50%），并延伸到影响国家战略安全的作战指挥超清显示以及光通信领域，直接导致器件光色调控及微型化技术成为全球竞争焦点，其核心技术挑战是跨尺度强化出光结构以及光谱精度与能量调控结构规模化制造。华南理工大学汤勇团队针对上述技术挑战，提出了跨尺度强化出光结构制造新方法，从根本上解决跨尺度耦合作用下强化出光结构规模化制造的世界性难题；发明了光谱精度与能量调控结构制造新方法，打破仅能通过稀土材料调控光谱的经典认识，实现光谱精度与能量精确调控；发现了跨尺度光功能结构对半导体发光器件光色性能的调控机制，并开发出耦合设计软件，填补国际空白，使中国半导体发光产业光色性能率先进入精确设计阶段。研制的功率器件光效指标（199.8lm/W）超过美国科锐同类产品 32.3% 及日本最新发射光通信纳卫星采用的日亚器件 50.2%；器件空间颜色偏差减少至 168 K（传统技术＞ 1000 K），高品质全彩（RGB）显示器件市场占有率全球第一，被指定用于抗战胜利 70 周年阅兵、航空航天指挥超清显示等重大场合。相关技术已被佛山市国星光电股份有限公司、三安光电股份有限公司、鸿利智汇集团股份有限公司等多家行业龙头企业应用，经济效益显著，奠定了我国半导体发光产业规模与技术的国际优势地位。

8. 增材制造领域

颅颌面骨缺损形状复杂、个体差异大、患者修复需求迫切，数控加工受限于刀具尺寸，难以加工出复杂颅颌面骨替代物，因此，研发适合个性化颅颌面骨替代物的数字化设计与增材制造技术是推动颅颌面外科发展的关键。西安交通大学李涤尘教授团队发明了基于最佳骨生长应变的个性化颅颌面骨替代物结构成形方法，建立了基于患者影像数据的原位设计方法，实现了骨生物力学和结构设计的个性化集成，解决了颅颌面骨修复重建的个体形态适配和应力屏蔽导致的骨萎缩难题；发明了骨替代物微观结构的仿生设计制造一体化技术，解决了个性化替代物的降解活化与微结构的关系；研制开发了颅颌面骨缺损修复的个性化替代物系列产品和制造设备，实现了颅颌面骨缺损个性化精准修复的大规模临床应用，精度比传统手工塑形至少提高 10 倍，手术效率提高 80%。2001 年首例个性化下颌骨替代物成功投入临床应用，比国外早了10年，引领了快速成形技术在口腔颌面外科的普及。所研究的个性化替代物、制造设备、医疗模型和手术器具销往上百家医疗机构和制造单位，临床案例达到万例，取得了良好的社会效益和经济效益。该研究成果获得2014年国家技术发明奖二等奖，并成为2018年我国食品药品监督管理局批准注册的首个定制化植入物。

航空、航天、动力等高端装备的性能越来越取决于构件的整体化、复杂化、轻量化和精确化制造水平。钛合金、铝合金等强韧轻质材料作为高端装备的核心材料，其性能水平和稳定性一直是制约其应用的瓶颈。西北工业大学黄卫东团队针对激光增材制造通常存在的强塑失配及较强的各向异性问题，发明了基于凝固及固态相变一体化控制和成分-工艺-组织图谱的宏微观组织和性能主动调控技术、增材制造沉积层稳定生长工艺控制技术，建立了一种基于增材制造工艺特性的功能结构一体化设计方法，发明了大型超低氧含量高精度激光增材制造装备。成形件的综合性能与锻件相当，拉伸强度各向异性小于10%，尺寸精度达0.8mm/3000mm，表面粗糙度优于Ra4.7μm，拉伸性能离散度小于3%。西安铂力特增材技术股份有限公司突破了大尺寸复杂薄壁构件形变及组织性能协调控制、结构功能一体化设计制造关键技术，使我国激光选区熔化技术的构件制造尺寸（＞1m）和精度（可达50μm）达到世界领先水平，解决了传统方法难以实现的极端复杂结构的多结构、多功能集成整体制造难题，最高减重达60%。项目成果已应用于C919大飞机、新一代先进飞机、卫星、超声速飞行器等航空航天领域20余种型号装备。西北工业大学和西安铂力特增材技术股份有限公司在增材制造多尺度组织性能调控理论、工艺和装备技术方面的成果先后获省部级一等奖2项、二等奖1项。西安铂力特增材技术股份有限公司所生产的高稳定性BLT-S300型激光选区熔化装备出口德国和法国，BLT-S310激光选区熔化装备成为空客A330增材制造项目主要设备之一。西安铂力特增材技术股份有限公司于2017年荣获第一届全球年度3D打印行业奖——年度OEM（企业）大奖。

随着航空航天、汽车等领域高端装备对性能要求的不断提高，其关键零件向复杂化、整体化方向发展。铸造是复杂金属零件成形的主要方法，但传统模具工艺难以甚至无法整体成形复杂铸造型（芯）。华中科技大学史玉升团队提出基于激光选区烧结（SLS）增材制造的复杂零件整体铸造新思路，采用SLS整体成形复杂型（芯），创新铸造过程调控方法，以实现高性能复杂零件的整体铸造；发明型（芯）粉末的溶剂沉淀制备方法，研制高性能熔模、砂型（芯）和陶瓷芯的SLS粉末材料，性能同时满足SLS和铸造工艺要求；发明SLS成形过程在线测量技术，实现SLS成形工艺在线自动调控；提出混合序列二次规划和果蝇算法的铸造工艺优化方法，开发复杂SLS型（芯）整体铸造仿真系统，实现变形、夹渣和孔松等定量预测和工艺优化。基于上述创新成果，创建高性能复杂零件的整体铸造成套技术，突破了航空发动机机匣、航天发动机涡轮泵等高性能复杂零件的整体铸造难题。成果应用于中国航发、西安航天发动机有限公司等国内外数百家单位，取得了显著的经济效益和社会效益，引领了我国铸造行业技术进步，获 2018 年国家科学技术进步奖二等奖。

9. 基础零部件制造

高性能滚动轴承是决定高端装备能否安全可靠运行的核心基础件，其滚动体与滚道的精度和表面质量直接决定了轴承的使役性能。滚动体高形状精度一致性和滚动面高表面完整性加工已经成为制约我国高性能滚动轴承制造的技术瓶颈。浙江工业大学袁巨龙团队联合清华大学雒建斌院士团队以及洛阳轴研科技股份有限公司、人本集团有限公司针对上述难题，揭示了滚动体运动姿态及加工轨迹分布对滚动体表面各点切削概率的影响机制，原创性地提出了轴承滚动体加工轨迹均匀包络成形原理，建立了高精度一致性滚动体加工理论与技术体系；揭示了加工表面完整性受限成因和加工损伤机理，发明了陶瓷滚动体固相反应抛光、金属滚动体化学机械抛光和轴承滚道剪切增稠抛光系列低损伤多能量场复合加工技术，突破了现有纯机械加工滚动面表面完整性不高的局限；发明了高性能滚动轴承核心元件系列精密抛光装备，实现了最高精度等级 G3 级球及 0 级圆柱滚子的高一致性控形加工，以及滚动体表面和滚道表面 Ra ＜ 10 nm 的高表面完整性控性加工，批合格率从 30% 提高到 98% 以上。项目研发的加工技术及装备为国内外首创，研究成果和产品性能达到国际领先水平，为我国航空航天及国防军事装备等国家重大项目提供了关键性轴承产品和重要技术与装备支持（航天轴承产品占有率达 90%）；并广泛应用于与国民经济密切相关的高档数控机床、高级轿车、高端家电等行业，2016 年获浙江省科技进步奖一等奖。

轴向柱塞泵是高端液压装备的核心动力元件，功率密度是轴向柱塞泵的一项重要评价指标，高压高速化是提高柱塞泵功率密度的有效手段，但极端工况也给轴向柱塞泵的性能、使用寿命和可靠性带来挑战。浙江大学徐兵、张军辉等在高压高速轴向柱塞泵设计方法方面，建立了柱塞泵固液热多场耦合仿真模型，揭示了全工况范围内柱塞泵的能耗分布规律和关键摩擦副的承载特性及失效机理；开发了轴向柱塞泵设计软件，实现了轴向柱塞泵设计由传统的基于“尺寸驱动”向基于“性能驱动”的转变；提出了摩擦副油膜多物理场特征参数分布式测量方法，解决了柱塞泵密闭狭小空间内传感器安装和数据传输的难题，实现了全周期范围内摩擦副油膜压力场、厚度场和温度场的拟实在线测量，在国际上首次实现滑靴自旋转速的测试；基于仿真和测试结果，优化设计了柱塞泵核心零部件（织构化摩擦副、高刚度壳体、疏油旋转组件、整流罩装置等）；全面提升了极端工况下柱塞泵的性能、使用寿命和可靠性。多篇研究论文连续入选行业顶级杂志 *World Pumps* 官网 2018 年度特色文章。上述研究成果有力地支撑了我国高压高速轴向柱塞泵的自主研发，并在航天一院、中航工业、航天科工等单位得到应用，服务于载人航天工程以及国防安全建设。“高压轴向柱塞泵 / 马达设计与测试关键技术及应用”获 2015 年中国机械工业科学技术奖一等奖。

齿轮传动系统是高铁列车动力传递的核心部件，其工作性能直接决定了高铁列车运行的可靠性和安全性。长期以来，高铁用齿轮传动系统完全被德国和日本企业垄断，并且其箱体开裂、寿命不够等质量问题频发，严重制约了我国高铁的发展。针对上述难题，中车戚墅堰机车车辆工艺研究所有限公司联合北京工业大学石照耀团队，提出了基于记忆合金流量调节的温控技术，解决了产品低温启动充分润滑与高速重载工况下温升控制相矛盾的难题；开发了高精度齿轮拓扑修形技术和高效齿轮配对技术，降低振动响应；开发了适应高铁的铝合金箱体材料，解决了轻量化与强度的平衡，并降低了轮轨接触产生的振动冲击；提出了齿轮传动系统集成设计方法，实现了快速计算，解决了系统形变和轴承位移对载荷影响的评估难题，大幅提升了产品寿命估算和整机动力学设计精度，实现了齿轮传动系统的精确设计；提出了基于应力、强度干涉理论的可靠性设计方法，研发了基于智能制造流水线的组装工艺，保证大批量产品的一致性和可靠性。相比国外同类产品，开发的高铁列车用齿轮传动系统温升降低 10℃以上，噪声降低 11%，振动得到显著控制，功率重量比提升 10%，在“复兴号”中国标准动车组占比 90%，填补了国内空白，提升了高铁列车整体技术水平，促进了我国高端关键基础零部件进入国际领先行列。相关成果获 2017 年国家科技进步奖二等奖。

密封技术决定了设备的安全性及可靠性。密封一旦发生泄漏，极易引起重大安全事故。国际润滑协会统计结果显示：酸碱介质、高速、难拆装密封是航天、军工、核能等领域重大事故的主要诱因，一直是国内外亟待解决的密封难题。磁性液体密封能实现零泄漏、长寿命，具有其他密封无法替代的作用。清华大学李德才教授团队针对上述问题，发明了高饱和磁化强度耐酸碱的全氟聚醚油基磁性液体，可在 pH 为 1~14 的密封中稳定工作，其饱和磁化强度达 582 Gs，突破了磁性液体旋转密封长期以来无法密封强酸强碱介质的壁垒；揭示了高速磁性液体旋转密封温度与离心力权重耦合失效机理，发明了基于帕尔贴半导体制冷的带有辅助极齿的高速磁性液体旋转密封新结构，密封线速度可达 30 m/s，提高了 3 倍；发明了分瓣式磁性液体旋转密封技术，解决了航天、航海等领域密封需快速装拆、维护的难题，拆装维护时间缩短 80%；提出了永磁材料与非磁性材料交替排列形成磁场梯度的新原理，首次实现了无齿密封。该项目技术应用于我国空间装备的热真空实验密封以及江门中微子实验 PPO 纯化萃取装置的密封中，解决了飞机光电吊舱、航天电机、军用雷达等的密封难题，获 2012 年国家技术发明奖二等奖。

10. 传感、检测与仪器领域

机械系统的智能化和集成化已经成为各个国家发展的重大战略规划之一。检测系统与机械系统的集成，是智能机械发展的根本保证，而传统的圆光栅、角度编码器、磁栅等传感器无法解决“大型、重载、中空”等回转装备在强冲击振动、油浸等恶劣条件下因空间限制和重量限制而无法在末端安装传感器的难题，严重制约了我国机械系统智能化的进程，成为我国以重型机械为代表的极端制造装备领域中亟须解决的重大疑难症结问题。重庆理工大学彭东林研究团队针对上述问题，沿袭前期时栅传感器研究基础，首次提出一种将被测齿轮与传感器融汇一体的新方法——寄生式时栅技术，采用非接触、密封的离散测头线圈直接把被测齿轮、蜗轮、蜗杆、齿条、丝杠等当作均匀分度的“齿栅”，作为新检测方法的行波产生器件，再用时钟脉冲作为位移精密测量的基准，从而将原有的机械传动副变成“带检测功能的传动副”，实现实时、在线、动态精密位移测量。此外，为进一步突破当前磁场式时栅的测量精度瓶颈，开展了以电场和光场为媒介的纳米时栅研究，实现传感器测量精度从微米级跨越到纳米级。2017 年 10 月，经中国计量科学研究院鉴定：纳米圆时栅在任意 360° 量程内，精度为 ±0.09"，分辨力 0.01"。纳米直时栅在 200mm 量程内，精度为 ±150nm，分辨力 1nm，均达到国际先进水平。提出的寄生式时栅技术已成功应用于我军某型号的新型武器系统中，充分展现其在我国防军工领域的巨大发展前景。相关成果获 2010 年国家技术发明奖二等奖。

微纳制造结构表面在航空航天、电子制造、光机电、生物医疗等高端产业得到了越来越广泛的应用。现代微纳制造尤其是超精密金刚石切削加工技术不断呈现新的特征，加工出的微纳元器件形貌从原来简单的一维发展为三维结构，具有横向跨尺度、纵向复杂化的特征，给现代精密测量带来了新的严峻挑战。浙江大学居冰峰研究团队对金刚石切削过程中复杂微纳结构高精度测量的需求，建立了基于隧道效应的扫描探针显微测量系统，从难测结构的大范围快速测量技术、测量系统集成、复杂三维微纳结构的空间在位螺旋测量方法、面向超精密单点金刚石切削加工过程的应用等多个方面提出一系列创新性方法和解决方案，形成了系统性的关键技术，并开发了具有自主知识产权的面向单点金刚石微纳加工过程的在位测量技术与仪器装备，实现了复杂微纳结构面的三维形貌高精度在位测量和加工误差综合评估。设计的微纳平台可以实现 13.0 倍的位移放大，两个方向的运动耦合比只有 0.87% 和 1.75%，在 XY 方向的共振频率可以达到 184.9Hz 和 224.7Hz，可用于微纳结构的大面积高精度快速扫描以及扫描探头在金刚石机床上的纳米定位。新开发的快速探头伺服测量技术，首次用于金刚石飞刀到切削工艺过程中，实现了长 15μm、间距 30μm 的 V 型槽阵列的快速准确在位测量，与同类商业仪器比较，表现出了卓越的性能。所提出的空间在位螺旋测量方法，实现了对单元高度 5.8μm、周期 420μm、开口半径为 1.5mm 的快速在位螺旋测量，特征参数表征结果与设计值具有非常高的一致性。上述微纳元件的制造提供了一种质量检测控制技术方法，为微纳器件制造的进一步发展提供了有力保障。

大型飞机、船舶的摩阻占总阻力的 40%~80%，降低摩阻是实现大承载、长航程、低能耗等设计目标的关键。流体壁面剪应力（Wall shear stress）是形成摩阻的基本要素，也是表征边界层状态的有效判据。但是，由于剪应力量值极小、动态性高、被测流场极易受到干扰破坏等因素，精确测量流体壁面剪应力一直是国际难题，严重制约了空气动力学、水动力学等相关科技工业发展和重大工程建设。西北工业大学苑伟政、马炳和、姜澄宇等针对上述难题，充分发挥微机电系统（MEMS）技术的体积小、响应快、功耗低等优势，设计了柔性热膜式和浮动电容式两种不同测量原理的微剪应力传感器，攻克了张紧薄膜光刻和变曲率表面精确几何成形成性、通孔背引线、防水封装等关键技术。在柔性微纳结构制造技术的创新性成果基础上，实现了核心传感器的创新突破，研发出世界上首台套工程化流体壁面剪应力仪。

11. 智能制造及数字工厂

以风电叶片、高铁白车身、新能源客车车身为代表的大型复杂曲面和复杂结构零件，是能源、运载领域的关键核心构件。这类构件具有尺寸大、曲面复杂、结构非规则、刚性弱等特征，其型面形位精度和表面粗糙度直接影响能源转换效率和运载寿命。目前，国内外大型构件打磨领域仍然主要采用人工打磨作业方式，劳动强度大、用工成本高、工作环境恶劣、表面质量和精度无法保证，这对智能化打磨装备提出了迫切需求。实现大型构件多机器人智能磨抛，关键是要解决“大型复杂曲面多机器人高效加工的主动顺应与协同控制”这一科学难题，需要在磨抛法兰和力位自律跟踪、高能效移动机器人机构设计、超大高光反射表面三维测量、多机协同运动规划、测量加工一体化协同控制等五大关键技术上取得突破。华中科技大学丁汉、严思杰团队提出了与机器人结构无关的动力学参数辨识方法、建立了机器人铣削加工动力学模型并给出了稳定性分析方法、提出了面向静变形抑制的“机器人 – 工具 – 工件”最优布局方法。建立了“跟踪仪 – 扫描仪 – 机器人”系统参数标定模型，提出了基于大规模测点的机器人加工路径生成方法，发展了视觉伺服闭环轨迹跟踪控制和高精度力控制技术；实现了大型风电叶片打磨、新能源客车车身的机器人顺应抛光和高铁白车身机器人力控磨抛。自主研制的国内首套 64.5m 长大型风电叶片多机器人并行打磨系统，在中国中车搭建 3 条生产线，已批量加工 300 余片。自主研制的国内首套新能源客车机器人智能打磨装备，批量打磨车体 100 余辆，正式通过中国中车验收。研究成果“大型构件多机器人智能磨抛加工技术”入选 2018 中国智能制造十大科技进展。

现有装备技术应该怎样与信息技术融合？现有装备技术怎样借助信息技术提升装备性能？现有装备技术怎样借助信息技术提升用户友好性？针对这些问题，华中科技大学孙容磊、张富森团队提出一种全新的人在回路的“虚实同构”智能制造装备新原理。该新概念机床具有两个显著特点：①虚实同构：虚拟的数字化机床（简称数字机床）与真实的物理机床（简称物理机床）实现了结构同构、运动链同构、切削动力学同构；②人在回路：虚实同构机床与操作者实现了双向信息交互，支持更安全、更人性化的人机协作。在虚实机床同构空间中，操作者佩戴穿戴式传感系统与增强现实眼镜，结合带有身份标识和传感器的智能工具等，操作者的位置信息、作业信息、作业完成情况等直接反馈到设备监控系统，系统根据这些信息可提供操作指导和作业监控。另一方面，操作者通过手指触碰数字机床，既可操控机床，又可直观查看机床的设计信息（三维模型、二维图纸）、物理机床的运动信息、加工工况以及加工质量预测，其中，多数信息以形象、直观的图形或动画方式原位呈现。当操作者移动位置时可从不同角度、距离观察加工过程和机床结构，具有极度真实的沉浸感。团队建立了具有深度沉浸感的“人 – 信息系统 – 物理系统”集成制造装备，实现了如下功能：①工况感知：在线、原位显示装备运行状态、分析设备运动特征；②加工预测：离线预测零件的粗糙度、表面微形貌、表面微观组织演变、表面残余应力；③人机协作：安全提示、操作引导、作业监督、手势操控；④学习示教：数控程序原位仿真，在线查看机床三维模型及爆炸图、传感器布置等；⑤虚实同步：虚拟的数字化机床与真实的物理机床既可以重叠在本地同一空间，实现本地双向互操作与控制；也可以存在于异地不同空间，实现远程双向互操作与控制。成果应用于航空发动机压气机盘等大型薄壁盘类零件车削加工，较好地解决了大型薄壁盘类零件的加工变形和加工振动难题，实现了高精度、低损伤加工，提高了零件表面完整性。

三、国内外研究进展比较

近年来我国制造业取得了惊人的进步，中国成为世界制造产品产出第一的制造大国，但是中国还不是制造强国。2018 年中国虽然有 160 家企业进入世界 500 强，但其中制造业占比不到一半。国际知名的自主品牌少、国际上有影响的大企业少。虽然涌现出了华为、上汽、广汽、吉利、徐工、三一、海尔、格力、中芯国际等国际知名企业，但与国际跨国公司，如美国波音、通用、微软、英特尔，德国大众、西门子，日本丰田，韩国三星相比，还存在很大差距。

我国制造业产品总体上仍以中低端为主，高端产品依赖进口。高档数控机床、精密科学仪器、大型民用飞机、大型民用航空发动机、超大规模集成电路芯片及其制造装备、高档轿车及其关键生产设备等核心技术仍未掌握在自己手中。作为体现机械制造技术先进性的高端装备与发达国家相比仍然存在很大差距。例如，2017 年我国自主制造的高端数控机床的市场份额只占 6%。高速精密数控机床在主轴转速、进给速度、精度及其保持性、稳定可靠性方面还处于较低水平。

价格昂贵的高端科学仪器和医疗仪器仍然依赖国外，世界先进的大规模集成电路芯片制造已进入 7nm 级阶段，我国该领域的工艺和装备水平还差之甚远。机器人减速器、高速列车主轴承、液气密封等机械基础件的性能及质量与国外比较差距仍然较大，严重影响了我国装备的质量。我们可以生产各种车辆，但高档汽车控制器芯片还不能自主生产。

我国制造业在智能制造、大数据的获取、分析和应用、数据化车间及智慧工厂等尚处于初级阶段。汽车自动焊装生产线上的机器人等装备大都是国外产品；同时我国制造业仍存在着自主创新能力薄弱、能源资源消耗高、污染排放严重、高水平人才短缺等亟待解决的问题。

虽然我国机械制造学科部分领域的研究水平已进入国际先进行列，但仍存在不少问题和差距。主要体现在以下方面：我国机械制造的理论、方法和技术对中国制造业的自主创新和发展的贡献不够显著；中国学者提出的机械制造领域的新概念、新理论、新方法和新技术不多；有重要国际影响的机械制造理论、方法和技术较少；在机械制造领域国际学术界有较大影响的中国学者少。

1. 精密及超精密加工领域

在光学自由曲面加工方面，我国研究人员解决了光学自由曲面空间构建与物理再构理论、纳米尺度多物理场材料成形机理、原位测量系统和评价体系等关键共性技术，实现了最小切屑厚度 6nm，达到同领域领先水平；设计制造的光学自由曲面离轴三反望远光学系统视场角达到 50°~60° 以上，MTF 为 50lp/mm，接近衍射极限，新型自由曲面离轴头盔显示光学系统视场角 40°，质量 100~150g，重点解决传统性能与体积重量的矛盾，达到国际先进头盔光学系统的水平，研究成果与国内外同类相比，出瞳直径、视场角等关键技术参数显著占优，形成具有独立自主知识产权新产品、新技术和新装备。国内研发的数控超精密加工机床，无论在性能稳定性和可靠性，还是在精度指标上与国外商品还有一定的差距。国外商品化数控超精密机床配有智能精度补偿软件，而我国超精密加工装备尚无相应的智能精度补偿软件。超精密型面的测量技术与误差评估不仅是对产品评价的依据，而且是对超精密加工进行实时控制的依据，非球面、自由球面超精密加工的测量及评价是我国在该领域的瓶颈问题。尽管中国已成为世界光学元件加工和制造基地，但绝大部分是以大批量、低精度为主，附加值低，竞争力弱。

2. 高质高效加工领域

高速高效加工学科领域，受制于我国高速、超高速切 / 磨削技术及装备的落后，我国高速、超高速加工技术的研究还没有形成完整、系统的体系和方法，钛合金、硬脆、复材等难加工材料的高速、超高速切 / 磨削研究有待深入，对高速、超高速磨削机理的认识总体处于落后阶段；超高速切削工艺的生产应用方面仍存在显著差距。在高效切削刀具设计、制备与应用的基础理论研究方面，仍然缺乏系统、规范、标准化的自主研发体系，特别是刀具数字化设计、专家数据库系统等方面与国外差距还在拉大。在复材低损伤工艺开发研究方面，国外目前的研究工作多集中于冷却及润滑工艺开发，国内的“逆向冷却”工艺技术需一定配套的工艺装置，而因目前尚未进行大规模生产，故技术成熟度相比现有工艺技术仍存明显差距，也制约了该项工艺技术的工程化应用。在复材专用数字化加工装备研制方面，国外已具备解决复合材料加工的成套技术与装备体系和相关标准规范，国内起步较晚，差距较大。我国在航空发动机关键构件的制造精度方面已经接近或达到了与国外产品相同的水平，在形位精度、表面粗糙度等几何信息方面的要求达到甚至超过国外同类关键构件的要求。然而，我国制造的关键构件服役寿命却不及国外同类产品的 50%，在关键构件制造技术方面未能掌握面向高性能制造的表面宏微观几何与物理状态对构件服役影响规律，相关基础数据严重缺乏，高性能加工表面状态设计基础研究不足。国产机床以仿制国外同类型机床为主，缺乏主动设计手段；机床装配工艺也没有定量化的指导原则，装配往往需要反复调试、矫正保证精度，批量生产的机床精度一致性得不到保障。“工艺牵引装备，装备支撑工艺”的良性循环没有形成。

3. 非传统加工领域

我国非传统加工研究近年来发展迅猛，有些领域达到国际水平甚至引领；但基础研究特别是原创性、关键技术及装备与国际先进水平还有差距，有些领域还刚起步。大功率激光焊、微焊接、非金属和异质材料及超窄间隙焊、在线监测的基础研究不够深、关键装备缺乏；切割 / 制孔研究核心技术掌握不全。表面强化与再制造各具特色，但现有激光表面改性技术难以满足高端装备关键零部件表面改性的质量和效率要求，大部分高端基础件仍需依赖进口。微纳制造国外实现了纳米材料合成、组装和三维成形及飞秒脉宽内对光泵浦电流信号探测，国内起步晚，但在超快激光时空整形微纳加工新方法、功能结构制备、微纳连接等领域已赶上甚至引领。

液体射流加工缺乏原创性研究和关键装备。高速磨料射流加工机理尚缺乏有效的工艺数据库，难加工材料的精密、高效、微细加工研究未见重大突破；电加工高端数控机床被国外公司垄断局面未根本改变。超声波加工领域，研究力度明显高于紧随其后的日本并大大超越欧美国家，大功率高频低压驱动、微型化、集成化超声换能器研究与应用仍存在较大差距，商用高端加工机床、超声手术刀等明显落后。高精度、高效率离子束超精密加工的理论、工艺及装备虽然已有重大突破，但仍然缺少系统深入研究。

4. 微纳制造领域

中国的微纳制造面向国家重大需求，发展了微纳制造的新原理、新方法、新工艺、新装备，初步建立了微纳制造工艺与装备的理论体系与技术基础。国外 SOI 基 MEMS 制造技术在半导体电路和器件研制、生产以及生物医学等方面开展了应用。国内 SOI 基 MEMS 制造技术在航空航天领域等特殊领域的研究独具特色，但是多种 SOI 基 MEMS 器件的大规模批量制造，协调好工艺的标准化与产品多样性的兼容关系是有待解决的问题。在纳米压印技术与装备方面，国内外研究水平和技术装备发展与国外相比存在一定差距，基本均处于由科学研究向产业应用阶段过渡。高分辨率电流体喷印装备主要集中于中日韩地区，欧美地区主要是一些原理性平台。电子皮肤器件的强度和韧度仍然难以抵抗在实际使用中可能遇到的大幅拉扯、扭转和变形，电子皮肤和信号调理电路的可靠连接以及传感信息的无线传输等尚存在难题；测微纳加工和封装工艺已有突出进展，但微纳米加工、封装及测量的高端装备及仪器仍然依赖进口；尚缺乏原创性微纳加工尺度效应、跨尺度耦合建模仿真及微纳测量理论和方法。

5. 绿色制造领域

在绿色制造领域，我国科研人员主要研究方向集中在绿色设计、绿色制造工艺、绿色物流、再制造、回收与再资源化、资源效率优化等方面。在绿色设计方面，主要研究节能设计技术、可拆卸及可回收设计、新制造模式等；研究了机械装备的轻量化设计、降噪设计等，其成果应用于挖掘机、叉车、通用桥式起重机、大型机床、大型传动装置等；研发了工程机械动力总成绿色设计技术，应用于超大型压力容器轻量化可靠性设计、大型旋转机械安全寿命预测、制冷类家电易拆解及新材料替代设计等方面，并建立了机电产品绿色制造基础数据库。在绿色制造工艺方面，开发了复杂铸件低能耗生产、精确锻造成形、无害化焊接、环保型电镀、高速干切削等绿色生产工艺。在绿色物流方面，研发了工程机械、废弃家电等逆向物流技术。在再制造及回收再资源化方面，针对报废汽车、混凝土泵车、装载机、挖掘机、盾构机等机电装备的再制造，系统研究开发了其拆解、清洗、检测及修复等再制造工艺，并对废弃电路板绿色拆解与资源化技术等进行研发。在资源效率优化方面，开发了大型流体机械及压缩机、大型排水泵电机系统节能技术；研究了非道路内燃机节能环保技术；开发机床能效优化技术，发展车间制造执行系统能效优化技术等。虽然中国近几年绿色制造发展迅猛，研究成果显著，有些领域达到国际水平甚至引领。但总的来讲，绿色制造相关的基础研究特别是基础理论、关键技术、成套装备与发达国家还有差距，有些领域甚至还处于起步阶段。

6. 仿生制造领域

我国仿生制造总体上是跟踪与引领相结合的战略研究模式。在研究成果方面，吉林大学在仿生工具和功能构建上获三项国家发明奖，在农业与地质等行业形成了显著的工程应用价值。北京航空航天大学在超润湿界面材料与制造上取得了标志性的科学发现，包括蜘蛛丝集水、猪笼草口缘定向水搬运的新原理发现和制备方法发表在《自然》(*Nature*)主刊，在环保、医疗、能源等领域具有广泛的应用前景。天津大学提出厚板折纸新原理，发表在《科学》(*Science*)主刊，在微创狭小通道机器人设计制造领域具有广泛的应用前景。在仿生机器人方面，美国的拟人跳跃机器人处于领先地位，我国与其有很大差距。在生物制造方面，达芬奇手术机器人处于明显的国际领先地位，我国尚有很长的路要走。

7. 表面功能结构制造领域

近年来，在国家战略规划相关重大项目支持下，我国在表面功能结构制造技术研究及产业应用等相关方面取得了突飞猛进的科技进步与一大批创新性科研成果。在复杂表面热功能结构/形貌统一的建模与设计、结构/形貌可控制造等整体技术方面取得突破，实现了管壳式换热器、空调蒸发/冷凝器以及热控系统的换热技术升级换代，从根本上解决了高铁核心 IGBT（中国高铁和日本新干线）、中国航天卫星数据处理系统及相控阵天线致命的高热流密度问题。在半导体发光器件跨尺度光功能结构光色矢量设计与制造等整体技术方面，相关研究成果打破国外专利壁垒，实现高品质全彩（RGB）显示器件市场占有率全球第一，并被指定用于抗战胜利 70 周年阅兵、里约奥运会、航空航天指挥超清显示等重大场合，奠定了我国在半导体发光产业规模与技术方面的国际优势地位。在光学微结构阵列模压成形方面，开发了国内首套玻璃光学器件精密制造装备，实现了在可见光玻璃材料和红外玻璃材料上加工各种类型、各种尺度微结构阵列与自由曲面玻璃器件。但是，我国表面功能结构制造所需的精密加工装备、检测仪器等均受制于欧美等发达国家，导致我国在表面功能结构加工效率、复杂结构形状及粗糙形貌协同生成、表征与检测以及保证加工精度一致性等方面与发达国家还有一定差距。

8. 增材制造领域

过去五年，增材制造研究涌现了爆发式的发展，从一个小众领域发展为一个研究非常普及的科学技术领域。中国增材制造研究覆盖了新的增材制造原理与方法、各种复合增材制造技术、控形控性原理与方法、材料设计、结构优化设计、装备质量与效能提升、质量检测与标准等相当完整的学科方向。在基础研究上已经相当深入，特别是大型金属结构件增材制造的力学性能达到了世界领先水平。在新原理、新方法、新材料、新设计等方面的创新非常活跃，增材制造专利数量已居全球之首。在应用上取得了许多重要进展，航空航天制造的应用已经非常普遍并解决了很多重大技术瓶颈问题，医疗应用创造了全新的有效治疗途径，砂型 3D 打印促进了传统铸造行业的智能化转型升级。但在学科整体上，我们同世界领先水平还有一定差距，近几年的一些显著影响增材制造全局的重大技术进步都来自美欧国家，美国和德国还占据高端增材制造装备商业化销售市场的绝对优势，高端增材制造装备的核心元器件和商用软件还依赖进口，以系统级创新设计引领的规模化工业应用还主要在美欧国家。

9. 基础零部件制造

机械基础零部件直接决定着重大装备和主机产品的性能和可靠性。我国已将核心基础件列入《国家中长期科学和技术发展规划纲要》等国家发展战略，在高端机械基础零部件设计和制造方面取得了一定的突破：高端滚动轴承核心元件的高精度、高表面质量、高一致性加工技术，为我国航空航天及国防军事装备关键性轴承产品提供了重要支撑，并应用于高档数控机床、高级轿车、高端家电等行业；磁性液体密封技术、核反应堆压力容器用 C 形密封环、大尺寸陶瓷密封环等成功应用；高铁列车用齿轮传动系统在“复兴号”中国标准动车组中占比 90%，提升了高铁列车整体技术水平；自主研发的二维（2D）电液流量伺服阀和高压高速轴向柱塞泵等已应用于我国航空、载人航天工程以及国防安全建设。但是我国制造业所需核心基础件仍严重依赖进口，高端基础零部件发展受制于原材料、精密制造装备、检测试验技术及基础理论与技术前沿研究的落后，与发达国家存在较大差距。对复杂、极端工况的物理现象缺少系统的实验研究和理论层面的认识，缺乏高精度加工装备及稳定的制造工艺等核心技术，制造过程智能化水平低，缺乏服役性能检测与测试技术及装备。

10. 传感、检测与仪器领域

近年来，我国检测测量技术显著提高，但与发达国家相比还存在自主创新少、测量精度不高、测量准确性不高、测量效率低等特点，高端仪器设备依赖进口的局面尚未改变，现有国内测量仪器的性能及可靠性指标与国外产品相比差距明显。同时，国外公司还占有国内中档产品以及许多关键零部件市场份额的 60% 以上。测量理论、方法和技术不适应国家重大工程的需求。微纳尺度测量中的量值溯源和测量、无线网络测量、特殊环境条件下的测量、大量程测量、快速测量、测量导航技术，以及国际测量基标准的研究与发达国家存在较大差距。

11. 智能制造及数字工厂

国产高端数控系统在多轴联动控制、功能复合化、网络化、智能化和开放性等领域取得了一定成绩，但是长期以来始终处于低端迅速膨胀、中端进展缓慢、高端依靠进口的局面，目前高档数控机床的数控系统和功能部件依然大多采用进口产品，国内产品在可靠性和精度方面仍有所不足。

华中科技大学提出并建立了“虚实同构”数控装备原理以及人机协作型数控装备系统结构，建立了具有高度沉浸感的装备操控与人机协作技术。国外以微软为代表的科技公司开发的 Hololens 等头戴显示器，广泛应用于工业领域的人机交互，在硬件水平上领先于国内人机交互硬件设备。

在智能感知涉及的关键技术方面，中国计量学院成功研制出分布式光纤拉曼温度传感产品，长、中、短程产品指标均优于或等同于国外 Sensa 等公司的指标，价格是同类国外产品的 1/2；沈阳自动化研究所牵头研究开发了一种基于导波脉冲雷达及连续波雷达的高精度测量装置，达到国际先进水平。阿里巴巴的 ET 工业大脑应用人工智能技术从上千个变量中找到影响良品率的关键变量，大大提高了光伏材料制造的良品率。

在智能设计方面，国外利用设计决策树模型对产品的组合方式进行优化。国内科研人员提出了数字孪生驱动的产品设计、制造与服务模型，并通过实际案例介绍模型应用方法。在计划调度方面，国内研究人员提出了数据驱动的车间动态调度方法，实现了基于车间实时状态的加工时间、等待时间、运输时间动态调控；针对制造过程中工艺约束带来的传递效应，提出了工期预测的深度学习方法，实现了车间调度中产品完工时间的精准预测。在质量优化方面，国外将数据挖掘方法应用于制造过程质量提升，并在集成电路制造方面取得了较好的效果；国内提出了一种数据驱动下的复杂机械产品装配过程质量控制方法，提高了复杂机械产品的装配精度和服役安全性。在运行维护方面，国外研究人员基于连续测量的风力涡轮机 35 个月的 SCADA 数据，设计自适应神经模糊干扰系统模型来对涡轮机故障进行自动诊断；国内研究人员通过采用深度学习方法中的去噪自动编码机模型对机械设备的健康状况进行监测诊断，取得了较高的监测诊断精度。在工业互联网方面，德国西门子推出 MindSphere 平台，帮助企业打造智能工厂；通用公司的 Predix 广泛应用于航空、医疗、能源等行业；施耐德电气在全新 EcoStruxure 架构与平台的基础上打造可编程逻辑控制器，实现针对生产过程、面向未来的智能化升级。由海尔自主研发、具有中国自主知识产权的工业互联网平台 COS — MOPlat，将用户需求和整个智能制造体系连接起来，让用户可以全流程参与产品设计研发、生产制造、物流配送、迭代升级等环节，实现了跨行业、跨领域的扩展与服务，成为全球首家引入用户全流程参与体验的工业互联网平台。国内外已经开始研究 DPI 技术在工业控制安全产品中的应用；国外已经开发了用于工业控制系统的基于统计的入侵检测系统，国内对 SCADA 特定的入侵检测 / 防护系统进行了调研和分类，对 6 种工业控制入侵检测设备从应用方案、检测方法、特殊需求等方面进行了详细的比较；在事件关联与态势分析技术中，国内外利用模式识别的方法识别当前的安全态势，为应急响应措施的部署提供决策依据。工业和信息化部电子科学技术情报研究所等建设了工业控制系统在线安全监测平台及仿真测试环境，形成了工业控制系统信息安全风险监测与预警能力，在工业控制系统软硬件网络指纹获取方面的技术达到国际领先水平。

四、发展趋势与展望

（一）制造业发展展望

随着制造数字化、网络化、智能化、全球化发展，我们已经跨入了网络 / 信息 / 智能化制造新时代。

美国在 2017 年公布了《2016—2045 年新兴科技趋势报告》，该报告是在美国过去五年内由政府机构、咨询机构、智囊团、科研机构等发表的 32 份科技趋势相关研究报告的基础上提炼形成的，通过对 700 项科技趋势的综合对比分析，最终明确提出 20 项最值得关注的未来科技趋势，包括：太空科技、机器人与自主系统、新能源、先进材料、新型武器、物联网、增材制造、先进数码产品、人体机能增强系统（Human Augmentation）、混合虚拟增强、大数据分析、移动和云计算、医疗进步、网络空间、智慧城市、食物与水技术、量子计算、社交媒体使能（Social Empowerment）、对抗气候变化、合成生物，其中多半与制造科技密切相关。

人类社会正面临着气候变暖、资源耗竭、生态失谐、科技颠覆和太空 / 核战的挑战。人工智能、信息技术、生物技术、纳米技术与制造技术的融合将是应对上述挑战的强大武器。颠覆性技术的出现、激烈的市场竞争，必将导致新装备、新产品的不断产生及更新换代，同时创造新的企业运行和管理模式。智能机器人、互联网、物联网、增强现实 / 虚拟现实、认知 / 人工智能、3D 打印等创新加速器将重塑制造业的传统生产模式、服务水平和业务模式，甚至于整个供应链的网络数字化智能转型。制造业发展的总趋势仍然是智能化、网络化、绿色化、超常化及全球化。

展望今后数年，核聚变、可燃冰等能源技术可能实现工程化突破，10nm 线宽以内特征的集成电路器件将走向市场，智能汽车、电动汽车将更普遍地进入社会和家庭，飞行汽车将成为可选的交通工具，服务机器人将更广泛地进入人们的生产和生活，无人车间和智慧工厂将明显增多，软屏显示技术将改变手机屏幕、会议显示屏和电视面板现状……上述改变使机械制造学科及技术面临新的机遇和挑战。

中国正处在从“制造大国”向“制造强国”的战略转变中。要实现此战略转移，关键在于制造技术和产品的创新。科技及产品创新是未来制造业的核心和灵魂，制造业之间的竞争，说到底是科技的竞争。产品创新和品牌打造是中国制造业面临的重要挑战。现在全球科技创新成果不断涌现，科技竞争日益激烈，在现有知识资源和物质资源基础上，大力推进科技创新已成浩浩荡荡的世界大趋势。

中国将成为世界制造强国。如果我们能正确认识、预测和面对这些挑战，及时采取应对战略和策略，大力加强制造科技及其产品的原始创新和自主创新，中国就将必然到达胜利的彼岸。高端自主品牌产品将可与美日欧并驾齐驱，中国国际知名的跨国制造企业将屹立于世界之林。

未来制造将逐步走向“和谐制造”，这是最理想的制造模式。人、自然和制造之间的关系相和谐而发展。人类通过制造改造自然，但又顺其自然，保护自然和环境。未来制造将从“必然王国”走向“自由王国”，人类不仅可以随意设计制造自己所需要的理想产品，而且能创造人与制造过程的和谐，享受制造过程带来的乐趣和满足。

“中国制造 2015”提出了中国实施制造强国的“三步走”战略：第一步，力争用 10 年时间，迈入制造强国行列；第二步，到 2035 年，我国制造业整体达到世界制造强国阵营中等水平；第三步，到中华人民共和国成立 100 年时的 2049 年，制造业强国地位更加巩固，综合实力进入世界制造强国前列。中国将拥有自己的波音、英特尔、通用、罗·罗公司等跨国高科技公司。

第一步目标是制造强国战略实现的关键，到 2025 年，基本实现工业化，制造业大国地位进一步巩固；制造业数字化、网络化、智能化取得明显进展，制造业信息化水平大幅提升；掌握一批重点领域关键核心技术，优势领域竞争力进一步增强，产品质量有较大提高，制造业整体素质大幅提升；创新能力显著增强，全员劳动生产率明显提高，“两化”（工业化和信息化）融合迈上新台阶；工业增加值能耗、物耗及污染物排放达到世界先进水平。形成一批具有较强国际竞争力的跨国公司和产业集群，在全球产业分工和价值链中的地位明显提升。

网络环境下的智能制造将成为制造业发展的重要方向。随着数字化、网络化和人工智能技术的发展，智能机器人、智能汽车、无人机、智能列车、智能船舶等制造业迅速崛起。制造装备、制造车间及制造企业将不可避免地走向智能制造，而且这种智能化在 2025 年将从现在的初级阶段发展到中级阶段，即高端重要装备和系统基本具有信息感知、计算分析和决策反馈控制等智能。

智能制造指高知识含量的智能产品及其智能制造过程。智能机器人、智能芯片、智能数控机床及精密仪器、智能飞行器、智能交通及车辆等智能产品和智能系统将成为全球制造业竞争高地。未来 5~10 年，工业机器人、特殊环境下作业的机器人、医疗康复机器人、带有反馈功能的智能机床将有更大的发展空间，自主创新的高端精密仪器将有突破性增长。

智能制造实际上就是数字制造与人工智能的融合。体现智能制造过程的网络环境下的智能制造单元、智慧车间和数字企业将在数字制造基础上有较大发展。以满足个性化需求为目标的柔性智能制造系统将显示出强大的生命力。

不断快速更新的信息产品制造将成为制造业的一个重要方向。智能手机的出现和广泛应用改变了人们的生活方式，同时也改变了制造业。没有几年时间，照相机、收音机、电话机、导航仪等失去了市场，也迫使这些制造厂关门。随着数字化、网络化和智能化的飞速发展，用于智能装备和智能系统中的各种光 / 磁 / 电 / 超声传感器及其控制器、软屏智能手机、无线通信、宽带网络、光子及智能装备将有很大发展。超级计算、虚拟现实、大数据、网络制造与网络增值服务产业突飞猛进。虚拟增强现实技术将在设计和制造中扩大应用。例如，人们可以利用计算机模拟热核反应、高速飞行器、高级轿车等复杂系统的设计及动态运行。计算机、网络、通信、机器人等技术将改变人们的生活、生产和消费方式，改变产业、企业和社会结构，进一步推进经济全球化进程。

制造信息化是数字化、智能化及网络化制造的统称，它包含机电产品设计及其生产过程的数字化、智能化和网络化高度集成。例如，数字智能轿车可以自动选择和优化路径、自动避撞、随时报告运行状态和可能发生故障的时间和部位；数字智能柔性制造单元或系统能实现零件自主智能装卸、加工制造、质量检测和故障维护。智能数字网络多功能集成产品将会越来越多、越来越普遍，而且更新换代会越来越快。

极端制造将成为制造业及其制造技术的新制高点。极端制造指制造尺度特大或特小或极高功能的器件和功能系统。随着中国经济社会的迅速崛起，迫切需要各种征服自然的重大装备。例如，征服太空需要更大更快的宇宙飞船，深空探测需要超大超远望远镜，超大型火箭需要制造巨型薄壁燃料箱，远程高速飞行需要高安全、高舒适性大飞机，物理学家观察微观粒子需要超大超高倍显微镜，下一代计算机集成电路要求寻找新的纳米制造和量子制造方法。上述问题的解决必须依靠极端制造和极端制造技术。

微纳制造及生物制造将成为制造业的新增长点。为了精确感知各种不同参数的信号，一台智能装备需要嵌入数个甚至上百个微纳传感器及其控制器。随着智能制造及智能机电系统产业的迅速发展，微纳传感器及其控制器产业将有十分明显的增长。未来人类将进入纳米技术和生物技术时代，据美国国家科学基金会预测，未来 10 年，全球纳米技术市场规模将达到每年 1 万亿美元左右。随着微纳米制造技术的发展，纳米产品的产业化将成为可能，并在航空、汽车、能源、环境、信息、医疗等领域得到广泛应用。部分传统粗大的机械结构及系统、传感和控制器将为精微细小的机械结构、传感和控制系统所代替；随着生物和仿生技术的发展及应用，仿生制造的生物器官将在修复和代替人类废旧器官中发挥作用；智能仿生、仿人机构和系统将在国防、国家经济和人们生活中越来越显示其优越性。

信息科学、生命科学、纳米科学等的迅速发展，要求制造业及时提供这些高新科学技术发展所需求的仪器和装备，同时制造业要能生产高知识含量的信息机电产品、仿生机械产品和微纳尺度器件及其产品，如纳米计算机、生物计算机等。

绿色制造是制造业不可逾越的制造方式。绿色制造，即基于资源节约和环境友好的绿色可持续性制造，是一项战略性制造理念，也是一种制造模式和制造技术。人们将会发现：生态（地球的保护和人类生存环境）可能比经济更为重要。

中国已成为世界最大能源消耗国。由于石油、煤的枯竭，核能、太阳能、风力能、水力能等清洁能源使用将会大增，形成可持续的清洁能源新体系。随着核能装备的微型化、电池技术的高效高能化，燃油发动机市场将逐步萎缩，最终退出历史舞台，而代之以电动、核能等清洁能源发动机。与上述发动机相关的航空器、航海器、各种车辆、发电设备等将面临更新换代的设计和制造。电动汽车已经进入人们的生活，如能进一步解决电池的耐久性、安全性和经济性问题，最终将实现车辆改朝换代的大革命。与此同时，所有产生环境污染和资源浪费的产品及制造过程将被逐步淘汰。

绿色制造包含无污染无废弃物制造、绿色产品的设计与制造、废旧机电产品的再制造、节能节材制造以及新能源装备制造五个方面。由于废弃产品的海增，再制造业将得到迅速发展。产品的绿色度将上升为制造竞争力的首要因素。

制造全球化潮流不可阻挡。虽然近年来国际上出现了逆全球化的逆流，但改变不了世界经济一体化、市场全球化的不可逆趋势。制造全球化包含制造市场、制造企业和制造资源的全球化。未来制造产品的竞争力主要取决于下列 5 个因素：绿色度、质量、成本、服务、及时性和个性化（GQCTSP）。拥有上述综合优势的产品必将通过互联网及各种销售模式，迅速冲破国界并占领市场，其制造业将发展为跨国企业。这是国际跨国公司的发展史，也将是中国企业成为跨国公司的必由之路。中国正在崛起的一批跨国企业必将继续证明这一点。

（二）机械制造学科的发展趋势

机械制造学科发展的总趋势是需求驱动、学科融合和前沿牵引。

需求驱动：制造业的创新发展需求是推动机械制造技术及其学科发展的原动力。制造业发展的趋势是智能化、网络化、绿色化、超常化和全球化。机械制造科学的基本任务，就是为制造业提供所需求的机械制造过程及装备的新理论、新方法和新技术。

我国正处在从制造大国向制造强国迈进的征途中。各行业迫切需求的超精密、高速、高可靠性装备的制造，大飞机、大火箭、大飞船、航空母舰等超大型海空天装备的制造，各类机器人、高速列车、新能源装备及节能汽车的制造，高性能芯片、微纳、仿生和生物医疗产品的制造，国家大科学工程、各行业的颠覆性技术等都迫切需要机械制造科学提供创新且实用的理论、方法和技术。

学科融合：机械制造学科一方面要与信息科学、生命科学、材料科学、管理科学、纳米科学继续深入交叉融合，发展和完善仿生及生物制造学、微纳制造学、制造管理学和制造信息学。另一方面也要与机械学融合，即与机构学、传动学、摩擦学、结构强度学、设计学、仿生及生物等机械学更深入地融合发展。这样的案例不少，例如：清华大学雒建斌、路新春等将摩擦学与微纳制造及抛光技术融合，研制成功大尺寸硅片的超精密抛光装备并已经用在大规模芯片生产线上，打破了国外的技术垄断，解决了国家集成电路生产需求中的一项重大难题。

前沿牵引：指未来需求牵引和前沿科学牵引。例如，核聚变是一项前沿科学，同时也是未来人类的能源需求，核聚变工程的突破和未来的实际工程应用离不开机械制造科学技术；探月、探火星等深空探测处于科学前沿，新的探测的仪器和飞行器的设计制造也需要机械制造科学技术；下一代量子计算机、生物计算机等的制造，应从现在就开始进行机械制造的科学预研；未来进入人体开展医疗手术的微纳智能机器人更离不开机械制造……所有这些科学前沿和未来需求，都对机械制造科学提出了新的机遇和挑战。

生存与衰亡同在，机遇与挑战并存。机械制造学科如果只停留在传统学科之上而不思革新和进取，将必然被时代抛弃；但如果能站在国家需求和时代的前沿，积极主动地抓住国家重大需求、学科融合和前沿牵引的机遇，就必然会有突破性、系统性的进展，顶天立地，以崭新的姿态昂首挺立在世界学科之林。

1. 极端制造科学技术将得到快速推进

未来 5~10 年，人类探索宇宙、改造自然、创造财富的制造活动将进入平稳加速期。对月球和火星等宇宙空间的探索发现和利用的需求将促进深空航天制造技术的发展。例如，需要制造直径 5~10 m 以上大推力火箭、比 500 m 直径更大的射电望远镜、比“嫦娥”飞行器更大的宇宙飞船、更大的宇宙空间站。除此之外，制造 C919、C929 系列大飞机，建造比 003 号更大更先进的航空母舰，生产大于 350 km 时速的高速列车，制造纳米级线宽的超大规模集成电路芯片，制造毫米、纳米级的微纳系统和器件等都对制造科学将面临极端提供了前所未有的挑战，需要我们解决尺度极大和极小、速度极快、环境极端恶劣下的尺度效应和环境效应问题，解决极端制造中学科交叉及成形成性中的一系列科学难题。

2. 机械制造与信息、生命、纳米、材料等学科深度交叉发展

机械制造学科是传统学科，新时代的机械制造科学要健康发展，必须与信息、生命、纳米、材料和管理等学科交叉发展。

首先机械制造学科要进一步深入与计算机、传感器、物联网、互联网等信息科学交叉，才能出现智能机器人、智能机器、智能加工、智能制造、智能车间和数字工厂，实现制造更高水平的数字化、网络化和智能化，形成智能制造新学科。

新时代的生物制造技术将得到充分发展，仿生人或动物器官将用于临床，仿生机械、机器人将更普遍地进入人们的生活。仿人器官制造技术、仿生机电系统，如仿飞禽类飞机、仿动物机器人、智能机器人制造技术将有更大的发展。此外，生物医学工程发展迫切需要智能化、微细化，要求机械制造工程提供智能化、微细化的医疗器具和设备。机械制造科学与生命科学、医学学科的交叉，将推动生物制造、仿生制造科学的更大发展。

（三）各研究领域发展展望

1. 精密及超精密加工领域

缩短加工周期、提高加工精度、实现快速交付和加工复杂曲面已成为光学制造领域发展的重要环节。发展数字化光学制造手段和光学智能制造技术，实现光学质量可控制造，是光学制造发展的必然之路。研究一体化加工设计方法、关键工艺技术和光学性能评价技术。探索复杂零件型面三维光学精密测量技术中多次反射条件下全场三维测量、半透明材料高精度三维形貌测量和高速三维测量等理论和方法。研究大量三维数据的分析和处理、三维精密测量系统自适应快速响应，实现大型整体结构件测量 / 加工一体化。必须发展新的轴承成形方法、新的工具结构以适应滚动接触面形状的变化。同时，还应针对新材料的物化特性对其加工介质、加工工艺参数等进行研究。轴承关键元件加工基础理论及关键技术与大数据技术融合，是未来实现轴承加工工艺智能决策、优化加工工艺、提高加工一致性及效能的有效途径。开展超精密加工装备高精度关键部件高效制造、超精密加工装备模块化生产、典型材料及复杂零件超精密加工工艺、超精密加工装备制造标准制定等研究，取得我国在超精密加工工艺基础和关键装备技术研究的突破，提升我国在该领域技术创新的能力。

2. 高质高效加工领域

应用基础科学、材料科学、信息技术、测试分析技术等不同学科理论和技术手段，不断完善高质高效加工基础理论，发现新规律、提出新方法、建立更准确有效的模型，为以高质量、高精度、高效率、智能化、绿色化、复合化、高集成化等为特征的高质高效加工装备、工具和工艺技术的创新发展提供坚实的理论支撑。开展典型工程材料、难加工材料、复合材料等基础工艺数据体系建设，加强型谱化材料加工性和零件服役特性之间映射关系研究，建立典型工程材料、难加工材料、复合材料与零件加工的缺陷检测和评估体系，结合对材料结构组织性能关系的清楚认识，对材料加工过程中的性能进行准确预测。积累大量产品数据、工艺数据，开展大数据分析与应用，实现精确的加工工艺控制，为提高加工质量、加工效率和加工经济性提供数据支撑。在高质高效加工中结合发展高速高精控制技术、加工质量智能控制、加工过程监控技术、数字孪生技术、表面织构、表面改性等关键技术，以适应高质高效加工新的更高等的需求。发展各种新的复合或集成加工技术及装备，其中增减材复合加工、基于激光的复合加工技术、半导体与机械制造融合、等离子辅助，以及支撑复合加工的相关软件工具、智能技术和复合装备等将是技术研发热点。

在优质、高效加工的目标基础上，进一步追求高能效、低物耗、低污染的绿色化以及可测可控等新目标，向可持续加工发展，进一步促进高质高效加工与绿色制造的系统融合，完成高质高效加工向可持续加工的升级转变。切削/磨削技术的智能化发展，需加强对切削/磨削过程的物理建模、仿真建模技术、过程感知技术、信号分析与融合技术、物联网、加工大数据、机器学习、标准协议和接口技术等相关使能技术的深入研究。高质高效加工技术需要与高性能加工装备及其功能部件以及相应的信息技术有机集成，系统发展，真正实现加工过程的高质、高效、绿色、可测、可控、经济的高目标。同时，应持续开展高质高效加工工艺应用技术研究，增强工艺知识储备，革新工艺技术服务理念，提升高质高效加工工艺与数据的技术服务能力，促进高质高效在制造业中得到广泛应用。

3. 非传统加工领域

研究异质焊接、超厚板焊接、微/纳及跨尺度连接以及激光与电/磁、超声等复合焊接；拓展激光切割、制孔加工材料及尺度；发展复合加工、高精可控技术与装备。研发多物理场、多工艺复合改性技术与智能化技术及装备；探明超快激光微纳制造中非平衡、非线性、多尺度作用机制及其能量吸收、传递、转换及成形成性机理等。研究多能场耦合下新型难加工材料微加工与复杂结构成形机制与装备。研究不同液体射流加工方法的机理、关键装备。研究新型材料、超结构的超声加工机理，研究超声增材制造、精准超声手术技术与装备。重点研究电子束纳米尺度加工/3D打印新方法、新技术与装备。

4. 微纳制造领域

高性能、多品种MEMS产品的大批量、低成本制造，微纳制造技术实用化以及更多的应用领域突破，是我国微纳制造领域未来的发展趋势，具体发展趋势如下：高端MEMS具有高性能的特点，对精度、寿命、可靠性以及工程环境适应性等提出了非常严格的要求，进而也对其加工的稳定性、质量控制提出了更高要求，协调处理好加工效率、成本与质量、性能的关系是未来的一个发展方向；实现功能化大面积纳米结构在非平坦衬底（如三维曲面）上直接压印制造，是未来纳米压印技术的重要发展方向；面向可穿戴、智能机器人和智能假肢的轻薄化、共形性、表贴式的多功能柔性电子皮肤是未来电子皮肤的主要发展方向；针对国家的重大需求，发现新的仿生对象，开发多学科交叉的新型微纳结构制造技术，制备出真三维的复杂仿生微纳结构，阐释更多的仿生研究机理，并最终获得更多的应用领域突破是复杂仿生微纳结构制造技术未来的发展趋势；开展柔性膜层低弯曲应力制造和高阻水氧高曲率弯曲的薄膜封装技术研究，阐明折叠应力对显示器件性能影响的机制，探讨全柔性屏任意弯曲的可靠性制造方法与机理；纳米结构的定域可控制造，将微流控技术与柔性电子技术相结合，用于人体生理信号监测等的可穿戴柔性微流控芯片以及聚合物器官芯片的制造是聚合物微流控芯片制造技术的重要发展方向；突破多喷头、多材料电喷印技术难题，解决规整平面到复杂曲面、二维到三维打印问题，拓展电喷印的工艺范围，提高打印分辨率、材料适配性等是高分辨率电流体喷印制造装备的发展趋势。

5. 绿色制造

研发绿色制造的方法工具平台，发展再制造产品损伤检测技术，开发新型绿色材料、节能生产装备、绿色加工工艺，研发智能再制造拆解及高效清洗工艺，在典型行业和关键零部件，推广绿色制造和再制造技术。

6. 仿生制造领域

重点研究仿生生物制造新技术体系、高端 3D 机械仿生生物、4D 机械仿生生物制造；重点提升仿生生物制造体系化、规范化能力。加强成熟度高的仿生生物制造系统的关键技术演示验证。研发重大仿生生物机电产品；通过产品生物交叉创新，产生产品性能上的飞跃和原理上的变革式进步。

7. 表面功能结构制造领域

表面功能结构制造是处于发展中的跨学科综合技术。随着新技术、新工艺以及新设备的采用，表面功能结构越来越精密化、多样化、微小化，其在各个领域都显示出越来越重要的应用价值和广阔的应用前景。近年来，在国家战略规划相关重大项目支持下，我国在表面功能结构制造技术研究及产业应用等相关方面取得了重大技术突破和一大批创新性科研成果。但目前国内外关于表面功能结构方面的研究比较分散且缺乏系统性的理论研究，不能为表面功能结构的具体应用提供完善的理论指导。此外，随着表面功能结构向精密化、超薄化和微小化发展，其制造工艺也由传统的切削、磨削加工转向 MEMS 加工（光刻技术、LIGA 技术、蚀刻技术等）、特种加工（微电铸、微细电火花加工等）和超精密加工（超精密金刚石飞刀切削、单点金刚石切削等），其设计方法和制造理论也发生了较大变化。因此，揭示表面功能结构的新规律，提出新的制造理论和方法，对提升我国光电子、微电子、国防、汽车及机械制造业的竞争力至关重要。此外，目前对表面微纳结构的认识仅停留在局部和低层次，产生这些有别于宏观结构的特殊功能的实质以及与宏观结构作用机制的区别等，都有待进一步研究，也是未来研究的方向。

8. 增材制造领域

通过装备、材料、结构和工艺的重大创新或集成优化，实现更高的尺寸精度、更低的表面粗糙度、更高和更稳定可靠的性能、更大的尺寸和更复杂精微的结构、更高的制造效率和更低的成本、适用更广泛的材料等，并尽可能同时兼顾上述全部或部分优势。发展增材制造专用合金、大幅面 SLM 装备与工艺、高精度选区电子束熔化装备、高能束送粉 / 丝成形装备与工艺、复合增材制造工艺与装备、金属粉末床粘结剂喷射打印装备与工艺、增材制造复杂内腔结构的表面光整技术等；发展增材制造专用高分子、陶瓷及其复合材料，各类面成形增材制造工艺与装备（光固化、粘结剂喷射、激光烧结等），纤维增强树脂复合材料增材制造工艺与装备，陶瓷及其复合材料增材制造工艺与装备等；发展高精度、高效细胞打印技术，细胞及生物芯片集成打印构建，面向药物开发的体外三维细胞高仿生模型的设计与构建，面向细胞治疗的细胞三维打印与扩展技术，组织诱导性个性化医疗器械的定制技术等；发展增材制造可制造性约束表征与设计，复杂多层级整体结构设计，多材料体系结构设计，考虑非线性以及时间效应的结构优化设计，面向增材制造的设计 – 制造 – 在线检测全生命周期的闭环软件系统等。发展增材制造在线监测技术，高精度、高效率、大尺度、高重复性的无损检测技术，增材制造特色检测项目，建立健全标准体系，建立专业第三方检测和认证体系，健全生产管理体系，建立增材制造全流程数据库等。探索微纳增材、三维微电子线路、智能结构 4D 打印技术等前沿技术。

9. 基础零部件制造

围绕重大装备和高端装备发展的配套需求，以产品突破为主攻方向，密切产需合作，加强基础技术研究，加速创新能力建设，着力推进产品质量、可靠性和寿命的升级，加大先进技术推广应用和产业化力度。推动机械基础件向长寿命、高可靠性、轻量化、减免维修方向发展。

10. 传感、检测与仪器领域

科学仪器已远远超出“光机电一体化”的范畴，未来智能传感器会逐步走向集成化、能量获取自动化、高端需求多样化。需要大量引进日新月异的高新技术，如纳米、MEMS、芯片、网络、自动化、仿生学等新技术。

11. 智能制造及数字工厂

新一代人工智能技术将使智能制造的“人 – 信息 – 物理系统”发生质的变化，形成新一代“人 – 信息 – 物理系统”。重点突破生产过程智能化、制造装备智能化、新业态新模式智能化、管理智能化、服务智能化中的基础理论与共性关键技术，完善智能制造基础技术、技术规范与标准制订。建立智慧云制造平台，加强数字化、网络化、智能化的深度融合。研发一批与智能制造产业密切相关的共性基础技术。

（四）机械制造学科发展战略及对策

1. 建立机械制造基础技术国家研究院

机械制造基础技术指在机械设计制造中需用的共性基础技术，包括材料、工艺及设计数据库，国际 / 国家 / 行业技术标准，现代设计制造需用的工具机械基础件技术等。机械制造基础技术对于提高机械制造学科及技术的现代化水平起着重要的作用。机械科学研究院曾经在这方面起了很重要的作用，但企业化改制后，这方面的作用被大大削弱了。新时期如果我国要振兴和强大制造技术和制造业，就必须要有我国自己的现代化机械共性基础技术，要有不断更新的实用的材料、摩擦学、机械强度、动力学、铸 / 锻 / 焊 / 切削 / 磨削工艺等各类数据库、高质量机械基础件技术、具有独立体系的机械设计制造标准。而要具有这样不可替代的作用，就必须尽快建立机械制造基础技术国家研究院，制定和实施发展规划、创建新的运作机制，为创建制造强国打好必要的基础。

2. 设立极端制造国家科技专项，推动机械制造科学发展

极端制造是指在极端条件或环境下，运用先进制造技术及高端装备，制造极端尺度（特大或特小尺度）或极高功能的器件或系统（装备）。主要表现在微纳制造、超精密制造、巨系统制造及极端环境下的制造等领域。极端制造的本质特征是尺度效应和环境效应。极端制造的基本科学问题是研究物质如何通过与能量的复杂、精准的交互作用演变为极端功能产品的科学规律。

极端制造是体现国家实力和科技水平的重要表现。极端制造是前沿科技和前沿产品的焦点，是制造业未来的重要发展方向。极端制造是在基础研究重大创新的支撑下，以突破现有制造极限为目标的最高水平制造，是推动制造装备、制造工艺和相关产业发展最有力、最直接的牵引力和原动力。极端制造技术已成为高科技领域的基础和前提。从表面上看，极端制造是产品尺度及环境的极端化，实质上则是集中了多学科多领域的高新科技，具有强的领域带动效应。高性能芯片、嫦娥飞船、大型火箭、航空母舰等的建造不仅可以锤炼一个国家极端制造及复杂大系统集成制造能力，也必然带动航空航天、动力电子、材料、机械，乃至燃料工业的技术进步。

3. 破除旧规，创建机械制造学科评价新体系

机械制造学科是应用性很强的工程科学。除了基础性、科学性和创新性等基础研究的共性外，应用性是工程科学区别于一般基础科学最主要的特点。现在的学科评价却往往只考虑了共性，而忽略了特性。用 SCI 论文一把尺子衡量评价所有学科。这是长期存在于基础研究学科评价体系中的形式主义和教条主义。应用是检验机械制造工程学科的最重要的标准。机械制造学科的评价体系应把理论是否能够应用于工程实际，解决企业生产应用中的关键科学问题作为机械学科评价方法及准则的核心。评价机械科学基础研究是否创新突破，仅有论文发表是不够的，还要看是否有技术发明专利，是否有可用于企业生产实际的新技术软件、器件、装置等新技术成果。

4. 激励创新，改善同行评议制度

我国的科学研究项目和成果经常采用同行评议制度。同行评议制度是一项依靠同行专家的相对公正公平的项目评议制度。但是对于国内外没有的、颠覆性或原创性的理论、方法和技术，往往很难达成共识，同行评议不再是公正公平的评审手段。历史已经证明，很多原创性项目毁在同行评议过程中。但是如何能保护颠覆性原创性项目，一直没有找到更好的方法。一种可行的方法是：对原创性申请项目，只要论证了国内外的唯一性、原创性，不一定要论证其可行性。此外，仍然可以采用同行评议方式，但不要求达成共识。只要不是全部否定，如共 5 份同行评议意见，只要有一两份充分肯定和赞成支持其原创性的意见，就可立项研究，并且宽容失败。只有这样，颠覆性或原创性的申请项目才可能及时得到支持和资助。才能克服同行评议制度的缺陷，避免对原创性项目的误判，实现评审过程的激励创新，这也是对同行评议制度的实质性改进和不断完善。

参考文献

[1] 中国机械工程学会. 2016—2017 机械工程学科发展报告（机械设计）[M]. 北京：中国科学技术出版社，2018，3.

[2] 中国机械工程学会. 2014—2015 机械工程学科发展报告（摩擦学）[M]. 北京：中国科学技术出版社，2016，4.

[3] 中国机械工程学会. 2012—2013 机械工程学科发展报告（特种加工与微纳制造）[M]. 北京：中国科学技术出版社，2014，4.

[4] 中国机械工程学会. 2010—2011 机械工程学科发展报告（成形制造）[M]. 北京：中国科学技术出版社，2012，4.

[5] 中国机械工程学会. 2008—2009 机械工程学科发展报告（机械制造）[M]. 北京：中国科学技术出版社，2010，3.

[6] 中国机械工程学会. 2006—2007 机械工程学科发展报告 [M]. 北京：中国科学技术出版社，2008，4.

[7] 中国机械工程学会. 中国机械工程技术路线图 [M]. 北京：中国科学技术出版社，2011，8.

[8] 国家自然科学基金委员会工程与材料科学部. 机械与制造学科发展战略报告，2006，2.

[9] 国家自然科学基金委员会工程与材料科学部. 机械工程学科发展战略报告，2010，11.

[10] 美国机械工程师学会编著，中国机械工程学会译. 机械工程未来 20 年发展预测，2008，6.

[11] 日本机械学会编著，中国机械工程学会译. 日本机械学会技术路线图，2008，6.

[12] 雷源忠. 机械学科发展历程 [M]. 北京：科学出版社，2015，1.

[13] 杜品圣，顾建党. 面向中国制造 2025 的智造观 [M]. 北京：机械工业出版社，2017，12.

[14] [以] Yuval Noah Harari 著，林俊宏译. 人类命运大议题 [M]. 北京：中国出版集团出版社，2018，8.

[15] 安华信达. 2016—2045 年新兴科技趋势报告，2018，1.

主要撰稿人：雷源忠　王成勇　房丰洲　刘战强　刘志峰　张德远　汤　勇
周正干　苑伟政　邹贵生　黄卫东　孙容磊　袁巨龙

专题报告

精密及超精密制造

一、引言

（一）精密及超精密制造的定义和范围

精密及超精密制造是使被加工零件通过与加工工具产生相对运动来实现微量材料去除，从而获得极高形状精度、尺寸精度和表面完整性，以及极小的表面粗糙度的零件加工过程。精密及超精制造是一项重要的先进制造技术，在光学、航空航天、精密与超精密加工装备等工业与民用领域有着广泛的应用，是衡量国家制造技术水平的一个重要标志。

按照加工精度进行划分，精密制造技术可以定义为实现加工精度为0.1~1μm、表面粗糙度为0.025~0.1μm的加工技术，超精密制造技术可以定义为实现加工精度高于0.1μm、表面粗糙度小于0.025μm的加工技术，以加工精度划分的精密及超精密制造的定义是随时间的进展而变化的；按照加工范畴进行划分，包括微细加工、超微细加工、光整加工、精整加工等加工技术；按照加工方法的机理和特点，可以分为去除加工、结合加工和变形加工等；按照加工方法的机理、特点和传统来分类，又可以分为传统加工、非传统加工和复合加工[1]。

精密及超精密制造对零件材质、加工设备、加工工具、测量和环境等条件都有特殊的要求，需要综合应用精密机械、精密测量、精密伺服系统、计算机控制以及其他先进技术，是一门多学科的综合交叉技术，涉及材料、加工设备、电子、计算机、检测和工作环境等。精密及超精密制造的研究内容包括：不同加工方法如切削、磨削、特种加工等的加工机理；被加工材料的物理、化学和机械性能；加工设备和工艺装备的制造技术；加工工具、磨具及其刃磨制备技术；精密测量及误差补偿技术；工作环境条件。伴随着各工业国家新一轮制造发展规划的提出，基于多学科综合交叉集成的下一代制造技术——原子及近原子尺度制造（Atomic or Close-to-atomic Scale Manufacturing，ACSM），即“制造Ⅲ”也呼之欲出，并预示着制造技术新的革命性阶段，对我国在下一轮国际竞争中获得优势地位具有重要战略意义[2-4]。

（二）本领域近 5 年来科技及产业的主要发展趋势及关键科技问题

伴随着汽车、能源、医疗器材、信息、光电和通信等产业的蓬勃发展，精密及超精密制造设备的相关技术也逐渐成熟，精密及超精密制造在工业界得到了广泛应用，包括非球面光学镜片、超精密模具、磁盘驱动器磁头、磁盘基板加工、半导体晶片切割和集成电路等。随着新技术、新工艺、新装备以及新测试技术和仪器的广泛应用，精密及超精密制造技术的水平在不断地提高。本节将简要论述我国精密及超精密制造技术在光学、航空航天、精密与超精密加工装备等领域的主要发展趋势及关键技术。

1. 现代光学

光学自由曲面制造。光学自由曲面面形非回转对称、形状复杂，能够给设计人员提供极大的自由度，从而启发更多创新潜力[5]。然而传统的设计方法存在随机性和效率低的缺陷，自由曲面建模理论欠缺，迫切需求新的光学特性和空间描述直接映射方法的产生[6]。在复杂面形和高精度的要求下，当材料迁移是在纳米尺度时，传统制造技术将不再适于解释加工过程中众多新的物理现象。加工时材料去除机制、热的产生及传递、加工环境的影响机制、加工时工具磨损机制与寿命预测理论、工件微纳米表层评价体系等都未得到合理解释。因此，必须寻求和建立新的纳米量级加工理论新体系。光学自由曲面的表面质量要求苛刻，一般需要亚微米级的形状精度、纳米甚至亚纳米级的表面粗糙度，现有可以实现原位测量的系统功能较单一；评价主要集中于几何精度的评价，缺乏实际应用效果及其与制造工艺参数映射的相关评价，缺乏标准化自由曲面测量方案和评价方法。至今，国际上还未形成统一的光学自由曲面制造成熟体系，这成为直接影响其发展的瓶颈。

纳米级精度光学零件加工。现代光学零件具有大口径、纳米精度、复杂面形等特点，在天文观测、微电子制造、激光核聚变、空间对地观测等重大光学工程中有着广泛应用。纳米精度光学零件加工，需要研究：纳米精度要求下稳定实现小于纳米量级的材料去除时，复杂形状引起材料去除率的变化规律及其有效补偿；影响光学性能全频段误差一致收敛方法等[6-8]。

2. 航空航天

航空发动机叶片精密加工。航空发动机由于涉及领域广、技术含量高，被誉为现代工业“皇冠上的明珠”。叶片是决定发动机安全性能的关键承载部件，其制造工作量在航空发动机制造总工作量中所占比重高达 30%。叶片自身的精度、叶片与叶盘和机匣的配合精度决定着发动机的性能、使用寿命和安全性[9]。叶片的加工精度对新一代航空发动机续航能力和高速机动性能具有重要影响，要求叶片的加工和相关配合精度需要达到更高的制造水平。叶片工作时处于温度高、应力复杂、环境恶劣等极端环境，采用高强度不锈钢、钛合金、高温合金等高强金属材料和先进复合材料虽然可以极大地提高航空发动机的综合性能，但其难加工特性制约着叶片加工精度的提高。此外，随着发动机性能的不断提高，叶片的结构也愈加复杂，加工难度也越来越大。当前国外采用的航空发动机叶片先进金刚石滚轮精密磨削技术长期对我国严密封锁，已成为制约我国航空发动机整体水平提升的瓶颈，解决航空发动机叶片高精度超厚金刚石滚轮磨削技术和工艺问题迫在眉睫[10]。

大型整体结构件测量/加工一体化。大型复杂整体结构件的高精度制造，对飞机的结构减重、抗疲劳、提高气动性能等具有非常重要的作用。传统离线测量加工模式，存在周期长、误差大、参数多且耦合严重、数据信息不充分等缺点，严重影响加工质量，降低生产效率。亟待突破的难点问题有：金属结构件强反光表面的可测性问题，钛/铝等轻质合金结构件加工后具有强反光甚至类镜面反射效应，使视觉系统致盲；大尺寸原位高精度自动化测量问题，飞机结构件尺寸大，加工精度要求高，测量仪器的精度要求高[11]。此外，适合数控加工现场应用的大尺寸高精度三维视觉自动化测量方法还是一个空白。

3. 精密与超精密加工装备

集成电路制造纳米级平坦化加工装备研制。集成电路在推动经济社会发展、提高人民生活水平、保障国家安全等方面具有重要战略意义。随着集成电路制造技术的不断升级，我国在集成电路制造的超精密磨削及基于化学机械抛光（CMP）原理的超精密平坦化加工技术方面存在被“卡脖子”的巨大风险，迫切需要在超精密加工技术上寻求重大突破，研制出自主知识产权的超精密加工装备。CMP以其突出的材料均匀去除与纳米缺陷控制优势，已成为集成电路制造的五大核心技术之一[12-13]，但是其平坦化应用必须突破跨尺度（毫米级至亚纳米级）和多场耦合（化学、力学、流体等）等科学挑战，解决其复杂的化学机械动态耦合难题，突破大尺寸晶圆表面的纳米/亚纳米级抛光精度控制极限。

超精密加工装备研制。由于应用领域局限、国外产品冲击、国内行业保护，我国尚没有建立超精密加工装备制造的基础研究平台与制造标准，缺乏复杂零件超精密加工工艺体系，没有形成重要零件、典型材料的超精密加工工艺库，国内超精密加工装备的设计研发基础薄弱、基础零部件短缺、生产制造能力严重不足。关键科技问题包括：超精密加工装备设计理论与方法、关键部件标准化制造与检测、超精密加工复合创新工艺、超精密机床制造标准等[14-17]。

二、近年来的最新研究进展

制造技术是当前世界各国发展国民经济的重要战略性基础技术，而精密及超精密制造技术是现代制造技术最主要的发展方向，是制造技术的核心之一。美国实施了“微米和纳米级技术”国家关键技术计划，利用超精密加工设备进行陶瓷、硬质合金、玻璃和塑料等材料不同形状和种类零件的超精密制造，应用于军事、航空、航天、半导体、能源、医

疗器械等行业。英国从 20 世纪 60 年代起开始研究超精密加工技术，现已成立了国家纳米技术战略委员会，正在执行国家纳米技术研究计划。90 年代后，欧洲实施了一系列的联合研究与发展计划，加强和推动了精密超精密制造技术的发展。与欧美及日本等精密及超精密制造强国相比，我国虽然在精密及超精密制造领域起步较晚，但是国家在长远发展战略高度上予以了充分重视，在国家科技发展纲要中提出要进一步推动精密及超精密制造与精密智能制造的创新结合，大力提升我国精密及超精密制造技术水平，同时投入了大量的人力和物力系统性地开展研究，近些年来在精密及超精密制造领域取得了长足进展，在光学制造、航空航天制造、精密与超精密加工装备等领域中取得了如下突出科技进展和创新成果。

（一）光学制造领域

1. 光学自由曲面制造

在国家重点基础研究发展计划（“973”计划）的支持下，天津大学房丰洲教授等多家高校及企业科研人员在光学自由曲面制造的基础研究及关键技术方面取得了重要进展。

（1）纳米级材料去除基础研究。研究了纳米切削中典型材料表层特性演变规律和材料纳观迁移；研制了如图 1 所示的纳米切削在线观测系统，成功制备刃口半径为 10nm+ 的微刀具，获得的切屑厚度达 6nm，为纳米切削机理及模型的建立提供了实验支撑；研究了金刚石石墨化中的金属催化作用机制，研制出 W-Mo-Cr 基合金抛光盘。该抛光盘的抛光效率是传统不锈钢抛光盘的 5.4 倍，而抛光盘的磨损量仅为传统不锈钢抛光盘的 1/20；提出粒子注入辅助硬脆材料纳米加工（NiIM）新方法，实现硬脆材料光学自由曲面的高效加工，获得了 GaP、ZnTe 微棱锥，并应用于增强太赫兹波输出功率；提出冷等离子体射流辅助切削新方法，该方法利用冷等离子体射流中的活性载能粒子，实时调控加工界面特性，抑制刀具过快磨损，可使石墨化温度提高至 300℃。

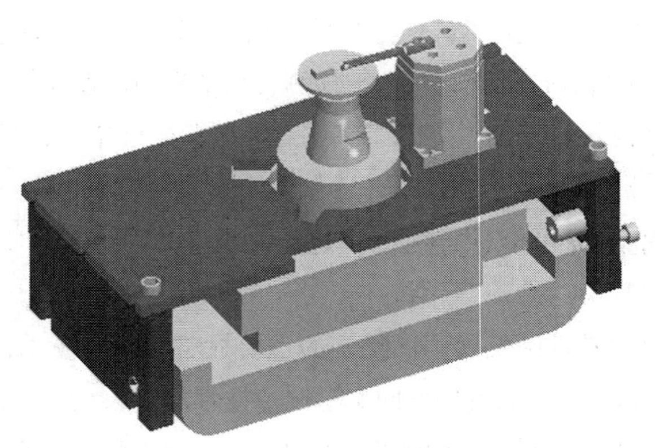

图 1　纳米在线切削平台

（2）光学自由曲面在线测量。借助微量程传感器实现了面形误差量的直接测量，研制的测量系统的分辨率为 10nm，测量重复精度优于 0.1μm，实现了离轴三反器件及典型自由曲面器件的原位测量及补偿加工；研制了隧道扫描探针测量系统，成功进行了复杂微纳结构表面三维轮廓及形状尺寸的超精密测量，实现了超精密加工系统集成与原位跨尺度测量[18]；提出了一种基于原位测量系统的高精度再装配定位方法[19]，可有效实现离线测量后器件的高精度归位，借助开发的原位测量系统和后期处理算法，实现了光学自由曲面的原位测量和面形可控加工。

（3）光学自由曲面性能评价。提出了一种基于约束最优化理论的光学自由曲面面形精度匹配评价方法，形成了面形精度评价的软件系统，并研制了典型商用面形测量设备数据接口，实现了对商用面型测量设备的面形精度评价功能的扩展，有效提升了设备的附加值；基于应用需求，建立了表面质量、结构误差和面形误差与光学性能的映射关系，为加工过程提供公差指标，并为光学设计提供反馈控制，同时为加工过程提供了误差控制的指导，保证切实可行的设计方案[20]。

2. 超精密光学零件可控柔体抛光技术与装备

国防科学技术大学李圣怡教授等相关高校与企业科研人员以提高光学加工的可控性为目标，开展了超精密光学零件可控柔体抛光技术研究，采用磁流变液和离子束流等可适应面形变化的柔性介质作为抛光工具，研究并发现了影响材料去除稳定性的主要因素和变化规律，解决了材料稳定去除、面形精度补偿和全频段误差收敛等方面的关键问题。

（1）在纳米量级材料稳定去除方面，开发了具有强剪切特性的磁流变抛光液及其抛光性能测试仪，开发了可实现抛光性能长时稳定的磁流变液循环系统，提出了磁流变液循环和离子束溅射稳定控制方法，为工件表面材料的稳定去除提供了条件。在自行开发的磁流变和离子束抛光机床上，应用研制的磁流变液和稳定循环装置，实现了磁流变抛光亚纳米级可控去除分辨率；应用所提出的控制方法对离子束溅射作用进行稳定控制，实现了离子束抛光亚纳米级可控去除分辨率，达到了纳米量级材料可控稳定去除的目标，解决了可控抛光的稳定性问题。

（2）在适应面形变化的补偿加工方面，在抛光工具、误差建模和工艺实现三个关键点上，研制出适应不同面形高精度加工的磁流变抛光工具和离子束抛光工具，以控制加工复杂光学面形时的去除函数变化量；建立复杂面形加工误差的模型，为实现有效补偿提供了数学模型；建立光学抛光时空四维数控系统，实现抛光工具驻留时间的精确控制。将光学补偿抛光方法应用在自研的磁流变和离子束抛光机床上，大大提升单次抛光中误差收敛比，提高了光学抛光的精度和效率，解决了可控抛光的准确性问题。

（3）在超精密光学零件全频段误差收敛方面，研究了柔性小工具加工过程中误差频率和幅值的演变规律，分析了工具形态和误差幅频特性间的映射关系，提出修形能力评价方法，明确了误差收敛条件，实现了加工结果的预测预报；研制出抑制中高频误差的柔性小工具抛光装置，为中高频误差的收敛提供了手段。从误差演变规律、收敛条件到工艺手段，较完整地解决了全频段误差的收敛问题。

研究成果用于国内多家应用单位，实现了亚纳米精度光学零件、强光光学零件和空间大矢高离轴非球面镜的加工，显著提高了光学加工的精度和效率，取得良好的经济和社会效益，相关研究成果获得了 2012 年国家技术发明奖二等奖。

（二）航空航天制造领域

1. 航空发动机叶片滚轮精密磨削技术

沈阳黎明航空发动机有限责任公司洪家光高级工程师等企业科研人员在航空发动机叶片滚轮精密磨削技术领域取得了重要进展。

（1）发明了一种消减滚轮加工过程中多因素耦合振动的方法。通过对加工环境、加工机理进行分析，设计了一种超窄超深牙槽螺纹和一套手动液压随形活动支撑定位装置，有效消减了加工过程中产生的振动振幅，为提高滚轮加工精度奠定了坚实基础。

（2）发明了超厚阴模高精度车削方法。阴模的精度决定了金刚石切削刃型面精度。通过对车削参数以及切削液成分的优化，提出了一种超厚金刚石滚轮载体阴模精密加工方法，攻克了超厚金刚石滚轮阴模加工精度低的难题。

（3）创新了不规则镍刺瘤修整方法。镍刺瘤的状态直接影响着滚轮的质量稳定性。通过对车削机理以及镍刺瘤缺陷特性进行研究，制定出一种适用于复杂型面的镍刺瘤修整方法，降低了滚轮内部缺陷，解决了超厚滚轮质量不稳定、使用寿命低的问题。

（4）发明了多附着层金刚石滚轮阴模无损剥离方法。剥离过程中金刚石层状态的完好程度决定了叶片的最终加工精度。该方法包括一种手动液压胀紧插销装置和一种可调式高精度回转偏心顶尖装置，并且提出了一种适用于阴模载体剥离的逐面分层去除法，最终保证了金刚石滚轮型面具有超高精度。

基于上述技术创新，使叶片磨削用超厚金刚石滚轮精度提高至 0.002 mm。使叶片滚轮精密磨削精度提高至 0.005 mm，表面粗糙度 Ra 由 0.8 nm 提高至 0.4 nm，合格率由 78% 提高至 92.1%，破解了航空发动机叶片高精度超厚金刚石滚轮磨削技术和工艺难题，相关研究成果获得了 2017 年国家科技进步奖二等奖。

2. 飞机大型整体结构件测量 / 加工一体化关键技术

在国家“863”计划、重大科技专项等支持下，北京航空航天大学赵慧洁教授等相关高校与企业科研人员针对飞机大型整体结构件测量加工中一系列技术难题，自主研发了结构件表面强光反射条件下的极端测量技术，攻克了大尺寸高精度测量的标定难题，突破了原位测量和工艺优化的多项技术瓶颈，实现了大型整体结构件强光反射条件下的测量与加工一体化关键技术。

（1）针对大型结构件强反光条件下测量的难题，设计光学引擎实现可分级扫描，实现了条纹宽度和亮度可调节的条纹投射方法，将测量数据的有效率由不足40%提高到99%以上[21]。

（2）针对现场环境导致原位测量精度大幅降低的难题，突破了高精度条纹参数优化方法和适合数控机床的大尺寸高精度测量溯源技术，为实现现场环境下的大尺寸高精度原位测量奠定基础。在传感器体积减小一半时，现场测量精度达到了国外传感器实验室内的测量精度[22]。

（3）针对加工变形原位测量与控制的难题，研制了首套用于高反射率结构件数控加工的精密视觉测量装备，提出了测量数据与工艺数据融合方法，实现了大型整体结构件“测量－加工－调控”一体化，有效地控制了工件变形[23]。

针对飞机钛/铝合金的梁、框和壁板等典型结构件的原位测量需求，成功研制了相关测量装备，在国内三大飞机制造企业的重点型号任务及大飞机的研制中成功应用，解决了军/民机研制和生产的瓶颈问题，缩短了研制周期，成为我国跨代飞机研制和生产中不可或缺的装备。

该项目研制的“三维精密测量系统”可广泛集成于数控机床、工业机器人、自动化生产线和三坐标测量机等精密制造与测量装备，实现大尺度复杂强反光金属结构件、大型铸锻件毛坯件和复合材料件等的快速、高精度、非接触三维测量，可广泛应用于航空、航天、消费电子、交通运输和计量检测装备等智能制造领域，相关研究成果获得了2013年国家技术发明奖二等奖。

（三）精密与超精密加工装备

1. 集成电路制造纳米级平坦化加工技术与装备研制

清华大学路新春教授等相关高校与企业科研人员在CMP装备技术及其集成电路制造应用方面取得了突破性进展。

（1）大尺寸表面纳米级平坦化加工原理与方法。采用反应分子动力学方法，模拟化学体系下晶圆抛光过程化学键的形成与断裂规律，揭示单一原子及原子层级材料的去除机制[24-25]；基于磨损腐蚀实验与AFM研究，探究CMP过程中的摩擦腐蚀特性及形成机理，建立了新型阻挡层钌应用体系下的腐蚀摩擦体系[26]，填补了铜、钌材料去除机理的研究空白；通过揭示传感器线圈与金属膜厚鉴定额电磁耦合作用规律，建立了纳米级膜厚电涡流测量原理与方法，发明了用于12英寸晶圆的膜厚全局测量系统，实现了晶圆纳米薄膜在线测量分辨率＜1nm、重复精度＜2nm。基于上述理论研究成果形成了针对大尺度表面的纳米级全局平坦化加工原理与方法，为平坦化技术与装备研究提供了理论基础与指导。

（2）新型抛光系统架构等系列CMP关键技术。创新发明了直线运动式新型抛光系统架构，通过直线导轨实现了晶圆在抛光工位与装卸工位的快速切换，其机械变形量远低于国外同类发明，解决了现有转动式悬臂架构的稳定性衰减问题，具有更高的均匀性、一致性和时间稳定性；开发了多区抛光压力调控技术，实现了抛光头各分区压力的独立稳定调控，片内非均匀性＜3%，解决了抛光过程“抛得平”难题；发明了基于摩擦力特征的抛光终点识别方法，准确识别抛光进程，终点误判率＜1/10000，解决了抛光过程“停得准”难题；提出了基于竖直兆声波喷淋清洗与表面张力辅助离心干燥的CMP后清洗技术，实现了晶圆纳米尺度缺陷“洗得净”，表面颗粒残留缺陷等＜50个（缺陷直径≥40nm）；开发了智能工艺控制方法，结合在线量测对抛光压力和抛光时间进行闭环反馈控制，实现片间均匀性＞97%，为集成电路制造纳米级平坦化装备研制提供了技术支撑。

（3）CMP整机装备研制。以CMP基础理论与关键技术研究成果为理论指导与技术支撑，开发了基于浏览器/服务器（B/S）模式的分布式工程控制软件，解决了现有客户端/服务器软件技术在人机交互、跨平台性等方面的弊端，使CMP设备在稳定性、高效性及可靠性等方面具有突出优势；提出了复杂工艺流程调度及应急处理与恢复算法，解决了复杂集束型设备智能调度难题，实现了混片复杂生产的动态调整，提出了应急处理与恢复机制，保证了CMP设备的可靠性和高效性；通过解决整机集成与控制难题，开发出系列12英寸CMP设备与工艺，并首次实现了国产CMP设备的规模化应用。

大连理工大学郭东明院士和康仁科教授的研究团队与企业科研人员合作，针对大尺寸硅片超精密磨削和测量中技术难题，开展了基础理论、工艺、工具及装备的系统研究，在大尺寸硅片超精密磨削技术和装备方面取得了突破性进展。

（1）针对超精密磨削硬脆硅片高速度、高应变、纳米尺度材料去除的特点，以及实现单晶硅延性域磨削的难题，提出了如图2所示的单颗粒金刚石纳米切深、高速划切试验方法，通过划痕表面和亚表面微观分析，结合如图3所示的分子动力学仿真，揭示了金刚石磨削单晶硅的材料去除及损伤产生机理，确定了延性域磨削的判据和临界条件，建立了如图4所示的损伤深度的预测模型，获得了如图5所示的效率和损伤约束的磨削工艺窗口，为超精密磨削硅片的砂轮和磨削参数选择提供了依据。根据所确定的工艺窗口，发明了稳定自锐的系列金刚石砂轮，开发了效率约束的低损伤磨削工艺，在保证批量化加工效率情况下，磨削表面粗糙度Ra≤5nm，损伤深度≤170nm。

（2）提出了采用软磨料弱化机械作用、引入化学作用、“以软磨硬”的加工思路，发明了软磨料砂轮机械化学磨削新技术，揭示了机械化学磨削时表面摩擦化学反应成膜以及软磨料弱机械作用去膜的加工机理，研制出系列软磨料砂轮，开发了软磨料砂轮机械化学磨削工艺，实现了硅片磨削表面粗糙度Ra≤0.5nm，表面损伤深度≤15nm的超低损伤磨削。

（3）针对硅片加工损伤的非破坏性评价难题，提出通过测量加工变形、非破坏性评价加工损伤的思路。发明了硅片重力变形的计算分离法和液浸消减法，研制出具有大量程、非接触扫描测量等特点的国内首台大尺寸硅片加工变形测量设备，实现了消除重力影响的

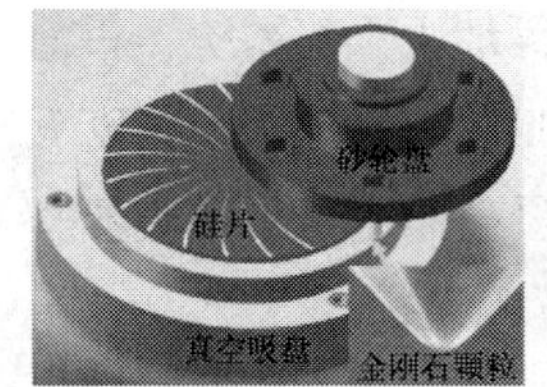

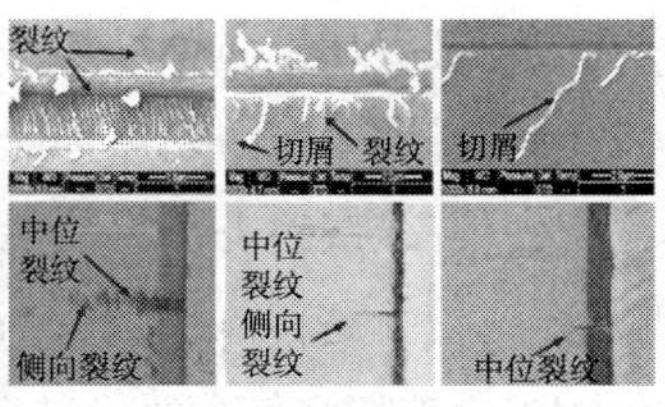

图 2　金刚石纳米切深高速划切方法及划痕微观形貌和亚表面损伤

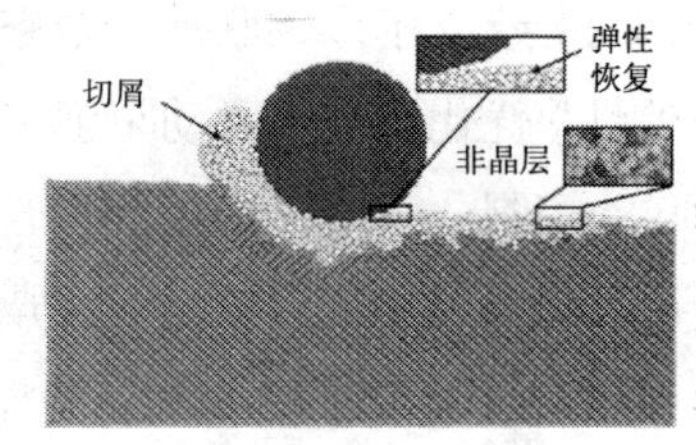

图 3　金刚石划切的分子动力学仿真

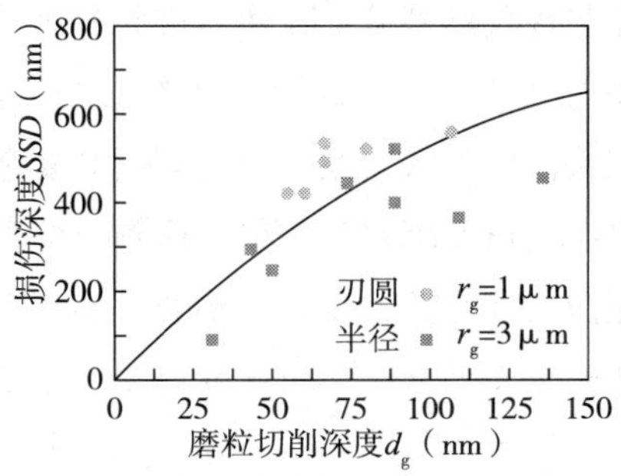

图 4　损伤深度与磨粒切削深度的关系

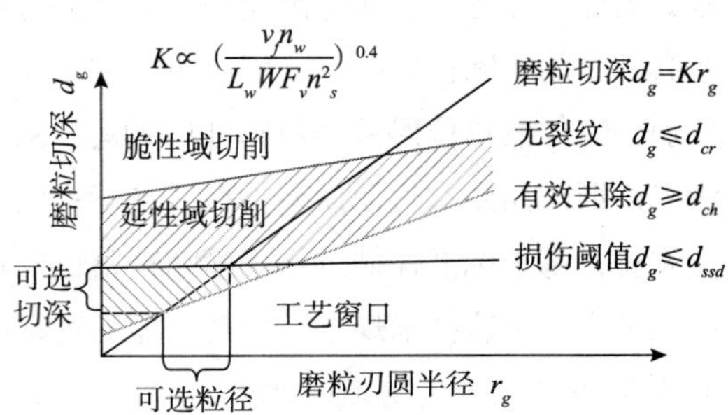

图 5　砂轮和磨削参数选择的工艺窗口

硅片加工变形精确测量，成功用于硅片磨削损伤的非破坏性评价。

（4）研制出国内首台 300mm 硅片全自动超精密磨床和国内外首台 300mm 硅片多功能超精密磨床。突破了磨削力在线测量与控制、硅片厚度在线测量、低速稳定进给、磨削面型控制、高精度主轴制造、砂轮自动对刀等关键技术，发明了金刚石砂轮磨削和软磨料砂轮磨削相结合的工艺方法以及恒速进给和控制力磨削相结合的过程控制策略，实现了硅片高效低损伤超精密磨削。开发的硅片超精密磨削工艺及研制的 300mm 硅片全自动超精密磨床在国内硅片制造企业得到应用。

2. 多轴联动超精密切削加工技术研究及机床研制

在国家重大专项的支持下，哈尔滨工业大学孙涛教授及相关高校与企业研究人员在多轴联动超精密加工机床研制、工艺研究和检测技术等方面取得了重要进展。

（1）建立了多台套多轴联动超精密车削、铣削、车铣复合及多功能辅助加工系统。在前期超精密静压主轴、超精密水平与垂直液压导轨、精密旋转 B 轴主要轴系研制和快速伺服刀具等辅助加工部件研制的基础上，提出关键高精度运动部件、辅助多功能加工与检测部件的模块化、标准化设计制造与集成方法；在前期集成尺寸（形位）误差最小模型、静态误差模型、动态误差模型、温度误差模型的超精密加工机床设计优化基础上，创建典型五轴铣削、四轴车削和多功能车铣复合加工系统的多轴超精密加工机床的设计制造方法。所建立的五轴超精密车铣复合加工系统等多个实验平台可实现各类高精度复杂零件的加工需求。

（2）建立了多轴联动超精密车铣、铣削、复合加工、辅助加工等加工工艺系统。目前已实现并优化了多轴联动车削工艺、调制结构加工工艺、超声加工工艺，实现了超精密五轴联动控制、微力三维测量、五轴刀具跟随、在线误差补偿等功能，研制了高精度天然金刚石微圆弧刀具和天然金刚石异形铣削刀具。

（3）由于目前技术水平下各类超精密加工机床尚存在部件制造误差、装配调试误差、驱动定位误差、联动控制误差、发热与受力变形及刚度非对称等误差源，在加工复杂零件时加工轮廓不能完全与设计轮廓重合，存在制约加工精度进一步提高的加工机床的精度问题。为此，在各类机床标准化运动部件制造装配、工艺优化的基础上，建立机床各运动轴系高精度的空间位置关系，解决机床轴系间形位误差的测试难点和高精度调整方法；建立被加工零件的形位误差与机床各轴系运行精度、动态特性的关联关系，进行有效的复杂形状零件形位误差和表面误差的在线补偿；同时结合机床制造装配精度的单项检测与综合测试方法，基于标准样件进行不同超精密机床精度的逆向表征测试，建立一整套多轴超精密加工机床的制造技术规范与超精密加工机床检验检测标准。

三、国内外研究进展比较

（一）现代光学

在光学自由曲面制造方面，我国研究人员围绕提高自由曲面关键件和功能器件的制造精度关键问题，开展关键科学问题研究，解决了光学自由曲面空间构建与物理再构理论、纳米尺度多物理场材料成形机理、原位测量系统和评价体系等关键共性技术；设计制造的光学自由曲面离轴三反望远光学系统视场角达到 50°~60° 以上，MTF 在 50lp/mm 接近衍射极限，新型自由曲面离轴头盔显示光学系统，视场角 40°，质量 100~150g，重点解决传统性能与体积重量的矛盾，达到国际先进头盔光学系统的水平，研究成果与国内外同类相比，出瞳直径、视场角等关键技术参数显著占优，部分技术方案具有突出的特点和显著的进步，形成具有独立自主知识产权新产品、新技术和新装备。

在纳米级精度光学零件加工方面，我国研究人员研制出了 2m 口径离子束抛光机床和 2m 口径磁流变抛光机床，中科院采用能动抛光盘完成了 4m 口径光学零件加工，基于自研抛光装备采用磁流变抛光和离子束抛光组合工艺，将光刻物镜样镜精度加工到 0.270nm RMS，表面自研抛光装备也具备了光刻物镜加工能力，在加工口径和加工精度方面达到了国际一流水平：德国 NTG 公司研制出 1.5m 口径离子束抛光机床，美国 QED 公司推出 2m 口径磁流变抛光机床，美国亚利桑那大学采用能动抛光盘加工 8m 口径光学零件，Zeiss 公司采用国外离子束和磁流变抛光组合工艺，加工出极紫外光刻物镜元件，加工精度优于 0.3nm RMS。

（二）航空航天

在航空发动机叶片精密加工方面，研究人员将新一代叶片加工关键装备的超厚滚轮精度从过去的 0.015 mm 提升至 0.002 mm，超过国外同类件的 0.003 mm 精度；滚轮角度精度从过去的 0.6′ 提升至 0.2′，超过国外同类件的 0.3′；滚轮使用寿命从 1.5 万次提升至 3.5 万次，超过国外同类件的 2.5 万次。成果应用后，使我国航空发动机叶片加工质量大幅度提升，叶片精度从 0.01 mm 提高至 0.005 mm，表面粗糙度由 Ra 0.8 nm 提高至 Ra ≤ 0.4 nm，合格率由 78% 提高至 92.1%。

在大型整体结构件测量 / 加工一体化方面，研究人员开发的原位测量系统在强反光表面测量等关键技术上实现了跨越，是目前国内外唯一可以实现强反光金属表面无喷涂直接测量的系统和首套数控原位视觉测量系统，并且将系统的测量精度提升到 0.015 mm、点云密度 500 万点 / 视场，接近国外先进商用测量系统的测量精度 0.010 mm、点云密度 800 万 / 视场，而系统的体积缩小至国外系统的 2/5、价格降至国外系统的 1/2，关键指标对比见表 1。在测量精度、效率、自动化程度以及性价比方面均优于国外同类产品，市场竞争力强劲。

表 1　本项目开发的原位测量系统和国外领先商业测量系统对比

典型产品	强反光表面	原位测量	点云密度（点 / 视场）	测量精度（mm）	体积（mm × mm × mm）	价格（万元）
国外某产品	不适用	否	800 万	0.010	600 × 500 × 500	> 180
国内某产品	不适用	是	500 万	0.015	550 × 265 × 280	> 200
本系统	适用	是	500 万	0.015	260 × 190 × 140	100

（三）精密与超精密加工装备

在集成电路制造纳米级平坦化加工装备研制方面，研究人员针对 12 英寸集成电路制造纳米级平坦化控制难题，建立了大尺寸表面一致实现纳米级平坦化的加工原理与方法，发明了新型系统架构、多区压力调控、终点检测、CMP 后清洗、智能工艺控制等 CMP 关键技术，研制开发的 CMP 设备实现了 12 英寸晶圆表面粗糙度小于 1nm、芯片内抛光均匀度小于 3 nm，整体技术达到国际先进水平，其中片内均匀性、片间均匀性等关键技术指标大于 97%，优于国外先进水平（大于 95%），达到国际领先水平；创新发明的直线运动式抛光系统架构，其机械变形量小于 10μm，远优于国外同类发明（大于 60μm），具有更高的抛光均匀性、一致性和时间稳定性，处于国际领先水平；凭借超洁净清洗技术，晶圆表面颗粒残留等缺陷可控制在小于 30 颗 @40nm，优于国外先进水平（小于 50 颗 @40nm），为当前国内集成电路大生产线的最高水平。该成果创新性强，形成了原创理论基础与自主知识产权体系，打破了国外技术壁垒和装备垄断，对于提升我国集成电路制造等超精密制造水平具有积极重要意义。

在集成电路制造的大尺寸硅片超精密磨削装备研制方面，针对单晶硅延性域磨削、硅片加工损伤的非破坏性评价、磨削表面损伤控制等难题，开发了大尺寸硅片超精密磨削工艺、工具和装备的系统，开发的硅片超精密磨削工艺及研制的 300mm 硅片全自动超精密磨床，磨削硅片总厚度变化 TTV 小于等于 1.5μm，表面粗糙度 Ra 小于等于 5nm，主要技术指标达到国际同类产品的先进水平，开发的磨削力在线测量与监控技术、软磨料砂轮机械化学磨削工艺独具特色，在硅片超精密磨削装备中集成应用，居国际领先水平。

在超精密加工装备研制方面，国内多家优势单位开展了超精密加工、检测与装配领域核心装备的研制攻关，完成了超精密气浮主轴、液压导轨、系统集成调试等关键技术攻关，陆续完成了多种原理样机研制，国内气浮主轴回转精度 50nm，液压导轨直线度 0.2μm@ 全行程，定位精度优于 1μm，加工工件表面粗糙度优于 10nm，轮廓精度优于 0.15μm，基本满足了国内部分领域超精密制造和应用需求，关键技术指标达到了国外先进同类装备水平：主轴回转精度优于 30nm，表面粗糙度优于 1.5nm，轮廓精度优于 0.1μm。

四、发展趋势与展望

（一）光学领域

光学自由曲面制造：光学系统由多组曲面镜片组成，而光学自由曲面形状复杂，非回转对称，装调困难，避免装调环节实现光学系统的一体化加工是未来发展趋势；光学自由曲面应用于光学系统中，光学性能体现了其最终的应用需求，光学质量可控制造也是未来制造的发展趋势。

纳米级精度光学零件加工：缩短加工周期、提高加工精度、实现快速交付和加工复杂曲面已成为光学制造领域发展的重要环节；结合数字化光学制造手段来发展光学智能制造技术是光学制造发展的重要趋势。

（二）航空航天领域

航空发动机叶片精密加工：目前该技术主要应用于航空发动机叶片精密磨削领域，其应用前景广阔。后续工作中将超厚滚轮设计成高配合精度的组合金刚石滚轮，分解加工多个薄金刚石滚轮，控制装配精度，可以满足船舶、大型压缩机要求的大型面叶片高精度加工需求。

大型整体结构件测量 / 加工一体化：随着零件复杂度的提升和新型材料的应用，复杂零件型面（包括了强反光表面和半透明表面）测量中存在的强反射表面多次反光下测量、半透明表面高精度测量和高速动态测量等难点问题，是现有全场三维光学测量理论和方法面临测量失效和数据缺失的共性挑战。此外，大量三维数据的分析和处理、三维精密测量系统自适应快速响应也是亟待解决的关键技术瓶颈。主要对策包括：探索三维光学精密测量技术中多次反射条件下全场三维测量、半透明材料高精度三维形貌测量和高速三维测量等理论和方法，开展新型三维数据表征、三维点云精度溯源、基于学习理论的大量三维数据智能分析与处理、基于“云－边缘”联合计算的智能三维精密测量等关键技术研究。

（三）精密与超精密加工装备

集成电路制造纳米级平坦化加工装备：随着集成电路制造技术的不断升级，CMP 技术势必在更多先进制程上发挥至关重要的作用，面向 14nm、7nm 甚至更小技术节点的 CMP 设备与工艺开发将持续成为国际半导体设备领域的研究焦点。鉴于此，在现有研究成果基础上，针对 CMP 尖端前沿技术研究进行关键技术布局，以更多分区抛光头及其压力调控系统、更加精准的终点检测系统、更加高效的 CMP 后清洗技术、更加先进的智能工艺控制系统等为突破口，有望进一步提升集成电路制造的纳米级平坦化控制水平。

集成电路制造的大尺寸硅片超精密磨削装备研制：IC 制造技术飞速发展，对硅片磨床精度和加工效率提出越来越高的要求。国外大尺寸硅片磨削装备向着自动化、精密化、多功能的方向发展。面向先进 IC 制造技术的超精密磨削装备与工艺开发将成为国内外 IC 制造装备领域的研究焦点，需要在现有研究成果基础上，针对超精密磨削前沿技术、超精密磨削装备的基础部件、关键技术和先进工艺开展持续研究。

超精密加工装备研制：亟须开展超精密加工装备高精度关键部件高效制造、超精密加工装备模块化生产、典型材料及复杂零件超精密加工工艺、超精密加工装备制造标准制定等研究，在国家层面建立超精密装备与工艺研究环境条件与保障体系，并落实到国家级工程中心与创新中心，同时创建我国研究院所和相关企业急需的超精密工艺与超精密装备研究的人才培养机制，取得我国在超精密加工工艺基础和关键装备技术研究领域的突破，提升我国在该领域的技术创新能力。

参考文献

［1］王先逵，吴丹，刘成颖．精密加工和超精密加工技术综述［J］．中国机械工程，1999，10：570-576.

［2］房丰洲．“工业 4.0”不能照搬“制造 3.0”：“中国制造”升级的战略选择［J］．人民论坛，2015，24：59-61.

[3] F.Z. Fang, D. Zhang, W. Gao, et al. Nanomanufacturing-Perspective and applications [J]. CIRP Annals-Manufacturing Technology, 2017, 66: 683-705.

[4] F.Z. Fang, N. Zhang, D. Guo, et al. Towards atomic and close-to-atomic scale manufacturing [J]. International Journal of Extreme Manufacturing, 2019, 1: 012001.

[5] F.Z. Fang, X. Zhang, A. Weckenmann, et al. Manufacturing and measurement of freeform optics [J]. CIRP Annals-Manufacturing Technology, 2013; 62 (2): 823-846.

[6] T. Yang, J. Zhu, G.F. Jin. Design of freeform imaging systems with linear field-of-view using a construction and iteration process [J]. Optics Express, 2014, 22: 3362-3374.

[7] 李圣怡，戴一帆，彭小强，等. 光学非球面镜可控柔体制造技术 [M]. 长沙：国防科技大学出版社，2015.12.

[8] M. Beier, S. Scheiding, A. Gebhardt, et al. Fabrication of high precision metallic freeform mirrors with Magnetorheological Finishing (MRF) [J]. Proceeding of SPIE, 2013, 8884: 88840S-2.

[9] 王增强. 高性能航空发动机制造技术及其发展趋势 [J]. 航空制造技术，2007，1：52-55.

[10] 李勋，于建华，赵鹏. 航空发动机叶片加工变形控制技术研究现状 [J]. 航空制造技术，2016，21：41-50.

[11] 楚王伟，隋少春，汤立民. 基于智能化制造思想的测控-加工一体化技术的发展应用 [J]. 航空制造技术，2011，6：44-47.

[12] D.W. Zhao, T.Q. Wang, Y.Y. He, et al. Kinematic optimization for chemical mechanical polishing based on statistical analysis of particle trajectories [J]. IEEE Transactions on Semiconductor Manufacturing, 2013, 26: 556-563.

[13] J. Li, Y.H. Liu, T.Q. Wang, et al. Chemical effects on the tribological behavior during copper chemical mechanical planarization [J]. Materials Chemistry & Physics, 2015, 153: 48-53.

[14] 李圣怡. 超精密加工技术与机床的新进展 [J]. 航空精密制造技术，2009，45：26-28.

[15] 梁迎春，陈国达，孙雅州，等. 超精密机床研究现状与展望 [J]. 哈尔滨工业大学学报，2014，46：28-39.

[16] K. Cheng, Z.C. Niu, R.C. Wang, et al. Smart cutting tools and smart machining: Development approaches, and their implementation and application perspectives [J]. Chinese Journal of Mechanical Engineering, 2017, 30: 1162-1176.

[17] D.E. Luttrell. Innovations in ultra-precision machine tools: design and applications [J]. Japan Society of Precision Engineering, 2010, 2: 1-4.

[18] B.F. Ju, W.L. Zhu, S.Y. Yang, et al. Scanning tunneling microscopy-based in situ measurement of fast tool servo-assisted diamond turning micro-structures [J]. Measurement Science and Technology, 2014, 25: 055004.

[19] D. Zhang, Z. Zeng, X. Liu, et al. Compensation strategy for machining optical freeform surfaces by the combined on- and off-machine measurement [J], Optics Express, 2015, 23: 24800-24810.

[20] X.L. Liu, X. Zhang, F.Z. Fang, et al. Influence of machining errors on form errors of microlens arrays in ultra-precision turning [J]. International Journal of Machine Tools & Manufacture, 2015, 96: 80-93.

[21] H.J. Zhao, Z. Wang, H.Z. Jiang, et al. Calibration for stereo vision system based on phase matching and bundle adjustment algorithm [J]. Optics and Lasers in Engineering, 2015, 68: 203-213.

[22] H.Z. Jiang, H.J. Zhao, X.D. Li. High dynamic range fringe acquisition: A novel 3-D scanning technique for high-reflective surfaces [J]. Optics and Lasers in Engineering, 2012, 50: 1484-1493.

[23] H.J. Zhao, X.C. Diao, H.Z. Jiang, et al. High-speed triangular pattern phase-shifting 3D measurement based on the motion blur method [J]. Optics Express 2017, 25: 9171-9185.

[24] J.L. Wen, T.B. Ma, W.W. Zhang, et al. Atomic insight into tribochemical wear mechanism of silicon at the Si/SiO_2

interface in aqueous environment: Molecular dynamics simulations using ReaxFF reactive force field [J] . Applied Surface Science, 2016, 390: 216–223.

[25] L. Chen, J.L. Wen, P. Zhang, et al. Nanomanufacturing of silicon surface with a single atomic layer precision via mechanochemical reactions [J] . Nature Communications, 2018, 9: 1542.

[26] J. Cheng, T.Q. Wang, H.G. Mei, et al. Synergetic effect of potassium molybdate and benzotriazole on the CMP of ruthenium and copper in KIO_4–based slurry [J] . Applied Surface Science, 2014, 320: 531–537.

撰稿人：房丰洲　康仁科　戴一帆　张俊杰

高质高效加工

一、引言

（一）专题领域的定义和范围

加工表面（也称表面层）质量包括零件加工后的表面几何纹理（如粗糙度等）和表面层冶金质量，又称加工表面完整性。提高生产效率和加工表面质量是机械制造领域永恒的主题，研究开发先进的高质高效加工工艺，可以在大幅提高生产效率的同时实现零件的高加工表面完整性。但到目前为止，高质高效加工尚没有一个确切的定义，从制造科学发展趋势和市场对产品需求的角度，高质高效加工可描述为：通过被加工零件与加工工具产生相对运动实现材料高效去除和（或）能量转化获得高完整性加工表面的零件制造技术。通过自动、智能、数字化数控装备开发加强高质高效加工机理研究和加工技术的应用开发，对提高加工水平，加快新产品开发具有十分重要的意义。

高效加工包括高速加工，一般指采用高的主轴转速、大的进给量、大的切削深度以提高材料去除率为目的的加工。不同加工材料对高效加工工艺的需求不同，高效加工的工艺参数选择范围也不同。

加工过程中，在机床、刀具和工件之间的相互作用下，很难完全避免在加工表面产生走刀划痕、鱼鳞、锈蚀、杂质吸附等表面几何缺陷或表面层冶金质量改性。这些缺陷造成加工工件服役过程中产生应力集中，促使微裂纹产生并扩展为疲劳裂纹，最终导致零件失效。加工表面质量缺陷的产生具有随机性，在加工切削过程中难以精确控制。因此，为保证零件的使用性能和服役寿命，切削 / 磨削加工后续工艺如喷砂（丸）、滚压、抛光等高完整性加工技术的应用必不可少。近年来，伴随传统表面强化工艺技术的发展成熟，新兴工艺如低塑性滚压、超声滚压、微喷砂、超声喷丸和激光喷丸等技术的应用也日渐广泛。

高质高效加工也可由复合加工来实现，复合加工通过一次性工件装夹完成传统的几台不同功能机床的加工，既节省辅助加工时间，又减少重复装夹产生的误差。现代装备制造业的发展使大量多功能、复合加工机床在解决复杂结构件的加工问题方面具有无可比拟的优势。复合加工机床按其集成方法的不同主要可以分为两类：一类是基于工序集中原则，将多种机械加工工艺集成到一起的加工中心（如集成了车、铣、镗、钻、铰等工艺的复合加工中心）；另一类是集成了特种加工和机械加工的方法（如集成了激光加工、电加工、增材制造与铣削、磨削等加工方式）的加工中心。通过多工序、多种类加工方式的复合，可极大提高加工效率，实现复杂结构零件的高质高效加工。

在深入开展高速、大功率、高刚性等高质高效加工装备研发基础上，新型工具如刀具涂层技术研究更加广泛，高/超硬、高精、组合、绿色刀具结合冷却润滑技术，使高质高效加工工艺技术应用更加深入、普及。通过系统性研发高质高效工艺解决方案，高质高效加工技术大大提高了航空航天、汽车、能源装备、3C产品等领域大量典型零件的加工质量和加工效率。

（二）本领域近5年来机械制造科技及产业的主要发展趋势及关键科技问题

空天飞机、深海探测器以及超级计算机等高端装备的发展，对装备零件的服役性能提出了更高的要求，而且高端装备面临的极端服役环境对核心零件工作的可靠性保证提出了更严峻的挑战。同时，受迫于能源短缺和环境污染等问题，制造业对零件生产效率提高及可持续制造的需求日益迫切。而人工智能技术、数字孪生、大数据技术等新兴科技的出现为传统制造业的转型升级提供了新的动力与契机。高质高效加工技术的发展已经由传统的“高质量和高效率”简单目标转变为“高质量、高效率、高精度、智能化、绿色化、复合化、高集成化”的多重目标。

加工机理研究和加工装备开发是实现高质高效加工技术进一步提升的主要手段，近5年来高质高效加工技术及相关产业的主要发展以及重点突破的关键问题均围绕这两方面进行。

加工机理研究是高质高效加工装备开发和技术创新的理论基础，涉及机械、材料、力学、热学、物理、化学等多学科交叉融合。高加工速度是提高材料切除率进而提高加工效率的直接手段，而且适当的高速加工参数在提高加工效率的同时可获得高表面完整性，诱导工件材料在高温、大应变、大应变率效应下发生定向微观组织演化和相变。因此，高速切削/磨削始终是国内外为实现高效高质加工目标的首选工艺。揭示高速超高速加工过程所涉及的工件材料变形、材料去除、能量转换等机理是近年来重点解决的关键问题，以突破目前对高速/超高速加工技术认识的局限，揭示工件材料物质属性（包括材料成分、相组成、微观/纳观组织、界面、晶体缺陷、键、位错等）对高速加工材料动态变形行为以及加工表面成形成性质量的影响机理，建立完备的高速切削/磨削金属学知识体系。

高质高效加工装备及其支撑技术是实现加工技术产业化的硬件基础，包括基础功能部件、加工装备的装配工艺、高质高效装备机电耦合设计方法、高质高效加工工具性能等。

功能部件是加工装备的重要组成部分，是保证加工装备功能、加工质量和可靠性的基础，是加工装备技术发展和市场开拓的重要支撑。功能部件发展水平代表了加工装备的发展水平，近年来高质高效加工装备技术及产业的主要发展趋势是力求突破基础零部件依然严重依赖进口的瓶颈，包括研发高速高刚度大功率电主轴及驱动装置所需轴承，提升产品的可靠性和精度保持性等。重点突破电主轴智能化控制技术、振动抑制技术，制定电主轴参数的智能优化与选择标准，开发滚动功能部件材料及热处理技术、可靠性设计、滚道加工和研磨技术以及摩擦、密封与润滑理论研究、噪声抑制技术等。

近年来，国际上在微细、涂层刀具等高效刀具和干切削、低温切削等高效清洁切削工艺等方面研究活跃，对解决难加工材料的低加工质量和低加工效率问题取得了显著进展。国内在高效加工机理与参数优化基础上，从刀具涂层、冷却润滑、加工变形控制等工艺技术进行突破，有效促进了加工效率和加工质量的提升。复合高效加工是提高生产效率和保障加工质量的重要手段，基于工序集中原则将多种机械加工工艺复合的加工中心已在国内外得到广泛研究，并在工业生产中获得推广应用。近年来，经过“高档数控机床与基础制造装备科技重大专项”的开展和实施，我国在复合加工中心方面与国外差距逐步缩小，但在加工装备的工作可靠性和精度保持性方面仍有较大差距。将特种加工和机械加工复合的加工工艺依然是目前的国际研究热点，具体包括辅助性复合加工工艺和组合式复合加工工艺。机械加工与特种加工复合的加工工艺可以解决传统机械加工中工具磨损严重和寿命低的弊端，为近年来广泛应用的钛合金、高温合金等塑性难加工材料和晶圆半导体等脆性难加工材料的高质高效加工提供了新的解决思路。

二、近年来的最新研究进展

（一）高速切削机理

萨勒蒙（Salomon）切削温度曲线（Salomon，1931 年）表明跨越切削条件极度恶劣的“死谷”区域达到超高速切削阶段，将获得兼顾超高切削速度和较低切削温度的技术优势，可为实现高速高效加工提供理想工程技术方案，同时有利于延缓刀具磨损，降低加工成本。因受限于超高速加工装备与测试装置的发展水平、切削变形行为的时空瞬变特性及刀具非匀质传热行为的复杂性，使得萨勒蒙曲线存在条件的探索持续了半个多世纪之久而未得解，以至于被公认为切削加工领域的“哥德巴赫猜想”。

在超高速加工切削变形区材料的时空瞬态激变行为研究基础上，山东大学刘战强等阐述了超高速切削刀具的非傅里叶传热效应，揭示了超高速切削过程工件与刀具的温升与热量分配机制，发现了萨勒蒙切削温度曲线的存在条件并进行了理论推导、模拟仿真及实验验证。同时，揭示了超高速切削高应变率诱导所致的工件材料塑脆性能转变规律，证明了超高速切削高效率和低能耗的技术优点（图 1）。

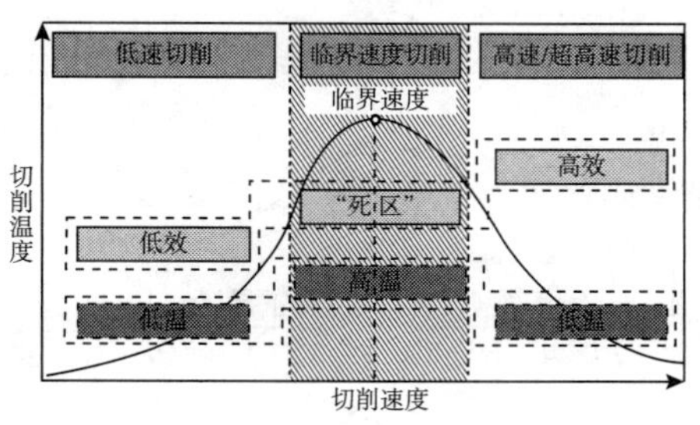

（a）萨勒蒙切削温度曲线

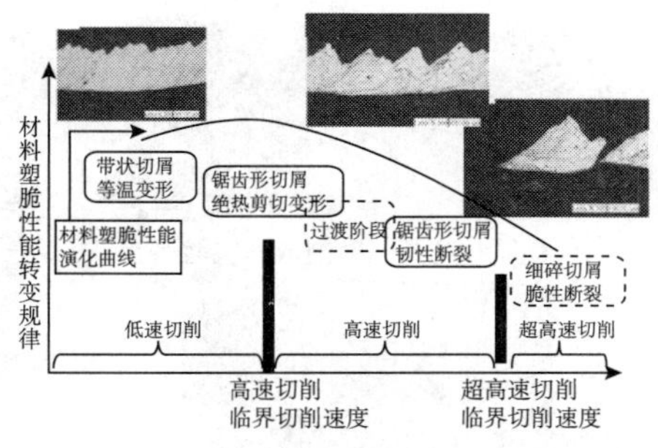

（b）高速 / 超高速切削材料塑脆性能及切屑形态转变

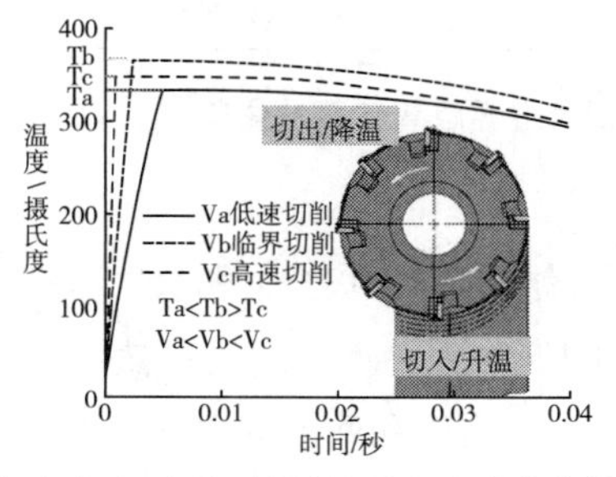

（c）高速 / 超高速切削温度拐点存在条件

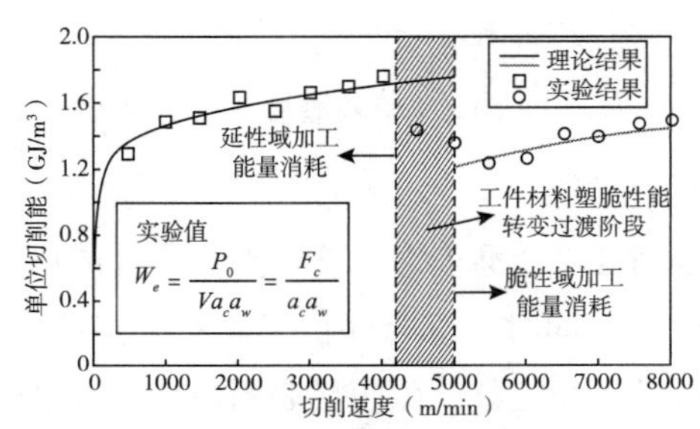

$$W_e = \frac{P_0}{V a_c a_w} = \frac{F_c}{a_c a_w}$$

（d）高速 / 超高速切削能量消耗变化规律

图 1　超高速切削萨勒蒙温度曲线存在条件及工件材料塑脆性能与切削能耗变化规律

研究表明，萨勒蒙切削温度曲线存在于铣削等断续切削过程中：①切削速度足够高，即切削时间足够短；②切削周期内切削时间 / 空切时间之比足够大，刀具热量无累积，保证足够的非切削时间使刀具温度降至环境温度，刀具稳态切削温度才可出现降低拐点。对于连续切削，由于热量持续累积导致刀具切削温度不会出现萨勒蒙切削温度曲线上的拐点，但随着热量在刀具、切屑、工件中的分配达到平衡，在切削速度提高时连续切削过程中的刀具温度升高幅度会减缓并达到最高点。

（二）高速磨削加工机理

传统磨削加工在面对航空航天等行业急需的难加工材料零部件时仍困难重重，主要表现出高强韧性材料（高温合金、钛合金）磨削加工效率低、硬脆性材料（工程陶瓷）磨削加工表面质量差的突出问题，难以适应不断发展的国家战略需求。工程界长期沿用“常规磨削速度（16~40 m/s）的 5~10 倍以上为高速超高速磨削”的基本概念，此概念仅给出了速度范围，未涉及不同的材料特征及磨削速度条件对材料变形的影响。

南京航空航天大学徐九华等从探索材料去除本质出发，通过磨粒微切削过程与实际磨削条件相一致的单颗磨粒磨削试验方法，阐明了磨削速度对高强韧材料磨削过程中滑擦、耕犁和成屑阶段物理参量的影响规律，观察到了明显的磨削速度效应，即：磨屑变形与形成在低速区由应变强化效应主导，高速区由热软化效应主导（图 2）；在热主导的高速超

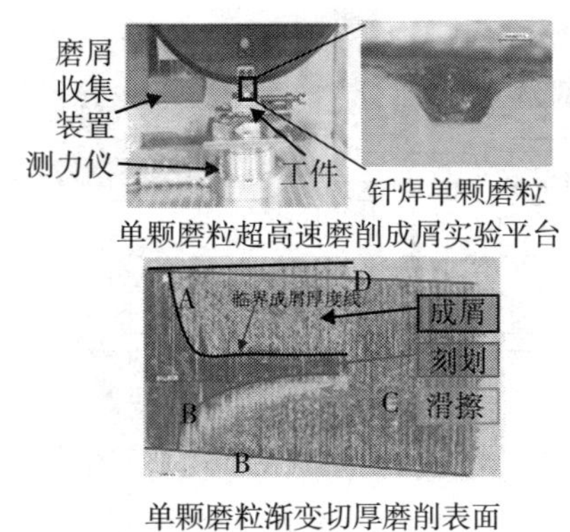

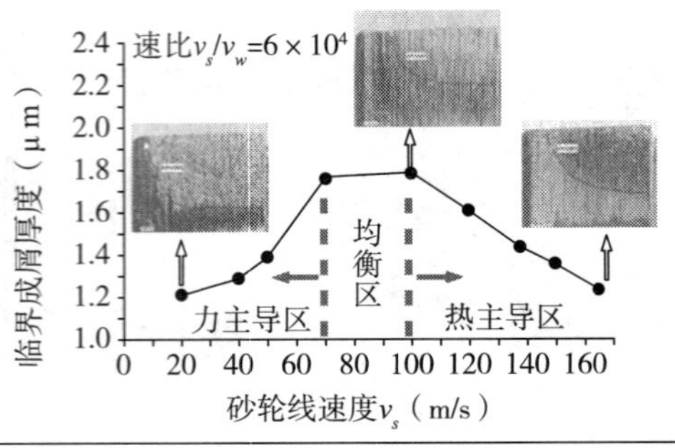

随着磨削速度的增加，临界成屑厚度呈现先增加（应变强化主导），后减小的变化趋势（热软化主导）

图 2　单颗磨粒渐变切厚磨削与磨削速度对临界成屑厚度的影响

高速磨削区域，磨削力显著下降、临界成屑厚度减小、磨屑锯齿状特征明显，有利于提升加工效率。同时，综合评价了高速超高速磨削加工的表面完整性，从力 - 热综合作用角度揭示了表面完整性（包括表面粗糙度、显微硬度、金相组织和残余应力等要素）的影响因素与作用机制，提出了可获得高表面质量的磨削工艺组合。以高速超高速磨削机理为依据，通过优化磨削工艺参数，实现了航空发动机领域叶片榫头与缘板、涡轮轴花键、封严环、航天液压阀体等关键零部件的高质高效制造。

针对高硬脆性材料，国内学者提出了二维应力场的微裂纹形成机理，构建了脆性材料延性磨削的充分必要条件，即磨粒负前角切削刃和高速磨削力、热作用下的加工表面应力与材料断裂韧性改变满足硬脆材料不出现中位裂纹的极限条件，揭示了磨削速度引起的热效应在脆性材料延性去除中的主导地位。通过综合考虑单颗磨粒临界切削厚度的影响，形成了脆性材料高质高效的磨削加工方法。

同时，高速超高速磨削会诱使材料表面发生极高的应变速率和大的应变梯度，从而使得加工表层内形成具有微纳尺度的超细结构晶粒和片层状结构组织。这种特殊的表面微纳结构在极端服役环境中通常也具有超高硬度和超强的稳定能力，有利于大幅度提升航空航天高温转动部件的抗疲劳能力。国内学者已在高速超高速磨削表面微纳结构的精细表征、影响因素与形成机制研究方面取得部分重要成果，有利于后续优化磨削工艺以实现可控的表层微纳结构。

（三）凸轮轴高速精密磨削理论与关键技术及其应用

凸轮轴作为汽车、船舶发动机配气机构的核心零部件，其加工质量与型线精度直接决定燃油系统的经济性和尾气排放标准，是汽车、船舶发动机制造业智能化、绿色化和服务化的重要突破口之一。凸轮轴磨削关键工艺、装备与软件系统集成的核心技术缺乏，尤其是凸轮轴转速优化、加工误差智能补偿、工艺智能软件开发、面向高效服务的磨削云平台构建等关键难题亟待解决。

湖南科技大学邓朝晖等经十余年“产学研用”攻关，提出了等磨削深度凸轮轴磨削数学模型与基于磨床进给伺服系统响应的积分反求工件转速优化方法，揭示了新型陶瓷凸轮轴脉冲激光诱导动态变质形成机理，提出了工件表面温控的凸轮轴磨削工艺优化策略；提出了凸轮轴高速磨削在位测量－误差分析－智能补偿技术；建立了凸轮轴磨削工艺专家知识库、模型库与算法库，开发了凸轮轴智能制造工艺软件（图 3）；构建了整合磨削软硬件两大类资源的凸轮轴智能磨削云平台，将工艺软件与磨床数控系统进行了集成（图 4）。研究成果已在湖南海捷精密工业有限公司、湖北威风汽车配件股份有限公司等企业推广应用。研究成果推动了磨削工艺智能化技术在高端装备制造业的应用与推广，带动了国产装备智能化升级和跨越式发展。

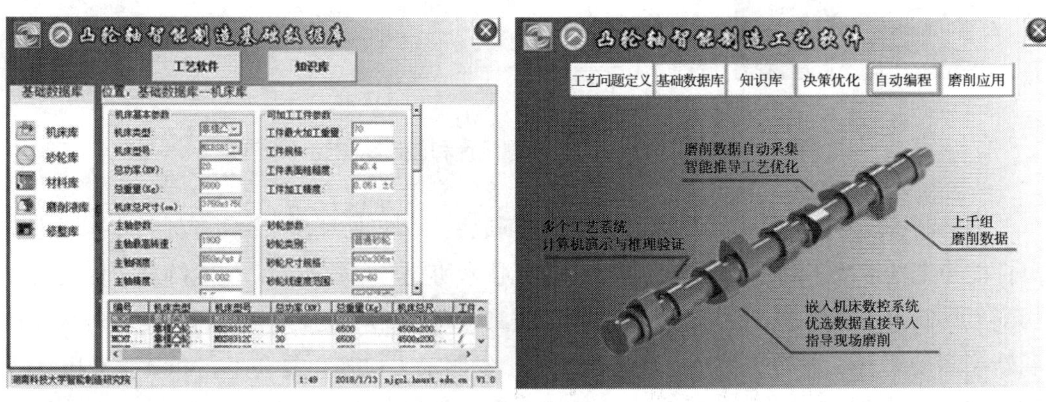

图 3　凸轮轴智能制造基础数据库与智能制造工艺软件

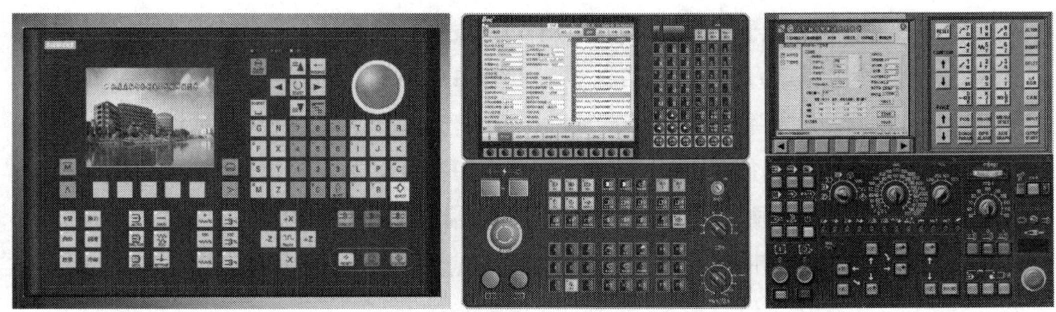
图 4　软件与数控系统集成

（四）高效切削刀具设计、制备与应用

我国刀具消耗量全球第一，但高效刀具长期依赖进口，难以满足加工成本进一步降低和重大装备研制国产化水平进一步提高的要求，实现高效切削刀具国产化的需求已迫在眉睫。上海交通大学陈明教授团队持续十余年围绕国产高效切削刀具设计、制备与应用开展

共性技术研究，取得以下创新成果：

高速切削中力热强耦合导致刀具磨损严重，呈现复合和时变特征，加之刀具磨损的影响因素多，给高效切削刀具控形控性精准设计带来挑战。针对国产高效切削刀具缺少设计方法和标准的难题，提出了形性协同精准设计方法，发明了基于临界切削厚度模型的变尺寸刃口强化带结构设计新方法和基于切削应力和温度分布模型的刀具面形结构优化设计新技术（图 5）。

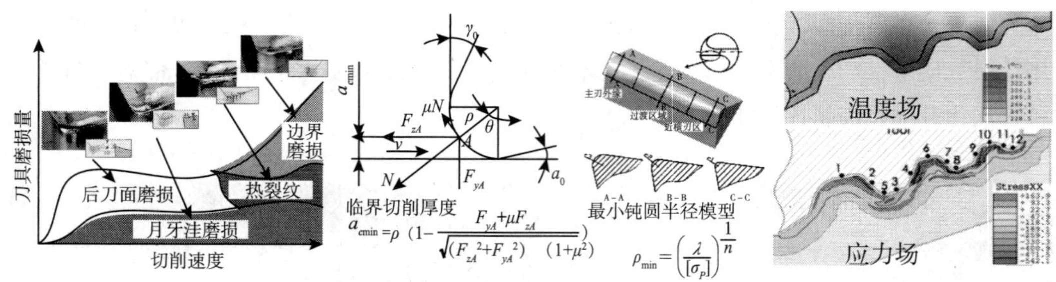

图 5　高效切削刀具刃口钝圆设计和面形结构优化设计

刀具制备技术链长，由刀具材料制备、磨削成形、刃口处理和涂层等单元技术构成，刀具性能稳定性取决于制备技术链上下游各单元技术协同与参数匹配，技术链复杂性给高效切削刀具制备带来挑战。针对国产高效切削刀具（高效硬质合金刀具、高性能高速钢刀具和新型超硬刀具）缺乏关键制备技术的难题，发明了刃口强化复合工艺和基于硬模比适配模型的刀具涂层制备新技术，研制出涂层成套装备，构建了高效切削通用刀具制备技术链，在国内建立了具有自主知识产权的金刚石涂层刀具生产线并在行业内推广，开发的金刚石涂层刀具比传统刀具寿命提高 10 倍（图 6）；发明大规格复杂型线刀具高效分层铣削 / 精密成形磨削技术和基于刀具整体包络线型空间约束的高效修磨新方法，构建了高效切削复杂型线刀具制备技术链，为百万千瓦级汽轮机和燃机国产化提供大规格型线轮槽铣刀和组合拉刀（如图 7 所示）；发明小偏角变切削厚度同质异构双刀头组合技术，开发了满足工序复合和载荷有序分布的重载切削超硬刀具，发明超硬刀具高效精密成形和可控焊接新技术，CBN 重载切削刀具应用于大型钛合金坯锭生产线，PCD 螺纹铣刀应用于汽车发动机生产线（如图 8 所示）。

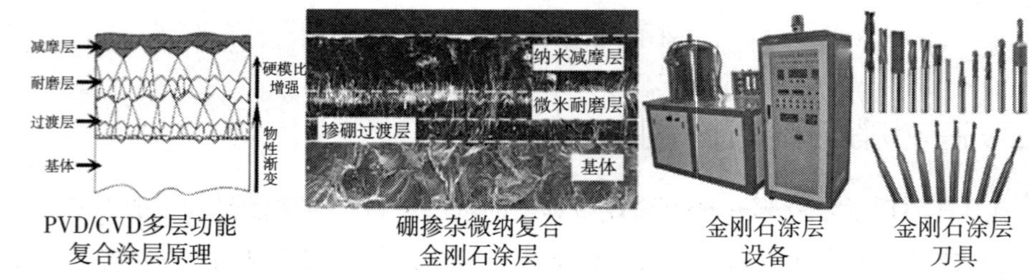

图 6　刀具涂层制备技术与装备

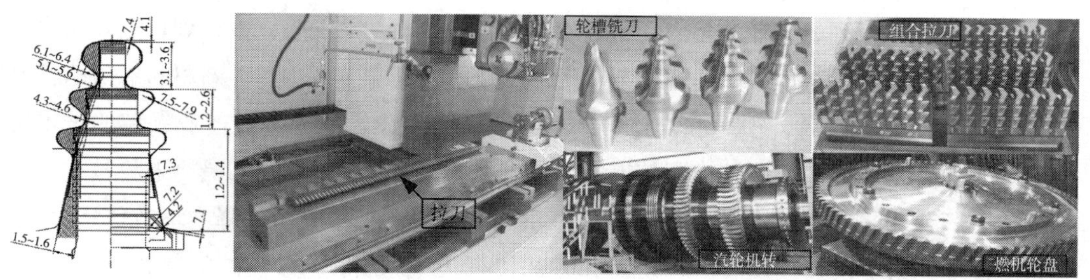

图 7　复杂型线刀具高效精密制备与应用

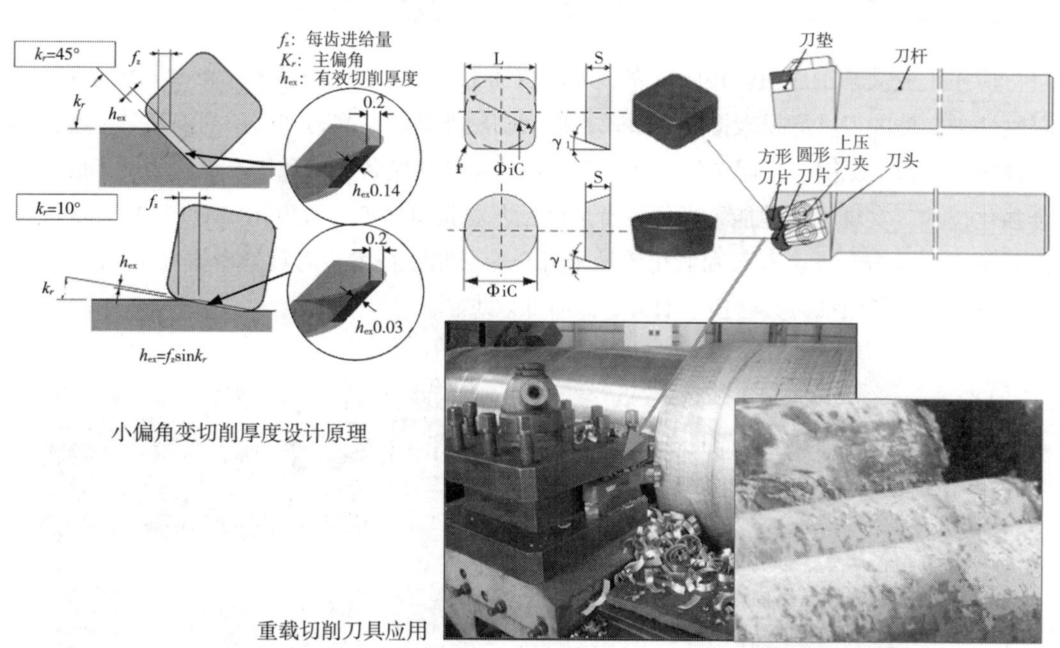

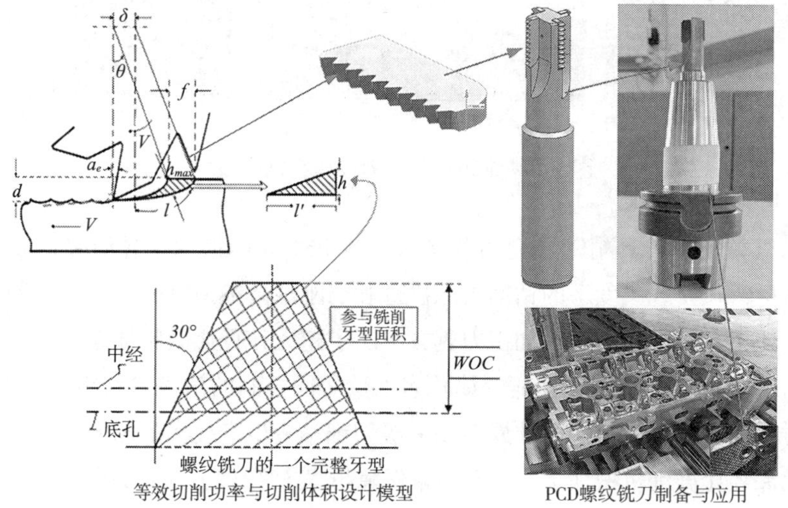

图 8　高效切削超硬刀具设计、制备与应用技术

其研究成果被列入工业和信息化部“百项技术创新推进计划”，该计划重点聚焦当前制约重点产业发展的瓶颈，突出解决新一代信息技术、高端装备制造、新材料等战略性新兴产业的关键共性技术，引导和支持创新要素向企业聚集，实现重点产业领域的技术突破，为工业转型升级和产业结构调整提供技术支撑。该项目促进我国刀具行业科技进步作用显著，打破了国外技术垄断，保障了国家重大装备研制技术安全，降本增效作用显著，促进了高端制造业可持续发展。研究成果获 2017 年度国家科技进步奖二等奖。

（五）异质多元多层高端印制电路板高效微细加工刀具与工艺

广东工业大学王成勇教授团队在微细机械加工刀具材料制备技术（图 9）方向揭示了弱刚性微细钻削刀具磨损破损失效形式，提出剧烈波动的钻削力和高钻削温度是导致微钻磨损失效的根本原因。发明了纳米碳化钨高温快速碳化制备技术和稀土氧化物纳米硬质合金强化技术，实现了高性能纳米硬质合金微钻基材批量生产。开发出 ϕ0.15~0.3 mm 微细刀具纳米金刚石、类金刚石和氮化钨纳米复合涂层制备技术，刀具寿命提高 10~100 倍以上，成功解决了微细刀具磨损、崩刃、低质低效难题。

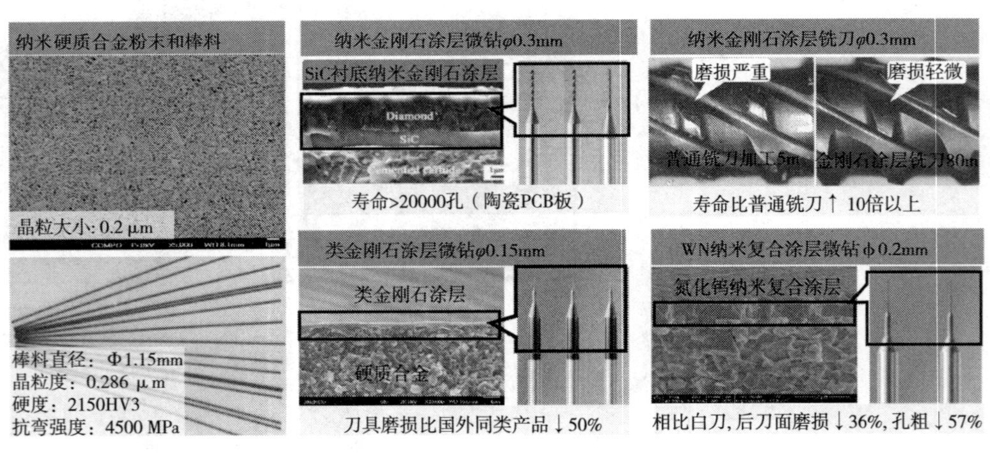

图 9　微细机械加工刀具材料制备技术

在微细机械加工刀具精密成型制备技术（图 10）方向揭示了异质多元多层高端印制电路板复合材料在介观尺度下的钻削去除机理和弱刚性微细刀具断裂失效机制。发明了系列复合槽型和超大长径比的微细加工刀具，解决了超大长径比微钻加工可靠性和稳定性问题。开发出基于材料 – 结构 – 性能一体化多参数协同控制的微细刀具精密成型制备技术，使我国成为继日本之后，第二个掌握 20 μm 极微细钻头生产技术的国家。

在超大深径比微细机械加工工艺及质量保障技术（图 11）方向提出了热 – 力多物理场耦合的异质多元多层高端印制电路板表面创成机理，揭示了微细孔加工可靠性问题产生机制及影响因素。发明了低温冷却、盖垫板辅助高可靠性高精度超大深径比微孔加工方法，

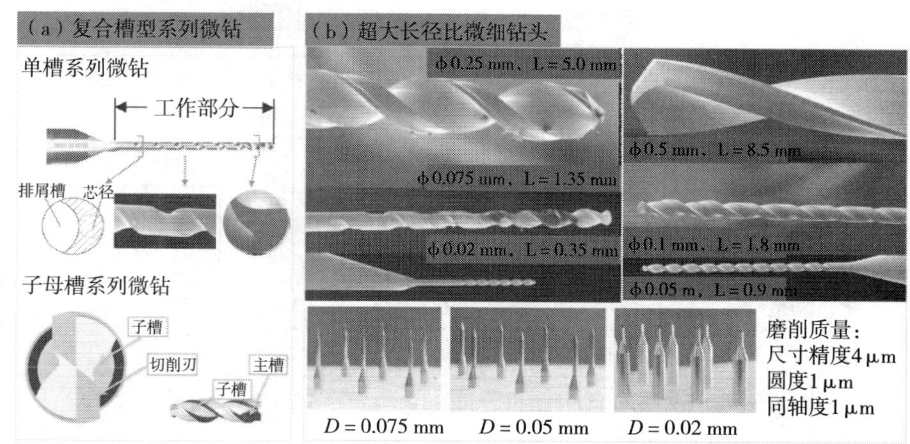

图 10　微细机械加工刀具精密成型制备技术

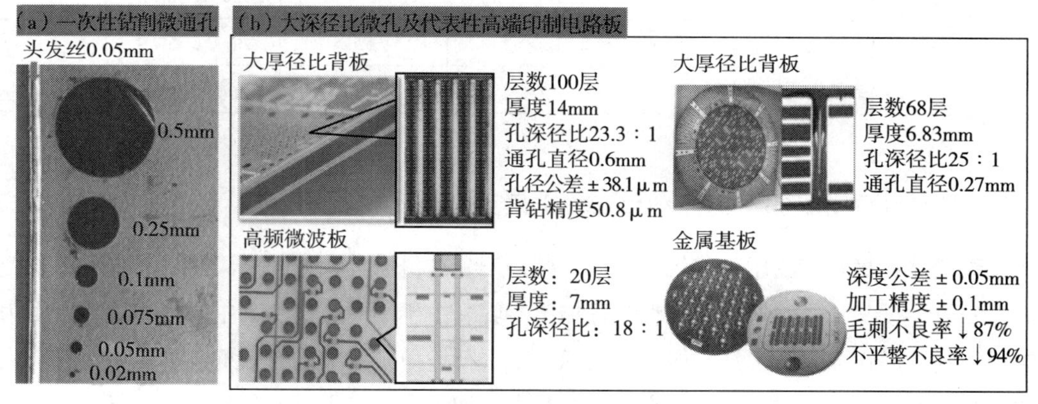

图 11　超大深径比微细机械加工工艺及质量保障技术

解决了钻削温度高、孔壁粗糙、钻污、加工毛刺等难题。实现了一次性钻削百层毫米厚度微通孔、百万数量大深径比微孔的批产工艺能力，加工品质和效率优于国际同类水平。

经检测和认证，研制的纳米硬质合金棒料、微细刀具制备技术优于日本住友电工和日本佑能等公司同类产品技术水平，主要技术对比如表 1 所示。由中国机械工业联合会和中国机械工程学会组织的鉴定委员会认为："总体技术达到国际先进水平，其中在高端电路板大深径比加工用的复合槽型钻头制造技术达到国际领先水平。"该项目成果打破了高端印制电路板制造受制于发达国家的被动局面，引领和推动了我国印制电路板行业发展。已应用于 TTM、三星、中兴、浪潮、电子十四所等 48 家国内外知名企业，为我国机载和舰载雷达天线阵列与馈电控制系统、大容量骨干网光传输设备 ZXONE 系列主机、基站通信天线、高铁客运 CTCS3/CYCS2 级列车控制系统、天河 2 号超级计算机等国家重大工程高端电子产品核心电路板高效高可靠性制造作出了重要贡献，显著提升我国国产高端装备的市场竞争力。

表 1　微细刀具与工艺技术指标对比

技术	核心技术指标	国外技术	国内技术（项目实施前）	本项目技术（对比国外技术）	对比结论
微细刀具材料制备技术（纳米硬质合金棒料）	晶粒度（μm）	0.331	被国外垄断	0.286（↓14%）	领先
	硬　度（HV3）	2000		2150（↑8%）	
	抗弯强度（Mpa）	4500		4500	
微细刀具制备技术	刃磨效率（支 / 小时）	166	83	230（↑39%）	领先
	微钻量产量小直径（mm）	0.05	0.2	0.045	
	单刃单槽微钻磨损（μm）	14	23	9（↓35%）	领先
	类金刚石涂层微钻磨损（μm）	8	5	4（↓50%）	
微细加工工艺及质量保障技术	柔性印制板孔粗 / 毛刺（μm）		6/18	3/11（↓50%/↓39%）	先进
	高频微波板孔口毛刺（μm）	/	55	36（↓35%）	
	铝基板孔口毛刺（μm）		315	117（↓63%）	

（六）石材高效加工用金刚石磨粒工具关键技术及应用

天然岩石材料广泛用于建筑、艺术、精密测量与机床等领域，将天然岩石变为石材产品，一般经过“开采、切割、光整”等加工步骤。由于硬而脆，加工主要使用以金刚石为磨料的各种形式金刚石工具。但是，长期以来，行业内都没找到有效抑制加工中金刚石失效的办法，导致加工成本高、效率低、能耗大。加工中大量石材变为岩屑、石材特别是珍贵石材的最终光泽度被抑制在较低水平。这成为我国乃至全球石材加工领域久拖未决的技术和工艺难题。

华侨大学徐西鹏教授团队从加工的源头入手，以保证单颗磨粒最佳切削载荷为约束，找到了导致金刚石失效的根源与解决办法；提出并实施了新的金刚石工具制备技术；解决了结合剂对金刚石的有效把持技术难题；提出并实施了一系列石材加工新工艺与新技术。从而有效抑制了金刚石的非正常失效，加工成本显著降低，加工效率明显提升。同时，使石材的利用率提高 150%，岩屑排放降低 50%。

该项目成果在国内外石材加工领域得到广泛应用，实现了石材的高效率、低成本、低岩屑排放和低能耗加工。产品远销到印度、欧洲等国家，经济与社会效益显著。项目于 2013 年获国家科技进步奖二等奖。

（七）高性能碳纤维复合材料构件加工技术与装备

复合材料可设计性强，制备工艺柔性高，型谱化的高强度、高模量、高热参数复合材料已经批量应用于航空航天、兵器、能源动力和轨道交通等重大装备中。复合材料构件成形和装配过程中精度和配合表面质量取决于钻削、铣削和磨削加工的加工质量。然而，复合材料通常为难加工材料，在钻削、铣削和磨削等加工过程中极易产生不可控的加工损伤，降低最终构件的性能，阻碍了此类先进材料在工程中的应用。实现复合材料的高质高效加工已成为国际重要难题。

大连理工大学贾振元教授团队从复合材料的切削本质入手，首次建立虑及法向、切向约束和复材温变特性的切削理论模型，发明了切削机理实验方法及装置，揭示出复材去除机理和损伤形成机制，实现了切削理论源头创新。提出“微元去除”和“反向剪切”复材加工损伤抑制原理，发明了多个系列高质高效加工工具。该成果揭示出损伤随温度变化规律，发明了负压逆向冷却和自风冷排屑加工装置及工艺，解决了极端尺寸特征高质加工难题。通过将上述成果应用于航天一院、三院、中航工业和商飞等企业中，突破了我国高端装备中关键复材构件高质高效加工技术瓶颈，支撑了我国新一代重点型号研制和批产。该成果被鉴定为“国际领先”水平，获国家技术发明奖一等奖。

上海交通大学陈明教授团队揭示出复合材料加工和金属加工在切削机理、物理建模与仿真、加工缺陷检测、质量标准与评价、切削磨削工艺优化和先进刀具砂轮技术等方面的差异性，并积累了大量基础性工艺数据和工艺技术规范，为复合材料结构设计、产品研制、连接装配质量控制、先进加工工艺和刀具研发等提供参考。同时，突破了刀具材料-结构-性能一体化协同制备关键技术，发明了形性可控的微纳复合金刚石涂层刀具制备新技术与装备，开发出金刚石涂层刀具和超硬刀具等系列化产品，解决了大型客机平尾装配中复合材料钛合金叠层制孔精度不满足要求和烧伤问题。金刚石涂层刀具还批量应用于航空航天型号产品研制，替代进口，保障了重大装备研制技术安全。该团队出版了国内相关领域第一部专著《碳纤维复合材料与叠层结构切削加工理论及应用技术》。

（八）高性能混联机器人加工装备

高性能混联机器人兼有数控机床与关节型机器人在工作空间、精度、刚度和动特性等方面的综合优势，特别适合航空航天、能源、轨道交通等领域大型整体结构件的现场铣削、钻铆、焊接、切割、打磨等作业，是当今机器人化加工装备的重要发展方向。

天津大学黄田教授团队瞄准国家和行业重大需求，十余年来持之以恒地坚持自主创新，先后提出这类装备构型综合及优选准则的新方法，攻克了设计、制造、控制、测量和系统集成等核心关键技术，研制成功 TriVariant 和 TriMule 两个系列的混联机器人新产品，授权中国、美国、欧洲发明专利，打破了国外专利壁垒，总体性能达到国外同规格产品技术水平，并通过专利许可率先实现产业化。

该团队通过产学研合作先后开发出多瓣网架铸钢节点消失模制造机器人工作站、大直径钢管双头任意相贯线切割机器人工作站、大口径光学元件精密抛光成套工艺装备、大型薄壁构件镜像铣削和搅拌摩擦焊原理样机等（图 12），全部填补了国内空白。相关装备已成功用于世博会“阳光谷”等大型钢构工程的高效、精细、低成本制造，以及国家重大光学工程。研究成果对引领我国高性能机器人化加工装备的自主创新和工程应用起到了重要的作用。

图 12　机器人工作站：（a）薄壁构件镜像铣削；（b）大型钢构相贯线切割

（九）卧式双机双五轴联动钻铆技术及装备

自动钻铆机是功能集成度和技术复杂度最高的航空制造工艺装备，长期被欧美垄断，是制约我国大型飞机壁板装配质量和效能提升的瓶颈。但是国外自动钻铆机普遍存在尺寸庞大、空间封闭等结构性弊端，壁板定位依赖专门回转托架，壁板吊装必须采用行车，自动钻铆准备时间长。

浙江大学柯映林教授带领的飞机数字化装配创新团队原创了一种双机双五轴联动钻铆机（图 13）。针对该新型钻铆机，建立了全作业空间末端抵抗刚度模型，揭示了内外侧铆头末端抵抗刚度非线性分布规律；基于外侧铆头绝对位姿误差和内 – 外侧铆头相对位姿误差综合控制的多体、多约束位姿协调优化方法，建立了末端位姿协调运动学模型，解决了钻铆机运动学参数全作业空间同步辨识难题；提出了移动轴和回转轴分离的位姿误差网格化补偿方法，保障了钻铆机全作业空间末端位姿精准协调，位置跟随精度达到 ±0.08 mm，姿态跟随精度达到 0.02°；基于压铆过程力瞬态变化和设备位移响应规律，设计了压铆过程力 – 位混合自适应鲁棒控制器，解决了新型钻铆机末端位置相容和铆接力平衡控制难题，保障了压铆过程稳定、质量可控，钉头齐平度≤ 0.02 mm，镦头高度误差 ±0.03 mm。

卧式双机双五轴联动钻铆机（图 13）打破了国外对自动钻铆机的垄断，已完成 MA700（图 14）、运 –9 和某战斗机等多个机型壁板的自动钻铆，保障了壁板装配的连接可靠性，推动了飞机壁板装配由封闭孤岛向开敞流水线模式的变革。

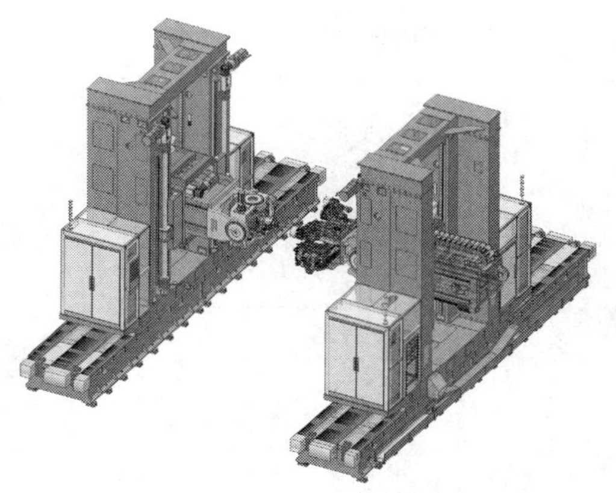

图 13　卧式双机双五轴自动钻铆机数模

图 14　钻铆 MA700 机身壁板

（十）面向大型结构件加工变形控制的浮动装夹自适应加工方法

飞机大型复杂构件材料去除率高达 90% 以上，加工完成后松开装夹，工件往往发生严重的弯曲、扭曲及弯扭组合变形。如果带应力装配，将严重影响飞机的安全性和使用寿命。大型复杂构件加工变形控制是材料领域、设计领域和制造领域共同关注的研究热点。在制造领域，传统方法主要基于残余应力预测或检测进行加工变形预测，进而在离线状态下根据变形预测结果优化工艺，实现加工变形控制。由于加工变形预测存在大量不确定因素，采用传统方法飞机大型复杂构件加工变形量只能控制到 0.2mm/m，而新一代飞机结构件的最大允许变形量提高了一个数量级，加工变形的精确控制已成为新一代飞机研制的重大技术瓶颈。

围绕上述难题，南京航空航天大学李迎光教授团队打破传统固定装夹方式下依靠变形预测进行变形控制的研究思路，发明了加工过程中自适应释放并消除工件变形的新装置和新工艺（图 15）：提出了加工过程中既能保证工件加工基准又能充分释放加工变形的 6+x 定位与夹紧方法，研制了嵌入压力、位移传感器的浮动装夹装置，突破了传统固定装夹方式下无法监测工件整体变形的难题；提出了基于加工动态特征的装夹打开判定依据和在机检测触发条件，给出了针对不同变形趋势和变形量的加工装夹调整策略，包括加工顺序调整、加工刀轨更改和夹紧力优化等，把固定装夹方式下不确定性因素导致的变形精确控制难题转化为浮动装夹方式下根据夹紧力、位移监测量等确定性因素的问题求解，确保在毛坯包络体内加工出合格零件。研发的浮动装夹装置和工艺已成功应用于多个飞机型号结构件的研制和生产，被评为某新一代飞机顺利成功首飞的十大关键技术之一。研究成果“飞机复杂结构件数控加工动态特征技术及应用”获 2016 年度国家技术发明奖二等奖。

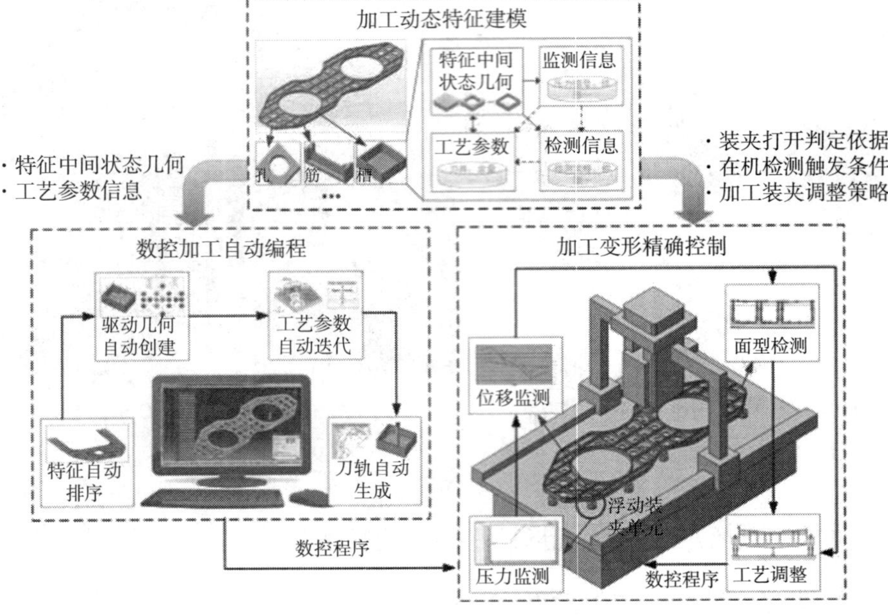

图 15　飞机复杂结构件数控加工动态特征技术及应用

（十一）航空发动机典型零件高性能加工技术

高性能加工具有高效、精密、优质的技术优势，是实现航空、航天、航海领域等重大装备关键构件高效高精、高表面完整性和高稳定性的一项核心关键技术，其应用急需突破高性能切削与变形控制机理、表面完整性控制、过程和偏差精量化控制等科学挑战，是我国重大装备实现长寿命和高可靠服役亟待解决的瓶颈与短板。

西北工业大学航空发动机先进制造技术国防科技创新团队在张定华教授带领下，面向发动机叶片、整体叶盘、整体叶环、离心叶轮、机匣、复材叶片加强边等关键构件开展高性能加工理论与技术研究，建立了多坐标插铣、螺旋铣、对称铣、纵向铣、分行定轴铣等铣削工艺方法，攻克了复杂构件加工工艺优化、复杂约束干涉处理、复杂曲面多坐标数控编程、薄壁构件加工变形控制与颤振抑制等关键技术，系统解决了航空发动机关键构件加工精度控制和高效编程问题。

面向国产重大装备更高的精度和服役寿命和可靠性要求，高性能加工面临更加复杂和困难的“形、性、稳”协同控制科学挑战，张定华教授团队在关键材料高性能切削机理与基础数据、关键构件自适应精密切削技术、关键构件加工表面完整性控制技术、关键构件自动化与智能加工技术、关键构件精密磨削和光整加工技术、高速高效绿色切削磨削技术、关键构件制坯与精密切削变形协同控制技术、关键精密偶件结构功能一体化加工技术等方面也开展了研究。研究成果在国内航空发动机制造企业得到应用，取得良好效果。

（十二）高端数控加工工艺与装备

高端数控装备是支撑我国航空航天、能源、轨道交通、海洋工程、智能制造等领域向高、精、尖方向发展的重要基础。数控装备的研制和使用涉及产品的全生命周期（设计、制造、装配、使用），是一种典型的多学科交叉（机械、电气、控制、热力学）复杂机电系统，多环节间的机电耦合关系已成为制约我国数控装备迈向高速高效高精的瓶颈。

西安交通大学赵万华、张俊等针对上述难题，围绕数控装备全生命周期中的设计、制造和使用三个阶段，分别从数控系统、伺服驱动、机械系统和切削过程四个方面着手，在考虑运动高速 / 高加速、主轴高转速和交变切削负载激励工况下，提出了机床整机动力学建模与分析方法，发现了机械系统动态特性随进给位置、速度及加速度的多维演变特性，解析表征了伺服驱动系统驱动力特性的全参数变化规律，揭示了复杂机电系统的机电界面动态耦合行为，突破了数控机床运动精度表征及其保持性演化机制，提出了数控－伺服－机械系统的集成设计理论，以及考虑机床性能的高精高效加工工艺规划方法（图 16）。

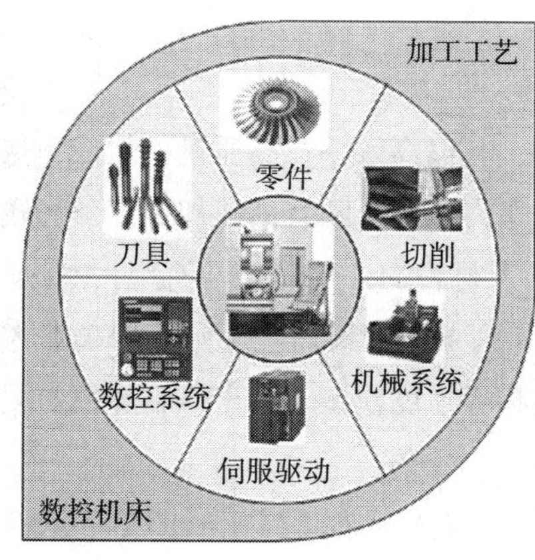

高档数控装备：
三个阶段：设计、制造、使用
四个环节：数控、伺服、机械、切削
五类工况：高进给速度、高进给加速度、高主轴转速、多轴联动
强时变切削负载

关键技术：
· 装备动力学的时变参变特性
· 多轴联动精度及精度保持性表征
· 机械–伺服–数控的机电耦合与集成设计
· 装备运行状态的监测与智能控制
· 面向装备性能的高精高效工艺规划

图 16　高端数控加工工艺与装备开发

研究围绕数控加工工艺及装备提出了一系列新的理论、技术与方法，突破了高档数控装备研制和使用过程中的核心和关键问题，研究成果在国内主机制造企业，航空航天、汽车、刀具制造和 3C 等制造企业得到应用验证，取得良好效益。

三、国内外研究进展比较

机械制造业是国民经济发展的支柱产业，提高生产效率和加工表面质量是机械制造领域追求的永恒目标。开发先进的高质高效加工工艺对于提升国家制造业水平和国际竞争力具有战略性意义，也是各国科技界和工业界争相抢夺的制高点。加工机理揭示和加工装备开发是实现高质高效加工技术提升的两个主要抓手，两者协同发展，缺一不可。

对比欧美等工业发达国家，我国在高效 / 高性能加工领域的战略部署、学科发展规划等方面已经迎头赶上，但在关键装备、技术创新和储备以及工艺水平和应用服务等环节仍有明显差距，国家科技主管部门仍在持续加大力度支持解决我国高质高效加工中的技术短板。国家自然科学基金委设立“航空发动机高温材料 / 先进制造及故障诊断科学基础”重大研究计划，支持航空发动机难加工材料的高质高效加工研究。国家重点研发计划围绕清洁切削技术中材料、工具、装备、环境和应用标准等开展研究，解决高能耗低品质加工质量问题和环境污染问题。军委科技委的基础加强计划围绕抗疲劳制造中零件表面材料、组织、强化、表面性能建模仿真、加工表面纹理和残余应力集中系数、结构细节和寿命预测建模、延寿技术等开展研究，着力解决困扰我国重大战略装备服役中相关的加工理论问题和关键共性技术问题。国家自然科学基金和国家科技重大专项已经持续在复合材料加工、刀具、装备和生产线构建方面提供资助，在复合材料加工机理、物理建模与仿真、加工缺陷检测、质量标准与评价、切削磨削工艺优化和先进刀具砂轮技术等方面取得了重要成果。

（一）高速切削机理

高速切削加工是先进制造领域的关键技术，其以高效率、高质量、低成本等优势已经在汽车制造、航空航天和国防工业等领域开始获得应用。随着高速加工装备和超硬材料刀具的迅速发展，切削速度获得逐步提升，难加工材料的切削加工性有望得到进一步改善。德国学者萨勒蒙博士于 1931 年最早提出高速切削加工的概念，德国亚琛工业大学首席专家克劳克提出了考虑工件材料性能的高速切削临界速度模型，指出该临界值主要依赖工件材料的物理机械性能和热力学性能。

发现高速切削萨勒蒙温度曲线的存在条件与深入理解超高变形速率下工件材料的塑脆性能转变密切相关。著名科学家冯 · 卡门（Von Karman）指出对于不同塑性材料均存在一临界冲击速度，当试样材料所受冲击载荷速度超过该临界值时，材料性能发生塑脆转变而仅在被冲击端部发生脆性断裂，塑性波传播理论为超高速切削机理的揭示提供了新的思路。山东大学刘战强教授团队和美国学者 Astakhov 合作研究，建立了适于高速 / 超高速切削条件的材料本构模型和动态断裂应变模型，并从微观层面揭示了塑性金属材料的高应变率脆化机理。

自萨勒蒙切削温度曲线提出以来，国内外学者针对高速切削机理研究所实现的最高切削速度范围不断获得突破。其中，澳大利亚学者 Arndt 实现了 8000 ft/s（146304 m/min）的超高切削速度，法国学者 Sutter 和 List 利用弹道切削实验平台实现了切削速度范围为 300 m/min 至 4400 m/min 的高速切削实验，山东大学刘战强等发明了一种获取超高切削线速度的方法（专利号：ZL200910013904.7），通过“以铣代车”的加工方式提高了切削速度，并利用该方案实现了铝合金、钛合金、高温合金和超高强度钢等工件材料在切削速度范围 30 m/min 至 12000 m/min 的高速直角切削实验。中国科学院力学研究所的戴兰宏等利用轻气炮加载技术实现了最高切削速度达 12000 m/min 的高速切削实验。在超高速切削实验技术层面，国内外的差距正在逐步缩小。

针对萨勒蒙切削温度曲线存在条件的研究，不同学者的分歧点主要在于切削温度的研究区域与加工方式不同，主要研究难点在于铣削等断续切削加工方式的切削温度建模与温度测试难度极大。国内针对高速切削过程切削温度研究的团队主要来自山东大学、南京航空航天大学和上海交通大学等，针对高速 / 超高速切削机理和切削温度的研究，国内研究队伍已迎头赶上，但在超高速切削工艺的生产应用方面仍存在显著差距。

（二）高速磨削加工

高速 / 超高速磨削这一构想最初是基于德国学者萨勒蒙博士提出的高速切削加工理论提出的，他曾预言材料的切 / 磨削加工在高速度域有可能会变得更加容易和轻松。近年来，虽然我国在磨削速度、磨削机理、高效磨削应用方面的研究有了长足发展，但与国外相比差距依旧显著。

在高速磨削机理方面，德国处于世界领先水平。不莱梅工业大学 Werner 提出可以将缓进给磨削的深磨传热机理推广至高速磨削领域，只要条件适当，即使在高速、深切、大进给的条件下，磨削区工件表面温度完全可以控制在 200~400℃，该发现在磨削力 – 热理论研究领域具有里程碑意义。亚琛工业大学的 Opitz 等学者对高速磨削机理进行了更加深入的研究，肯定了提高砂轮线速度可以减小磨削力和砂轮磨损，并且可以获得更低的表面粗糙度和提高磨削效率。Inasaki 等学者认为，在单颗磨粒切厚恒定条件下，磨削效率提高的同时，磨削力、砂轮磨损状态以及工件表面粗糙度都会保持在恒定范围内，这与 Rowe 提出的“速度效应”概念类似。国内学者提出的应变率理论也认为高速磨削机制不同于普通磨削，但受限于磨削装备条件和研究手段，国内对高速超高速磨削机理的认识相比国外总体处于落后阶段。

高速超高速磨削主要应用于难加工材料的高质高效加工。美国的 Malkin 等学者对氮化硅陶瓷零件的高效低损伤磨削方法进行了研究，材料去除率达 11 mm^3/（mm · s）。德国亚琛工业大学的 Klocke 提出高效深切磨削的材料去除率可达 50~2000 mm^3/（mm · s），实现“以磨代切”高效加工。在国内，南京航空航天大学、湖南大学、东北大学、郑州磨料磨具磨削研究所等单位的学者提出了优化选择磨削参数以最大限度地实现难加工材料的高效加工，尽管在实验室内钛合金、高温合金、工程陶瓷的材料去除率已达 50~100 mm^3/（mm · s），但在实际工程应用时，稳定可靠的材料去除率也仅为 5~10 mm^3/（mm · s）的较低水平，与国外高质高效磨削加工水平差距显著。

（三）凸轮轴高速精密磨削理论与关键技术及其应用

为了提高凸轮轴加工的精度和效率，以适应汽车与轻工机械产业等快速发展对凸轮轴精度和数量的需求，国内外对凸轮轴高速精密磨削理论与关键技术进行了大量的研究。在国外，关于凸轮轴高速精密磨削理论与关键技术的研究已相对成熟，并在相关机床制造企业成功应用。其中，比较成功的是德国的 JUNKER 公司将新型的高耐磨 CBN 砂轮、点磨削工艺、高性能伺服进给技术和先进数控技术结合，研发了高速高精的全数控凸轮轴磨床。

我国在凸轮轴非圆轮廓高速精密磨削方面的研究起步较晚。近年，为了提高凸轮轴数控磨削的精度，湖南大学、上海大学、机械研究总院、湖南科技大学等高校和科研机构的研究人员在凸轮轮廓误差控制方面开展了卓有成效的研究工作。在凸轮轴磨削加工设备的研发方面，湖南大学、华中科技大学、天津大学、北京机床研究所、北京第二机床厂、上海机床厂和湖南海捷精密工业有限公司等高校、科研机构和磨床企业进行了大量的研究，推出了一系列性能优良的产品；但与国外产品在凸轮轴磨床动态性能、凸轮轴磨削软件可靠性等方面存在差距。目前，国内凸轮轴磨床生产企业已经联合高校和相关科研院所展开凸轮轴数控磨削工艺软件的开发，其中湖南科技大学邓朝晖教授团队开发了包含基础数据库、知识库、智能决策模块和自动编程模块的凸轮轴智能磨削工艺软件，并成功与机床数控系统进行匹配集成，取得了较好的效果。

（四）高效切削刀具设计、制备与应用

随着加工效率、加工质量和加工成本要求不断提高，高效切削加工早已成为全球制造技术的发展趋势。高效切削刀具作为高效切削的关键技术，也在不断创新并发展迅速，但我国高效切削刀具的设计和制备以及工程化应用与国外还有较大差距。在刀具设计方面，瑞典 Sandvik Coromant、以色列 ISCAR 和美国 Kennametal 均大力发展模块化刀具设计方式，针对不同零件材料、零件结构特征和加工方式，设计标准化接口并组合形成不同的适配刀具；德国 Walter 开发了可转位刀体的 TailorMade 定制系统，可以快速设计非标刀具，大幅提高了产品交付能力。在刀具刃口微观设计方面，国外刀具企业如瑞典 SECO 和美国 Kennametal 等，通过建立具有刃口精化强化特征参数的真实刀具三维模型进行有限元切削仿真，为刀具刃口优化设计提供准确的数据支撑。与国外相比，我国高效切削刀具的创新设计能力还有较大差距，国内刀具企业普遍缺乏刀具数字化设计和仿真优化技术、标准化和规范化的刀具性能评价方法。在刀具制备方面，国内企业在新刀具材料和涂层方面的技术水平对国外的依赖性较大，尚未形成完备的自主研发体系，基本处于对国外技术的跟随状态。在刀具应用方面，国外 CIMSOURCE 和 TDM 等基于 ISO 13399 建立的刀具标准化数据库已经形成了涵盖 40 家以上刀具企业、90 万条以上刀具数据、完备的刀具数据、智能

的刀具选用规则以及优化的工艺参数推荐，使得国外刀具产品在应用过程中可以获得科学的数据指导，充分发挥高效切削刀具的效能，满足机床利用率和生产效率的要求。而国内高效切削刀具应用仍然缺乏相应的标准化数据库作为支撑，高效切削刀具的能效发挥与国外差距较大，造成机床利用率不足、生产效率低。

综上所述，虽然我国在高效切削刀具设计、制备与应用的基础理论研究方面已经获得了重大突破，但是仍然缺乏系统、规范、标准化的自主研发体系，特别是刀具数字化设计、专家数据库系统等方面与国外差距还在拉大，亟须尽快开展相关研究，建立数字化设计规范、刀具性能评价规范和标准、刀具数据交互规范和标准，在缩小与国外差距的同时，为我国智能制造技术在切削加工领域的应用提供重要的数据和技术支撑。

（五）异质多元多层高端印制电路板高效微细加工刀具与工艺

印制电路板是搭载芯片和元器件的核心及集成件，是电子工业的基石，其加工质量取决于微细刀具及其关键加工技术。随着芯片的集成化、微型化和高性能化，印制电路板加工刀具也向微细化、高强度和耐磨损的方向发展。目前，日本佑能工具已研制出世界最细的电路板用硬质合金钻头（直径 0.007 mm）。国内深圳金洲精工科技股份有限公司（简称“深圳金洲”）已实现了直径 0.02 mm 微钻的批量生产，使我国成为第二个掌握 20 μm 极微细钻头量产技术的国家。结构方面，微钻正从传统的双刃双螺旋槽结构逐渐向单槽型、单刃型、子母刃及多刃结构转变，单槽型微钻有利于提高微钻强度，单刃型微钻有利于改善切屑排屑，子母刃微钻则有利于减小钻削力。2018 年全球电路板用微钻销量 14.4 亿支，其中国内销量 9.5 亿支，深圳金洲制造的硬质合金微钻占国内份额为 31.05%，国内市场占有率第一；全球市场份额从 2007 年的 5% 跃升至 2018 年的 24.31%，全球市场占有率第一，成功实现了从追跑到领跑的转变。

为改善微细刀具加工性能，国内外对刀具涂层技术进行了相关研究，使其向超硬、耐磨、强韧和自润滑方面发展。德国亚琛工业大学的 Loffler 对比了磁控溅射制备的 TiAlN、TiAlC 以及电弧法制备的 TiCN、TiAlN、TiAlCN 和 CrAlN 四种涂层，发现 PVD 涂层微钻可以提高 8 倍加工寿命。广东工业大学王成勇团队开发了元素掺杂强化氮化钨基多元纳米复合微钻涂层，实现了 16 层高速板直径 0.15~0.3 mm 高质量微孔钻削，与日本佑能同类产品对比，后刀面磨损减小 36%，孔壁粗糙度减小 57%。

在异质多元多层高端印制电路板高效微细加工刀具与工艺研究领域，新一代高端电路板微孔尺寸将进一步降低到 0.02 mm 以下，加工深径比增加到 30 : 1 以上，主轴转速将提高到 30 万 ~ 60 万转 / 分钟，高端电路板基材将大量采用改性聚合物、元素掺杂的高分子材料及异形填料等，提高了多层异质复合材料的复杂性，这些都给新一代高端电路板微细加工刀具和加工工艺带来极大的挑战。

（六）石材高效加工用金刚石磨粒工具关键技术及应用

石材作为一种重要的建筑材料，其加工技术一直伴随着整个人类的发展历程，特别是随着金刚石工具在石材加工中的应用，使得石材加工技术得到了质的飞跃。为了应对中国广阔的石材市场以及石材加工技术的快速发展，在欧共体 ECIMTP 计划的资助下，欧洲国家从 2000 年就开始了石材加工新技术的全面研究（注：世界石材加工技术强国均在欧洲）。经过十余年的研究，世界石材加工技术的研究重点已经从早期单纯地追求生产率向绿色环保智能加工技术以及高附加值的异型石材方向转变。通过采用一系列新型绿色环保加工新技术，有效地提高了石材的价值。例如目前德国石材的价值为 1250 欧元 / 吨，欧洲平均为 650 欧元 / 吨，而中国仅为 250 欧元 / 吨。

采用机器人进行异型石材加工被认为是取代人工、实现石材智能化加工的首选技术。欧盟和德国相继启动了 Hephestos（Hard material small-batch industrial machining robot）项目和 PMI（Prediction and manipulation of interactions）项目，来解决大型复杂结构零件的机器人加工难题。在复杂形状石材机器人加工领域，国外已有厂家将工业机器人集成应用于石材雕刻领域，如 QD 公司将 KUKA 工业机器人、TD 公司将 ABB 机器人应用于石材雕刻，利用机器人技术与机电一体化技术结合实现石材加工过程刀具自动换刀、刀轨迹自动生成等功能，但其价格昂贵，且厂家对软件技术进行了封锁。华侨大学、山东大学等国内高校，广州数控、青岛数霸等企业也相继投入力量对石雕机器人加工的硬件系统进行了研发，但相关的软件及工艺仍受制于国外。

（七）高性能碳纤维复合材料构件加工技术与装备

鉴于碳纤维增强树脂基复合材料（以下简称为“复材”）在装备减重、大型构件整体成形制造等方面的优越性能，国外科研机构已围绕复材切削机理、专用加工工具设计、低损伤工艺开发及数字化装备研制等方面开展了丰富的研究工作。

在复材切削机理研究方面，国外研究学者徐（Xu）、张（Zhang）等建立了单纤维切削模型，实现了复材切削力以及界面开裂深度的准确计算，为揭示复材切削加工中的材料去除及损伤形成机制奠定了良好基础。大连理工大学的贾振元教授团队在考虑法向约束作用的基础上，进一步考虑了复材切削中树脂及界面对纤维的切向约束作用，以及复材温变特性对法向、切向约束作用的影响规律，使得切削力的计算精度提升了 20%，从而更为准确地揭示了复材的切削机理和损伤形成机制。但该方法目前只针对碳纤维增强树脂基复合材料体系，涵盖的复合材料种类较为有限，未来需针对不同纤维以及不同基体的复合材料，进一步丰富和完善该理论。

在复材专用加工工具设计研究方面，国外目前主要依靠波音、空客等资金实力雄厚的企业通过大量工艺试验对传统加工工具（如麻花钻等）进行经验改进，从而获得适用于特定工况、特定切削条件的优化刀具。该方法人力、物力投入巨大，且因未充分结合复材的切削特性，所得刀具的普适性较差，工程应用前景十分有限。国内贾振元教授团队则针对这一现状，从所揭示的复材切削机理及损伤形成机制出发，提出了“微元去除”和“反向剪切”加工损伤抑制原理，并结合“切削能量最小化”等原理，形成了相应的复材专用加工工具设计思想，开发出了系列钻、铣削高质高效加工工具。

在复材低损伤工艺开发研究方面，国外目前的研究工作多集中于冷却及润滑工艺开发。贾振元教授团队提出了“逆向冷却”的工艺技术，即通过在复材钻削中施加一与刀具进给方向相反的冷却气流，一方面降低了出口区域温度，另一方面为出口处材料提供了一定的支撑，从而更好地实现了损伤的抑制。然而，该方法需一定配套的工艺装置，而因目前尚未进行大规模生产阶段，故技术成熟度相比现有工艺技术仍存明显差距，也制约了该项工艺技术的工程化应用，未来需针对该方面重点加强。

在复材专用数字化加工装备研制方面，国内起步较晚，而国外已具备解决复合材料加工的成套技术与装备体系和相关标准规范，差距较大。

（八）高性能混联机器人加工装备

混联机器人加工装备泛指一类本体采用混联构型，可制成即插即用模块，兼具数控机床加工精度和关节型机器人作业灵活性的机器人化装备。此类机器人是机床技术与机器人技术完美结合的产物，具有高速、高精度、高静动态特性和高柔性等优点，在航空航天、轨道交通等领域大型构件制造中具有独特优势。

国外混联机器人研究始于20世纪80年代，90年代后期迅速发展，其发展潜力和市场空间巨大。目前，瑞典、西班牙等国家相继研制出以Tricept、Exechon混联机器人为核心单元的大型构件现场加工装备，已在航空航天、轨道交通等领域得到成功应用。在国家“863”等研究计划和市场需求的推动下，天津大学在混联机构学基础理论、创新设计与工程实践等方面开展了深入研究，取得了长足进步和系列突破。在“十一五”至“十三五”期间，天津大学先后研制出TriVariant-A、TriVariant-B、TriMule600、TriMule800两个系列四种型号的混联机器人。其中，TriMule600和TriMule800混联机器人的综合性能指标已达到或超过国外同规格产品，可满足焊接、切割、制孔、铣削等加工作业需求，表明我国混联机器人已初步具备实用能力。但是，与国外先进技术水平相比，在数控技术、多传感器集成应用、综合性能保障与系统集成、加工工艺规划等方面还有待进一步提高。

瑞士Starrag集团旗下的ECOSPEED系列混联加工装备，以三自由度Sprint Z3并联动力头为核心模块，通过配以XY工作台可实现五轴联动加工。由于并联动力头具有优良的姿态能力和静动态特性，由其构成的混联加工装备特别适合复杂结构件的大去除量铣削加工。在国内，天津大学于2007年研制出A3三坐标并联动力头。相较于SrpintZ3，A3采用3RPS拓扑构型，内移动副的驱动方式设计能够有效减小静平台尺寸，故在自由度数目、类型和静刚度相同的情况下，可大幅减轻并联动力头的重量，提高其动态性能。此外，面向航空制造装备自主创新需求，清华大学开发出一种新型并联动力头，并搭建出基于该动力头的五轴混联加工机床工程化样机，其性能指标全面对标国外同规格产品。

（九）卧式双机双五轴联动钻铆技术及装备

进入 20 世纪后，随着飞机制造业的蓬勃发展，自动钻铆机逐渐成为飞机壁板结构精准制孔、高可靠连接的核心工艺装备，在波音、空客等西方发达国家航空制造企业得到广泛应用。美国 GEMCOR 公司是自动钻铆设备的主要供应商之一，其生产的自动钻铆机主要以压铆方式和 C 型弓臂式结构为主，并配置有单独的数控托架。这种结构形式的钻铆机结构简单、铆接稳定可靠，但存在 C 形结构喉深限制产品尺寸的固有缺陷。美国 EI 公司也是自动钻铆设备的重要供应商之一，该公司以低压电磁铆接技术为核心，结构以龙门卧式为主，代表性产品有 E3000~E6000 系列等。除了采用电磁铆接方式之外，美国 EI 公司也研制了采用压铆方式的 E7000 系列自动钻铆机，其铆接速率可达到 15~20 个 /min，可以实现对大曲率壁板的快速装配。德国宝捷公司主要生产 C 型、D 型和龙门立式结构的自动钻铆机，其中 MPAC 作为最新一代的自动钻铆机，采用压铆方式和龙门立式结构，工作时飞机壁板固定不动，设备的可达性、通过性及适用性较好，并应用于国产大飞机 C919 的机身壁板装配。

近年来，我国航空制造企业花费巨资引进国外自动钻铆设备，在转包生产和某些机型机身机翼壁板装配上局部实现了自动钻铆，但受限于技术封锁，难以掌握自动钻铆核心技术，不能充分发挥自动钻铆设备的效率和作用。从 20 世纪 70 年代起，成飞、西飞、沈飞、北京航空制造工程研究所、南京航空航天大学、西北工业大学、上海交通大学、上海拓璞数控等单位相继开展了自动钻铆技术及装备研究，并取得了可喜进展。如西飞和成飞相继引进美国 GEMCOR 公司 G4026 型自动钻铆机，但未购买配套的数控托架系统，而后分别与西北工业大学、西南交通大学合作研制和开发了全自动数控托架系统；南京航空航天大学研制了基于 Pogo 柱托架调姿的龙门式自动钻铆系统，并开发了相应的控制系统；上海拓璞数控在五轴数控加工领域拥有多年经验，与上海交通大学联合开发了中央翼自动钻铆系统等。由于自动钻铆机技术长期被极少数欧美航空制造装备供应商垄断，我国自动钻铆技术虽然在近几年有了一定程度的发展，但起步晚，自动钻铆系统结构形式基本参考国外，且绝大多数的研究工作并未在航空制造企业得到推广应用，与西方发达国家仍存在较大差距。

浙江大学飞机数字化装配团队于 2014 年开始研制自动钻铆机这一功能集成度和技术复杂度最高的航空制造高端工艺装备。该团队凭借飞机数字化装配工艺装备研制经验和雄厚的学科交叉技术实力，原创性地自主研制了卧式双机联合自动钻铆机，多项核心技术指标已达到或优于国外钻铆机水平。与传统钻铆机结构不同，该钻铆机独特的双机协同结构特点，改变了钻铆机必须依赖于旋转托架才能实现壁板自动化钻铆的历史，推动了飞机壁板装配模式由封闭孤岛向开敞流水线的颠覆性变革。

（十）面向大型结构件加工变形控制的浮动装夹自适应加工方法

在大型结构件加工变形研究领域，欧盟和美国相继启动了“COMPACT（A Concurrent Approach to Manufacturing Induced Part Distortion in Aerospace Components，2005—2009）”项目和“MAI-Ⅲ（Metals Affordability Initiative，1999—2016）”计划，国内学者也分别从不同角度开展了加工变形控制研究。但已有方法在本质上都属于固定装夹加工方法，只能进行局部加工变形监测或者控制。南京航空航天大学李迎光教授团队突破传统固定装夹方法的局限，提出了在加工过程中自适应释放变形、监测变形并消除工件变形的浮动装夹自适应加工方法。由德国、西班牙多家大学和公司承担的欧盟第七框架计划项目“INTEFIX”把中国学者首次提出的“浮动装夹”作为其主要研究内容之一，该项目组 2017 年发表的相关论文 7 次引用了上述研究团队发表于 2015 年的论文，之后又进行了系列跟踪研究。

大型复杂构件加工变形控制是材料领域、设计领域和制造领域共同关注的研究热点。在制造领域，随着传感技术、大数据技术和人工智能技术的发展，基于监测数据进行加工变形控制是未来的重要趋势。

（十一）航空发动机典型零件高性能加工技术

在航空发动机典型零件高性能加工方面，国外围绕加工过程及其形成的表面状态对疲劳性能的影响开展了大量研究，探索了航空难加工材料机械 / 特种等制造过程工艺参数、工具磨损等对工件表面粗糙度、晶粒变形与再结晶、材料沉积等表面状态形成的影响机制，分析了制造表面晶粒细化、压应力形成、制造表面波纹度等对试件服役循环过程中裂纹萌生、裂纹扩展速率的影响，形成了部分制造技术过程与试件服役性能的映射关系。在大量研究的基础上形成了发动机构件高性能制造技术的标准规范，严格控制了制造工艺参数的选择范围、操作方法和顺序等，由此将军机的航空发动机使用寿命提升到 3000 小时以上。此外，为达到发动机构件的设计服役性能，罗罗和 MTU 等航空发动机公司为确保整体叶盘、涡轮盘等高附加值关键构件的制造表面状态满足要求、严格避免致命制造缺陷的产生，建立了制造过程在线监测与数据驱动的制造品质保障体系，研究了机械制造过程工况变化 / 工具损耗 - 监测信号 - 制造表面状态的映射关联机制、制造过程中的工件 - 工件交互作用机制、制造过程表面状态的演化规律等问题，并提出了在线监测与数据挖掘相结合的制造品质保障方案。

我国在航空发动机关键构件的制造精度方面已经接近或达到了与国外产品相同的水平，在形位精度、表面粗糙度等几何信息方面的要求达到甚至超过国外同类关键构件的要求。然而，我国制造的关键构件服役寿命却不及国外同类产品的 50%，构件制造结果形似而神不似，某型军用航空发动机的大修寿命只有几百小时，暴露出在关键构件制造技术方面未能掌握面向高性能制造的表面宏微观几何与物理状态对构件服役影响规律、相关基础数据严重缺乏、高性能加工表面状态设计基础研究不足的问题。

（十二）高端数控加工工艺与装备

高效高精度加工是机床用户追求的永恒目标，加工工艺作为获取优质零件的必要环节，工艺的优劣对零件加工质量好坏和效率高低有直接影响。当前，国内机床用户在切削加工的编程阶段，由于缺乏对机床本体性能的认识，仅考虑刀具与工件的几何约束关系进行工艺编程，工艺制定和参数选择多凭人员的习惯和经验。在加工复杂型面零件时，强时变、参变的切削负载将激发工艺系统的复杂响应，易导致加工过程失稳，零件报废。目前提高加工质量的常用方法是通过“加工—分析—测量—修正—再加工”的思路，生产周期长，成本高。随着对高效高精度加工的不断追求，这种传统的被动式工艺制定流程难以充分发挥机床的使用效率。实际上，加工过程与工艺系统之间存在交互机制，国外学者通过研究切削过程与工艺系统之间的动态交互作用机理，针对不同机床性能、刀具性能和零件加工要求，综合工艺系统特性和工艺过程，考虑物理性能约束，提出面向高效高精度加工的刀具路径规划与工艺参数优化方法，实现工艺系统与加工过程的最优匹配。

数控加工装备的生命周期主要包括设计、制造和使用三个阶段，是一个复杂的系统工程。当前，国产机床制造企业在设计阶段，机床机械结构多参照展会和技术手册，仿制国外同类型机床，其静、动刚度需通过经验公式估算、反复修正和改进才能达到设计要求，这种被动设计方式周期长、投入大、缺乏主动性。在伺服控制系统方面，国产机床特别是高档数控机床，主要选择 SIEMENS、FANUC 及 HEIDENHAIN 等国外进口产品，其选型仅依靠功率、扭矩等几个基本参数，这些国外系统也仅有少量功能和少量参数对国产机床开放和使用，几乎是一个“黑箱子”。在机床制造阶段，机床几何精度由于缺乏主动设计手段，往往需要装配过程的反复调试、矫正予以保证。另外，国产机床机械系统的装配工艺也没有定量化的指导原则，批量生产的机床精度一致性得不到保障，其动态特性差异很大，无法准确预知。对于伺服控制系统，国内企业只能参考国外提供的调试手册，对对象本身的运行机理并不十分清楚，一些高级功能模块不知如何使用，总是处在被动境地。在机床使用阶段，由于国内机床制造企业缺乏对用户工艺的了解研究，而数控机床用户也仅仅关注加工生产，缺乏对机床特性和加工性能的认识，在加工工艺的制定和参数选择上，多凭工艺人员的习惯和经验，缺乏理论性、定量化的指导原则，造成机床加工效率很低、人力和物力资源的严重浪费，目前这种国产数控机床与用户加工工艺没有深入结合的局面，造成好机床用不好、也造不出好机床的局面，没有形成“工艺牵引装备，装备支撑工艺”的良性循环。

四、发展趋势与展望

应用基础科学、材料科学、信息技术、测试分析技术等不同学科理论和技术手段，不断完善高质高效加工基础理论，发现新规律、提出新方法、建立更准确有效的模型，为以高质量、高精度、高效率、智能化、绿色化、复合化、高集成化等为特征的高质高效加工装备、工具和工艺技术的创新发展提供坚实的理论支撑。

随着制造业对零件生产效率与加工表面完整性及其服役性能的要求越来越高，高质高效加工装备及其功能部件包括数控系统、电动机、主轴、刀库、刀架、轴承、滚珠丝杠等将向高速高精度化、高可靠性、驱动并联化及信息交互网络化发展。掌握发展高速高精控制技术、加工质量智能控制、加工过程监控技术、数字孪生技术等关键技术，才能适应高质高效加工装备发展需求。

未来应开展典型工程材料、难加工材料、复合材料等基础工艺数据体系建设，加强型谱化材料加工性和零件服役特性之间映射关系研究，建立典型工程材料、难加工材料、复合材料与零件加工的缺陷检测和评估体系，结合材料结构组织性能关系的清楚认识，对材料加工过程中的性能进行准确预测。积累大量产品数据、工艺数据，开展大数据分析与应用，实现精确的加工工艺控制，为提高加工质量、加工效率和加工经济性提供数据支撑。随着制造业对零件生产效率与加工表面完整性及其服役性能的要求越来越高，高质高效加工技术需要适应大批量生产、单件小批量生产、多材料多品种混流生产等不同生产模式对加工效率的要求；同时，高质高效加工技术不仅仅要满足尺寸位置等精度要求，还应该根据零件性能需求，加工出符合表面完整性要求、表面微观组织或功能表面要求的零件表面质量，为此，应在高质高效加工中结合发展高速高精控制技术、加工质量智能控制、加工过程监控技术、数字孪生技术、表面织构、表面改性等关键技术，以适应高质高效加工新的更高等的需求。

材料加工过程涉及机、电、光、热、电磁、化学、超声、生物、等离子等多种形式能量，多能场复合加工，如激光复合与辅助加工、增减材复合加工、超声辅助加工、机械生物复合加工、机械电化学复合加工，等等，对提高加工质量和加工效率发挥了重要作用。各种新的复合或集成加工技术及装备将会不断涌现，其中，增减材复合加工、基于激光的复合加工技术、半导体与机械制造融合、等离子辅助，以及支撑复合加工的相关软件工具、智能技术和复合装备等将是技术研发热点。

高质高效加工将融合绿色化等相关技术，在加工过程源头减少对生态环境的影响，在优质、高效加工的目标基础上，进一步追求高能效、低物耗、低污染的绿色化以及可测可控等新目标，即向可持续加工发展，进一步促进高质高效加工与绿色制造的系统融合，完成高质高效加工向可持续加工的升级转变。

智能化是制造业的必然趋势，相关传感器、控制器、执行器及机器人技术等的科技进步，将进一步刺激和支撑制造领域最为基础的切削 / 磨削加工技术的智能化发展。加工工艺既是加工质量和效率重要的决定性因素，更直接决定了零件的品质，只有实现切削 / 磨削加工过程的智能化，才能实现真正的智能制造。切削 / 磨削技术的智能化发展，需加强切削 / 磨削过程的物理建模、仿真建模技术、过程感知技术、信号分析与融合技术、物联网、加工大数据、机器学习以及标准协议和接口技术等相关使能技术的深入研究。

高质高效加工技术需要与高性能加工装备及其功能部件（包括数控系统、电动机、主轴、刀库、刀架、轴承、滚珠丝杠等）以及相应的信息技术有机集成，系统发展，真正实现加工过程的高质、高效、绿色、可测、可控、经济的高目标。同时，应持续开展高质高效加工工艺应用技术研究，增强工艺知识储备，革新工艺技术服务理念，提升高质高效加工工艺与数据的技术服务能力，促进高质高效加工在航空航天、汽车、轨道交通、能源装备、模具、电子制造以及基础零部件制造等行业中的广泛应用。

参考文献

[1] 艾兴，邓建新，赵军，等. 高速切削加工技术［M］. 北京：国防工业出版社，2003.

[2] “10000 个科学难题”制造科学编委会. 10000 个科学难题 · 制造科学卷［M］. 北京：科学出版社，2018.

[3] 王兵，刘战强. 材料动态性能对高速切削切屑形成的影响规律［J］. 中国科学：技术科学，2016，46（1）：1-19.

[4] 刘战强，杨东，王兵. 高效切削与高完整性加工技术［J］. 航空制造技术，2016（7）：36-43.

[5] Wang Bing，Liu Zhanqiang，Su Guosheng，et al. Brittle removal mechanism of ductile materials with ultrahigh-speed machining［J］. ASME Journal of Manufacturing Science & Engineering，2015，137（6）：061002.

[6] Wang Bing，Liu Zhanqiang，Su Guosheng，et al. Investigations of critical cutting speed and ductile-to-brittle transition mechanism for workpiece material in ultra-high speed machining［J］. International Journal of Mechanical Sciences，2015，104：44-59.

[7] Wang Qinging，Liu Zhanqiang. Plastic deformation induced nano-scale twins in Ti-6Al-4V machined surface with high speed machining［J］. Materials Science and Engineering：A，2016，675：271-279.

[8] 陈明，安庆龙，刘志强，高速切削技术基础与应用［M］. 上海：上海科学技术出版社，2012.

[9] HerbertSchulz，EberhardAbele，何宁. 高速加工理论与应用：Fundamentals and Applications［M］. 北京：科学出版社，2010.

[10] 田霖，傅玉灿，杨路，等. 基于速度效应的高温合金高速超高速磨削成屑过程及磨削力研究［J］. 机械工程学报，2013，49（9）：169-177.

[11] 丁文锋，奚欣欣，占京华，等. 航空发动机钛材料磨削技术研究现状及展望［J］. 航空学报，2019，40（6）：022763.

[12] 陈明，徐锦泱，安庆龙. 碳纤维复合材料与叠层结构切削加工理论及应用技术［M］. 上海：上海科学技术出版社，2019.

[13] Li S，Zheng L J，Wang C Y，et al. Micro drilling quality of the Cu/BT laminate for IC substrate［J］. Circuit World，2016，42（2）：55-62.

[14] Zheng L, Wang C, Zhang X, et al. The tool-wear characteristics of flexible printed circuit board micro-drilling and its influence on micro-hole quality [J]. Circuit World, 2016, 42 (4): 162-169.

[15] Zhang Yuzhou, Xu Xipeng. Influence of surface topography evolution of grinding wheel on the optimal material removal rate in grinding process of cemented carbide [J]. International Journal of Refractory Metals & Hard Materials. 2019, 80: 17-19.

[16] Xu Yongchao, Lu, Jing, Xu Xipeng, et al. Study on high efficient sapphire wafer processing by coupling SG-mechanical polishing and GLA-CMP [J]. International Journal of Machine Tools & Manufacture. 2018, 130: 12-19.

[17] Z. Jia, R. Fu, B. Niu, et al. Novel drill structure for damage reduction in drilling CFRP composites [J]. Int. J. Mach. Tools Manuf, 2016, 110: 55-65.

[18] R. Fu, Z. Jia, F. Wang, et al. Drill-exit temperature characteristics in drilling of UD and MD CFRP composites based on infrared thermography [J]. Int. J. Mach. Tools Manuf, 2018, 135: 24-37.

[19] P. Rahmea, Y. Landon, F. Lachaud, et al. Drilling of thick composite materials using a step gundrill[J]. Compos. A, 2017, 103: 304-313.

[20] F. Ning, W. Cong, H. Wang, et al. Surface grinding of CFRP composites with rotary ultrasonic machining: a mechanistic model on cutting force in the feed direction[J]. Int. J. Adv. Manuf. Tech, 2017, 92 (1-4): 1217-1229.

[21] P. Silva, J. E Matos, L. MP Durão. Analysis of damage outcome in the strength of polymer composite materials [J]. J. Compos. Mater, 2018.

[22] 刘少伟，李迎光，郝小忠，等. 基于特征的蒙皮镜像铣加工残区刀轨优化方法 [J]. 航空学报，2016，37 (7)：2295-2302.

[23] Li Yingguang, Liu Changqing, Hao Xiaozhong, et al. Maropoulos. Responsive fixture design using dynamic product inspection and monitoring technologies for the precision machining of large-scale aerospace parts [J]. CIRP Annals - Manufacturing Technology, 2015, 64(1): 173-176.

[24] Li Yingguang, Liu Xu, James X. Gao, et al. Maropoulos. A dynamic feature information model for integrated manufacturing planning and optimization [J]. CIRP Annals - Manufacturing Technology, 2012, 61 (1): 167-170.

[25] Li Yingguang, Liu Changqing, Gao X, et al. An integrated feature-based dynamic control system for on-line machining, inspection and monitoring [J]. Integrated Computer-Aided Engineering, 2015, 22 (2): 187-200.

[26] 王聪梅. 航空发动机机械加工工艺规程现状及改进 [J]. 航空制造技术，2010 (24)：62-64.

[27] 武导侠，张定华，姚倡锋. GH4169 高温合金车削表面完整性对疲劳性能的影响 [J]. 航空材料学报，2017，37 (6)：59-67.

[28] Du Chao, Zhang Jun, Lu Dun, et al. Coupled model of rotary-tilting spindle head for pose-dependent prediction of dynamics [J]. ASME Journal of Manufacturing Science and Engineering, 2018, 140 (8): 081008.

[29] Zhang Xing, Zhang Jun, Zhang Wei, et al. Integrated modeling and analysis of ball screw feed system and milling process with consideration of multi-excitation effect [J]. Mechanical Systems and Signal Processing, 2018, 98: 484-505.

撰稿人：王　兵　徐九华　邓朝晖　陈　明　王成勇　黄　辉　王福吉　刘海涛
董辉耀　李迎光　罗　明　张　俊　何　宁　徐西鹏　黄　田　张定华
赵万华　刘战强

绿色制造

一、引言

（一）专题领域的定义和范围

从 20 世纪 90 年代初期，从我国部分高校和研究机构开始关注绿色制造至今已有 20 多年的历史。绿色制造目前已经成为各个层面关注的热点，也呈现快速发展的势头。制造业作为国民经济的主体，一方面给国家带来了巨大的经济财富，另一方面又是资源能源的最大消费者和污染物的主要排放者。在资源能源不断消耗、污染物排放量不断增加、全球气候加速变暖的背景下，发展绿色制造已成为全球热点。

绿色制造的研究内容十分广泛，涉及产品全生命周期的各个阶段。从产品全生命周期的角度看，绿色制造的主要研究内容涉及绿色设计、绿色制造工艺、再制造、回收与再资源化等方面。

绿色设计 GD（Green Design），也称为生态设计 ED（Ecological Design）、面向环境设计 DFE（Design for Environment）、生命周期设计 LCD（Life Cycle Design）或环境意识设计 ECD（Environmental Conscious Design）等，其基本思想是在设计阶段就将环境因素和预防污染的措施纳入产品设计之中，将环境性能作为产品设计目标和出发点，力求产品在其生命周期全过程中，成本较低，资源能源利用率最高，环境影响为最小。因此，可以给绿色设计这样一个定义：绿色设计是这样一种设计，即在产品整个生命周期内，着重考虑产品环境属性，并将其作为设计目标，在满足环境目标要求的同时，并行地考虑并保证产品应有的基本功能、使用寿命、经济性和质量等。

绿色制造工艺是指在产品加工过程中尽量节约能源、减少污染。绿色制造工艺主要应用在机械加工过程，研究和采用物料和能源消耗少、废弃物少、对环境污染小的工艺方案，并根据工艺方案设计和制造绿色系统和装备用于指导绿色加工过程。绿色工艺决策模型研究、干式切削技术、准干式切削技术、生产废物再利用、增材制造等都是绿色工艺新技术研究的内容。根据绿色加工工艺的目标可以把绿色工艺分为三种类型：节约资源型工艺技术、降低能耗型工艺技术、环境保护型工艺技术。

再制造是相对制造而言的，再制造的实质是基于寿命评估、性能失效分析，通过高新技术对已经报废或者即将报废的产品进行修复和改造，使产品的性能再次达到甚至超过新产品的性能。再制造和制造最大的区别是加工对象的不同。制造的毛坯规格性能统一，而再制造毛坯是回收回来的报废产品，质量参差不齐。但是由于原料是报废的产品，因此再制造保留了制造过程中的附加值，所以再制造是废旧产品资源化的最佳途径之一。根据再制造产品技术条件对废旧产品进行加工进而成为再制造产品的过程称为再制造工艺过程。尽管再制造的种类不同、目的不同，其加工工艺也不尽相同，但是通常都包括拆解、清洗、检测、加工、零件测试、装配、整机测试、包装等内容。

回收与再资源化是指在规范的市场运作下，通过环境友好、高效的工艺技术，最大限度地利用生产过程中的边角余料和残次品、使用过程中破损的结构件和处在生命周期末端的废弃产品中蕴含的材料，使其成为有较高品位可以使用的资源。回收与再资源化可以实现节能、节材、保护环境等目的，用以支持社会的绿色发展。再资源化的一般过程为：首先对废旧产品进行智能、高效拆解与破碎，然后对破碎后的混合材料进行分离和归类，以得到较纯净的再资源化原始材料，最后，对得到的原始材料进行提炼并合理保存，根据需要用于新产品的制造，从而最大限度地实现废旧产品的再资源化。

（二）本领域近五年来机械制造科技及产业的主要发展趋势及关键科技问题

为了支持制造业的绿色发展，各国政府在制定与制造业有关的法律规定和标准规范的同时，也出台了相关的战略规划与支持政策，鼓励研发机构、高校和企业等积极研发和采用绿色制造技术，鼓励企业向绿色化、智能化制造模式转型。《中国制造 2025》明确提出了“创新驱动、质量为先、绿色发展、结构优化、人才为本”的基本方针，把“绿色制造工程”作为重点实施的五大工程之一，明确将发展绿色低碳经济列为国家战略，实施绿色增长、绿色发展成为共识，发改委、工信部、科技部、质检总局等部门也分别出台鼓励与促进绿色制造的相应政策。2016—2018 年，围绕中国制造 2025 战略部署，在财政部、工业和信息化部组织下开展了绿色制造系统集成工作，重点解决机械、电子、食品、纺织、化工、家电等行业绿色设计能力不强、工艺流程绿色化覆盖度不高、上下游协作不充分等问题，支持企业组成联合体实施覆盖全部工艺流程和供需环节系统集成改造。通过几年持续推进，建设 100 个左右绿色设计平台和 200 个左右典型示范联合体，打造 150 家左右绿色制造水平国内一流、国际先进的绿色工厂，建立 100 项左右绿色制造行业标准，形成绿色增长、参与国际竞争和实现发展动能接续转换的领军力量，带动制造业绿色升级。

我国绿色制造领域近五年来科技及产业的主要发展趋势有：绿色设计未来研究内容主要集中在设计理论与方法、企业实践应用、教育推广、基础数据库建立和支持工具的开发等多个方面；绿色制造工艺研究热点围绕绿色制造工艺方法、工艺路线规划、绿色加工装备与工具、绿色复合加工、绿色标准规范、基础数据和评价工具等方面；再制造未来研究主要集中在再制造拆解技术与清洗技术、先进表面成形与加工技术、再制造无损检测技术等方面；回收与再资源化研究主要集中在废旧产品的逆向物流、废旧产品高效拆解、材料绿色回收工艺方法、产业化回收装备等方面。

绿色制造领域近五年来的关键科技问题主要包括：①将绿色制造理论方法的集成与跨学科有机融合，构建绿色制造的完整理论体系；②在工业 4.0 框架下，发展数据和知识驱动、智能学习方法辅助的智能绿色制造模式；③绿色制造的方法构建及工具开发，主要包括 CLCA（Consequential Life Cycle Assessment）的体系构建及数据库平台开发、开发绿色设计集成工具平台、建立绿色制造的标准规范等；④智能绿色材料、装备节能、干切削干磨削、集成工艺与方法等方面的绿色工艺方法与装备开发；⑤再制造装备研发、损伤评价及再制造无损检测技术；⑥汽车、家电、工程机械等典型行业的绿色制造深化应用与示范。

二、本学科最新研究进展

（一）绿色设计

近几年，国内在工程机械、机电装备、汽车、家电等行业的面向全生命周期的绿色设计支持工具与支撑数据库得到了一定的发展。合肥工业大学与家电企业进行合作，从产品设计阶段出发，针对家电产品的全生命周期全过程的重大环境要素，科学运用多学科领域的知识，建立了家电产品可拆卸设计、大规模定制模式下的产品绿色设计方法、绿色性能评估、可回收性设计、材料选择、绿色创新设计方法等关键方法与技术，形成面向全生命周期的家电产品绿色设计创新方法；将客户对产品的绿色性能需求与产品功能、结构及常规性能需求进行综合考虑，将绿色设计理念融入家电产品设计过程中，结合家电企业的产品设计与开发流程，研发了典型家电产品绿色设计支持工具及数据库。针对产品的制造过程和装配中的环境问题，基于产品熔融沉积制造过程提出了一种碳排放量化方法，并对复杂产品的装配过程提出了具体的碳排放解算，实现了碳排放的量化求解。并从家电产品的回收处理出发，从废旧家电产品回收工艺规划及决策方法、典型家电产品的拆卸及回收工艺技术和装备两个方面研究废旧家电产品的回收再利用与再资源化方法、工艺、技术与装备（如图 1 所示）。研发了面向全生命周期的典型家电产品绿色设计方法及支持工具，并在合肥美菱股份有限公司、四川长虹电器股份有限公司、海尔集团技术研发中心、深圳市 TCL 高新技术开发有限公司等家电企业进行了应用与推广；研发的家电产品用线路板回收成套技术与装备、压缩机回收成套技术与装备以及难回收材料的创新回收方法与工艺分别在南京凯燕电子有限公司、四川长虹电器股份有限公司、天津和昌环保技术有限公司、合肥佳强工贸有限公司等进行了应用与推广。

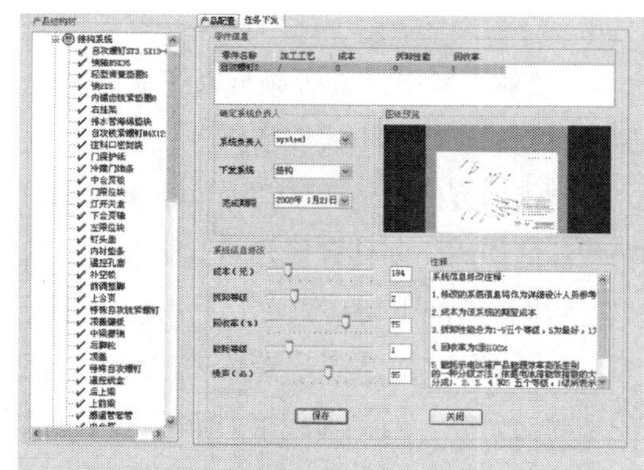

家电产品绿色设计平台软件及支持工具

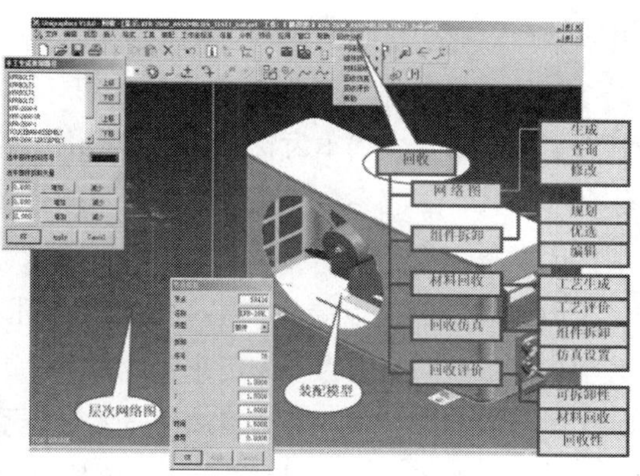

基于多指标性能参数的家电产品绿色性评价方法

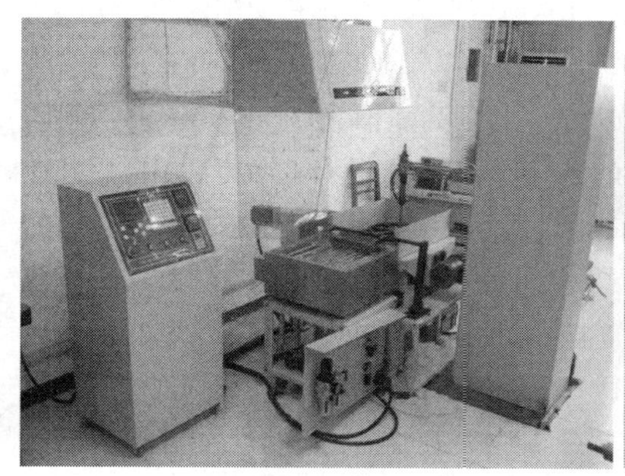

线路板热 / 力复合高效脱焊技术

压缩机测量 / 切割一体化智能控制技术与装备

图 1　家电产品绿色设计平台及回收与再资源化装备

由国机集团所属的合肥通用机械研究院主持的“重型压力容器轻量化设计制造关键技术及工程应用”项目，面向国家重大工程建设和节能减材的迫切需求，攻克了材料许用强度调整、高强度钢性能调控、新结构开发、应变强化工艺等难题，建立了重型压力容器轻量化的可靠性设计制造共性技术方法，有力推动了我国压力容器绿色设计技术进步。其研制的轻量化产品已在 40 多家企业推广应用，提高了我国压力容器设计制造技术水平和企业产品国际竞争力，取得了显著的社会效益。

（二）绿色加工工艺及技术

在传统金属切削加工领域，机床、刀具、冷却的技术发展极不平衡，近年来，伴随机床与刀具条件的现代化进程加快，单位时间金属去除率剧增[1]。为了降低切削温升，传统切削液喷淋浇注的冷却方式所使用的切削液用量只能被迫增大，但切削液的大量使用会影响操作者健康，污染环境，同时提高制造成本。干切削、高速切削、振动切削、加热辅助切削、低温切削、微量润滑技术等少无切削液的绿色加工技术因此得到了广泛的关注，并逐渐在工业中得到了应用。

重庆大学和重庆机床有限责任公司针对汽车、船舶、航空航天等领域对于高档绿色制齿装备的需求，揭示齿轮高速干式切削工艺原理，完成了高速干式切削床身、主轴、工作台、刀具、工艺参数优化等关键技术的突破，研制出新型的七轴四联动绿色高速干式切削机床设备，生产效率提升 2 ~ 3 倍，消除了切削油的使用，并具有很好的节能效果，满足了齿轮绿色制造需要[2, 3]。微量润滑技术是较为流行的准干切削方法，北京航空航天大学、南京航空航天大学、广东工业大学、上海交大、浙江工业大学、青岛理工大学、江苏大学、中北大学等均对微量润滑技术进行了一系列的研究。近年来，相关研究人员将低温冷风、低温氮气、低温 CO_2、纳米流体、油膜附水滴（OOW）等技术和微量润滑技术结合，开展了关于微量润滑增效技术的相关研究。北京航空航天大学绿色切削课题组使用低温冷风微量润滑的铣削力仅为传统切削的 60%，并且其可以较好地抑制刀尖处粘接物的产生，降低刀具磨损，提高工件表面质量，有效解决了切削高强钢 30CrNi2MoVA 时切削区温度高的问题，研制的低温微量润滑系统已在航空、航天、电子等行业中得到了应用，针对铝合金、高强度钢等材料，取得了良好的加工效果[4]。浙江工业大学绿色与高效加工研究团队，提出并发展了一种静电微量润滑新技术，揭示了荷电切削液在刀 / 屑接触区的毛细渗透增效机制，研究并完善了荷电气雾在摩擦界面的边界润滑机理、换热机理以及加工环境油雾浓度抑制机理，开发了适用于静电微量润滑的水性复合纳米流体切削液，初步建立了静电微量润滑的工艺技术规范，开发了具有自主知识产权的静电微量润滑装置。上海金兆节能科技有限公司主力研发微量润滑系统和各种合成润滑油，为先进的制造业发展提供相应的润滑节能解决方案，成功为一些制造厂商进行了滚齿机、高速冲床、盘铣、插齿机等类型机床的微量润滑改造。东莞安默琳机械制造技术有限公司开发的智能微量润滑系统、微量润滑外冷雾化系统、复合喷雾冷却系统、超低温准干式切削冷却系统及配套的绿色环保切削剂，为发动机关键零部件、变速箱关键零部件、机械难加工材料、航空航天结构件的绿色切削加工提供了良好的解决方案。

（三）绿色工艺装备

安阳钢铁集团有限责任公司、中冶赛迪工程技术股份有限公司、北京科技大学、清华大学的共同研究项目“高效低耗特大型高炉关键技术及应用”，针对特大型高炉体量大、煤气流分布均匀性差、难以实现长期高效低耗运行的技术难题开展研究，创建了以炉腹煤气量指数理论为核心的高效低耗工艺理论，创建了以炉腹煤气量指数为核心的新指标体系，提出了特大型高炉炉腹煤气量指数的合理区间，为特大型高炉实现高效低耗奠定了理论基础，填补了国内空白；自主创新，开发了核心装备技术，如新型无料钟炉顶控制技术、交错旋流式顶燃式热风炉、长寿可靠的热风管系设计技术等。

在国家“973”计划、04 重大专项等支持下，针对传统铸造存在复杂高质铸件形性精确控制难、工序多效率低且缺乏柔性、资源能源消耗大等问题，机械科学研究总院与中国一拖等多家单位共同参与了“复杂铸件无模复合成形制造关键技术与装备”项目的研发，改变传统模具翻砂造型，大幅度缩短流程，高效制造出高品质铸件，提高复杂铸件制造精度。项目组发明了砂型/芯柔性挤压及切削/打印一体化复合成形工艺方法、复合铸型及型砂材料配方、砂型柔性挤压成形机、无模铸造精密成形机、砂型/芯与铸件在线检测系统等7类15种关键装备及控制软件系统，创建了数字化无模铸造岛，建成了年产60万台发动机缸盖数字化铸造车间；突破了高质量复杂铸件铸型一体化设计、成形过程自适应性、多工艺工序匹配的无模成形装备等三大技术难题；实现了铸钢/铁、铝/镁/钛合金等铸件的高质量制造。与传统铸造比，时间缩短50% ~ 80%，成本降低30% ~ 50%，精度提高2 ~ 3个等级，减重10% ~ 20%[5]。

内高压成形工艺广泛应用于汽车车架、发动机支架、排气管、凸轮轴、车桥、底盘等零部件，其产品比传统冲压、组焊等加工方式生产的产品减重20%~50%，是汽车轻量化的有效手段之一。合锻智能股份有限公司于2017年成功研发了首台套大吨位管件内高压成形成套装备，攻克多级联动闭环控制、流量伺服控制、超高压发生装置等关键核心技术，具备能耗低、整机刚强度和精度高、操作方便等特点。

合肥工业大学、西安交通大学在国家自然科学基金重点项目“高端金属成形装备低碳制造的基础理论与关键技术研究”（51135004）的支持下，就液压机的低碳设计方法开展了一系列研究，通过液压机的结构轻量化设计[6, 7]、电机 – 变量泵效率匹配[8]、多机组协同驱动与势能互用[9, 10]等方式，可使液压机综合能耗降低30%以上。该成果形成论文80余篇，发明专利近20项，目前正在进行成果转化工作。

（四）再制造

在国家“973”计划等重大专项支持下，针对国防武器装备中的关键零部件，装甲兵工程学院解决了喷涂修复过程中的共性问题。基于喷涂沉积再制造嵌合成形理论，探明了喷涂金属沉积层的“涂层/基体嵌合结合”和“层间嵌合成形”特征和机理，研制出高速电弧喷涂专用材料，优化了坦克发动机曲轴喷涂再制造工艺，获得了嵌合结合良好、组织致密的喷涂层。此外，利用自主研制的连杆自动化纳米电刷镀技术和装备，对济南复强等多家企业的废旧发动机连杆进行修复，阐明了纳米颗粒在金属盐溶液和镀层中的动力学特性、共沉积机制以及电化学结晶行为。应用实践表明，自动化纳米电刷镀再制造生产工艺成熟稳定，能显著提高再制造零部件表面的耐磨性、耐高温性和抗接触疲劳性能；实现了镀液连续供应和循环利用、纳米电刷镀再制造工艺过程综合监控，可以一次同时刷镀6件连杆，生产率提高了5 ~ 10倍，耗材仅为零件本体重量的1% ~ 2%，费用仅为新品的1/10，取得了显著的经济和社会效益，相关技术成果获得2009年国家技术发明奖二等奖。

沈阳机床（集团）有限责任公司投资公司的子公司——沈阳精新再制造有限公司，为机床再制造提供整体解决方案，2019 年其项目“机床绿色再制造关键工艺技术及应用示范”获得中国机械工程学会“绿色制造科学技术进步奖”。重庆大学与重庆机床集团有限责任公司、武汉重型机床有限责任公司等单位联合开发成果“机床绿色再设计与再制造关键技术及产业化应用”获得 2018 年度中国产学研合作创新成果奖一等奖。

（五）回收与再资源化

2019 年 5 月，为规范报废机动车回收拆解活动，加强报废机动车回收拆解行业管理，商务部根据《报废机动车回收管理办法》（国务院令第 715 号），起草了《报废机动车回收管理办法实施细则（征求意见稿）》，向社会公开征求意见。对于目前报废汽车拆解行业拆解效率低、资源利用率差的问题，常熟理工学院戴国洪团队基于信息化、自动化技术对报废汽车的拆解工艺和处理装备进行整体的技术提升。针对报废汽车零件数量多、再利用方式繁杂的问题，提出了基于 DBOM（Disassembly Bill of Material）的报废汽车可拆卸模型，开发了基于部分破坏方式的选择性报废汽车拆解序列的生产算法[11]；针对报废汽车拆解线上工人技术水平与报废汽车疑难问题的各异性，开发了以射频识别（RFID）为信息载体，以上述拆解理论模型为数据结构的报废汽车拆解工艺辅助规划与管理系统，为不同工序提供技术指导与操作需求；针对报废汽车挡风玻璃规格型号的各异性，开发基于机器视觉和二次跟踪技术的挡风玻璃切割路径实时规划算法，并研制了工程样机；针对拆解后的非金属物料的分选问题，提出了基于多板振动式密度分离筛的分离技术，对非金属破碎料中的可再利用的塑料、橡胶等高分子材料起到了净化作用，进一步提高了报废汽车回收处理中的材料利用率。

2018 年 4 月 13 日，生态环境部、商务部、发改委、海关总署联合发布关于调整《进口废物管理目录》的公告，将废五金类、废船、废汽车压件、冶炼渣、工业来源废塑料等 16 个品种固体废物，从《限制进口类可用作原料的固体废物目录》调入《禁止进口固体废物目录》，自 2018 年 12 月 31 日起执行。废五金是指铁、钢、铝等金属经过锻造、压延、切割等物理加工制造而成的各种金属器件，经过拆解可获得废钢、废铜、废铝等废金属。废五金多含杂质与塑料等异物，需要先热解处理后再进一步精拆，以实现回收利用最大化。台州齐合天地金属有限公司创新性地提出了连续式热解处理方案，对热解烟气进行封闭收集，并采用多重措施净化处理，以达标排放。同时基于计算机集成控制技术，开发专用控制软件，研发专用再资源化装备，实现了全系统的自动化控制，成功开发出智能环保型废旧五金回收处理成套装备。与原有设备相比，具有自动化程度高、运行成本低、生产污染小、劳动强度低等特点，在技术、经济和社会效益上实现了革命性的升级。

随着科技发展和人民生活水平的提高，手机和平板电脑作为典型的移动终端，更新换代加速，每年的报废量近 2 亿台。四川长虹格润环保科技股份有限公司是西部最大废弃电器电子产品国家定点回收处理企业，参与制定了国内首个《废弃电器电子产品规范拆解处理作业及生产管理指南》行业标准，拥有先进的废弃电器电子产品回收处理工艺、技术及设备。该公司的“废旧平板显示屏综合利用产业化项目”和“废旧移动通信手持机处理项目”均是电子类固体废弃物回收处置及资源化项目，针对废旧手机、平板显示屏等进行拆解，利用多年研究形成的可靠技术，将废旧手机、平板显示屏中各类稀贵金属进行回收与再资源化，形成“回收－拆解－加工再利用”的产业链，项目设置废旧等离子屏处理线、废旧液晶屏处理线和废旧移动通信手持机处理生产线，形成年处理废旧等离子屏3000吨、废旧液晶屏7000吨、废旧手机3000万台的生产规模（如图2所示）。

废旧手机产品拆解生产线

废旧显示屏综合利用生产线

废旧锂电池回收处置生产线

工业废弃物综合利用处理中心

图2　四川长虹格润环保科技股份有限公司废旧电子产品及工业废弃物回收与再资源化生产线

三、本学科国内外研究进展比较

（一）绿色设计

国外从20世纪70年代开始，对绿色设计理论进行了广泛的研究，理论成果丰富。近年来，国外对绿色设计的多学科交流发展和特定领域创新研究非常活跃。美国韦恩州立大学提出一项基于多学科、跨平台合作的SMART（Sustainable Manufacturing Advances in Research and Technology，可持续制造研究和技术发展）计划，致力打造国际研究协调网络，实现对可持续理论的理论瓶颈突破和技术方法创新[12]。加州大学结合工业生态学中的LCA（Life Cycle Assessment，生命周期评估）和MFA（Material Flow Analysis，物料流分析）方法，实现对材料可持续性能的动态评估，建立了一种具有前瞻性和动态性的研究体系，为解决工业生态学中的技术难题提供了新思路[13]。同时，传统的绿色设计方法还被引入微观纳米等新兴技术领域，系统地考虑短期和长期的社会环境影响，实现技术发展的可持续性[14]。另外，由于产品的环境性能已经成为影响产品市场竞争力的主要因素之一，同时产品的设计阶段又是决定成本的关键阶段，越来越多的国外企业开始对设计阶段进行优化。SOLIDWORKS公司基于产品生命周期评估分析，内嵌环境影响数据库，研发SOLIDWORKS Sustainability软件，在设计过程中实时评估产品环境影响。Siemens PLM Software公司基于可重用的设计知识，研发具有可扩展性能的NX软件，作为企业通用知识库，对企业产品历史设计信息进行重用，同时捕捉新设计数据和产品知识并将其添加到存储库。对于绿色设计理论系统化、规模化、便捷化的运用，成为国外企业界关注的焦点。

国内的绿色设计理论研究基本上已经与国外的研究内容同步，但绿色设计工具、数据库等较为缺乏，工业应用程度与发达国家尚有差距。近年来针对绿色设计的工程应用研究逐步成为热点，合肥工业大学、四川大学、中国电器科学研究院、中国汽车技术研究中心等单位致力于全生命周期绿色产品评估软件的技术研发，努力打造符合中国国情和生产实际的绿色设计应用体系。合肥工业大学绿色设计与制造工程研究所针对产品设计中不断变化的客户需求的快速响应这一难题，建立了一种变需求驱动的产品绿色设计快速响应模式，以变化的产品需求为输入，采用结构继承与进化、绿色设计知识重用，以及多约束下绿色设计决策优化技术，建立了产品绿色设计需求变化到设计响应的联动机制，实现产品的适时改进与换代；针对产品的制造过程和装配中的环境问题，基于产品熔融沉积制造过程提出了一种碳排放量化方法，并对复杂产品的装配过程提出了具体的碳排放解算，实现了碳排放的量化求解；将三维CAD软件与LCA分析工具集成，针对汽车关键零部件相关结构及工艺的分析，提出了汽车零部件绿色设计优化潜力识别方法，开发了一款针对中国汽车产品的绿色设计原型系统[15-19]。上海交通大学将生命周期评价与计算机辅助产品开发相结合，提出了基于特征的生命周期建模方法，实现了环境友好型产品的便捷设计与制造[20]。山东大学可持续制造研究中心在绿色设计领域围绕产品生命周期评价技术、产品低碳设计等方面展开一系列研究，建立了绿色特征模型，应用于筛选设计方案中的绿色信息，并提出了快速生命周期评价方法[21]；为支持产品方案设计阶段设计信息反馈指导方案优化，提出了基于 BP 神经网络的设计方案敏感性分析方法[22]；为有助于在早期设计阶段评估产品制造过程能耗、改进产品设计方案、促进制造节能，提出一种基于设计特征的机械产品制造过程能耗关联建模方法[23]；提出了狭义碳效益与广义碳效益、宏结构特征与微结构特征的概念[23]，为绿色设计的理论研究和方法应用提供了借鉴。四川大学针对当前中国本土生命周期背景数据库及专业生命周期评价软件缺失的问题，自主开发了中国生命周期基础数据库 CLCD 以及在线专业生命周期评价软件 eBalance，实现团队协同工作及供应链协同工作；为企业和上下游供应链开发产品全生命周期绿色管理系统 ePLM，支持产品生态设计和绿色供应链管理，形成多种行业绿色发展整体解决方案。

（二）绿色加工工艺及技术

目前国内和国际上先进研究团队在干切削、微量润滑的前沿研究集中在干切削、微量润滑工艺的工艺稳定性研究，如切削热、切削质量等方面。近几年在干切削、微量润滑方面，国内的基础和应用研究有了较好的积累，也取得了一些成果，然而由于绿色加工技术的工业应用涉及设备、工艺、质量控制等多方面因素。总体上，相关技术和创新成果在工业化应用中产品种类、产品稳定性方面与国外差距较大。

国外专门从事微量润滑技术研发的公司有德国的 HPM 公司、VOGEL Lubrilean 公司、LUBRIX 公司，意大利的 ILC LUBETOOL 公司等。德国的 HPM 公司、Zimmermann 公司、DST 公司、LICON 公司、HAMUEL 公司、vhf camfacture AG 公司和美国的 MAG 公司已销售带有 MQL 功能的机床；各大汽车厂商已将 MQL 技术用于汽车动力系统零件、气缸孔和变速箱等关键零部件的加工中。德国 HPM 公司是众多知名企业如宝马、奔驰、大众、博世等的合作伙伴，其微量润滑系统在车床、铣床、锯床、钻床、冲压设备、内冷刀具等装备上都得到了成熟的应用，配套冷却液的部分型号可做到无残留，对人体和环境完全无毒害。而国内的微量润滑设备在应用于传统湿式切削机床改造时，针对不同装备及应用环境，相关参数化调控数据不够完善，容易造成冷却润滑效果不良。

（三）绿色工艺装备

我国绿色制造工艺技术与装备的研发以技术改进型创新为主，颠覆性、引领性的绿色制造新材料、新工艺、新装备的研发不足，与发达国家差距很大。国外绿色工艺装备方面的研究，主要集中在装备的节能技术及绿色制造工艺配套装备的研发，如大功率伺服驱动系统、能量回收系统在很多重型装备中已得到较为成熟的应用，低压压铸、内高压成形等绿色工艺的成套装备在加工能力、效率和精度上仍领先我国现有水平。我国通过 04 专项、重点研发专项、绿色制造系统集成项目等国家科研项目支持了一批绿色制造装备的研发与应用，在无模成形、内高压成形等领域正在逐渐赶上国际领先水平，但在大功率伺服驱动技术、能量综合回收技术等核心技术上仍需进一步研发，缩小与国际先进水平的差距，为国产装备的能效提升提供自主的知识产权与核心技术。

美国加州大学的 Nancy Diaz 等人通过动力回收系统（KERS）检测主轴的性能，根据工件的几何形状和加工时间，每个部件减少了 20.41% 的能量损耗。该系统在空载过程中回收主轴减速的能量，并且对于大多数主轴转速，能量回收效率约为 74%[24]。马来西亚马来亚大学的 R. Saidur 等人在机床的直流驱动电机上安装变速驱动器 VSD，它们几乎不需要维护，提供最有效的能量控制，可以提高系统的效率并节省大量的能源。且具有任何启动机类型的最低启动电流，并减少电机和皮带上的热应力和机械应力。此外，它们在保持过程运行的同时保护电机，减少泵空化引起的泵故障，减少管道和阀门的维护[25]。德国切姆尼茨理工大学的 Kroll 等人研究了轻量化设计对机床的影响，并总结了轻量级策略和效果。研究人员提出了轻量化设计方法，包括结构轻量化设计、材料轻量化设计和系统轻量化设计（如图 7 所示）。拓扑优化的能量优化潜力高达 20%，而将材料改为碳纤维增强复合材料的比例高达 30%~50%，采用压电陶瓷器件进行扭转补偿可达 90% 以上。在轻量化设计方法应用于质量为 2700 kg 的五轴铣削中心案例中，通过拓扑优化和材料变化实现高达 30% 的质量减少，电力消耗直接减少高达 30%~50%，然而将传统材料改为碳纤维增强塑料非常昂贵，成本最少增加 30%，因此应适当考虑减少质量和增加成本之间的权衡[26]。英国巴斯大学的纽曼等人提出了一种新的加工方案，将能耗引入数控加工工艺规划，并重新设计 CNC 机床和控制器的硬件和软件，通过实验证明可变加工过程的能量消耗至少占机器低负荷总能量消耗的 6%，并且在高负荷下可能会增长到 40%，因此对于数控加工工艺的规划十分必要[27]。

华中科技大学面向环境可持续性，开展数字化制造装备能耗建模及运行优化的研究、并针对复杂制造系统，研究工艺规划集成的车间调度问题[28, 29]。武汉科技大学针对数控加工系统复杂的多源动态能耗特性，提出了一种基于单元工作状态的能耗建模与优化方法，并对面向节能高效需求的数控加工系统优化问题进行了研究[30]。重庆大学对面向能耗特征的螺纹绿色多刃硬态干式切削工艺性能协同机理及优化开展了研究[31]。广东工业大学对伺服直驱泵控液压系统动态性能提升与能量节约进行了研究，建立了伺服直驱泵控液压系统的数学模型及能耗仿真分析方法，对系统的响应速度、精度和稳定性进行了分析。合肥合锻智能股份有限公司生产的 HSHP 系列高速薄板冲压液压机生产线（如图 3 所示），采用电液伺服比例技术、动态加压技术、平衡缸技术，大幅提高液压机的冲压频次，主要用于金属薄板的冲压，适合深拉伸，实现了全吨位冲裁、无压力对模和高速无冲击等功能，对汽车、农业机械的薄板冲压行业具有重要意义。燕山大学对液压机压力位移复合

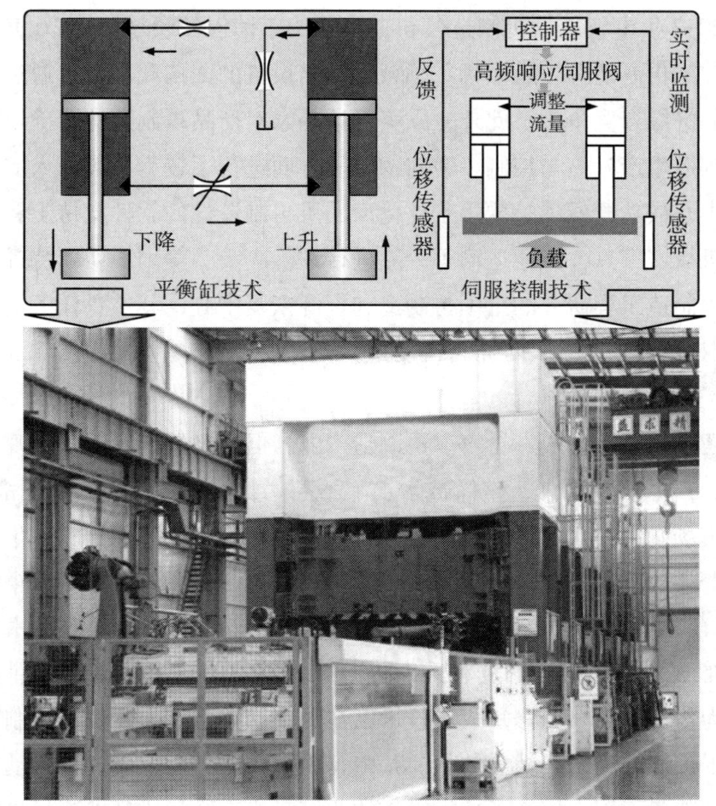

图 3　合肥合锻智能股份有限公司 HSHP 系列高速薄板冲压液压机生产线

控制的节能机理进行了研究，提出了压力位移复合控制快锻原理，并将其应用于快锻液压机实验平台，建立了采用压力位移复合控制的快锻系统[32]。

（四）再制造

以美国、日本和欧洲为代表的起步较早的工程机械国家再制造产业已有 50 多年历史，形成了非常成熟的产业链和商业服务模式。近两年，全球再制造产业规模超过 1400 亿美元，作为全球再制造产业规模最大的美国，产业规模达 1000 亿美元，再制造企业有近 7.5 万家。由于欧美等发达国家的再制造产业起步较早，因此市场规模较大，发展水平较高，在旧件回收、生产工艺、制造装备、销售和服务、技术标准等方面具备完善的体系，形成了“换件和尺寸修理”的技术特色。例如，英国 Lister Petter 公司对磨损超差的关键零部件予以更换，每年为军方再制造近 3000 台废旧发动机。美国康明斯公司通过更换配偶件和附件，每台发动机可以最高实现三次再制造，在全球的销售额达到 15 亿美元。卡特彼勒作为全球最大的再制造巨头，其再制造公司在北美、欧洲及亚太的 8 个国家有 19 家工厂、160 条生产线；2005 年起，卡特彼勒在上海建立再制造公司，采用“一对一交换”的再制造商业模式，2017 年卡特彼勒再制造公司在中国的年销售额超过 2000 万美元。日本小松则将产业链延伸到再制造等“后市场”领域，承诺设备的回购和翻新，通过提供售后保障服务提高了产品的综合竞争力。此外，欧美发达国家对产品再制造的不确定性、再制造评价与决策、再制造生产计划与控制、逆向物流等方面进行了较为系统深入的研究。英国再制造与再利用中心成功开发了一款用于评价产品可再制造性的软件支持工具，可对快速消费品、电器、机械、家具、交通运输等产品进行评价决策。美国罗切斯特理工学院专门成立了一个从事再制造工程研究的全国再制造和资源恢复中心，其主要任务是为产业界提供先进的再制造技术和工具，从而提高再制造效率、降低成本，并减少产品对环境的负面影响。

我国已经建立了资源回收、拆解、再制造产业，但再制造产业起步较晚，大型再制造企业数量较少，产业规模不大，整体技术水平不高，共性和关键技术研发滞后。近年来，在政策支持与市场发展的双重推动下，我国再制造产业逐渐在旧件回收、生产制造、流通体系建设、监督管理等方面取得了积极成效。据测算，2015 年我国零部件再制造产品产销量突破 50 万套，产值突破 80 亿元；并在某些再制造基础理论和关键技术研发方面取得了重要突破，形成了以“尺寸修复和性能提升”为特征的技术体系。特别是以等离子喷涂、电弧喷涂为代表的热喷涂修复成形技术已在潍柴动力、济南复强等再制造试点企业成功应用，取得了良好的经济和社会效益。其中，装甲兵工程学院研发了自动化堆焊熔覆再制造成形系统与装备，深入探究了缺损零件的非接触式三维扫描反求测量机制、各子系统标定方法、再制造成形建模方法、空间曲面分层方法、成形路径规划、形变机理以及控形机制。沈阳航空工业学院把金属熔化沉积工艺与五轴铣削工艺相结合，提出了连续熔积多层后一并铣削加工的复合成形方式，并研究了根据五轴铣削刀具对层的接近性来判断可一并铣削加工的连续熔积层数的算法，从而大幅度减少了工位变换次数，有效提高了再制造成形效率[33]。沈阳大陆集团柔性制造公司等单位通过产学研结合，成功研发了输出激光功率大于 1kW 的全固态激光器和输出功率 2.5kW 的半导体激光再制造成形设备系统，并已在钢厂、汽车制造厂、发电厂等不同工业领域的大型设备现场快速高性能再制造中获得成功应用，解决了工业生产中的设备抢修难题。大连理工大学针对零部件表面再制造成形涂层中的缺陷，基于超声无损检测评价理论和相关技术方法，详细研究了毛坯损伤容限及可再制造损伤临界阈值界定机理，提出不同材料体系及不同结构特征的再制造对象的可再制造性评判准则。合肥工业大学则针对液压成形装备关键构件，利用金属磁记忆无损检测技术，建立了铁磁性材料损伤的弱磁信号产生机制及其量化表征方法，并对再制造熔覆涂层的界面裂纹萌生和扩展演化规律进行深入探究[34, 35]。在整个再制造流程中，除了成形修复和质量评价外，还包括回收、拆解、清洗等关键过程。武汉科技大学针对废旧零件损伤程度的多样性，以再制造成本、资源消耗和环境影响为目标，建立了再制造工艺技术组合选择模型，优化了再制造工艺资源的配置[36]；上海交通大学对中国汽车、家用电冰箱、冰柜等产品提出了适合我国国情的产品设计和回收策略，同时在产品结构的可拆卸性、回收拆卸的经济性评估方面开展了研究工作。重庆大学和华中科技大学在机床再制造领域进行了深入的研究，并在废旧机床再制造性评价、再制造定制化设计、关键零部件再制造工艺、机床信息化再制造、再制造产业化应用等方面取得技术突破[37]。山东大学则在再制造清洗领域进行了研究，使得盐浴清洗、超声清洗以及高压水射流等清洗技术实现产业化应用[38]。

（五）回收与再资源化

在废旧产品的回收与再资源化方法技术与产业发展方面，以美国、日本、德国为代表的发达国家走在世界前列，而我国自主创新能力较低，回收方法技术落后，产业化发展不成熟，处于“跟跑”状态。

针对废旧产品的回收拆解技术，相对于国外发达国家，我国在回收拆解过程中机械化、无损化程度较低，一些产品（如废旧压缩机）的回收拆解没有成熟的机械化拆解技术，导致废旧产品拆解效率低下，再生材料的资源回收率较低且再利用价值不高。以报废汽车拆解为例，我国对回收拆解企业的定位与起点仅仅是物资回收，报废汽车回收拆解企业数量多、规模小，导致多数企业拆解技术落后，多是手工操作，缺乏专用设备工具，机械化程度、拆解效率低。德国三家主要汽车生产商自 1991 年就开始研发建造专门的废旧汽车“拆卸流水线”，奔驰公司从 1992 年开始按照技术标准回收、再利用汽车上的旧部件，报废汽车的钢铁、有色材料零部件回收利用率达到 90% 以上，玻璃、塑料等回收利用率也达到 50% 以上。

针对再生材料的再资源化技术方法，我国自主创新能力不足，再资源化关键方法与技术多数来源于国外，且技术方法较为落后。以碳纤维复合材料、热固性树脂为例，再资源化技术方法均为国外科研团队发明，我国甚至没有产业化的再资源化回收装置，仍只能采取填埋或焚烧处理，而碳纤维复合材料与热固性树脂无法自然降解，树脂在焚烧过程热值较低还会产生二噁英等有毒有害物质。对比国外，英国 ELG carbon fiber 公司采用热解法技术对碳纤维复合材料中的树脂进行热解产生可燃焦油与气体，并获得回收碳纤维材料。该公司已与美国波音公司签署了一项为期五年的碳纤维复合材料回收合作协议，对波音公司在飞机制造与报废后产生的废旧复合材料进行回收与再利用[39]。

针对回收与再资源化的产业发展，2017 年，我国电视机、电冰箱、洗衣机、房间空气调节器、电脑的回收量约为 16370 万台，约合 373.5 万吨。我国现有技术的产业化发展不成熟。多数研究成果仍处于实验室阶段，未能成功进行成果转化。对比国外，美国再生资源回收行业规模巨大，年再生资源回收产值达 2400 亿美元，已成为美国产值最大、解决就业最多的行业。德国的再生资源强调资源节约和环境保护双重效益，再生资源利用率达到 60% 以上，其中建筑垃圾、包装垃圾、旧电池、旧纸张达到 80% 以上，废旧钢铁达到90%以上。德国再生资源产业发展迅速的原因在于其废弃物管理系统贯穿供应、回收、资源化利用和市场化运行等多个环节中，实现了管理一体化、运行有序化、监督透明化、行动自觉化，推动面向未来、可持续的循环经济加快发展。日本由于地域有限，资源缺乏，绝大部分资源都依靠进口。因此，资源利用效益的最大化，材料循环利用，建设“资源－产品－再生材料”的资源可持续型社会已成为日本的既定国策。日本在发展再生资源产业方面主要通过立法推进的模式，在循环经济建设方面，已经走在世界的前列。

四、本学科发展趋势与展望

（一）绿色设计

近年来，由于资源匮乏问题日益严重、环境污染问题与日俱增，环境工程学科的发展、绿色设计理念的应用逐渐成为发达国家重点发展的方向，跨领域的多学科合作发展、设计理念的生产实践融合、具体领域的深化运用更是成了绿色设计的热点领域。目前，欧美等发达国家绿色设计理论已形成完整体系，绿色设计评估软件已商品化销售，通过设计阶段的产品环境属性优化，使产品满足环境认证需求，具有更加广泛的市场前景。相比之下，国内在绿色设计的理论研究和工程应用进展稍显缓慢，与国外的前沿研发团队有着一定的差距。

绿色设计未来发展将主要集中在以下几个方面：

（1）针对产品生命周期时空过程，建立多尺度绿色评价的模型，解决在长周期、广空域约束下产品全生命周期多尺度资源、能源及环境排放影响的精确评价问题。

（2）打造绿色设计领域的跨学科交流平台，集中多领域研发优势，进行科技集成，合理利用创新资源。

（3）建立支持产品绿色计价的资源环境负荷精确量化评价基础理论、基础数据、标准和体系，开发符合国家规范、行业标准的绿色设计评价软件。

（4）将绿色设计软件工具与物联网、大数据、云计算、区块链、5G等新兴技术融合，形成广泛的商业应用。

（二）绿色加工工艺及技术

预计未来绿色加工工艺及技术的发展将主要集中在：揭示冷、热加工工艺能量吸收、转换和传递对零件成形过程演变（传质、传热、相变、气化、电离等）的影响机理，为零部件的高效、节能、清洁的绿色加工提供完整的理论体系。研究高温合金、钛合金、淬硬钢、复合材料等典型材料的干切削、微量润滑切削加工机理、刀具设计理论与方法，根据工程需要研究相应的机床、刀具、内冷主轴、内冷刀柄开发技术。研究数据驱动的绿色切削工艺参数优化技术，开发智能化微量润滑装置及相关工具，提高微量润滑技术的工程易用性。研究可降解环保切削液的冷却润滑机理。建立完善紧密的产学研合作及技术转化机制，增强绿色加工工艺及技术的工业化推广应用，并鼓励绿色加工工艺及绿色制造系统相关服务企业的建立及发展，推动传统加工企业的绿色转型升级及发展壮大。建立以企业为主体、高等院校与科研院所参加的多种形式的技术联盟，形成产学研相结合的有效机制。加大普适性机床微量润滑改造或干式改造的制度引导，建立典型绿色加工企业示范推广模式。

（三）绿色工艺装备

绿色工艺装备的研发一方面是为绿色工艺提供成套装备，另一方面是对传统装备进行绿色化升级。我国在绿色新工艺的装备研发方面与国际差距不是很大，基本处于并跑状态，但在传统装备的绿色化升级方面做得还不够，大功率高精度的伺服驱动系统基本依赖进口，装备能量回收技术也远落后于国际先进水平，这一方面导致国产装备要么依赖采购国外核心部件，要么综合能效远低于国际先进水平，在国际上的核心竞争力不足。目前对于绿色工艺装备的节能研究主要集中在装备能耗建模与评估、硬件软件的优化、控制方法的改进、高效润滑系统和电机的使用、装备零部件的轻量化设计、外围耗能设备的减少以及能量回收系统的应用。未来由于能源和环境问题的压力，更加绿色、高效的工艺装备才能在工业市场中生存。因此在未来五年，应加强颠覆性、引领性绿色新装备、新工艺、新材料方面的研究。还应进行大功率高精度伺服驱动系统以及能量回收技术等核心技术装备的研发，通过对传统装备的能效提升实现装备的绿色化。此外，绿色工艺装备的节能效果评价和反馈依赖于配套的数据监控系统进行生产数据收集、处理、存储，目前国内工业监控系统大多已实现实时高效的数据采集和传输，但普遍缺乏数据分析功能，绿色工艺装备配套的生产监控系统对生产数据的处理分析及反馈应用功能有待进一步开发。

装备的能耗可以根据需求更准确地建模和控制，尽量减少电气、机械和液压、气动系统的能量损失，同时应用混合制造工艺也更适用于提高能效。

（四）再制造

近年国家有关部门积极开了再制造试点示范工作，发布了再制造关键技术目录，推进再制造产品质量认定等，再制造产业发展取得了一些积极进展。我国再制造产业发展起步较晚，发展模式无法完全照搬国外。然而我国再制造市场潜力巨大，若能结合国内再制造产业及政策特点，形成具有中国特色的再制造模式，并进行产业化推广，便能促进我国再制造的发展，形成新的经济增长点。未来再制造的发展需要从以下四个方面予以重点突破：

（1）探索再制造的科学基础。深入探索研究以产品全寿命周期理论、废旧零件和再制造零部件的寿命评估预测理论等为代表的再制造基础理论，以揭示产品寿命演变规律的科学本质。加快研发应用基于声、光、电、磁多物理参量融合的再制造旧件损伤智能检测与寿命评估设备，以及基于智能传感技术的再制造产品结构健康与服役安全智能监测设备。

（2）创新再制造的关键技术。不断创新研发用于再制造的先进表面工程技术群，使再制造零件表面涂层的强度更高、寿命更长，确保再制造产品的质量达到或超过新品。结合纳米表面工程技术和自动化表面工程技术，加快研发应用等离子、激光、电弧等复合能束能场自动化柔性再制造成形加工装备。

（3）制定再制造的行业标准。尽早建立系统、完善的再制造工艺技术标准、质量检测标准等体现再制造走向规范化的标准体系。鼓励行业协会、试点单位、科研院所等联合研制高端智能再制造基础通用、技术、管理、检测、评价等共性标准，鼓励机电产品再制造试点企业制订行业标准及团体标准。

（4）推动再制造的产业应用。实施高端智能再制造示范工程，培育高端智能再制造产业协同体系。鼓励由设备维护和升级需求量大的企业联合再制造生产和服务企业、科研院所等，创新再制造产学研用合作模式，构建用户导向的再制造产品质量管控与评价应用体系，促进再制造产品规模化应用，建立与新品设计制造间的有效反哺互动机制，形成示范效应。

（五）回收与再资源化

针对回收与再资源化方法技术的绿色、高效发展，回收拆解技术与智能制造技术相结合逐渐由人工向机械化、智能化发展；再资源化技术从过去的机械破碎法逐渐向热解、化学法升级，热解技术、超临界流体技术等再资源化共性技术得到科研机构与企业的关注，多数再资源化技术逐渐由实验室向中试阶段发展，以达到产业化成果转化。

近年来，互联网介入再生资源回收领域，装备技术升级改造加快，新环保法颁布实施，对再生资源回收行业的要求不断提高，再资源化行业主导企业主营业务范围拓展到了废弃电器电子产品、废塑料、废钢铁、报废汽车、废电池等品种的回收利用，处理方式由分拣、初加工向深加工方向延伸。在开拓国内市场的同时，应进一步引导企业加强国内外知识产权保护意识，重视专利技术的研发和相关行业及国家标准的制定，增强再资源化企业的核心竞争力。随着再生资源企业经营业务逐步扩张，行业集中度将进一步加强。

未来回收与再资源化的发展方向应为：

（1）基于“回收 - 拆解 - 加工再利用”产业链各个组成环节的大数据，鼓励企业开展废旧电子电器产品的评估分类、自动化拆解与分选中核心技术及装备的研发，并提出相关产品的设计反馈意见，实现废旧电子电器产品中关键零部件的高值再利用。

（2）再资源化产业技术逐渐由热解法向化学法过渡，实验性技术由化学法逐渐向生物法发展。生物浸取主要是利用微生物浸出，是高效率、低成本处理传统废料的工艺过程，是在矿物生物氧化的过程中，利用微生物将不溶性的金属硫酸盐变成可溶性的金属硫酸盐，具有成本低、污染小、可重复利用的特点。

（3）随着互联网、物联网、大数据、云计算等现代信息技术与传统回收行业的结合，进一步扶植建立以再资源化企业为主体的产学研技术联盟，推动产品回收再资源化逐渐从传统的回收方式逐步向线上交易服务 + 线下分拣的“互联网 + 回收”方式转变。

（4）规划再资源化产业园区，构建再资源化多方权益分配模式，推动应用于 OEM 厂商、再资源化企业、物流企业、（集体）用户下的多方物流规划技术及软硬件系统的示范应用。

（5）在开拓国内市场的同时，应进一步引导企业加强国内外知识产权保护意识，重视专利技术的研发和相关行业及国家标准的制定，进一步增强再资源化企业的核心竞争力。

参考文献

[1] 单忠德，胡世辉．机械制造传统工艺绿色化［M］．北京：机械工业出版社，2013.

[2] Yang X，Cao H，Li B，et al. A thermal energy balance optimization model of cutting space enabling environmentally benign dry hobbing［J］．Journal of Cleaner Production，2018：2323–2335.

[3] Zhu L，Cao H，Huang H，et al. Exergy analysis and multi–objective optimization of air cooling system for dry machining［J］．International Journal of Advanced Manufacturing Technology，2017，93（7）：1–14.

[4] 袁松梅，韩文亮，朱光远，等．绿色切削微量润滑增效技术研究进展［J］．机械工程学报，2019，55（5）：175–185.

[5] 单忠德，刘丽敏，刘丰．数字化无模铸造岛［P］．201510978823.6.

[6] Li B，Hong J，Liu Z. A novel topology optimization method of welded box–beam structures motivated by low–carbon manufacturing concerns［J］．Journal of cleaner production，2017，142：2792–2803.

[7] Gao X，Li B，Hong J，et al. Stiffness modeling of machine tools based on machining space analysis［J］．The International Journal of Advanced Manufacturing Technology，2016，86（5–8）：2093–2106.

[8] 刘志峰，赵凯，黄海鸿，等．液压系统能量匹配控制方法［P］．ZL201410345674.5.

[9] Li L，Huang H，Liu Z，et al. An energy–saving method to solve the mismatch between installed and demanded power in hydraulic press［J］．Journal of cleaner production，2016，139：636–645.

[10] 刘志峰，李磊，王勇，等．以组对形式实现势能相互利用的液压机组及其驱动方式［P］．201510400282.9.

[11] Zhou Z，Dai G，Zhang X，et al. Research of Partial Destructive based Selective Disassembly Sequence Planning［J］．The Open Mechanical Engineering Journal，2015，9：605–612.

[12] RCN–SEES：Sustainable Manufacturing Advances in Research and Technology（SMART）Coordination Network［EB/OL］.https：//www.nsf.gov/awardsearch/showAward?AWD_ID=1140000&HistoricalAwards=false./2018–11–4.

[13] Dynamic Life Cycle Assessment for Critical Energy Materials：Developing a New Framework for Integrated Industrial Ecology Methods［EB/OL］．https：//www.nsf.gov/awardsearch/showAward?AWD_ID=1337095. /2018–11–4.

[14] SNM：Designing and Integrating LCA Methods for Nanomanufacturing Scale–up［EB/OL］．https：//www.nsf.gov/awardsearch/showAward?AWD_ID=1120329&HistoricalAwards=false. /2018–11–4.

[15] Zhang L，Huang H，Hu D，et al. Greenhouse gases（GHG）emissions analysis of manufacturing of the hydraulic press slider within forging machine in China［J］．Journal of Cleaner Production，2016，113：565–576.

［16］Zhang L，Zheng C，Zheng Y，et al. Product evolutionary design driven by environmental performance［J］. Concurrent Engineering，2019，27（1）：40–56.

［17］Zhang L，Jiang R，Jin Z，et al. CAD–based identification of product low–carbon design optimization potential：a case study of low–carbon design for automotive in China［J］. The International Journal of Advanced Manufacturing Technology，2019，100（1–4）：751–769.

［18］张雷，张北鲲，鲍宏，等. 产品熔融沉积制造的碳排放量化方法［J］. 机械工程学报，2017，53（5）：50–59.

［19］张雷，马军，符永高，等. 产品装配过程碳排放解算［J］. 机械工程学报，2016，52（3）：151–160.

［20］Tao J，Chen Z，Yu S，et al. Integration of Life Cycle Assessment with computer–aided product development by a feature–based approach［J］. Journal of Cleaner Production，2017，143：1144–1164.

［21］孟强，李方义，李静，等. 基于绿色特征的方案设计快速生命周期评价方法［J］. 计算机集成制造系统，2015（03）：60–67.

［22］李静，李方义，周丽蓉，等. 基于 BP 神经网络的产品生命周期评价敏感性分析［J］. 计算机集成制造系统，2016，22（3）：666–671.

［23］周丽蓉，李方义，李剑峰，等. 基于设计特征的机械产品制造能耗关联建模［J］. 计算机集成制造系统，2016，22（4）：1037–1045.

［24］Diaz N，Helu M，Jarvis A，et al. Strategies for minimum energy operation for precision machining［J］. 2009.

［25］Saidur R，Mekhilef S，Ali M B，et al. Applications of variable speed drive（VSD）in electrical motors energy savings［J］. Renewable and sustainable energy reviews，2012，16（1）：543–550.

［26］Kroll L，Blau P，Wabner M，et al. Lightweight components for energy–efficient machine tools［J］. CIRP Journal of Manufacturing Science and Technology，2011，4（2）：148–160.

［27］Newman S T，Nassehi A，Imani–Asrai R，et al. Energy efficient process planning for CNC machining［J］. CIRP Journal of Manufacturing Science and Technology，2012，5（2）：127–136.

［28］Zhang CY，Zhou ZH，Tian GD，et al. Energy consumption modeling and prediction of the milling process：A multistage perspective［J］. P I Mech Eng B–J Eng，2018，232（11）：1973–1985.

［29］Ren YP，Zhang CY，Zhao F，et al. An asynchronous parallel disassembly planning based on genetic algorithm. European Journal of Operational Research 2018;269（2）：647–660.

［30］鄢威，张华，江志刚，等. 面向节能高效需求的数控加工系统多目标优化模型［J］. 中国机械工程，2018，29（21）：2571–2580.

［31］Wang Y，Zhang C，He Y，et al. Development and evaluation of non–contact automatic tool setting method for grinding internal screw threads［J］. The International Journal of Advanced Manufacturing Technology，2018，98（1–4）：741–754.

［32］姚静，曹晓明，李彬，等. 快锻系统压力位移复合控制节能研究［J］. 中国机械工程，2016，27（2）：265–272.

［33］徐滨士，董世运，朱胜，等. 再制造成形技术发展及展望［J］. 机械工程学报，2012，48（15）：96–105.

［34］Huang H，Han G，Qian Z，et al. Characterizing the magnetic memory signals on the surface of plasma transferred arc cladding coating under fatigue loads［J］. Journal of Magnetism and Magnetic Materials，2017，443：281–286.

［35］Qian Z，Huang H. Coupling fatigue cohesive zone and magnetomechanical model for crack detection in coating interface［J］. Ndt & E International，2019：25–34.

［36］Jiang Z，Zhang H，Sutherland J W. Development of multi–criteria decision making model for remanufacturing technology portfolio selection［J］. Journal of Cleaner Production，2011，19（17–18）：1939–1945.

[37] 李聪波，李玲玲，曹华军，等. 废旧零部件不确定性再制造工艺时间的模糊学习系统 [J]. 机械工程学报，2013，49 (15)：137-146.

[38] 王兴，贾秀杰，李方义，等. 再制造发动机积碳形成机理研究 [J]. 机械工程学报，2017，53 (5)：68-75.

[39] http：//www.sampe.org.cn/newsinfo/653435.html.

撰稿人：刘志峰　黄海鸿　曹华军　李方义　朱利斌

仿生与生物制造

一、引言

（一）仿生与生物制造的概念和范围

仿生制造是指通过研究生物具有优势功能的材料、表面和器官，表征其结构特征和材料特性，分析、建立其功能原理和运作机制，仿生设计制造出等效甚至超越生物功能的仿生材料、表面和器件的制造方法。仿生制造按照其功能可以分为“仿生材料与表面制造”和“仿生器件与系统制造”两部分。前者主要通过模仿生物材料与表面的材质与微纳结构特征，在两者耦合作用机制下形成的功能特性，来实现材料与表面不同的力、热、光、电、化学性能以及复杂微流体功能；后者主要包括设计制造出生物模板类似特性的执行、感知、控制、致动等在内的仿生器件，以及借鉴模仿生物的组织结构和运行模式进行仿生系统的制造。

生物制造是指将生物技术融入制造过程，制造出可再现生物组织的材料、结构特性及功能的人工装置，或将生物系统作为制造的执行载体制造出生物系统在自律状态下不能产生的产品。其制造对象或制造工艺过程具有生物系统特征，典型研究领域包括人工生物组织器官制造、生物医学器件和装备制造以及基于生物模板的功能微粒、材料器件生物成形等。人工组织器官制造的重点研究是，将先进制造技术与生命科学相结合，设计和制造机械式和类生命体的生物组织或器官替代产品，以及研发生物器官制造关键制造装备。生物成形主要利用生物体或生物质的生理机能或外形特征等来进行先进功能微粒、材料、器件的加工，借鉴、利用生物有序生长、组装等机理以及生物典型形状 / 微结构等用于微纳加工成型，逐渐向纳米级精度以及微纳多尺度功能结构、器件或系统发展。

医疗手术制造是指医疗中与人体组织操作、生长密切相关工具的制造，其可分为医疗手术器械制造和手术机器人两部分。随着以“大创伤”为特征的开放手术向“微小创伤”为特征的微创手术方向发展，手术工具已由最初单一的手术工具发展成为集切开、止血、抽吸等多功能于一身的现代高科技产品，探索新一代微创手术工具已成为必然趋势。面对生命 / 医学发展的需求，探索先进手术器械创新设计制造的科学原理是机械工程学科重要任务之一。手术机器人面向的任务是手术操作，理想的手术机器人应在尽量不破坏健康组织的前提下完成手术操作，正是这种理念促进了手术机器人由“多孔”至“单孔”再至“无创”的发展过程。根据创口数量不同，目前的手术机器人可分为“多孔微创”“单孔微创”和“自然腔道”几种类型。通常而言，创口数量越少对机器人要求越高，实现难度也越大。但是困难和障碍既是科技进步的阻力，也是激发科研人员不断创新的动力，手术机器人技术也在阻碍和动力的相互作用下砥砺前行。

（二）本领域近 5 年来国内外发展趋势及关键科技问题

1. 仿生制造方面

总体发展趋势是：生物种类范围不断拓展，自然生物机理揭示加深，仿生设计体系逐渐丰富，仿生制造工艺提升，应用范围逐步扩大。具体表现在，仿生材料与表面制造的发展逐步从传统生物单一宏微观静态表征向纳米、量子级动态表征过渡；从传统单一功能和微米尺度设计制备，向多功能复合微纳米多级仿生材料与表面设计制备发展；从传统固定微结构的仿生材料与表面，向智能可调控、自适应环境仿生材料与表面转变。仿生器件与系统制造的发展逐步从机理和特征上受“生物启发”，转移到通过“生物增强”和仿生增材制造方式制造仿生器件与仿生系统，并完善仿生器件的作用过程、优化系统功能。

仿生制造研究的关键科技问题包括：①仿生制造模型库的开发与丰富，更为先进的仿生测试与表征技术的创新与丰富，为复杂仿生器件与系统制造提供更多的设计与制造依据；②基于生物多场耦合下的功能，需要进行多学科交叉的生物原型机理揭示与仿生理论建立；③适应生物复杂功能、结构和生物活性的仿生制造技术研发，如 4D 打印和曲面打印与传统增材、等材、减材等制造技术的结合策略；④仿生器件与系统制造的材料需要更加丰富的来源，如功能材料、生物材料、智能材料等在仿生制造中的应用方法；⑤具有跨尺度、复合功能梯度的仿生器件与系统的仿生制造方法，需要包括制造技术与信息技术、材料技术、纳米科学等技术的交融。

2. 生物制造方面

直接利用生物的代谢过程以及微纳结构来进行微纳米功能微粒、材料、器件的生物成形技术已经成为国际热点研究领域，并呈现出以下趋势：从纳米颗粒无序沉积发展到微纳多级结构有序聚集体微粒制造，并且对微生物矿化作用机理以及利用不断深化；所制造的微纳功能微粒用于功能材料制造时从无序分布往群体有序增强方向发展；从简单微粒制造向具有运动功能的微纳米机器人方向发展，并开始用于靶向给药以及细胞精准控制。需解决的关键科学问题包括：①深化生物体的自组装机理、高效能生理特性、功能特性、结构特征相关联客观规律的科学认识；②复杂形体微粒群体有序组装以及精准调控机制；③基于微生物模板的高能效微纳机器人设计制造及其精准操控特性。

国际上将复杂组织器官增材制造作为前沿科学加以重视，以期掌握未来产业发展的主导方向。未来发展趋势是：①可降解组织工程支架逐步走向临床应用。非细胞支架植入逐步进入临床应用，实现简单组织的修复，后期逐渐向复杂组织修复发展。关键技术是通过建立与组织再生相匹配的可降解支架结构。② 3D 细胞打印从简单组织的体外药理模型向体内复杂组织制备发展。建立复杂组织的多细胞模型与打印设备，实现打印多细胞功能组织制造，向体内在线打印组织发展，实现 3D 打印细胞与人体组织的融合。关键是如何进行细胞精准打印和细胞之间融合生长。

3. 医疗手术制造方面

现代高端医疗器械的基础理论研究与创新突破加速演进，凭借其跨界发展的明显优势，一系列颠覆性创新不断涌现。医疗器械朝着精密、高性能、高生物相容性、可诱导分化生长方向、低损伤方向发展，主要体现在非晶合金、生物活性材料等新一代医用材料研究设计；仿生结构设计与医疗器械应用、高效低损伤手术医疗器械设计制造、特种能场复合手术器械设计制造、微小狭窄空间抵达性微创器械设计制造，生机电融合康复器械设计制造等方面。

其中，北京航空航天大学和吉林大学等揭示了猪笼草口缘表面定向水搬运机理以及树蛙脚掌的湿防滑机理，并成功地应用于医疗手术工具高频电刀和手术夹钳表面，显著提高了高频电刀的防粘效果和手术夹钳的防滑效果。在特种能场应用于生物组织切除方面，西南交通大学、北京航空航天大学、清华大学、长春理工大学和水木天蓬等高校和机构在载能手术器械研发等方面取得了重要进展，研制了新型超声骨刀、单孔微创超声手术刀系统和超声振动辅助高频电刀，深入揭示了超声刀和高频电刀的软组织切割机理，建立了抗粘附电极的设计准则，显著降低了载能器械对软组织的粘连和热损伤效应，大大提高了手术效果。哈尔滨工业大学、上海理工大学在研究微创手术器械设计方面分别提出了无耦合运动设计方法与腹腔镜手术器械运动空间测量与计算方法，增加了手术器械在微创手术中的适应性和安全性，为手术入路下的器械设计与微创机器人设计提供了新思路。此外，美国 Intuitive Surgical 公司的 da Vinci SP 单孔手术系统于 2018 年正式获得美国食品药品监管局认证，该系统兼具“刚”“柔”于一体的特性，表明了手术机器人在高端医疗器械的发展过程中占据重要的位置。

二、近年来的最新研究进展

（一）仿生制造

1. 猪笼草、瓶子草表面液体单方向搬运原理发现及仿生制造

由于在雾气采集、过滤和微流体等领域中有着潜在的应用，关于液体的定向运动的

研究逐渐受到广泛关注。现有的液体定向运动主要通过一维针状结构带来的拉普拉斯压差（蜘蛛丝、仙人掌刺等）和不同表面浸润性带来的阶梯表面能（沙漠甲虫背壳）来实现，但这些液体定向运动方法都存在着运动速度低、运动距离短等问题。

北京航空航天大学陈华伟、张德远、江雷等以微创医疗器械表面超滑防粘为目标导向，深入表征了猪笼草口缘区微观结构特征，首次发现液膜单方向搬运的神奇现象；通过对液体、气体在界面上微观流动的动态观测，揭示了单方向液膜搬运机理，提出了基于梯度楔形盲孔、梯度拱形边缘的单方向液膜搬运表面的仿生设计新方法；通过对比试验，进一步发展了传统泰勒毛细升理论，创新性提出了梯度泰勒毛细升、闭口梯度泰勒毛细升增强理论，揭示了开口微纳表面结构上液膜定向连续搬运机理，相关研究发表于 *NATURE* 主刊（如图 1A）。他们进一步研究了表面材质（亲水、疏水等）与微纳结构特征协同作用下的表面功能增效原理，提出协同仿生设计制造方法，为生 / 机接触湿滑防粘表面仿生设计制造奠定了理论与技术基础[1]。

此外，陈华伟等针对瓶子草盖上细长绒毛的液体收集与传输功能，表征发现其集水传输速度比现有的仙人掌刺、蜘蛛丝提高了三个量级（如图 1B）。通过深入分析绒毛的表面微观结构特征，首次发现了特殊的高低棱多级微纳沟槽结构。利用该结构特征，通过液体由传输模式Ⅰ向传输模式Ⅱ升级，实现了液体超高速传输，并通过光刻技术制造出相应的仿生微纳结构，验证了微纳高低棱结构的高速液体传输性能，并基于 Lucas-Washburn 原理、Onsager 原理与边界滑移理论分别建立了两种传输模式的理论模型。进一步揭示了高低棱多级微纳结构参数对超高速传输的影响规律，提出超高速输送高低棱结构仿生设计准则[2]。

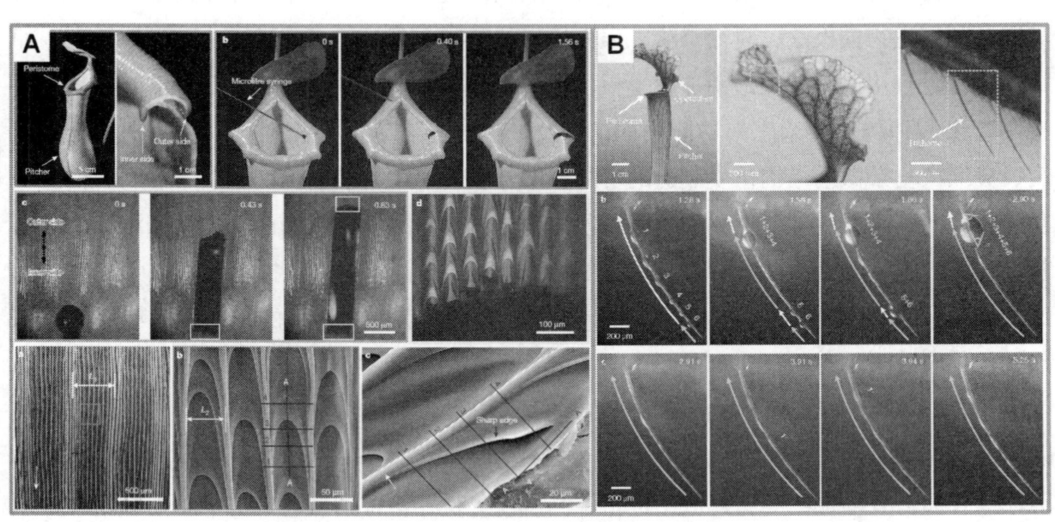

图 1　猪笼草、瓶子草液膜定向连续搬运新机制

基于猪笼草、瓶子草湿滑防粘机制，研制出全新载能仿生防粘电刀、微纳液膜隔离式

仿生防冰涂层新方法。与传统电刀相比，载能仿生防粘电刀的粘刀量降低 80% 以上，组织损伤降低 70% 以上；微纳液膜隔离式仿生防冰涂层能耗仅为传统防冰方式的 1/5，实现了低热节能防冰目的，解决了载能有限无人机、耐高温性能差的复材防冰至今无计可用的技术难题。

2. 仿生耦合多功能表面

当前，仿生耦合多功能表面的制造方法很多，如光刻技术、自组装与刻蚀工艺结合技术、印刷及压印工艺等。但是，要考虑生物系统功能结构的尺寸从宏观到微观直至纳观尺度变化所凸显的尺寸效应，多物理场的耦合作用对生物材料性能、成形机理与调控方式的影响，以及能量与物质交互作用、传递、转化与演变过程的新规律等。此外，受工艺限制，对原始生物结构的复制并不完整，不能完全获得与生物体同样优异的功能，这就给生物微纳尺度耦合多功能结构的仿生制造提出了新的挑战。

利用生物模板法制造仿生耦合多功能表面的技术是目前仿生材料、结构和形貌可控合成的最有效、最直接方法。吉林大学韩志武、任露泉等以具有优异多功能结构的典型生物（如蝴蝶、蝎子等）为模本，研究了其体表敏感结构（如鳞片、体表感受器等）的变色、微拾振等优异感知特性的测试手段和方法，从生物进化和生长的角度揭示了生物体表优异感知功能结构的机械学、结构学、材料学和信息学形成机理，测试了生物体表敏感功能结构（如蝴蝶鳞片、蝎子体表感受器等）的形态、微观结构和材料组成的特征参数，揭示其多因素的作用规律及其与功能特性的映射关系，探索了生物体表敏感结构感知功能的仿生原理。此外，他们还研究典型生物体表敏感功能结构与光机电器件感知功能结构的功能相似特征，提出基于生物体表敏感多功能结构的光机电器件感知功能结构的仿生设计原理，其团队利用生物模板法，对蝴蝶鳞片表面优异的微纳米多功能表面进行了精确地复制，如图 2 所示，直接以典型蝶翅鳞片为模板，采用溶胶凝胶和选择性腐蚀相结合的方法，成功地制造出两种仿生复杂感知功能表面，其特征尺寸与生物原型在同一尺度范围，是多尺度、分级次复杂微纳结构仿生制造的可行方案，实现了生物模板法在微纳米尺度结构和多功能特性的精确复制。此外，利用聚苯乙烯（PS）的易裂性，采用溶剂型溶胀法和二次模板转移法，成功地在聚二甲基硅氧烷（PDMS）表面制备了规则可控的微裂纹阵列。采用这种方法，可以有效地避免对 PDMS 的任何物理损伤[3]。更幸运的是，在这项工作中制作的仿生裂纹阵列也具有类似蝎子的裂隙感器的放射状图案，在 2% 应变下，传感器的应变因子（GF）为 5888.89，响应时间为 297 ms。证明了生物激发的规则微裂纹阵列也能显著提高传统应变传感器的性能，特别是在灵敏度和响应时间方面[4]。最后，他们对人体运动和表面折叠的检测等实际应用进行了测试和分析，这种新型的仿生传感器件在许多领域均展示出了重要的应用潜力。

3. 仿生感知材料与器件制造

北京航空航天大学蒋永刚等人解析了多种金线鲃洞穴鱼的侧线结构，发现了其变径滤波感知增强机理，并利用压电电纺丝、电击穿诱导压阻效应等技术，研制出高灵敏度的仿生侧线流场传感器，为水下航行器基于流场信息的导航控制奠定了基础。

鱼类和水生两栖动物能够利用自身的侧线系统感知微弱的水流运动和压力梯度，以进行水下导航、捕食猎物和目标监测等活动。鱼侧线系统由众多分布在鱼体上的神经丘组成。根据神经丘的位置不同，可以将其分为两大类：体表神经丘和管道神经丘[5]。通过对金线鲃洞穴鱼侧线系统的形貌进行观察，发现其管道的变径结构，即在管道神经丘附近体现出收缩的特点。根据该结构特征，他们设计和制作了仿生变径管道侧线传感器进行实验研究，揭示了侧线管道的变径增强机理，提出了变径管道不仅可以衰减低频响应，而且可以增强信号感知能力。此外，为了研制出与鱼类侧线系统相媲美的高灵敏性和高精度的仿生传感器，该团队分别开发了高灵敏性的压电与压阻传感薄膜。压电聚合物 P（VDF-TrFE）具有高的压电常数。为了进一步提高其压电性能，在 P（VDF-TrFE）中加入无机钛酸钡颗粒，并结合静电纺丝技术，得到纳米级纤维薄膜。在聚酰亚胺（PI）聚合物中掺杂导电石墨烯微粒，利用独创的可控电击穿技术，形成的微应变传感薄膜，具有灵敏度高、响应快的特点。

为了避免白天捕食者的攻击，蝎子选择在晚上活动，因此视觉能力退化。然而，其发达的狭缝器官可以感知微小的机械振动，弥补了视觉上的不足。吉林大学的韩志武等人对蝎子狭缝器官进行了形貌分析和机理研究，发现蝎子的狭缝器官位于腿部关节附近，由十几个微裂纹单元组成，呈放射状分布[6]。外部刺激产生的机械波，通过腿部的踝骨传递到关节附近的微裂纹单元，裂纹结构发生变形，并在尖端产生应力集中，底部神经系统受到刺激，做出反应。当外部刺激消失，狭缝器官恢复到原始状态。受到蝎子狭缝器官超高灵敏性的启发，该团队制作了压阻与压电型仿生传感器。基于聚苯乙烯（PS）易裂性的特点，采用溶胀法和模板转移法，成功地在 PDMS 表面制备了规则的放射状微裂缝结构，完全模仿了蝎子狭缝器官的几何结构。通过在 PDMS 裂缝结构上溅射金作为传感层，得到了仿生应变传感器。利用裂缝尖端的应力集中效应，在人造裂缝尖端附近嵌入 PVDF 薄膜制成了高灵敏性的压电传感器。基于裂缝的高灵敏性传感器的开发为新型感器的研究提供了新的思路，促进了柔性可穿戴电子设备和机器人传感系统的发展。

（二）生物制造

1. 生物成形和操作功能微粒

北京航空航天大学机械工程及自动化学院仿生微纳系统研究所蔡军等人一直从事基于微生物模板的生物成形技术研究。该课题组继 21 世纪初在国际上率先提出基于微生物模板的生物约束技术以来，已经成功研发出系列生物约束成形工艺，利用形状丰富、来源方便的微生物作为成形模板，制造各种微纳米功能微粒，并成功应用于电磁波吸收、雷达隐身、生物医疗等领域。基于微生物模板外形利用，该课题组近两年在微生物细胞通透性处理工艺方面获得突破，成功通过化学镀方法实现纳米颗粒在螺旋藻细胞内的分散沉积，从而把基于微生物的生物成形技术发展为：外形复制、内部填充以及内外复合包覆三种形式，为具有复合功能的多级结构微粒制造提供了新途径。基于微生物的微纳米功能微粒制造技术已经成为热点研究方向。

生物体的各种细胞只有有序生长组装形成组织、器官才能发挥整体生理功能，受此启发，该课题组近五年进一步研究复杂形状微生物模板功能微粒的群体组装和有序排布工艺，分别利用剪切流场、交变电场、旋转磁场、模板空间限域等方法实现了各向异性功能材料的制造，并且在各向异性导电材料、柔性屏蔽材料、THz 可调谐材料等领域有着良好应用前景，相关成果在 *ACS Applied Materials and Interface* 等杂志发表[7]，引发国际广泛关注。

微生物作为最小的生物体，能效高，很多具有运动功能。课题组进一步开展了基于微生物模板的微纳米机器人制造研究。分别利用螺旋藻、硅藻等制造出螺旋形、轮式微机器人，并通过外加旋转或者梯度磁场实现微机器人运动的操控；对微机器人负载纳米银癌症红热治疗颗粒、DOX 化疗药物，成功实现微机器人对药物的精确投放以及可控释放，在癌症靶向药物治疗方面具有良好的应用前景，相关工作发表在 *Advanced Functional Materials* 杂志[8]。香港中文大学张立团队在基于微生物模板的微机器人方面也开展了深入的研究。

2. 细胞 3D 打印体外组织器官

组织器官制造是为人类病损器官提供替代品的制造技术。相对于人体植入物，这里的器官修复是通过诱导组织再生和细胞培育组织的方式实现，具有与人体组织融合和再生的优势。其主要有组织工程支架和细胞增材制造技术。

（1）组织工程支架增材制造：近年来的组织工程骨支架以及软组织支架研究取得了显著进展。中南大学帅词俊采用激光粉末增材制造纳米与微米级生物陶瓷多孔结构，揭示了纳米组合结构协同强韧化人工骨的激光制备原理，所研制的人工骨在实验中进入临床应用。中科院上海硅酸盐研究所吴成铁与常江团队利用改进的 3D 打印制备方法制备出仿生莲藕支架，该类支架具有大块骨缺损修复的能力，成果发表在 *Advanced Science*。浙江大学贺永首次实现了近皮质骨强度的可降解骨打印并可实现降解速率可控，解决了可降解支架修复骨缺损中强度过低、降解过快等导致的系列难题。西北工业大学汪焰恩研发了常温 3D 喷墨生物打印技术，仿生骨支架与自然骨力学和结构近似度接近，实现了人工骨支架强韧兼容特性。西安交通大学贺健康和连芩等开展了韧带与软骨支架的构建，提出了骨支架与韧带和软骨支架结构耦合来解决其结合强度的问题，突破了韧带、软骨与骨组织结合强度难以保证的难题。西安交通大学贺健康开展了可降解的乳房和气管无细胞支架的制造和临床应用，建立了可降解软组织支架形态与力学适配设计方法，研发的乳腺植入物等实现了世界首例临床试验。

（2）细胞增材制造技术：细胞增材制造是将细胞与基质材料混合作为“生物墨水”进行生物组织打印和制造，该方法在复杂器官和药物筛选模型方面具有优势。清华大学、西安交通大学、浙江大学、四川大学、上海大学、杭州捷诺飞、广州迈普等开展了相关的研究工作。清华大学刘冬生研制出可应用于活细胞增材制造的 DNA 水凝胶材料，可被特定的 DNA 内切酶迅速解离、共同打印的活细胞可以保持活性，该成果发表于 *Angewandte Chemie* 并被 *Nature* 选为学术亮点进行报道。西安交通大学连芩研制出的软组织缺损扫描与原位打印系统，在动物活体原位打印研究中显示出良好修复效果，填补了国内该领域空白。广州迈普公司开发出满足高活性、高通量细胞打印的生物 3D 打印机并实现产业化。上普博源研发了商业化多喷头细胞、带有全环境温控系统打印机，荣获 2018 意大利 A'Design Award 设计大奖赛银奖和铜奖。浙江大学贺永等发明了一种气流辅助异质螺旋微球类器官的增材制造工艺，首次实现了在微球内构造复杂的活性结构，论文刊登在 *Small* 杂志上并被选为封底论文。清华大学徐弢对 3D 打印构建微孔多导管中神经生长进行了研究，发现该结构具有良好促进神经组织再生生长的能力。清华大学孙伟 3D 打印胚胎干细胞，干细胞在水凝胶支架中分泌出蛋白，表明该方法具有促进干细胞向胚体增殖转化能力，研究结果被搜狐网誉为增材制造技术五大新进展之一。生物增材制造是面向生物大健康领域的重要研究方向，充分体现了增材制造技术的个性化和多材料的优势，具有学科交叉和产业发展的巨大潜力。

（三）医疗手术制造

1. 厚板折纸可展开手术器械

折纸是古老的东方艺术，也是一门新兴的前沿科学，是数学、机械、力学、材料、控制、生物、医学等多个基础学科的交叉领域。美国自然科学基金会和空军科学研究局于 2011 年将折纸研究列为为数不多的几项前沿科学课题之一。艺术家创造了丰富的折纸结构，数学家致力于二维折痕分布与三维折纸结构之间的映射算法的研究，而现代工程师则想方设法实现折纸结构在工程中的各种应用。

陈焱等提出的新模型摆脱了原有的折纸运动学模型，创造性地将空间结构代替球面机构，建立了基于过约束空间机构网格的厚板折纸运动学模型，对各种折纸节点分布进行了系统分析，得到单自由度的厚板折纸条件，使得已有的具有大折展比的折痕分布可以直接应用于厚板折叠；通过对厚板模型中多机构网格运动学分析，精确地描述厚板的折叠过程，完美实现了折纸结构与厚板结构运动学的等价，成功解决了厚板折纸问题。这项工作突破了折纸科学从理论到应用的主要瓶颈，为折纸结构工程应用铺平了道路，已经用于大型空间可展结构、新型超材料与轻型复合材料、可变形机器人等方面（图 2）。上述成果以“*Origami of Thick Panels*”（厚板折纸）为题目于 2015 年 7 月发表在 *Science* 期刊上[9]。该研究得到了自然科学基金重大项目、优秀青年基金的资助。微创手术操作器械，作为微创手术机器人的重要组成部分，其性能的优劣直接影响手术的质量。目前的微创手术器械普遍存在着机械效益低、磨损严重、运动不协调等问题。为了提高手术操作的高效性和稳定性，基于厚板折纸理论设计了一种专门用于微创手术的新型手术钳、分析与实验表明其可提供多于传统微创手术钳 1.5 倍的夹持力，并具有更大的张角和更好的运动协调性，同时增加了手术操作的灵活性。动物实验表明其夹持组织更加稳定可靠。

图 2 昆虫蜕变翅膀折叠启发的厚板折纸技术

2. 生机电一体化智能灵巧假肢仿生制造

生机电一体化智能系统是集生命体和人造机电装置于一体的新一代智能系统，它大幅拓展了机械系统的边界，被公认为是引领智能装备及康复医疗产业未来发展的一项变革性技术。

上海交通大学机器人研究所联合来自哈尔滨工业大学、华中科技大学、复旦大学附属华山医院的多个研究团队，围绕肢体运动功能重建这一应用需求，在神经信息通道重建、生机电一体化灵巧假肢研发与应用方面取得了阶段性进展：①神经交互与神经信息通道重建技术：发展了以神经信号为信息传输载体的人机交互技术，提出了神经电生理信号的时 - 频 - 空域同步滤波方法，实现了肢体运动信息与特定时 - 频 - 空窗口内神经信号的特征匹配，解决了时窗、频带和位置的联合优选难题，大幅提高了神经接口的传输率。提出了基于高密度表面肌电信号的运动单元动作电位序列反解方法，为运动单元电活动的间接在体测量提供了技术途径，将神经接口研究由机器学习向神经信息解码推进了一步。针对自然感觉重建这一技术难题，提出了基于幻肢图电刺激的触觉信号神经反馈方法，实现了触觉信号的空间选择性传递，为双向神经接口的研发积累了基础。研制了基于神经交互院里的人机智能通信设备，完成了 VR 系统交互、机器人示教等实验。②仿人手灵巧假肢设计、制造及应用：发展了多自由度灵巧假肢的仿生设计原理，提出了基于运动分治和关节协同模型的欠驱动假肢机构设计方法，据此研制的假肢机构仿人手灵巧操作性能大幅提升，譬如 SJT-4 两自由度全耦合假肢机构可再现人手 80% 的抓取模式。发明了肌电、肌音、近红外光谱集成化测量、多模式信号联合解码、接口的“近零”再标定等新技术，在国内最大的假肢企业实施和应用，实现了接口技术的全面升级换代，完成了国内第一代神经控制灵巧假肢的研发和应用[10–12]。相关成果获 2016 年国家技术发明奖二等奖，并被新华通讯社选入专题片《领航》。《麻省理工技术通讯》《探索频道》（加拿大）、俄罗斯国家电视台等对成果进行了专门报道。

3. 刚柔并济的微创手术机械臂

天津大学面向微创手术机器人刚柔并济的需求，对新型变刚度材料及变刚度机理进行了深入研究并成功研制具有可变刚度功能的新型微创手术机器人操作臂。

（1）详细阐述了基于海绵的变刚度结构特性机理，分析了聚乙烯醇缩甲醛海绵遇水后的溶胀效应。聚乙烯醇缩甲醛海绵分子间的物理交联点主导结构的刚度，聚乙烯醇缩甲醛海绵与水接触的过程中聚乙烯醇缩甲醛分子之间的物理交联点脱交联，与水分子形成新的物理交联点，从而使海绵的宏观刚度下降；脱水过程为逆过程，海绵的宏观刚度上升。此外还对环境变量和结构中的不锈钢弹簧的参数进行讨论，探究如上因素对结构刚度性能的影响。研究了以开孔结构海绵填充低熔点材料后组成的混合材料的双组分机制。通过混合材料中的低熔点材料在温度、水或有机溶剂中融化、溶解，从而实现混合材料刚度的变化。当低熔点材料在固态时主导混合材料的刚度并且可以固定混合材料的暂态形状，低熔点材料融化或者溶解后开孔结构海绵的形变恢复力促使形状发生变化[13]。

（2）提出刚度可变外科手术器械设计方案。针对手术器械执行端蛇形结构刚度不足的问题，以聚乙烯醇缩甲醛海绵与不锈钢弹簧组成的结构（支撑结构）包覆蛇形结构实现大范围的刚度控制，以同时满足手术器械灵活性和稳定性兼具的性能要求；针对传统离散式关节式蛇形结构在运动过程中的角度分配不均匀、整体弯曲角度不具有可重复性、不能够获得理想弯曲可控性和空间可达性、存在运动不精确位姿不可控的缺陷，并且考虑到多关节结构装配难度较大、装配准确性较低的问题，将新型蛇形结构设计为连续型柔性结构。针对常规的弹簧圈栓塞工具存在栓塞不充分、植入困难等缺陷，以开孔结构海绵（聚氨酯海绵）填充低熔点材料组成的混合材料设计植入式栓塞工具来满足微小尺度下特殊病例（如动脉瘤）的手术需求[14]。

4. 低损伤微创手术材料与器械制造

北京航空航天大学姜兴刚等人对超声刀软组织切割作用机理进行了研究，并基于此机理研制了一种空化效应增强的超声刀。根据超声刀的载能特性，超声手术刀的导纳参数、夹持力、载能能力也即界面能量耦合能力三者之间存在定量关系，通过监测超声手术刀的电学参数如导纳变化来间接感知界面接触状态以及组织可能的凝结（损伤）状态。这为将来实现超声手术刀的载能控制提供了方向[3]。

基于此，北京航空航天大学[4–5]和吉林大学[6]等揭示了典型生物体表结构防粘机制，在国际上首先发现了液体定向水搬运现象，通过大量动植物物实验和理论分析，揭示了猪笼草口缘表面定向水搬运机理以及树蛙脚掌的湿防滑机理，在国际仿生学界产生了重要影响，并成功地应用于高频电刀和手术夹钳表面，显著提高了高频电刀的防粘效果和手术夹钳的防滑效果。西南交通大学研究了高频电刀电凝模式下电极表面的组织粘附行为，揭示了高频电刀电极表面的组织粘附机制及关键影响因素。

在新型医用材料在手术器械的应用方面，在国家自然科学基金重点项目支持下广东工业大学王成勇等研究真空压铸大块医用锆基非晶合金的玻璃形成机制、形成能力及影响因素，建立了合金成分 – 玻璃形成能力 – 生物相容性 – 可加工性的关联机制及加工变形 – 温度协同驱动晶化动力学模型，揭示了多重复杂热力耦合变形与加工动态晶化本质规律；阐释了玻璃态物质机加工特有现象的发生机制；建立了超锋利不锈手术刀、无损血管夹和精准牢固微创缝合抓钳等锆基非晶合金微创手术器械的精密高效设计、制造与临床应用理论、工艺和评价体系；促进了玻璃态物质加工与生物制造理论发展及高端微创手术器械水平的提高。

在探索医疗手术器械对生命体活体组织的作用机理与损伤影响规律方面，广东工业大学王成勇等以猪颅骨及尸颅骨为研究对象，以临床颅骨铣削为基础，建立正交切削模型，对切屑的形成过程、切削表面形貌等进行观察，对切削力、摩擦力等进行测量，并分析切削刀具及切削用量对切削过程的影响[15]。此外该团队采用活体猪肱骨的正交切削、钻削实验和活体西藏猪长骨的钻削手术模拟钻削手术中长骨的钻孔操作等实验方法，结合计算机仿真技术、生物组织损伤分析技术、CT 与 MRI 影像分析技术，系统研究了长骨的切削特征，及其生物组织损伤的特征；分析了钻削参数、钻头刃型和钻削冷却等对钻削过程、钻削力与温度、钻削损伤的关系；提出了钻头的设计与应用原则[16]。

三、国内外研究进展比较

（一）仿生制造

国外的仿生制造技术研究以英、美、德、日为主。美国的研究主要得到了军方的支持，在仿生轻质材料、仿生制造技术、仿生减阻技术方面取得明显的成效和进展，并且研究成果有些已应用于实战；英国以大学为基地，已建立若干研究中心，设计制造出能够在人体内运动的微机械，以及有高位移和高阻尼的弹簧系统等，英国巴斯大学和雷丁大学还专门建立了仿生技术中心；德国大学与工业界紧密合作，在自清洁表面技术方面具有优势，在仿生材料、传感器等方面也有竞争能力；日本近年投巨资强化工程仿生研究，主要研究方向集中在人体医学领域。在我国，仿生研究计划列入国家中长期科技发展规划，多家高校和科研院所建立了仿生研究机构并设有相关学科方向，在化学仿生、飞行仿生、拟态机器人、机械仿生、材料仿生、无染料染色等领域取得了重要进展。近年来，关于水黾足部结构、蜘蛛丝的集水特征、仿仙人掌集雾、猪笼草液体输运以及仿生润湿系统等方面的研究成果发表在 *Nature* 及其子刊上。

在组织上，国际学会完善，由吉林大学牵头发起，经国务院及相关五部委批准，成立了国际仿生工程学会（ISBE）。该学会是目前国际仿生工程领域最大和最权威的学术组织。相比之下，国内学会缺乏，目前中国仿生工程学会正在筹建中。项目上，国家自然科学基金重大项目成立了“仿生界面的设计与制造基础研究”，其中通过研究猪笼草超滑表面和树蛙强湿防滑脚掌，来解决手术电刀切割粘刀和手术夹钳大力夹持等带来的组织损伤问题，进一步拓展界面科学、仿生设计与生物制造的科学内涵，引领学科发展。

（二）生物制造

人工组织与器官制造技术是世界制造强国的重点支持领域，例如美国《2020 年制造业挑战的展望》中将生物组织制造作为高新科技的主要方向之一；欧盟委员会《制造业的未来：2015—2020 战略报告》提出重点发展生物材料和人工假体制造技术，并将生物技术列为支撑制造业未来发展的四大学科之一；日本机械学会技术路线图将微观生物力学对促进组织再生确定 10 个研究方向之一。国内在复杂器官组织增材制造部分领域处于国际领先地位，但整体技术水平与国际上还存在一定差距，特别是在源头技术创新及应用领域拓展还处于追赶阶段。在组织工程支架研究及应用方面走在国际前列，但在包括血管网络、皮肤、肝脏等复杂且关键组织器官的研究开发方面较为滞后，需要在重点领域和核心关键产品上聚焦并实现突破；某些生物打印装备开发上已达到国际先进水平，但产业化程度相对落后于国际。在基于生物模板的生物成形技术方面，北航张德远团队在国际率先提出该技术，经过近 20 年的持续努力，目前在整体技术体系构建以及关键制造工艺如内外复合沉积、群体操控等方面具有一定的引领地位，但在靶向精准给药微机器人方面还需要持续努力。

（三）医疗手术制造

在医疗器械制造相关领域中，国外科研团队近年来在医疗器械仿生技术研究、心血管植介入器械等领域投入启动了许多重大研究计划，并取得了很多研究成果，如日本 Nishimura 采用仿生表面技术改变了组织附着能力。国内科研团队不仅在仿生技术与心脑血管植介入器械等领域投入大量研究计划，同时根据临床需要，完善加强对原创新工具研制开发，如超声手术刀系统及其相关基础理论研究、骨诱导修复材料、口腔种植修复体、数字化精确牙体预备装置及三维影像手术导航系统、个性化医疗器械增材制造技术等。

在手术机器人研究领域，美国 Intuitive Surgical 公司逐步推出了 SSiXi 几代产品，在世界范围内得到了广泛认可，但是受技术垄断导致的产品价格与使用成本过高依然限制了其在欠发达地区的推广使用。相比国外，虽然国内的手术机器人研究起步较晚，但是目前已形成具有自主知识产权的“妙手”系统，具有三维立体成像、操作精细、精准等特点，且该系统也在逐步进行产品认证，有望在近几年内得到市场化推广。

四、发展趋势与展望

（一）仿生制造

生物模板仿生制造技术是目前材料、结构和形貌可控制造的最有效、最直接方法。激光仿生制备技术作为仿生功能表面制造手段之一，其优势与潜力毋庸置疑。未来五年，仿生制造技术将在仿生模板制造工艺精确控制与优化、仿生材料、器件的设计、制造、表征、仿生系统的耦合与创新等方面实现突破。因此，仿生制造技术需要加强生物与机械制造学科的交叉，尤其是在生物模板制造的精确控制以及仿生耦合功能表面的激光制造技术方面，需要共谋重大专项，进一步开展仿生耦合功能表面制造任务的定量表达以及加工质量（仿生功能表面 / 耦合体特征参量）的主动控制研究，加强基础创新。这是当前工程仿生、数字化先进制造和计算机技术高度融合背景下仿生制造研究的必然选择，也是未来仿生产品实现自动化和智能化制造的重要基础。仿生制造技术的发展趋势之一，是实现基于资源节约和环境保护基础上的数字网络化、智能集成化、高效精准化和极端制造化技术。结合目前数字化制造技术发展现状，仿生制造实现上述发展目标的关键在于开发与数字化制造接轨的仿生制造工艺，从局部的仿生制造工艺技术研发向适用范围广、可与流程工业衔接的仿生制造工艺开发转变。

（二）生物制造

未来生物 3D 打印技术将出现爆发式的发展，细胞 / 蛋白质 /DNA 的打印与干细胞、微流芯片、生物传感器等技术的交叉结合，将逐步走向制造生命系统、器官 / 类人芯片、体外仿生微生理组织以及细胞机械等，将有可能在组织器官再生修复、新药研发、癌症与肿瘤学研究方法、空间医学、脑科学及人造脑组织、细胞机器人与生命机械以及组织 / 器官编码模型等前沿方向上取得颠覆性的创新成果。基于生物模板的生物成形技术投入小、见效快、产出大，是能迅速形成产业的技术。如主动靶向给药将极大地提高药物的利用率，与此同时，基于微纳制造领域的细胞微操作成型、诱导成型技术将很好地解决现阶段细胞 3D 打印中细胞间连接力量微弱，无法很好地维持外观形状以及是否具有功能等问题，这将在医学以及制造等领域发挥极大的作用。

（三）医疗手术制造

在医疗手术工具制造领域，未来五年发展趋势主要体现在以下几个方面：加强良好的力学性能及生物安全性、生物活性、诱导修复等特性的新型医疗生物材料研制及应用；发展新一代可高精度、高效率、低损伤的集成化重大医疗手术工具设计与器械制造的新方法新工艺；开展基于拓扑优化的多材料、多结构、多功能个性化医疗器械的增材制造技术研究；研究医疗手术工具与生命体交互作用规律及本质特性、能量控制机制；研究医疗手术过程中温度场、电场、声场、表面科学等多因素耦合作用问题。

高端医疗器械的发展需以临床为导向，加强高端医疗器械的开发和技术改造，建成一个高新技术和常规诊疗技术有机结合的战略平台，加强医工交叉，建立高精尖基地，加强产学研医联合作战，推动我国高端医疗器械的发展。

参考文献

[1] Chen H，Zhang P，Zhang L，et al. Continuous directional water transport on the peristome surface of Nepenthes alata [J]. Nature，2016.

[2] Chen H，Ran T，Gan Y，et al. Ultrafast water harvesting and transport in hierarchical microchannels [J]. Nature Materials，2018，17（10）：935-942.

[3] Han Zhiwu，Mu Zhengzhi，Li Bo，et al. Active antifogging property of monolayer SiO_2 film with bioinspired multiscale hierarchical pagoda structures [J]. ACS Nano，2016，10：8591-8602.

[4] Han Zhiwu，Liu Linpeng，Zhang Junqiu，et al. High-performance flexible strain sensor with bio-inspired crack arrays [J]. Nanoscale，2018，10：15178-15186.

[5] Jiang Y，Ma Z，Zhang D，et al. Flow Field Perception Based on the Fish Lateral Line System [J]. Bioinspir. Biomim，2019，14（4）：041001.

[6] Han Z，Liu L，Zhang J，et al. High-performance Flexible Strain Sensor with Bio-inspired Crack Arrays [J]. Nanoscale，2018，10：15178.

[7] Sun Lili，Zhang Deyuan，Sun Yanming，et al. Facile Fabrication of Highly Dispersed Pd@Ag Core-Shell Nanoparticles Embedded in Spirulina platensis by Electroless Deposition and Their Catalytic Properties [J]. Advanced Functional Materials，2018：1707231.

[8] Wang Xu，Cai Jun，Sun Lili，et al. Facile Fabrication of Magnetic Microrobots Based on Spirulina Templates for Targeted Delivery and Synergistic Chemo-Photothermal Therapy [J]. ACS Applied Materials & Interfaces. 2019，1：4745-4756.

[9] Chen Y，Peng R，You Z. Origami of thick panels [J]. Science，2015，349（6246）：396-400.

[10] Chen C，Chai G，Guo W，et al. Prediction of finger kinematics from discharge timings of motor units：implications for intuitive control of myoelectric prostheses [J]. Journal of Neural Engineering，2019，16（2）：026005.

[11] Xu K，Liu H，Zhang Z，et al. Wrist-powered partial hand prosthesis using a continuum whiffle tree mechanism：A case study [J]. IEEE Transactions on Neural Systems & Rehabilitation Engineering，2018，26（3）：609-618.

[12] Liu J，Sheng X，Zhang D，et al. Towards zero retraining for myoelectric control based on common model component analysis [J]. IEEE Transactions on Neural Systems & Rehabilitation Engineering，2016，26（4）：444-454.

[13] Ren X，Zhang G，Shang Z，et al. A Variable Stiffness Spring-Sponge Composite Tube with Fast Response and Shape Recovery [J]. Macromolecular Materials and Engineering，2018，303（10）：1800185.

[14] Wang J，Wang S，Li J，et al. Development of a novel robotic platform with controllable stiffness manipulation arms

for laparoendoscopic single-site surgery (LESS) [J]. Int J Med Robot, 2017, 14 (1).

[15] He Huiyu, Wang Chengyong, Zhang Yue, et al. Investigating bone chip formation in craniotomy [J]. Proceedings of the Institution of Mechanical Engineers, Part H: Journal of Engineering in Medicine, 2017, 231(10): 959-974.

[16] Zhang Y, Xu L, Wang C, et al. Mechanical and thermal damage in cortical bone drilling in vivo [J]. Proceedings of the Institution of Mechanical Engineers, Part H: Journal of Engineering in Medicine, 2019: 0954411919840194.

撰稿人：张德远　韩志武　李涤尘　王树新　朱向阳　赵宏伟
王成勇　陈华伟　陈　焱　蔡　军　贺健康　姜兴刚
蒋永刚　冯　林　张力文

表面功能结构制造

一、引言

（一）专题领域的定义和范围

表面功能结构制造是20世纪80年代发展起来的新兴多学科交叉研究领域，经过近10年的快速发展，成为机械工程领域的一个重要学科。进入21世纪，人类面临的能源危机、环境污染问题日益突出，如何充分利用和开发新能源，实现低碳减排，已成为世界各国共同关注的问题。表面功能结构由于具有优异、独特的功能属性，一直是国内外许多学科领域的研究热点。与传统加工不同，表面功能结构制造是采用一定的工艺方法在物体表面加工制造出具有各种不同形貌、不同尺度、不同维数和不同功能的结构。表面功能结构种类繁多，形貌各不相同。按尺度，表面功能结构可分为宏观结构、亚结构、微结构和纳米结构；按维数，可分为一维结构、二维结构和三维结构；按功能，可分为表面热功能结构、表面光功能结构、表面反应功能结构、表面仿生功能结构等。

相对于传统光滑曲面，表面功能结构因其特殊的几何特征，具有强化传热、强化出光、减阻耐磨、亲/疏水等多种功能，其应用范围广，涉及学科多，对其他领域具有巨大影响和渗透作用，也是制造高性能设备和产品的关键技术之一，已成为传统高能耗产业如电力、石油、化工等节能降耗的有效途径，是航空航天、高铁、汽车、MEMS元器件等高技术产业领域进一步提高设备和产品性能的关键，也是促进新兴产业如新能源、生物医学工程的发展，增强其自主创新能力的突破口。由于表面功能结构的巨大应用价值与市场需求，国内学者围绕表面功能结构制造开展了大量的研究工作，表面功能结构的研究已从局部工艺性的加工技术逐步发展到多学科交叉的整体性设计、制造科学问题及其关键技术的研究。

（二）本领域近 5 年来的国内外研究现状及关键科技问题

表面功能结构制造是处于发展中的跨学科综合技术。近年来，随着新技术、新工艺以及新设备的采用，表面功能结构越来越精密化、多样化、微小化，其制造技术水平也在不断提高。经过近几年的快速发展，表面功能结构在各个领域都显示出越来越重要的应用价值和广阔的应用前景。由于表面功能结构应用范围广，涉及学科多，我们将着重介绍其在热控、光电以及功能反应领域近 5 年来的国内外研究现状及关键科技问题。

1. 表面热功能结构制造

表面热功能结构是指在物体表面加工出优化设计的不同形貌、尺度、维数且具有强化散热或传热作用的功能结构。表面热功能结构不仅可增加换热面积和诱发湍流增加、湍流掺混，还可以合理组织外部对流结构形式，达到在同等条件下实现最高冷却效果的目的。

目前，能源消耗和环境污染已受到世界各国越来越广泛的关注。欧盟《获得可持续发展、有竞争力和安全能源的欧洲战略绿皮书》指出：通过节能技术，摆脱对能源进口的过度依赖，保证欧盟的可持续发展。美国《美国新能源》提出：节能是能源政策的重点之一。我国国务院《节能减排“十二五”规划》提出：针对能源消耗比重大的产业或产品要大力开展共性节能技术和设备研发。“节能减排”相关法规与标准的日趋严格，对作为能量和排放管理的关键部件——热交换、热管理系统（空调系统、工业换热系统以及高性能电子芯片热控系统等）提出了更为严峻的挑战。因此，采用具有复杂表面热功能结构的传热元件提高工业换热器、空调蒸发 / 冷凝器以及热控系统的换热性能，是解决上述问题的共性核心技术。然而，高效换热技术的发展促使表面热功能结构 / 形貌趋于复杂化，即表面热功能结构除宏观形状复杂外（强化对流、蒸发 / 冷凝），结构表面还具有微观形貌特征（强化蒸发 / 冷凝、毛细回流及辐射），进而导致结构 / 形貌表征、建模及加工困难。复杂表面热功能结构在能量交换和管理方面有着广阔的应用前景，如何根据热功能需求主动设计表面结构并提出适合高效率低成本的制造方法是实现高效换热的关键。目前表面热功能结构在设计与制造方面主要存在两大技术挑战：①加工过程中既要控制结构形状与尺寸，也要控制结构表面微观形貌特征；②设计方面缺乏统一的多尺度及复杂形貌表征手段以及与制造工艺耦合的建模方法。

2. 表面光功能结构制造

表面光功能结构是指在物体表面加工的具有强化出光、可对光谱精度与能量及光波物理特性进行调控的光学功能结构，目前已广泛应用于半导体发光器件以及光学玻璃元器件等领域。

半导体发光技术在照明领域产生的颠覆性变革，引起中国半导体产业经济的新一轮跨越发展。近年来，中国半导体发光产业保持快速发展，半导体发光器件制造规模跃升至世界第一，约占全球的 50%（据 2016 年 CSA Research 半导体照明产业发展白皮书），2017

年仅国内半导体照明产业规模就达 6538 亿元（据 2017 年 CSA Research 半导体照明产业发展蓝皮书）。与此同时，附加值高且市场巨大的 LED 显示也迅速发展，并拓展到影响国家战略安全的作战指挥超清显示以及光通信领域。由于半导体照明、显示以及光通信等产业经济体量巨大，且影响到国家军事指挥、通信等战略安全领域，欧美日韩等发达国家均对此制定了系列研究计划（美国固态照明研发计划、欧盟彩虹计划、日本 21 世纪光计划及韩国 GaN 半导体发光计划等），跨尺度强化出光结构、光谱精度与能量调控结构规模化制造技术已经成为全球竞争的焦点，开发光色性能优异的微型器件是世界性难题。目前光功能结构设计与制造主要存在两大技术挑战：①制造过程既要控制器件几何尺度结构又要控制其表面波长级形貌，是典型的跨尺度制造过程（跨毫米至纳米尺度）；②半导体发光器件跨尺度光功能结构耦合设计复杂，缺乏理论支撑。

此外，玻璃表面光功能微结构阵列以其独特的折射、衍射等光学性能已经成为现代光学工程中重要的光学元器件，它可以实现传统光学元器件难以完成的任意波面变换的光学功能。近年来，随着光电行业的迅猛发展，玻璃光学器件的应用和需求越来越广泛。然而，我国目前在玻璃表面光功能微结构阵列制造技术方面还处于起步阶段，且制造设备和加工工艺完全受制于日本、德国等发达国家，难以实现大尺寸微结构阵列的高效低成本加工。这已经成为制约我国玻璃光学器件发展的主要因素。近期，我国科学家创新性提出玻璃表面光功能微结构阵列模压成形技术，通过对玻璃和模具进行加温、加压，可一次性将光学玻璃模压成符合特定要求的光学器件，有效解决了光学玻璃表面功能结构的制造效率和成本问题。但是，其制造过程涉及模具材料、玻璃材料以及相关工艺参数等诸多挑战，提高模压成形精度、揭示玻璃 - 模具界面微作用力的作用机理及与界面黏接的关系成为目前亟须解决的关键技术问题。

3. 表面反应功能结构制造

表面反应功能结构是指在反应载体表面加工出的具有不同形貌、不同尺寸、不同维数，并且具有强化反应作用的功能结构。增大反应物质之间的接触面积是加快化学反应的有效方式。表面反应功能结构作为一种新型功能结构，可以在不同尺度范围内提供反应所需的载体或空间构造，有效提高反应物质之间的接触面积，强化传质和传热过程，进而显著提高反应效率。特别是在微反应层面，表面反应功能结构的作用更加凸显。

《世界能源发展报告 2018》指出，全球能源正在向高效、清洁、多元化的特征方向加速转型推进，全球能源供需格局正进入深刻调整阶段。据国际能源署最新预测，到 2020 年，全球能源供应增量中的 2/3 将来自新能源，新能源供应的增速将远大于传统化石能源。欧美发达国家先后提出了明确的能源转型计划、转型目标及推进措施。我国发布的《中国制造 2025 重点领域技术创新绿皮书》和《能源发展“十三五”规划》《能源技术革命创新行动计划（2016—2030 年）》等均将新能源技术作为重点支持领域。在相关政策的支持下，我国新能源汽车发展势头迅猛。表面反应功能结构已从传统反应器逐渐延伸到燃料电池、锂离子电池、超级电容器等新能源器件领域。新能源汽车的高续航能力对动力电池的能量密度提出了更高要求，导致表面反应功能结构日趋复杂，特别是多尺度反应功能结构。目前表面反应功能结构在设计与制造方面主要存在两大技术挑战：①制造过程中多尺度、形貌成形控制难度大，如何实现稳定、高效、低成本制造是一大技术难题；②多尺度表面反应功能结构复杂，缺乏系统的主动设计理论，亟须建立完整的、集工艺、结构、功能和性能于一体的优化设计理论，实现既控形又控性能。

二、近年来的最新研究进展

近年来，在国家战略规划相关重大项目支持下，我国在表面功能结构制造技术研究及产业应用等相关方面取得了突飞猛进的科技进步，出现了一大批创新性科研成果。本专题报告主要论述表面功能结构在热控、光电以及功能反应等领域取得的突出科技进展和创新成果。

（一）表面热功能结构制造

据国家统计局及相关行业数据统计：工业换热（管壳式换热器）能耗约占社会总能耗的 7%，而空调和照明能耗则分别约占社会总能耗的 6% 与 5%。与此同时，我国高铁核心 IGBT、卫星数据处理及相控阵天线高集成度发展，带来致命的热控难题，因此，采用具有复杂表面热功能结构的传热元件提高管壳式换热器、空调蒸发 / 冷凝器以及热控系统的换热性能，是解决上述问题的共性核心技术。高效换热技术发展促使表面热功能结构 / 形貌趋于复杂化，进而导致结构 / 形貌表征、建模及加工困难。针对上述技术难题，华南理工大学联合广东精艺金属股份有限公司、佛山神威热交换器有限公司等龙头企业，经过多年努力，取得部分创新成果。

1. 管外表面热功能结构犁切 / 滚轧复合加工新方法

管外翅片结构是表面热功能结构在管壳式换热器中的重要应用形式，在工业换热中主要用于强化对流换热。20 世纪 70 年代末逐渐采用的滚轧技术生产类似螺纹的二维外翅片管换热性能低，国际上现有的刨削工艺（属断续加工）生产三维外翅片管结构呈“片状”，换热性能虽有提高，但加工效率低（10~30 m/h）且易断翅。因此，部分高能耗行业只得采用换热性能低 30% 以上的二维翅片管。

项目组通过管外表面热功能结构犁切 / 滚轧复合加工技术[1, 2]，实现了复杂形貌特征的三维外翅片结构高效可控生成，如图 1 所示。产品的主要性能指标超过日本高端换热器龙头企业 KAMUI 产品，单位压降总传热系数提高 21.33%（总传热系数提高 6.1%，压力损失减少 12.55%），且连续加工，效率高。生产的三维外翅片管壳式换热器被海天塑机（世界规模最大）、三一重工等大量采用，占有率居国内相关专业市场第一位。产品出口

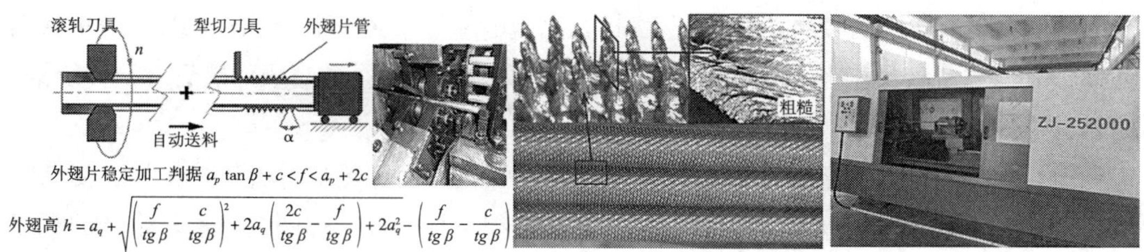

图 1　犁切滚轧工艺及设备

欧美、日本等国家企业，如美国寿力、德国 Universal 等，改变了我国高端换热器进出口局面。

2. 管内表面热功能结构充液增压高速旋压与多级拉拔成形技术

管内翅片结构是表面热功能结构在空调蒸发 / 冷凝器等系统中的重要应用形式，主要用于强化蒸发 / 冷凝。空调蒸发 / 冷凝器等所用内翅片铜管翅片高度指标决定蒸发 / 冷凝器换热性能，传统高速旋压润滑条件有限，接近极限翅片高度（0.25 mm）时极易断管，此外也缺乏控制翅片表面粗糙形貌生成手段。为降低铜材消耗及拓展应用领域等，内翅片铜管管径逐渐减小，由于传统工艺变形抗力大，管径 ≤ Φ5 mm 的产品难稳定生产。

针对上述难题，项目组发明了管内表面热功能结构充液增压高速旋压与多级拉拔成形技术[3, 4]，实现了高翅片（> 0.25 mm）和微细铜管（≤ Φ5 mm）的高效成形及复杂形貌可控生成，并开发出成套制造装备，如图 2 所示。采用该技术生产的 Φ6~7 mm 系列具有粗糙形貌特征的内翅片铜管翅片高度达 0.3 mm，关键的翅片高度指标（直接影响空调蒸发 / 冷凝器换热性能），比国外同类产品提高 20%；并突破传统技术管径（≤ Φ5 mm）极限，推出 Φ2.5~5 mm 系列产品填补了国际空白。

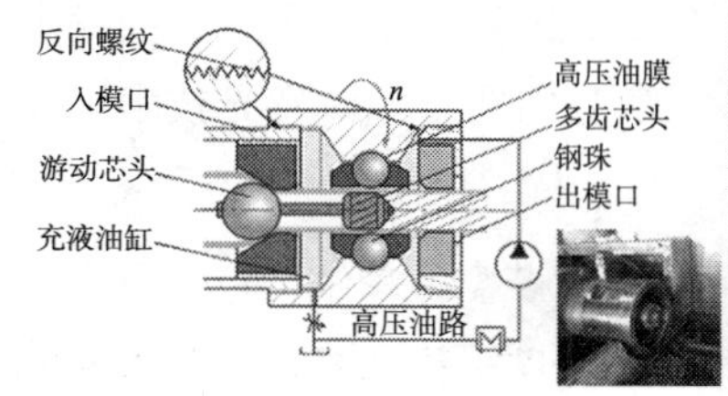

图 2　充液增压高速旋压原理及装备

3. 表面热功能结构高效加工方法

强化界面传热与对流传热结构、复杂吸液芯结构是表面热功能结构在功率型 LED、高铁核心 IGBT 及卫星数据处理等热控系统中的重要应用形式。功率型 LED 系统中（与荧光灯相比节能约 50%），芯片仅占成本的 10%，而热控系统占成本的比重已达 30%~40%。传统热控系统共晶焊界面热阻与空气对流热阻大，使功率型 LED 受制于高热流密度问题，难以大规模推广应用。尤其对超大功率型 LED、高铁核心 IGBT、卫星数据处理带来的致命高热流密度问题，迫切需要采用导热率高两个数量级的热管替换传统铜/铝材料热控组件。

项目组提出了热控系统中表面热功能结构（强化界面传热与对流传热结构、复杂吸液芯结构）高效加工方法[5, 6]，且实现其复杂形貌可控生成，如图 3 所示。生产的瓦级 LED 器件结点到管壳热阻 3.2 K/W，超过国际 LED 巨头美国 CREE 同类产品（5 K/W），产品占有率居本土企业第一位。该方法从根本上解决了制约功率型 LED 封装器件/照明系统规模化应用的热控难题，同时也解决了高铁核心 IGBT（中国高铁和日本新干线）、中国航天卫星数据处理系统及相控阵天线致命的高热流密度问题。

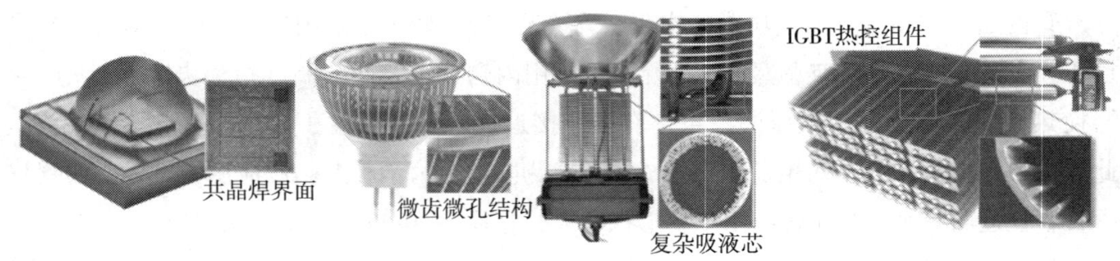

图 3　功率型 LED 光源热控组件图以及高铁用热管及模组

（二）表面光功能结构制造

半导体发光技术在照明、超清显示以及光通信领域的跨越式发展，导致器件的光色调控（强化出光、光谱精度与能量调控）及微型化技术成为全球竞争焦点。光学微透镜阵列由于具有特殊的几何光学特性，可实现传统光学元器件难以完成的任意波面变换的光学功能，是现代光学工程中重要的光学元器件和下一代光学系统的主要发展方向[7]。经过近 10 年的理论创新与技术研究，华南理工大学和北京理工大学分别在半导体发光技术和光学微透镜阵列超精密模压制造方面取得了突破性进展。

1. 半导体发光器件跨尺度光功能结构设计与制造

半导体发光器件光功能结构的制造过程通常既要控制几何尺度结构又要控制其表面波长级形貌，是典型的跨尺度制造过程（跨毫米至纳米尺度）。在国家“863”计划、广东省级计划项目的支持下，华南理工大学等多家高校及企业在半导体发光器件跨尺度光功能结构设计与制造的基础研究及关键技术方面取得了重要进展。

（1）半导体发光器件跨尺度强化出光结构制造

半导体材料体系之间折射率差异巨大，芯片内部界面与出光表面存在严重的全反射，出光效率低。传统单一尺度结构强化出光能力有限，如典型的 GaN 材料折射率约 2.5，在理想平面条件下仅有 4% 的光线可逃逸离开发光二极管芯片，严重制约半导体发光器件光效提升。因此，需要通过强化出光结构减少器件内全反射损耗[8]。

项目组在跨尺度强化出光结构制造方面取得突破，发明了芯片内部界面跨尺度强化出光结构干法/湿法复合分步刻蚀方法和芯片出光表面跨尺度强化出光结构可控制造方法，可显著提高芯片及器件效能，如图4所示。在半导体材料体系不变的情况下，量产器件发光效能已接近200 lm/W（早期LED器件发光效率低于90 lm/W）。经过第三方权威检测，采用上述技术制造的NSS–D4545芯片、HPF器件及BPZ灯具等光效指标分别超过国际LED巨头美国相关产品，也超过日本最新发射的光通信纳卫星器件。相关研究成果确立了我国在LED照明、光通信等领域功率发光器件的技术优势。

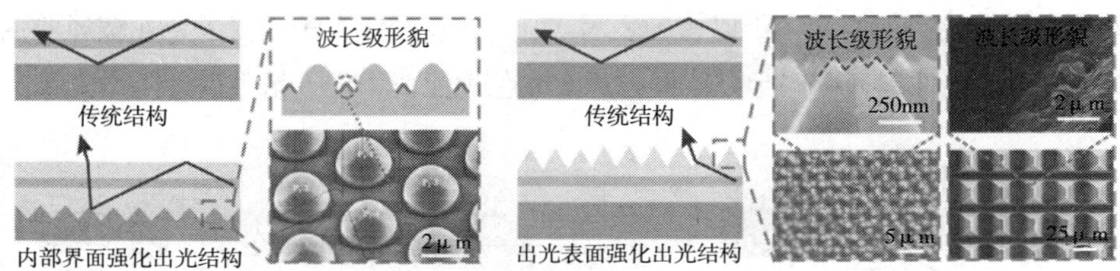

图4 半导体发光器件跨尺度强化出光结构

（2）半导体发光器件光谱精度与能量调控结构制造

显示与光通信等领域对LED器件色纯度及均匀度要求极高，采用稀土材料调控光谱精度以及单一尺度调控光谱能量的传统工艺难以满足要求。

针对上述难题，项目组发明了光谱精度调控半波长微纳阵列结构和光谱能量调控曲面三维微缩复形跨尺度结构制造技术，如图5所示。该技术打破了仅能通过稀土材料调控光谱的经典认识，首次实现光谱结构调控原理到工程应用的技术突破，显著提高半导体发光器件光色性能[9]。器件空间颜色偏差减少至168K（传统技术＞1000K），被指定用于抗战胜利70周年阅兵、航空航天指挥超清显示等重大场合。且实现高品质全彩（RGB）显示器件市场占有率全球第一，奠定了我国在高附加值显示、液晶背光源等领域的技术优势地位。

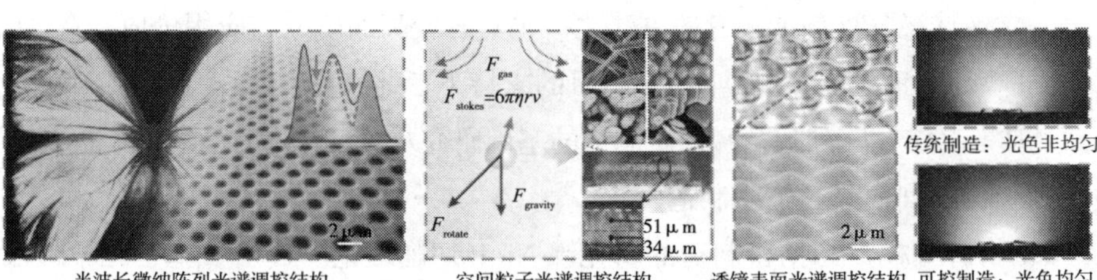

图5 半导体发光器件光谱精度与能量调控结构

（3）半导体发光器件跨尺度光功能结构光色矢量设计理论

传统半导体发光器件单一尺度结构设计方法缺乏对几何尺度结构与波长级形貌的耦合设计理论，难以满足跨尺度光功能结构的精确设计要求，导致器件发光效率低、光色质量差。

项目组在跨尺度光功能结构耦合及其半导体发光器件光色矢量建模与设计方面取得突破。如图 6 所示，利用电磁波有限时域差分与几何光线追迹等方法对跨尺度结构进行耦合设计，提出半导体发光器件跨尺度光功能结构光色矢量统一描述的新方法，实现了跨尺度光功能结构在半导体发光器件中的参数化表征、精确建模与设计优化。并通过开发按光功能需求进行跨尺度结构设计的专业软件，成功将跨尺度光功能结构特征与半导体发光器件光色矢量指标在统一的模型中予以精确表示[10, 11]。该设计方法改变了企业按经验或单一尺度简化设计的局面，使中国半导体发光产业光色性能率先进入精确设计阶段。

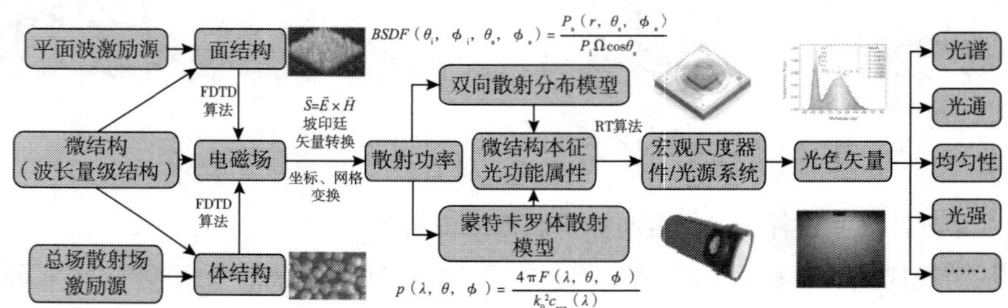

图 6　半导体发光器件跨尺度光功能结构光色矢量设计新理论

2. 玻璃微透镜阵列超精密模压制造

玻璃微透镜阵列是由单元特征尺寸为数百纳米到数十微米的透镜阵列组成的玻璃光学元件，单位面积内微纳单元数量巨大，具有特殊的几何光学特性。玻璃微透镜模压制造是指在高温下施加一定的压力将模具表面的微透镜形状复制到受热软化的玻璃表面上，经退火冷却固化，在光学玻璃材料表面加工出微透镜阵列。该方法与传统微切削、MEMS 刻蚀等加工技术相比，具有成形精度高、效率高、一致性好和加工成本低等特点，适合大批量生产制造，被认为是光学微透镜阵列制造最有效方法之一，具有较高的研究与应用价值。在“973”计划青年科学家项目和国家自然基金面上项目的支持下，北京理工大学等多家高校及企业在玻璃表面光功能微结构阵列超精密模压制造的基础研究及关键技术方面取得了重要进展。

（1）微结构阵列模具超精密制造

1）微结构阵列模具超精密制造的磷化镍 Ni-P 切削理论。提出了基于化学镀液 pH 值和基于次亚磷酸钠在镀液中含量的调整方法，并在模具端部成功制备了厚度仅为 150μm 的磷化镍 Ni-P 镀层样件；利用超精密纳米轮廓加工仪对模具材料展开微结构切削实验，分析了不同加工方法下微结构切削结果；通过揭示极限切削深度下微结构加工机理，实现了表面功能结构阵列的高效加工[12, 13]。

2）新型微铣刀的几何结构设计与数控刃磨方法。基于微结构阵列的几何形貌特征和微细铣削机理，分析了微结构阵列模具加工用微铣刀的铣削加工特点，建立了微铣刀几何结构设计理论；通过提高刀具整体刚度、加强切削刃刃口强度、改善刀具铣削性能，刃磨获得了直径 Φ0.5 mm 新型微细球头铣刀[14]；基于六轴数控工具磨床的运动原理和微铣刀的几何特征，开展了微铣刀的精密数控刃磨加工，并对微铣刀的刃磨质量进行了检测和评价[15]。

3）微结构阵列微切削 – 刻蚀复合加工。借助超精密加工平台研究了碳化硅表面铜镀层超精密铣削与加工极限，获得了铜镀层表面微结构阵列超精密铣削最优工艺（加工精度优于 1 μm）；提出等离子刻蚀机对铜镀层 – 碳化硅进行刻蚀图形转移的处理方法，实现了微结构阵列由铜镀层表面向碳化硅表面的转移；发明基于刻蚀选择比的微结构反求设计方法，实现了在碳化硅表面直径 Φ160 μm、PV 0.51 μm、RMS 23 nm 的微结构阵列的加工，并将加工轮廓误差控制在 50 nm 以内，达到了国际先进加工水平。

（2）玻璃微结构阵列超精密模压制造

1）光学、硫系玻璃建模与微结构阵列模压成形控制。利用麦克斯维修正模型和有限元仿真技术建立了玻璃高温热塑 – 粘弹性受压变形物理模型、玻璃 – 模具界面热阻模型，通过分析界面压平效应对成形后玻璃表面粗糙度演化的影响机理，提出了粗糙度控制工艺方案[14]，使用磷化镍镀层模具成功制备出满足精度要求的大面积光学微结构阵列器件。建立了适用于描述硫系玻璃模压成形过程的热塑 – 粘弹性本构模型绍菲尔德 – 斯科特 · 布莱尔模型[16]，并优化了硫系玻璃的模压成形工艺。通过抑制硫系玻璃模压成形中产生的微观缺陷，显著提高了硫系玻璃微结构阵列的成形质量[17]。

2）局部快速加热模压成形方法。针对新型碳烧结石墨烯高电导率和热导率等特点，提出了基于石墨烯镀层的局部快速加热模压成形技术。利用石墨烯在通电 / 断电情况下的快速生热 / 冷却响应，建立了低熔点光学玻璃、树脂等光学材料在局部快速模压过程中的温度变化和材料流变模型，从应力应变行为角度分析了局部快速加热模压成形过程中温度变化、应力变化与材料变形的关系，利用折射率变化导致光波畸变的原理探索了折射率变化对光学系统光路改变、聚焦成像等影响的作用机制[18]。

3）全电机伺服驱动玻璃模压成形装备。提出了全电机伺服驱动精密模压成形机的设计思想，并以此为基础研发了样机，各项性能指标达到国际一流水平。相比国外同类型设备，该样机采用工业控制系统，更利于对模压成形过程进行工艺调试、条件优化以及工艺数据的导入导出。使用电缸作为模压机的驱动元件，更有利于对模压速度和模压位置的精密控制。此外，设备还对加热模块进行了优化，温度调控范围更宽。该成果具有完全自主知识产权和产业化条件，可实现在可见光玻璃材料和红外玻璃材料上加工各种类型、各种尺度微结构阵列与自由曲面玻璃器件。目前已在航空航天、兵器、船舶及激光器制造有关单位投入使用，对我国表面功能结构制造技术的发展具有重大意义。

（三）表面反应功能结构制造

据最新发布的《动力电池字段数据库》统计显示，2018 年我国新能源汽车生产约 122 万辆，同比增长 50%，动力电池装机总电量约 56.98 GW · h，同比增长 56%。随着动力电池对高能量密度的发展需求以及表面反应功能结构制造技术的提升，我国研究人员在表面反应功能结构制造方面取得了重大突破，相关研究成果已被应用到以燃料电池和锂离子电池等为代表的新能源器件领域。

1. 燃料电池反应功能结构制造

燃料电池由于具有比能量高、燃料来源广泛和无污染等特点，被认为是未来最具有发展前景的可再生能源技术。燃料电池内部分布有不同的微通道结构，通过在微通道表面形成具有特殊形貌特征的反应结构，可有效强化反应物质和热量传递，优化电池反应过程，有效提高反应效率。华南理工大学袁伟等[19]采用多齿刀具切削工艺（见图 7a）制造的微细金属纤维（见图 7b）表面形成鳞翅状结构，基于该纤维制备的多孔微通道结构已经成功应用到燃料电池中，大大提高了燃料电池内部的反应效率。这主要归因于该纤维表面结构上表现出的尺度效应对电池内部的传质 / 传热过程起到了强化作用。

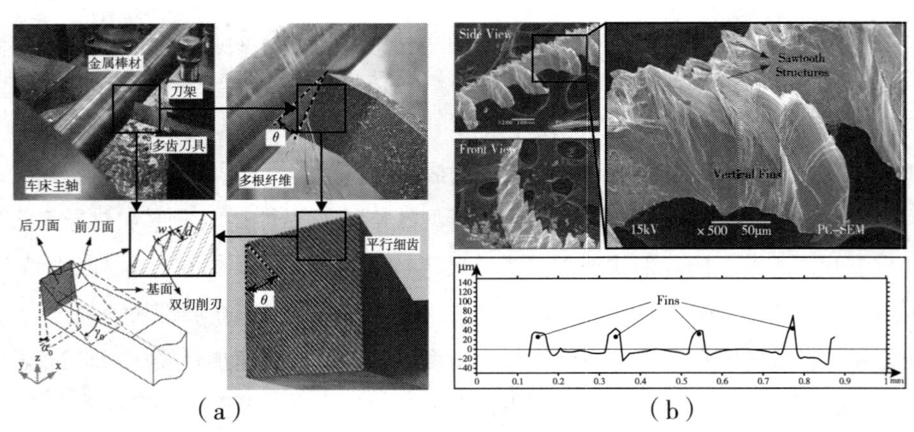

图 7　金属纤维多齿切削工艺及其纤维的表面结构特征：（a）多齿刀具及多齿切削金属纤维工艺；（b）铍铜纤维的鳞翅状结构

此外，烧结切削金属纤维制造的多孔微通道[20]也被用作燃料电池的流场结构，如图 8 所示。相比传统基于石墨材料的沟槽型蜿蜒流场板，该新型流场板具有多尺度表面结构，呈现出微观和介观尺度孔隙并存的分布特性以及丰富的表面形貌特征，这为优化电池内部传质过程创造了优越条件，同时也有利于减少系统对外部压力的依赖，降低寄生功率损失，从而提高系统能量效率。

图 8　质子交换膜燃料电池及其烧结型多孔金属纤维流场板

基于多孔纤维结构的流场板用作阳极流场，在保证甲醇充足供给的同时，也能够强化传质阻力以抑制甲醇穿透的影响。当这类流场板应用到阴极时，其具有的（超）疏水结构能够促进水压梯度的形成，进而强化水从阴极向阳极的反补机制，有利于实现高浓度甚至纯甲醇操作；另外，阴极采用超亲水结构的流场板有利于加快水的排出，避免出现“水淹”现象。图 9 为切削金属纤维多孔微通道表面的超亲水和超疏水功能结构[21]。通过氧化工艺和改性工艺，可实现切削金属纤维多孔微通道表面从超亲水特性向超疏水特性转变。

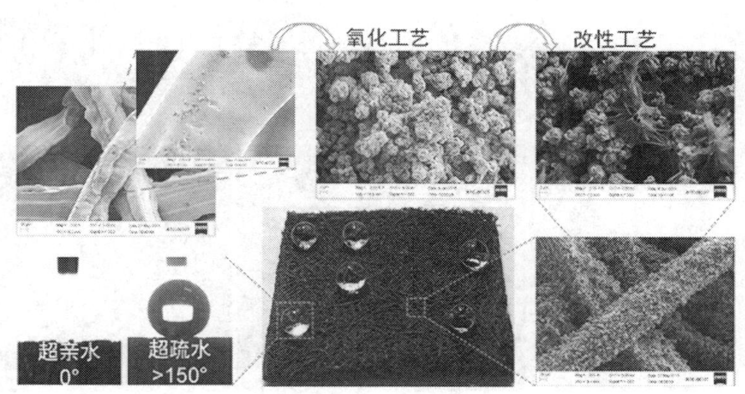

图 9　切削金属纤维多孔微通道表面的超亲水和超疏水功能结构

被动式直接甲醇燃料电池使用的传统穿孔式流场板容易被反应产物堵塞孔洞，进而导致反应物供给受阻。为此，设计和制造新的流场结构对反应产物进行有效管理，对电池内部传质过程以及性能的提升具有重要作用。将拉伸网微结构用于被动式直接甲醇燃料电池的流场时，可以有效管理电池运行过程中产生的二氧化碳和水这两种反应产物，进而促进内部的传质过程，提高反应效率[22, 23]。王奥宇等[24]采用具有三维网状结构的不锈钢拉伸网作为流场，被动式直接甲醇燃料电池工作过程中产生的二氧化碳气泡和水滴可以有效脱离和排放，可有效改善了电池内部传质过程，对电池性能的提升发挥了重要作用。

2. 锂离子电池反应功能结构制造

近年来，随着锂离子电池应用范围的不断拓展，人类对其容量等性能提出了更高要求。然而，商业化锂离子电池电极通常将活性材料涂布在表面结构单一的金属箔上，所得电极表面结构简单，不利于活性材料与电解液充分接触，降低了活性材料的利用率，进而对电池的电化学性能产生消极的影响。研究表明：相比单一表面结构的电极，具有三维表面结构的电极可以大幅度提升电池的电化学性能[25, 26]。这主要归因于以下三个方面：①三维表面结构使电极拥有更大的比表面积，与电解液接触更加充分，有效提高电池内部的反应速率；②三维表面电极结构可以构建更多电子传输通道，缩短锂离子迁移路径，有利于改善电极导电性和降低电极扩散电阻；③三维电极表面结构可以缓冲电极在反应过程中的体积变化，有利于提高电极结构的机械稳定性，从而延长电池寿命。

南京大学张会刚等[27]制备出三维多孔中空电极结构，如图 10 所示，该三维中空结构电极具有较大的内外比表面积，可以与电解液充分接触，增大反应面积，提高活性材料与电解质之间的反应速率，显著提升锂离子电池的比容量。多孔中空结构给活性材料提供体积膨胀空间，有效避免活性材料在充放电过程中发生粉化和脱落，进而提高电极的机械稳定性。

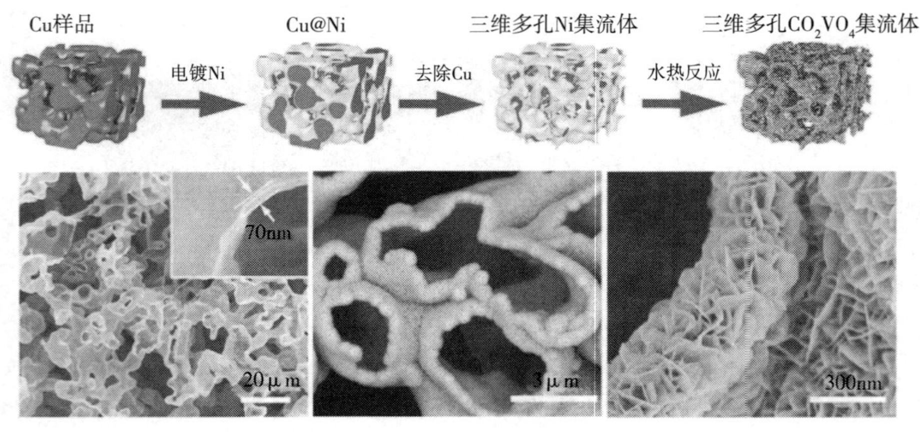

图 10　三维多孔集流体的制备及其表面形貌

构建核壳结构电极也可有效提升锂离子电池的性能。袁伟等[28]采用化学镀铜和热处理等工艺制备出三维多孔碳纤维 / 氧化铜纳米线核壳结构电极（见图 11）。该电极通过在三维多孔碳纤维表面引入氧化铜纳米线，增大反应接触面积，提高了电化学反应速率，从而提升电池性能。其中，作为导电骨架的三维多孔碳纤维，可提高电极整体导电性和结构稳定性；而氧化铜纳米线结构有利于锂离子的快速迁移，加快反应过程中电解质的扩散。基于以上结构优势，采用该三维结构电极的锂离子电池的可逆容量、寿命和倍率性能均得到显著提升。

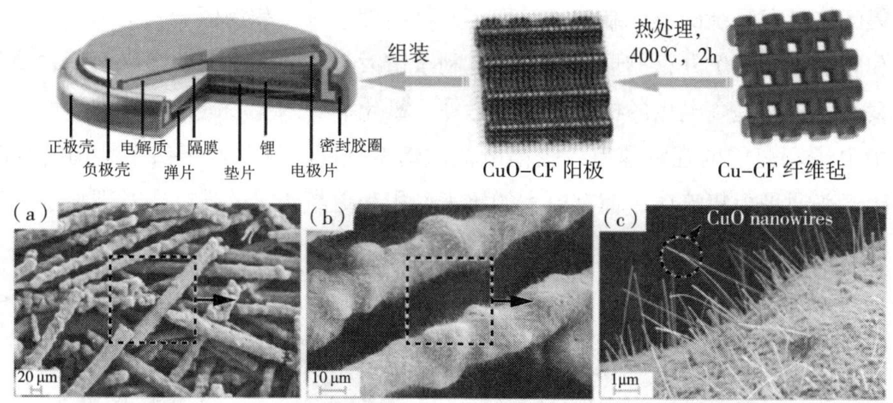

图 11　三维多孔氧化铜 / 碳纤维纳米线核壳结构电极的制备及其表面形貌

除了以上两种典型的电极结构外，交叉纳米复合电极结构也可以有效提升锂离子电池的比容量和稳定性。袁伟等[29]以泡沫镍作为基底，借助电镀、电泳沉积、碱腐蚀氧化等工艺制备出三维多孔氧化铜 / 碳纳米管复合电极，如图 12 所示。该电极表面呈现交叉纳米结构，增大了电极的比表面积，有利于电解液的渗透，提高电池活性材料利用率。高导电性中空碳纳米管的使用，在提供缓冲空间的同时，也提高了电极的导电性和氧化铜的机械强度。

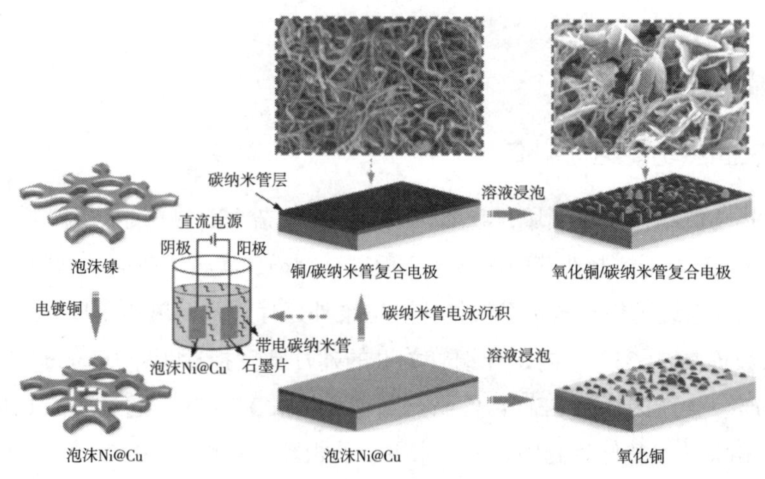

图 12　三维多孔氧化铜 / 碳纳米管复合电极的制备过程

作为锂离子电池电极的重要组成部分，集流体的表面结构也会影响电池的电化学性能。通过师法自然，模拟自然界的蜂窝结构和沙漠草方格结构，借助光刻、碱腐蚀、化学气相沉积等制造工艺可制备具有独特表面形貌特征的“蜂窝状”铜 @ 氧化铜（Cu@CuO）复合集流体和“草方格”铜 @ 碳纳米纤维（Cu@CNF）复合集流体[30]，如图 13 所示。这些新型集流体具有复杂的表面结构，呈现出光刻结构（盲孔和沟槽）和纳米结构（氧化铜纳米花和碳纳米纤维）并存的形貌特征，有利于增大其与活性材料的接触面积，使两者结合更加紧密，进而提高电极的机械强度。另外，氧化铜纳米花和碳纳米纤维，可以加快反应过程中电子和离子的迁移速率，提高电池的倍率性能。这些基于仿生结构的复合集流体，相比于普通平板集流体，拥有更大的比表面积和更高的机械强度，对锂离子电池性能的改善起到良好的促进作用。

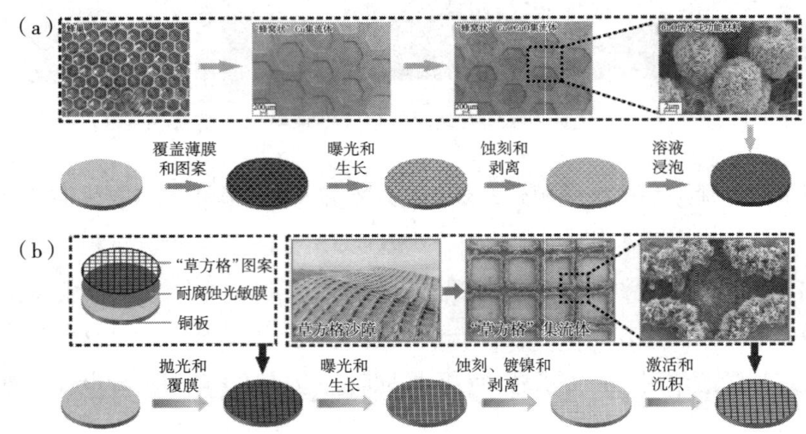

图 13　仿生结构集流体：（a）“蜂窝状”复合集流体；（b）“草方格”复合集流体

三、国内外发展比较

（一）表面热功能结构制造

在表面热功能结构制造领域，我国研究人员在复杂表面热功能结构 / 形貌统一的建模与设计、结构 / 形貌可控制造等整体技术方面取得突破，实现了管壳式换热器、空调蒸发 / 冷凝器以及热控系统的换热技术升级换代。三维外翅片管式换热器比日本同类产品单位压降总传热系数提高 21.33%，内翅片铜管关键的翅片高度指标（≥ 0.3 mm）比国外同类产品提高了 20%，生产的瓦级 LED 器件结点到管壳热阻 3.2 K/W，超过美国 CREE 同类产品（5.0 K/W）。相关技术整体达到国际先进水平，从根本上解决了制约功率型 LED 封装器件 / 照明系统规模化应用的热控难题，以及高铁核心 IGBT（中国高铁和日本新干线）、中国航天卫星数据处理系统及相控阵天线致命的高热流密度问题。但是我国的精密制造装备、检测仪器等均受制于欧美等发达国家，导致国内在表面复杂结构形状及粗糙形貌协同生成、表征和检测等技术方面整体落后于国外。定向热传输结构是表面热功能结构今后发展的重要趋势，目前国外在该领域已进行了大量研究，并成功制备出可实现液体自驱动、定向传输功能的表面微纳结构，而国内尚无相关研究。此外，由于缺乏多种材料高性能传热元件制造工艺与设备，目前国内复杂表面热功能结构传热元件主要选用铜、铝和不锈钢材料，由于材料本身的限制，难以满足高腐蚀、超高温等特殊场合的使用要求。

（二）表面光功能结构制造

1. 半导体发光器件跨尺度光功能结构设计与制造

半导体照明、显示以及光通信等产业经济体量巨大，且影响到国家军事指挥、通信等战略安全领域，开发光色性能优异的微型器件成为世界性难题，欧美日韩等发达国家均对此制订了系列研究计划。近年来，我国研究人员在半导体发光器件跨尺度光功能结构光色矢量设计与制造等整体技术方面取得重大突破，相关研究成果突破单一尺度结构加工限制，大幅度提高了半导体发光器件的光效及光色均匀性。开发的功率器件光效指标（199.8 lm/W）超过美国科锐同类产品 32.3% 及日本最新发射光通信纳卫星采用的日亚器件 50.2%。相关技术打破国外专利壁垒，奠定了我国在微结构阵列模具超精密加工以及半导体发光产业规模与技术方面的国际优势地位。我国在半导体发光器件跨尺度光功能结构协同制造技术、可控制造技术以及光色性能设计理论等方面均处于国际领先水平，但受精密加工设备限制，在提高表面光功能结构加工效率和保证加工精度一致性方面与发达国家还有一定差距，如韩国三星等在微纳结构加工方面的光刻精度已达 7 nm，而我国仍停留在 60~90 nm 量级。

2. 玻璃微透镜阵列超精密模压制造

我国科研人员自主研发的超精密车床成功实现了正弦波表面、扇面结构、三角波表面以及菲涅尔透镜等复杂微结构表面的加工制造，将所加工微结构单元的表面粗糙度 Ra 控制在 50 nm 以下，面形精度 PV 为 0.65 μm，达到了国际先进加工水平。同时，针对微结构阵列模具结构及加工的特点，基于微细切削机理，设计并制造出新型微细球头铣刀结构和非圆微细球头铣刀，最小尺寸可达 10 μm，接近国际先进水平。通过将磨削技术引入超硬材料的超精密加工领域，填补了国内相关领域的空白，为国内攻克和完全掌握超精密金刚石切削技术提供了很好的技术支撑。

此外，我国研究人员针对极端复合能场作用下玻璃微结构阵列模压成形、跨尺度微结构阵列表征评价等关键技术问题，揭示了微结构阵列制造全过程的科学规律，建立和发展了大面积微结构阵列成形制造的新原理和核心技术体系。实现在可见光玻璃材料和红外玻璃材料上加工各种类型、各种尺度微结构阵列与自由曲面玻璃器件，拥有成熟、独立自主知识产权的玻璃模压加工工艺，为表面功能结构高效高精度低成本制造提供了创新性解决方案，制造精度达到国际先进水平，填补了国内玻璃表面功能结构制造的技术空白。

但是美国自 20 世纪 50 年代开始在超精密加工领域一直处于引领地位，其在玻璃微纳阵列高效超精密模压制造基础理论、制造方法、表征评价体系等方面均具有较大优势，导致我国在微结构光学元件的精密化、多样化等方面落后。此外，我国在透镜厚度、聚焦等方面还有一定差距，哈佛大学研究人员另辟蹊径，设计了具有高数值孔径的2D纳米级金属天线阵列单平面透镜，使得平面上形成了无数的小光学元件，可以把光聚焦在比波长更小的地方（≈ 400 nm），并在高分辨率下聚焦，大大降低了平面透镜的厚度及制造难度。

（三）表面反应功能结构制造

成本和寿命是制约能源电池应用和发展的主要因素，这很大程度上取决于它的设计和制造技术水平，也是目前困扰国内外学者的最大瓶颈。近年来，随着新能源汽车的迅猛发展，我国研究人员在表面反应功能结构的制造理论和加工技术方面取得诸多突破性进展。提出创新性多齿刀具切削工艺以及微犁削 – 挤压复合成形等加工技术，显著地提高了效率和降低制造成本，并实现了从简单、单尺度反应功能结构制造到复杂、多尺度反应功能结构制造的转变，相关制造技术达到国际先进水平，解决了传统微反应器等器件表面反应功能结构加工复杂的难题，相关技术也逐渐延伸到了燃料电池、锂离子电池、超级电容器等新能源器件领域。

虽然我国在制氢微反应器多尺度微通道催化剂载体和燃料电池多尺度微通道流场的设计制造等方面提出了用于描述其复杂形貌特征的宏微统一建模方法，并建立了工艺可控的复杂、多尺度反应功能结构设计模型，但在表面反应功能结构的主动设计研究方面稍显不足，未形成系统的优化设计理论。目前，我国动力电池在能量密度、使用寿命方面与国外产品还有一定差距。近期国外开发出一种基于氟化物的新型电池，其能量密度达到传统锂离子电池的10倍；日本丰田汽车自主研发的燃料电池功率密度达到3.1kW/L，寿命达到8000 h，处于国际领先水平，远高于国内同类产品（体积功率密度2.4kW/L，寿命5000 h）。

四、发展趋势与展望

（一）表面热功能结构制造

表面热功能结构是机械制造、工程热物理等学科的交叉领域，随着研究的不断深入，表面热功能结构将在广度和深度方面进一步拓展，未来重点发展方向包括：①表面热功能结构微细化、超薄化。电子器件的高性能、小型化及其高集成度的发展趋势，导致散热空间狭小及高热流密度等致命问题，这促使表面热功能结构向微细化、超薄化的趋势发展；②表面热功能结构（包括表面微观形貌特征）趋向复杂化。有研究表明，复杂的表面热功能结构 / 形貌可以有效提升其传热效率，是降低能源消耗和解决狭小空间高热流密度电子芯片热控问题的有效途径，也是表面热功能结构发展的必然趋势；③表面热功能结构高效低成本制造。随着表面热功能结构向微细化、复杂化发展，它对加工技术的要求也越来越高，在加工过程中既要控制结构形状与尺寸，也要控制结构表面微观形貌特征。表面热功能结构的加工效率和制造成本已经成为制约着表面热功能结构应用和发展的关键因素。根据热功能需求提出复杂表面结构主动设计方法和行之有效的制造方法一直是当前的技术挑战。

（二）表面光功能结构制造

现有半导体发光器件跨尺度光功能结构大多集成于二次光学透镜、光学薄膜或反光杯等体积较大的载体，限制了器件向微型化方向的发展。多种光功能结构集成于微小器件内部，或使单一光功能结构兼具多种功能是半导体发光器件微型化的关键，有助于推动光功能结构在超薄超密像素显示及超高流明密度发光等高端场合的应用。此外，在玻璃表面光功能结构制造过程中，由于光学玻璃和模具材料的热膨胀特性不同，存在热效应引起的绝对成形误差，而且模具表面微结构易受高黏度玻璃材料流动冲击变形。因此，开发出耐高温、抗氧化且比较容易加工的模具材料，对提高玻璃微结构阵列模压成形精度具有重要意义。而随着材料制备技术的发展，未来超硬材料以及耐高温材料将被应用于表面功能结构中，因此超硬材料的超精密加工技术必将成为国内外研究前沿。

（三）表面反应功能结构制造

当前，复杂表面反应功能结构的机械加工、优化设计、传质传热过程和反应机理等依旧是该领域的研究热点。提出并开发新的高效、低成本制造技术，扩宽表面反应功能结构的应用范围，是未来的发展趋势。另外，深入了解表面反应功能结构在不同化学反应中的传质传热过程和反应机理，也是未来的重点研究方向。由于表面反应功能结构涉及机械制造、化学、传热传质和材料等多种学科，属于典型的交叉研究领域，需要各学科相关研究人员共同努力，在关键理论和技术方面进一步加强协同攻关。

综上可知，目前国内外关于表面功能结构方面的研究比较分散且缺乏系统性的理论研究，不能为表面功能结构的具体应用提供完善的理论指导。此外，随着表面功能结构向精密化、超薄化和微小化的趋势发展，其制造工艺也由传统的切削、磨削加工转向 MEMS 加工（光刻技术、LIGA 技术、蚀刻技术等）、特种加工（微电铸、微细电火花加工等）和超精密加工（超精密金刚石飞刀切削、单点金刚石切削等）转变，其设计方法和制造理论也发生了较大变化。因此，揭示表面功能结构的新规律，提出新的制造理论和方法，对提升我国光电子、微电子机械制造业的竞争力至关重要。此外，目前对表面微纳结构的认识仅停留在局部和低层次，产生这些有别于宏观结构的特殊功能的实质以及与宏观结构作用机制的区别等，都有待进一步研究，也是未来研究的方向。

参考文献

[1] 张小霞. 不锈钢三维整体外翅片管的滚压—犁切 / 挤压成形及强化传热性能研究 [D]. 广州：华南理工大学，2012.

[2] Zhang J，Cheng M，Ding Y，et al. Influence of geometric parameters on the gas-side heat transfer and pressure drop characteristics of three-dimensional finned tube [J]. International Journal of Heat and Mass Transfer，2019，133：192-202.

[3] 欧栋生. 微型直齿沟槽管充液旋压—多级拉拔复合成形机理及应用 [D]. 广州：华南理工大学，2012.

[4] Huang S，Zhu H，Zheng Y，et al. Compound thermal performance of an arc-shaped inner finned tube equipped with Y-branch inserts [J]. Applied Thermal Engineering，2019，152：475-481.

[5] Tang Y，Ding X，Yu B，et al. A high power LED device with chips directly mounted on heat pipes [J]. Applied Thermal Engineering，2014，66（1-2）：632-639.

[6] Zeng J，Lin L，Tang Y，et al. Fabrication and capillary characterization of micro-grooved wicks with reentrant cavity array [J]. International Journal of Heat and Mass Transfer，2017，104：918-929.

[7] Kim D，Erdendbat M，Kwon K，et al. Real-time 3D display system based on computer-generated integral imaging technique using enhanced ISPP for hexagonal lens array. Applied Optics，2013，52（34）：8411-8418.

[8] Ding X，Tang Y，Li Z，et al. Multichip LED modules with V-groove surfaces for light extraction efficiency enhancements considering roughness scattering [J]. IEEE Transactions on Electron Devices，2017，64（1）：182-188.

[9] Chen Q，Li Z，Chen K，et al. CCT-tunable LED device with excellent ACU by using micro-structure array film [J]. Optics Express，2016，24（15）：16695-16704.

[10] Li J，Tang Y，Li Z，et al. Study on the optical performance of thin-film light-emitting diodes using fractal micro-roughness surface model [J]. Applied Surface Science，2017，410：60-69.

[11] Ding X，Li J，Chen Q，et al. Improving LED CCT uniformity using micropatterned films optimized by combining ray tracing and FDTD methods [J]. Optics Express，2015，23（3）：180-191.

[12] Dong X，Zhou T，Pang S，et al. Defect Analysis in Microgroove Machining of Nickel-Phosphide Plating by Small Cross-Angle Microgrooving [J]. Journal of Nanomaterials，2018，2018：1-9.

[13] Dong X，Zhou T，Pang S，et al. Mechanism of burr accumulation and fracture pits formation in ultraprecision microgroove fly cutting of crystalline nickel phosphorus [J]. Journal of Micromechanics and Microengineering，2018.

[14] Liang Z，Li S，Zhou T，et al. Fabrication and milling performance of micro ball-end mills with different relief angles. International Journal of Advanced Manufacturing Technology，2018，98（1-4）：919-928.

[15] Liang Z，Li S，Zhou T，et al. Fabrication and milling performance of micro ball-end mills with different relief angles [J]. The International Journal of Advanced Manufacturing Technology，2018.

[16] Zhou T，Zhou Q，Xie J，et al. Elastic-viscoplasticity modeling of the thermo-mechanical behavior of chalcogenide glass for aspheric lens molding. International Journal of Applied Glass Science，2018，9（2）：252-262.

[17] Zhou T，Zhou Q，Xie J，et al. Surface defect analysis on formed chalcogenide glass Ge22Se58As20 lenses after the molding process. Applied Optics，2017，56（30）：8394-8402.

[18] Liu X，Zhou T，Zhang L，et al. Simulation and Measurement of Refractive Index Variation in Localized Rapid Heating Molding for Polymer Optics. Journal of Manufacturing Science & Engineering，2018，140（1）：1-7.

[19] Yuan W, Tang Y, Yang X, et al. Manufacture, characterization and application of porous metal–fiber sintered felt used as mass–transfer–controlling medium for direct methanol fuel cells [J]. Transactions of Nonferrous Metals Society of China, 2013, 23: 2085–2093.

[20] Tang Y, Yuan W, Pan M, et al. Feasibility study of porous copper fiber sintered felt: A novel porous flow field in proton exchange membrane fuel cells [J]. International Journal of Hydrogen Energy, 2010, 35 (18): 9661–9677.

[21] Hu J, Yuan W, Chen W, et al. Fabrication and characterization of superhydrophobic copper fiber sintered felt with a 3D space network structure and their oil–water separation [J]. Applied Surface Science, 2016, 389: 1192–1201.

[22] Aricò A, Cretì P, Baglio V, et al. Influence of flow field design on the performance of a direct methanol fuel cell [J]. Journal of Power Sources, 2000, 91 (2): 202–209

[23] Kianimanesh A, Yu B, Yang Q, et al. Investigation of bipolar plate geometry on direct methanol fuel cell performance [J]. International Journal of Hydrogen Energy, 2012, 37 (23): 18403–18411

[24] Wang A, Yuan W, Huang S, et al. Structural effects of expanded metal mesh used as a flow field for a passive direct methanol fuel cell [J]Applied Energy, 2017, 208: 184–194.

[25] Jiang T, Zhang S, Qiu X, et al. Preparation and characterization of tin–based three–dimensional cellular anode for lithium ion battery [J]. Journal of Power Sources, 2007, 166: 503–508.

[26] Kim YL, Sun YK., Lee SM. Enhanced electrochemical performance of silicon–based anode material by using current collector with modified surface morphology [J]. Electrochimica Acta, 2008, 53: 4500–4504.

[27] Zhu C, Liu Z, Wang J, et al. Novel CO_2VO_4 anodes using ultralight 3D metallic current collector and carbon sandwiched structures for high–performance Li–ion batteries [J]. Small, 2017, 13 (34): 1701260.

[28] Yuan W, Luo J, Pan B, et al. Hierarchical shell/core CuO nanowire/carbon fiber composites as binder–free anodes for lithium–ion batteries [J]. Electrochimica Acta, 2017, 241: 261–271.

[29] Yuan W, Qiu Z, Chen Yu, et al.A binder–free composite anode composed of CuO nanosheets and multi–wall carbon nanotubes for high–performance lithium–ion batteries [J]. Electrochimica Acta, 2017, 267: 150–160.

[30] Luo J, Yuan W, Huang S, et al. From Checkerboard–Like Sand Barriers to 3D Cu@CNF Composite Current Collectors for High–PerformanceBatteries [J]. Advanced Science, 2018, 5: 1800031.

撰稿人：汤　勇　唐　恒　周天丰　袁　伟　韩志武

微纳制造

一、引言

（一）专题领域的定义和范围

微纳制造是制造尺度、制造精度在微米纳米量级的制造过程，是衡量一个国家制造业水平的关键技术领域。近年来，中国的微纳制造面向国家重大需求，发展微纳制造的新原理、新方法、新工艺、新装备，初步建立了微纳制造工艺与装备的理论体系与技术基础，为中国制造开启了纳米精度时代。

本报告重点论述SOI基MEMS制造方法、纳米压印、电子皮肤制造技术、复杂仿生微纳结构制造、柔性显示制造技术、聚合物微流控芯片制造关键技术以及高分辨率电流体喷印技术及宏微结构制造方法等热点研究领域涌现出的新成果。

（二）微纳制造领域近5年来的主要发展趋势及关键科技问题

学科前沿及国家重大需求是微纳制造领域不断发展的原动力。在微纳制造尺度上，纳米压印等方法也都取得了新进展。在制造精度上，从微米精度发展到纳米精度甚至是单原子层量级的制造。与以往不同，柔性微纳制造得到了越来越多的新进展。

传统体硅制造技术趋于成熟，面向航空航天等特种MEMS制造技术需满足高速、高温、高冲击等极端环境下精确测量和操控的要求，具有高性能、多品种、小批量等特点，这带来了新的挑战，国内科研工作者针对这些难题，深入研究了SOI基MEMS制造技术，实现了面向航空航天等特种MEMS定制加工，并已经形成了工艺的标准化，为产品的规模化生产提供了基础，为发展航空航天等特种MEMS提供了重要途径。

纳米压印是纳米结构制造的新一代技术。之前紫外光压印、热压印等第一代、第二代纳米压印技术，在产业化应用过程中遭遇因“填不进”和“脱不出”而引起的纳米结构缺陷。国内科研工作者针对这一难题，提出了界面电荷调制的纳米压印新方法，突破了尺度效应，使压印力和脱模力都得到大幅降低，保证了纳米结构制造的保真度，形成了大深宽比特征、大面积图形结构压印的原创技术，并研发了高效率辊压印等创新装备，在重大工程中得到应用。

柔性微纳制造是近些年微纳制造研究的重要发展趋势。其中电子皮肤制造技术、复杂仿生微纳结构制造、柔性显示制造技术、聚合物微流控芯片制造关键技术以及高分辨率电流体喷印技术及宏微结构制造方法是柔性微纳制造的热点领域。电子皮肤是具有类似人体皮肤传感功能的柔性电子器件，因为能够模拟人体皮肤触感、温感、风感等多维信息感知的功能，在可穿戴电子、健康医疗监测、智能机器人、仿生假肢、人机交互等领域具有广阔的应用前景[1-2]。这些应用场景要求电子皮肤具有柔性、可拉伸性的结构特征以及高灵敏、多感知集成的传感能力。当前电子皮肤制造中面临的主要问题有：柔性、共形、可拉伸的材料和结构，高灵敏、多感知集成设计方法，微纳宏跨尺度的工艺手段和大面积可扩展的制备方法等。

围绕复杂仿生表面柔性微纳结构制造，我国的科技工作者面向国家重大需求，发现新的仿生对象，提出新的制备方法，提出了分层转移组装制造以及微纳结构的压印 – 诱导整形制造等关键技术方法，并取得了重要突破。柔性显示由于具有轻薄可卷曲等独特优点成为显示制造技术发展的重点方向，已经成为显示制造最核心的关键技术之一。当前柔性显示制造应用中面临的主要问题有：需突破柔性基板非镜面翘曲、超大面积高精度和柔性应力失配等科学挑战。

之前的微纳制造主要基于硅材料进行，近些年聚合物微纳制造得到了越来越多的发展。特别是聚合物材料价格低廉、品种多、透光性以及生物相容性好、易于低成本批量化制造等优点，是制作微流控芯片的理想材料。近年来，微流控芯片已经从实验室研究阶段逐渐转移到产业化应用阶段，相应的聚合物微流控芯片制造也逐渐转移到高精度批量化制造技术研究阶段。主要的关键技术包括：聚合物在微纳尺度下的复制成型机理、聚合物微结构的高精度复制成型技术、聚合物微流控芯片的高效键合等。

我国研究人员在高分辨率电流体喷印领域开展了广泛的研究，建立了高分辨率电流体喷印工艺系统，建立喷印制造核心控制系统，并研制出了国内首台成熟型的高精度、高效、全自动化的电喷印原理样机，实现了曲面共形电流体喷印、微纳 3D 打印；突破阵列化喷头、微环境控制、液滴体积调控、多喷嘴独立可控喷射等关键技术，解决了大面积高效率微纳结构的电流体喷印制造瓶颈问题。

二、本学科近年来的最新研究进展

本学科在国家自然科学基金“纳米制造”重大专项、国家重点研发计划等项目重点资助下，取得了一系列突出科技进展和创新成果。

（一）SOI 基 MEMS 制造新方法

航空航天特种 MEMS 需满足高速、高温、高冲击等极端环境下精确测量和操控的要求，具有高性能、多品种、小批量等特点，属于国外严格禁运的高端芯片产品，必须自主研究适应其特殊性的制造技术。SOI 基 MEMS 制造技术为发展航空航天特种 MEMS 提供了重要途径[3-5]。西北工业大学苑伟政团队等开展了大量其核心制造技术研究，突破了悬置运动结构精准释放、高深宽比结构可控刻蚀、机电结构协调互联及封装应力控制等制造难题。

1. 单掩膜刻蚀与悬置结构选择性释放方法

区别以往单晶硅片的 SOI 硅片是一种三明治结构，如图 1 所示，通过去除中间牺牲层释放结构层运动结构，具有工艺过程短、可控性高等优点。但以往双面刻蚀法必须使用直覃式双面光刻机，工艺兼容性差，制造成本高，且加工的结构易变形；正面单掩膜干法刻蚀法易产生 Footing 效应[6-7]，降低根部强度，且采用的气态氢氟酸释放使结构层和基底层表面易产生静电吸合和粘附造成工作失效。

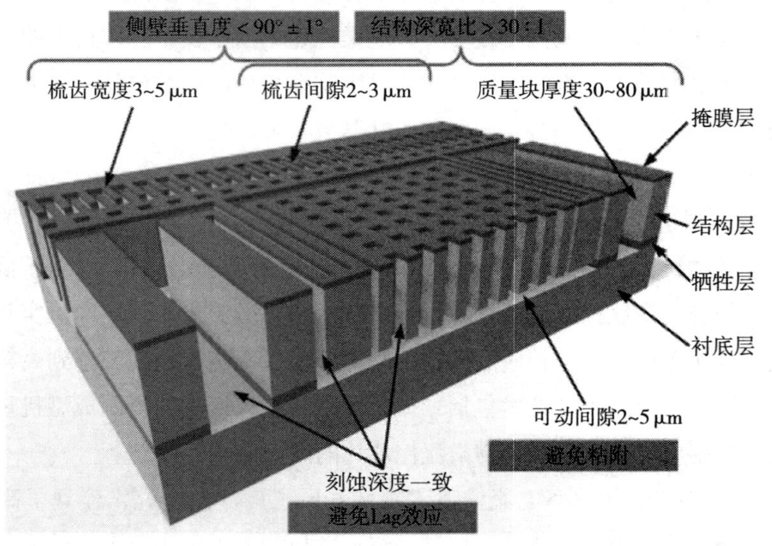

图 1　典型微结构及工艺特征

对此研究提出了单掩膜与选择性释放制造方法，如图 2 所示[8]：利用等离子干法刻蚀过程中 Footing 效应产生的密集纳米尖凸具有超疏水性的特性，采用干法刻蚀释放运动结构，有效解决在释放过程中常见的吸合和粘附难题；采用湿法刻蚀释放支撑结构，保证支撑结构强度。形成的干湿法相结合的释放工艺，实现了正面单掩膜高深宽比结构可控刻蚀，加工高品质微结构，结构完好率达到 95%（图 3），且长期工作稳定性好；简化了 1/3 工序，大幅降低了结构应力和变形。

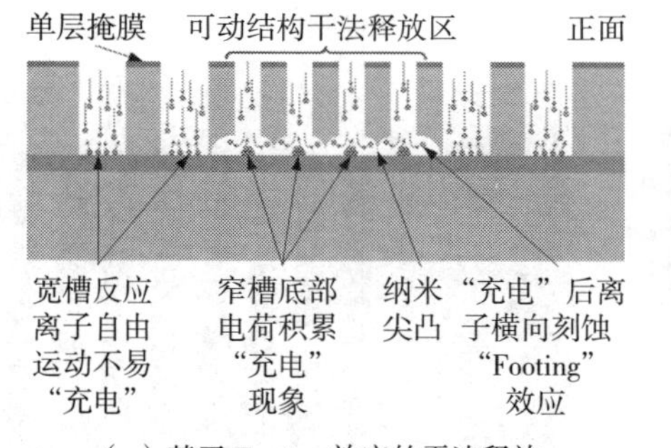

（a）基于 Footing 效应的干法释放

支撑结构湿法释放区

支撑结构底部平整光滑，无损伤

纳米尖凸结构杜绝粘附

（b）HF 湿法释放

图 2　单掩膜与选择性释放制造方法

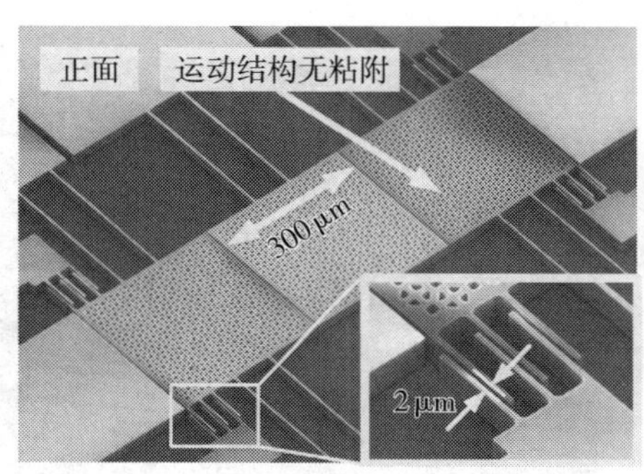

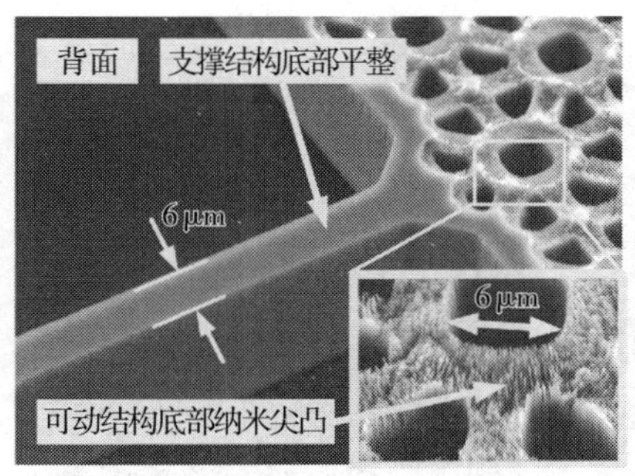

图 3　采用干湿法释放的微机械结构

2. 大异宽高深宽比结构同步可控刻蚀方法

等离子干法刻蚀是硅微结构加工的最重要手段，但受 Lag 效应影响[9-10]，在刻蚀不同宽度结构时常出现刻蚀时间相同但深度不同的现象，从而难以保证结构形状和设计的要求，影响产品精度等性能指标。因此，大异宽、高深宽比结构同步精确可控刻蚀加工具有极高的挑战性，一般加工的结构等深异宽比不高于 3∶1，结构深宽比不高于 100∶1。

阐明了硅深反应离子刻蚀过程中等离子体浓度、速度等参数的耦合效应对 Lag 效应的影响规律[11]，提出错位光刻及可控同步刻蚀方法，消除 Lag 效应等不利影响，实现了优于 2μm 间距的精确刻蚀，垂直度高达 90° ±1°；加工出异宽比达 10∶1 的等深异宽，如图 4、图 5 所示，微结构和深宽比达 120∶1 的高品质纳结构，如图 6、图 7 所示，大幅提高了结构灵敏度等性能指标。

3. 单层横向电绝缘窄沟道隔离方法

横向电隔离是 SOI 基 MEMS 实现平面内电驱动控制和多路电信号并行传输的重要步骤。以图 8 的双轴微扫描镜为例[12]，为了实现两个正交轴的各自驱动，其两个驱动轴组件在几何结构上连续，但是在电学上必须通过横向电绝缘工艺划分为几个不同的互相绝缘区域。横向电绝缘窄沟道隔离工艺技术涉及在微米尺度上去除原有导电的单晶硅材料并用绝缘的多晶硅材料回填以实现几何连续、保证机械连接强度、降低异质材料引入造成的热

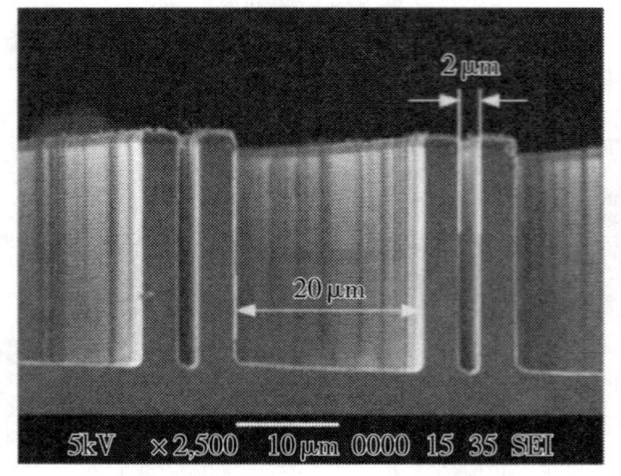

图 4 消除 Lag 效应不等宽结构

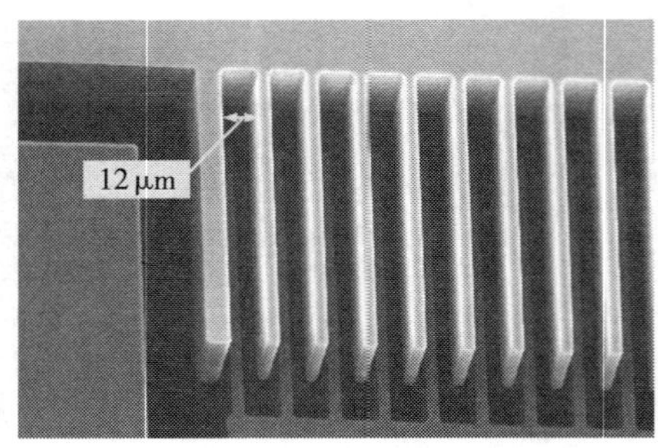

图 5 不等高梳齿结构

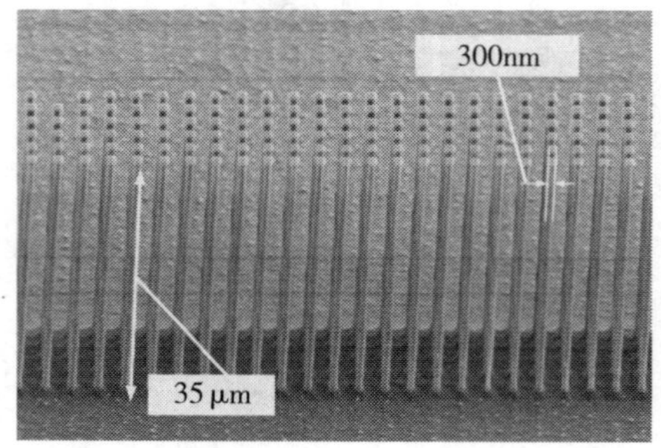

图 6 高深宽比纳米结构

图 7 高深宽比微纳复合结构

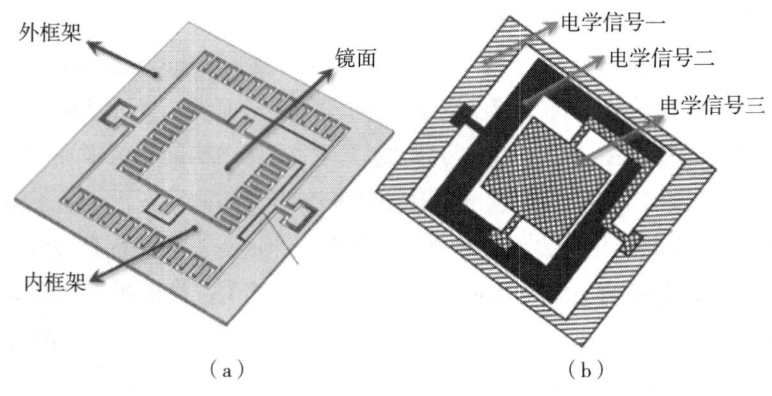

图 8 微扫描镜：(a) 几何结构，(b) 电学分区

应力干扰、保障长期可靠性等一系列制造难题。

通过工艺优化，提出使用如图 9 所示的 V 形沟道和如图 10 所示的等间距沟壁版图设计原则[13]，解决了机械连接强度和电绝缘结构协调的难题，实现了平面内 2μm 沟道多路横向电隔离，保障了电信号的抗干扰联通。研制的微扫描镜谐振频率达 40kHz，光学扫描角超过 40°，并已实现产业化，达到国际同类产品水平，批量用于三维激光雷达成像、深度相机等高精度 3D 建模系统等。

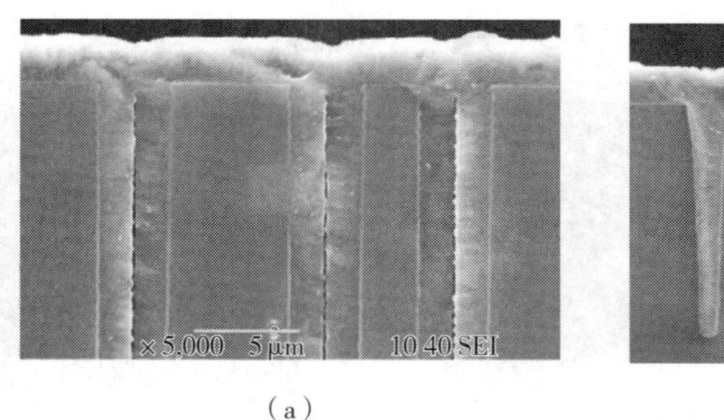

(a)

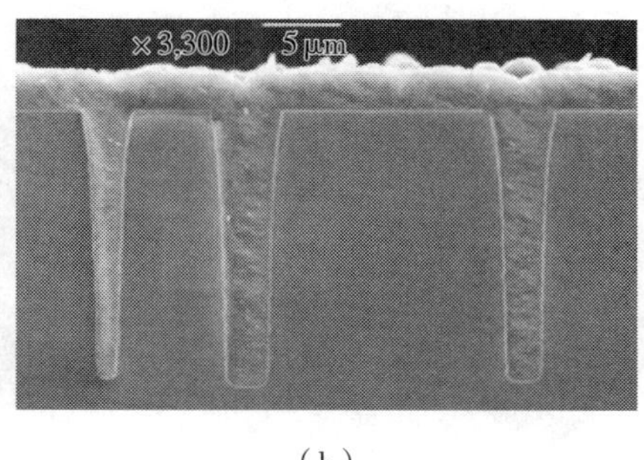

(b)

图 9 横向电绝缘沟道剖面图:(a)未优化侧壁形貌存在填充空洞;(b)优化后侧侧壁实现完全填充

(a)

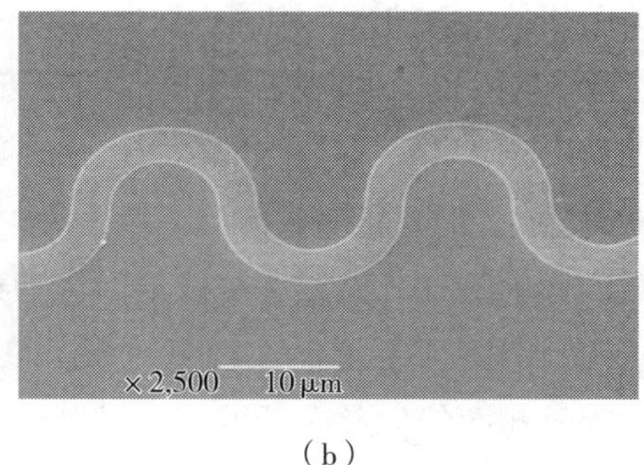

(b)

图 10 横向电绝缘沟道俯视图:(a)未优化的沟道版图设计存在填充空洞;(b)优化后的版图设计实现完全填充

4. 真空封装应力隔离方法

真空封装是保证谐振式 MEMS 品质因数，提高精度的重要手段。但由于芯片与管壳等材料差异而易产生热应力，引起结构变形，严重影响产品的精度。以往的应力隔离结构集成在结构层，增加了敏感结构的正交耦合性和复杂程度。

建立了真空封装的微机械结构热传递和应力分析模型，提出了在基底层构建八爪镂空应力隔离结构，大幅降低了异质材料热失配造成的应力形变，将敏感结构最大封装应力降低到原来的 1/140，使芯片的平面翘曲变形量减少 90%，实现了微结构的低应力高精度制造，如图 11 所示。

(二)纳米压印

围绕纳米结构制造的原理方法、核心装备和重大工程应用进行集成，我国的科技工作者开展了系统深入的研究工作。其中，在纳米结构制造原理方法方面，发明了原创性的界面电荷调控的纳米压印技术，解决了纳米结构填充和脱模的难题，提高了纳米结构制造的保真度；提出了接触电势诱导的电化学压印技术，实现了半导体材料纳米结构的制造。在纳米制造装备方面，开发了面向准三维结构制造的新型纳米压印装备和多尺度卷对卷纳米

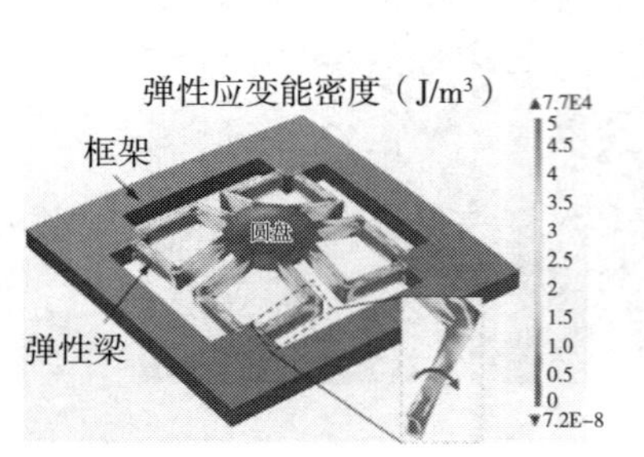

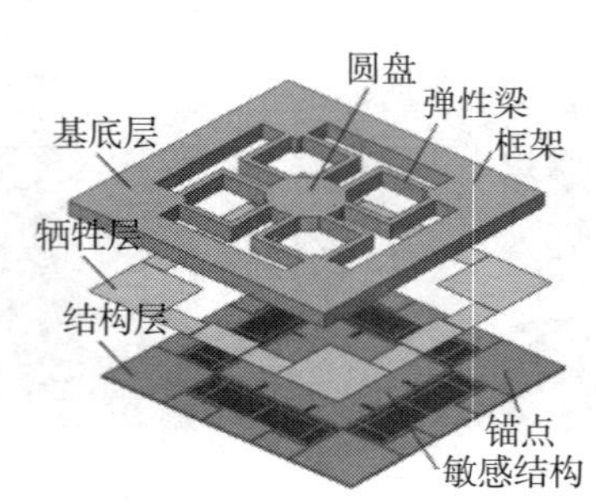

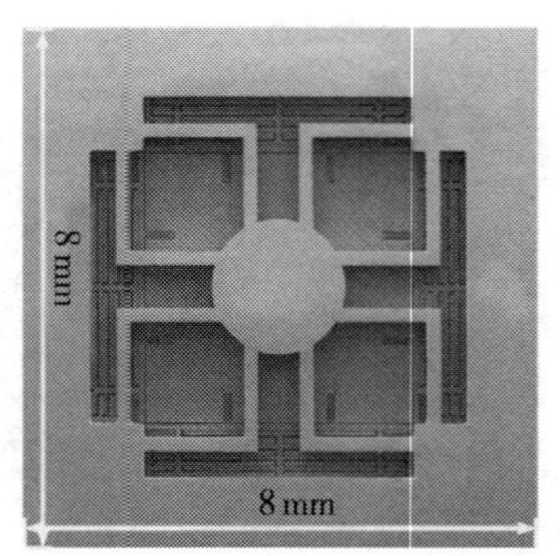

图 11　封装应力隔离结构模型及样件

压印关键装备，为纳米结构的一致性、批量化制造提供了装备技术支撑。

1. 基于界面电荷调制的纳米压印新方法

西安交通大学卢秉恒、邵金友团队在纳米压印的基础研究及关键技术应用方面取得了重要进展[14-16]。发现并揭示了液 / 固电润湿体系中界面电荷的形成机制和界面电荷对接触角的影响规律，突破了传统电润湿理论中饱和接触角的限制，将聚合物接触角减低至 20° 以下超浸润状态，实现了纳米压印表面张力由填充阻力到填充动力的翻转，填充驱动力提升超 5 倍，形成了界面润湿力和表面张力共同作用的自驱动填充过程，如图 12（a）所示。发现了固 / 固界面电荷的作用机制，提出了电场斥力辅助的脱模新方法，有效降低了脱模过程中的粘附力，将纳米压印技术的脱模力降低至 2/3 ~ 1/20，提高了纳米结构制造的稳定性，如图 12（b）所示，在近零压力状态下实现了 15nm 特征结构、10：1 以上高深宽比结构、非球面微透镜结构等多种难加工微纳米结构的压印成形，如图 12（c）所示。

2. 大面积嵌入式功能结构的电场辅助扫描填充技术

为解决微纳米结构腔体功能材料填充不均的难题，西安交通大学科研团队将电润湿效应与扫描填充方式结合，建立了大面积嵌入式功能结构的电场辅助扫描填充技术，利用电润湿降低材料填充过程中的边缘效应和界面能量壁垒，突破了常规刮涂方法“填不深、填不快、填不满”的难题，实现了金属、低维纳米墨水等功能材料对特定微纳米孔隙的电场辅助填充，解决了嵌入式器件或功能结构制造的难题[17-19]。其中，采用熔融合金的电润湿填充方法，建立了过孔硅（TSV，Through Silicon Vias）三维互连引线填充新技术，解决了常规电镀互连的效率瓶颈和中空缺陷的难题，实现了高可靠性 TSV 互连基板的制造；采用电场对银纳米墨水的润湿调控效应，建立了镶嵌式透明电路的电驱动扫描填充制造技术，实现了高性能金属网格型柔性透明导电膜、高性能应变传感器等功能结构的创新制造。

3. 异型微纳结构压印诱导流变成形新方法

复杂形貌微纳结构因具有优异的光学、力学特性，在诸多工程领域具有重要的应用

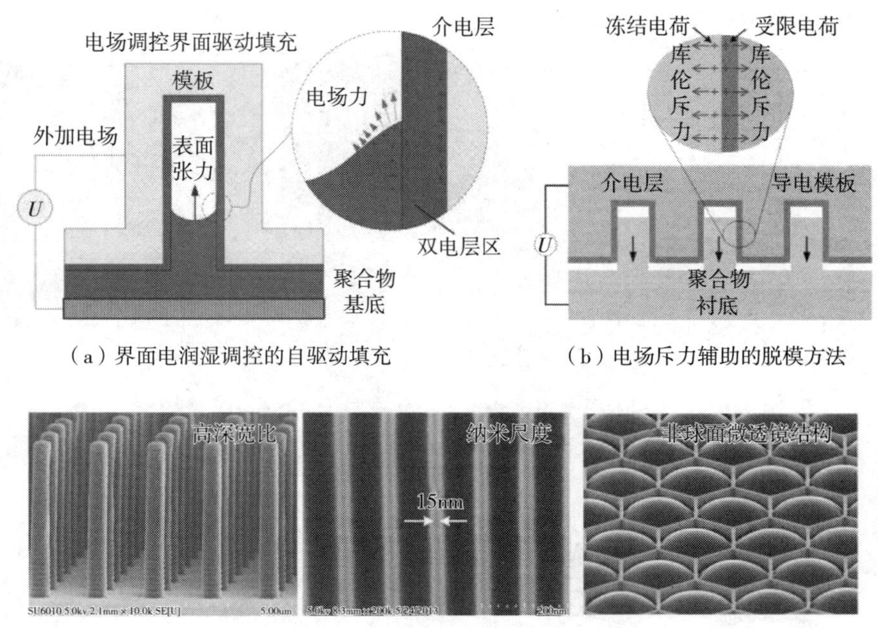

（a）界面电润湿调控的自驱动填充

（b）电场斥力辅助的脱模方法

（c）典型困难结构的界面电荷调控纳米压成形

图 12　界面电荷调制的纳米压印

前景，但其可靠、高效制造一直是微纳制造领域的难点。与常规的模压复制过程不同，异型微纳结构的压印诱导流变成形，利用电场对流体的作用实现对微纳结构微观形貌的控制[20-22]。西安交通大学科研团队建立了电流体流动的强、弱控制准则，发现了并行直流泰勒锥喷射现象，提出的异型结构电致流变成形方法，为异型微纳结构制造提供了创新手段。采用该技术可实现超光滑表面非球面透镜、双焦微透镜阵列、T 形（蘑菇形）微纳仿生粘附结构等多种异型微纳结构的可靠制造[23-26]。例如，该团队研究人员采用压印诱导方法和模塑成形方法，利用聚合物材料的柔性，实现了大面积（4 英寸晶圆级）异型微纳仿生粘附结构的批量制造，微纳粘附结构的粘附强度优于壁虎脚掌，从根本上解决了制约仿生粘附应用的材料来源问题。该材料可以实现了粗糙表面、脆性、柔性表面物体的粘附拾取，如图 13 所示。

4. 面向非平坦表面的纳米压印工艺与装备

为了解决纳米压印技术在微观非平整表面的接触难题，西安交通大学科研团队进一步开发了离散支撑柔性模板等关键技术，将模板与非平整表面的有效压印接触区域提升 7 倍以上，并能够在数微米级的突变表面上实现纳米结构制造；在此基础上进一步提出了宏观表面的微区控制压印新方法，建立了电场时序控制的接触新策略，开发了“气 – 电”协同控制纳米压印装备（6 英寸晶圆级自动化纳米压印），实现了表面翘曲起伏的晶圆级基材与柔性模板的均匀接触，解决了三维曲面大面积纳米结构制造的难题，推动纳米压印技术由二维向三维方向发展[27-28]，如图 14 所示。

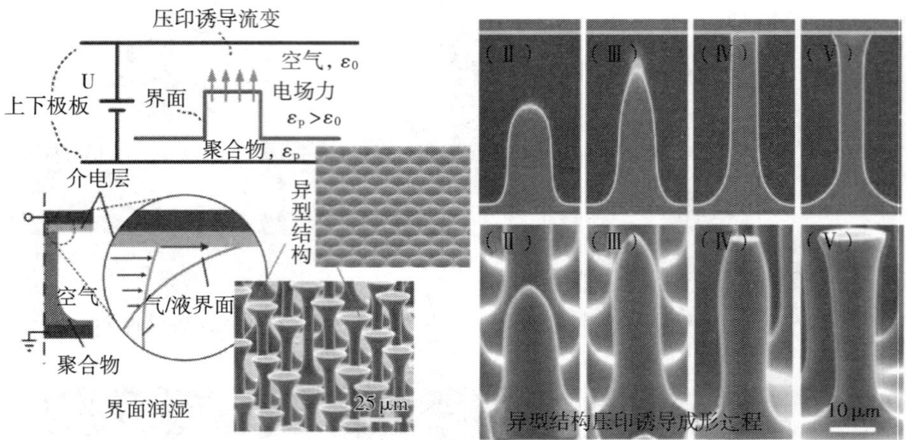

（a）异型微纳结构压印诱导流变成形方法

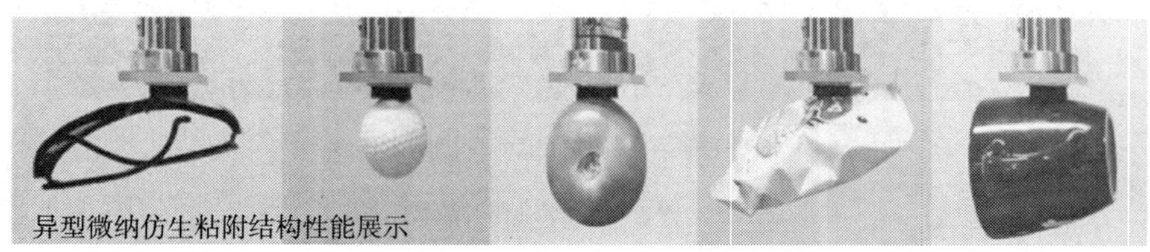

（b）异型仿生粘附结构及性能展示

图 13 异型微纳米结构的压印诱导成形

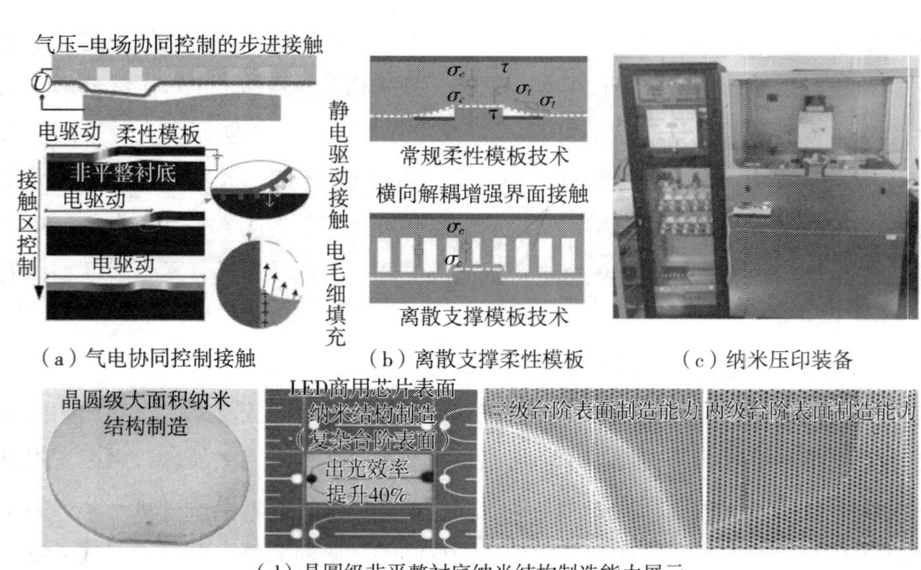

（a）气电协同控制接触　（b）离散支撑柔性模板　（c）纳米压印装备

（d）晶圆级非平整衬底纳米结构制造能力展示

图 14 面向非平坦表面的纳米压印工艺与装备

5. 非硅 MEMS 柔性电子器件的直接压印成形工艺

西安交通大学科研团队利用电驱动压印技术的原位极化效应，实现了功能聚合物在纳米模板内的成形控性制造[29-31]。他们揭示了聚合物材料分子链在纳米模板内的择优取向行为，实现了压电 PVDF 材料的压电 β 晶相及结晶度的原位增强，将压电传感器的灵敏度提升了 9 倍，为柔性电子等非硅 MEMS 的直接压印制造提供了新途径；建立了柔性传感电子的电场诱导自连接封装工艺，使用外电场巧妙地实现了传感结构和功能电极的有效电连接，解决了柔性传感电子封装过程中传感结构与电极电连接不稳定、易磨损等稳定性难题；使用电诱导自连接封装工艺开发了大面积行列扫描式柔性传感阵列和面向人体健康监测的柔性可穿戴传感系统，实现了应力状态分布、动脉硬化程度等微弱信号的有效监测，如图 15 所示。

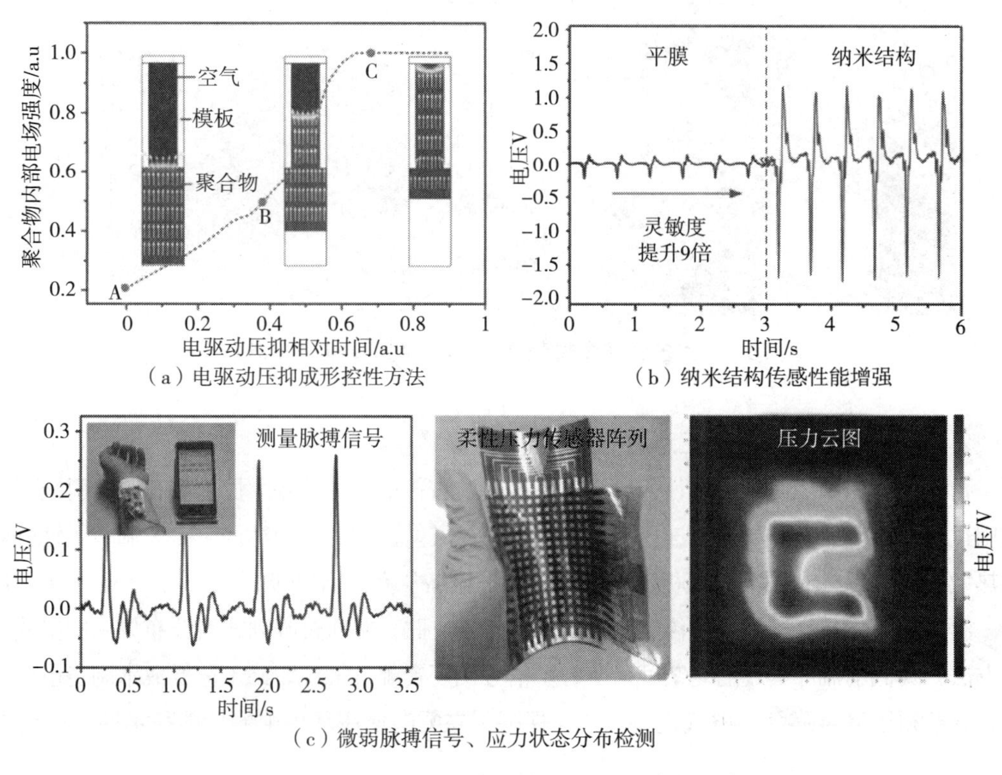

（a）电驱动压抑成形控性方法

（b）纳米结构传感性能增强

（c）微弱脉搏信号、应力状态分布检测

图 15　非硅 MEMS 柔性电子器件的直接压印成形

（三）电子皮肤制造技术

我国研究人员对柔性电子皮肤开展了广泛的研究，清华大学和中国科学院等多家研究单位深入研究了柔性电子皮肤的制备方法和多感知集成机制，利用微纳加工、柔性印刷、力学组装、有机合成等多种制备手段实现大面积、多感知的柔性电子皮肤。以下为几种代表性的制造方法。

1. 多层堆栈式微纳加工方法

中国科学院北京纳米能源与系统研究所王中林、潘曹峰等基于光刻、溅射、刻蚀工艺将聚酰亚胺基底和金属引线图形化[32]，制备了蜿蜒型弹簧式金属引线，实现了共形性、可拉伸的结构网络，在横纵两维方向上可拉伸至原始长度的 8 倍；利用多次光刻、溅射、刻蚀、剥离、溶解等工艺，将多种传感单元布置在可拉伸网络的节点上，并通过绝缘布置将多层网络进行三维堆叠，实现了多种传感单元的高密度集成，实现了具有温度、湿度、紫外光、磁、应变、压力和接近等 7 种感知功能的电子皮肤，并且多种传感单元可独立工作而不互相影响，如图 16 所示。

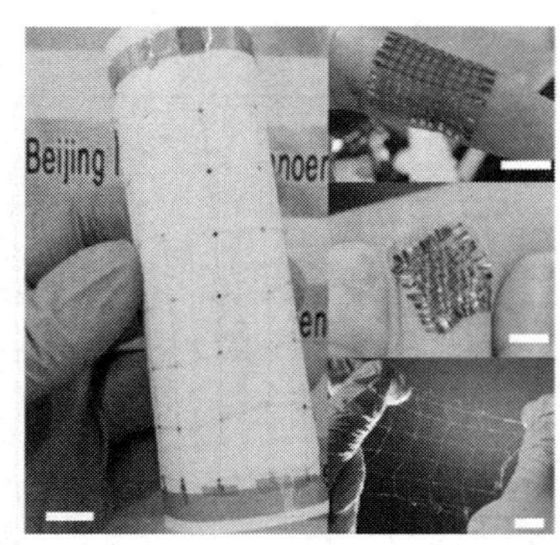
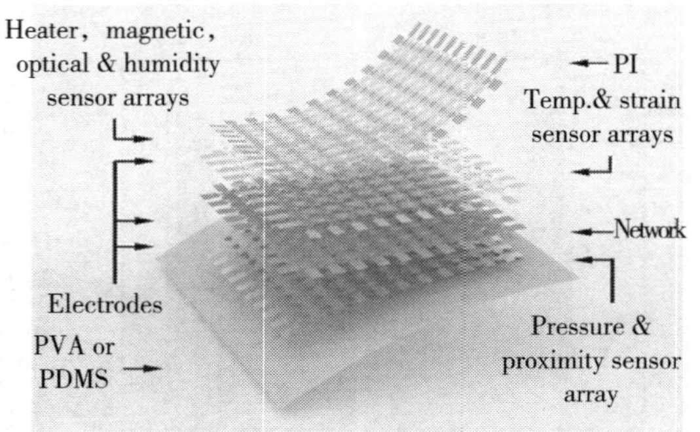

图 16　利用多层堆栈式微纳加工方法制备的电子皮肤[32]

2. 柔性印刷结合微纳加工方法

清华大学朱荣团队利用柔性印刷工艺在聚酰亚胺覆铜板上制备柔性基底和双面引线[33]，利用过孔技术实现上下层电气连接，再结合光刻、溅射、剥离等微纳加工工艺制备柔性阵列式热敏薄膜器件，利用牺牲模板法、纳米掺杂等制备压热复合功能材料[34]，实现了集成压力、温度、物质、流场等多种传感功能的柔性电子皮肤，并通过阵列式引线布局和扫描式检测方法，降低了器件集成的复杂度，节省了信号调理资源。柔性印刷工艺低成本制备电气引线，并获得了高可靠性的电气连接接口，保障了在复杂使用环境中的性能稳定性，如图 17 所示。

3. 基于力学引导的三维结构自组装方法

清华大学张一慧等建立基于多稳态屈曲力学的可重构三维结构成形方法[35]，通过对二维薄膜进行图形化设计，使其在力学引导下转变为三维结构，搭建可拉伸系统；通过设计力学引导和变形路径实现不同三维构型之间的可逆切换。这种组装方法与微纳加工工艺兼容，适用于金属等导体、硅等半导体以及绝缘体等多种材料类型，并且适用于多种特征尺度，基于这种三维力组装方法可在有机弹性基底上构建高可拉伸性引线，实现高延展性电子皮肤，并且基于此拉伸平台可实现多感知扩展，如图 18 所示。

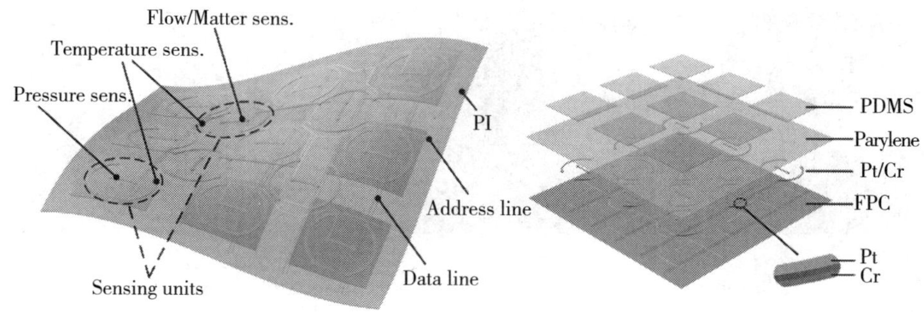

图 17　利用柔性印刷工艺结合微纳加工方法制备的电子皮肤[33]

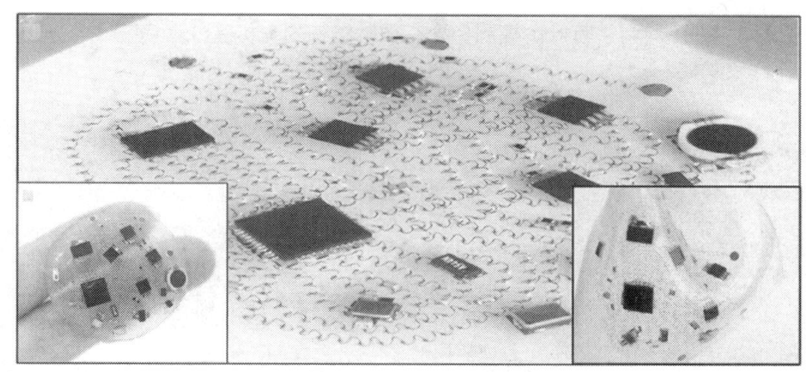

图 18　利用三维力学自组装方法制备的电子皮肤[35]

4. 基于有机化学合成的传感材料加工

利用有机合成的方法制备弹性基底或敏感层可以获得高灵敏的传感特性，但利用微加工技术制备大面积的硅板作为模具则工序复杂且加工成本高昂，为此研究人员开发出利用自身含有微纳结构的大面积天然材料作为模具进行倒模，获取含有微纳结构的弹性基底。比如，中科院苏州纳米所张珽等采用荷叶作为模具[36]（图 19），清华大学张莹莹等利用绿萝叶作为模具[37]，清华大学任天令等利用砂纸作为模具[38]（图 20）。在含有微纳结构的弹性基底上，再结合石墨烯、碳纳米管或者金属颗粒等作为力敏传感材料，可实现高灵敏、线性、宽范围的压力传感器，用于构建电子皮肤的功能组件；有机化学合成方法易于调控，可制备压力、温度、湿度等多种类型传感功能材料。

（四）复杂仿生微纳结构制造

围绕复杂仿生表面柔性微纳结构制造，我国的科技工作者面向国家重大需求，开展了飞行器防冰蒙皮、太空非合作目标抓取等方面的研究，提出了分层转移组装制造以及微纳结构的压印 – 诱导整形制造等关键技术方法，并取得了重要突破。

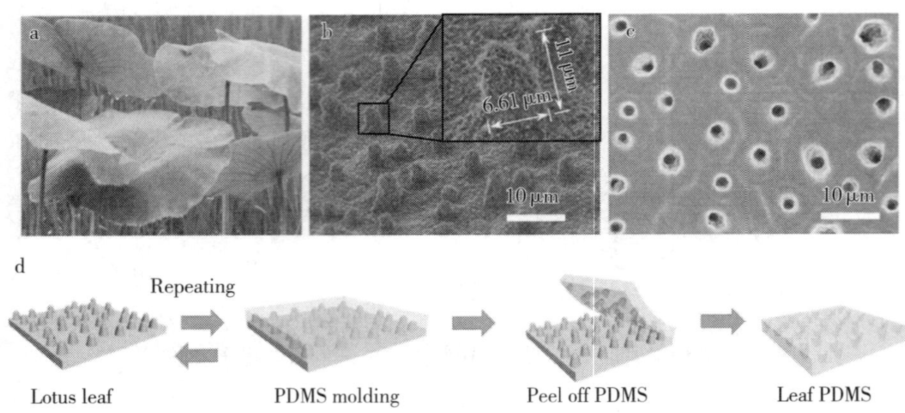

图 19　利用荷叶倒模制备含有微纳结构的有机弹性基底[36]

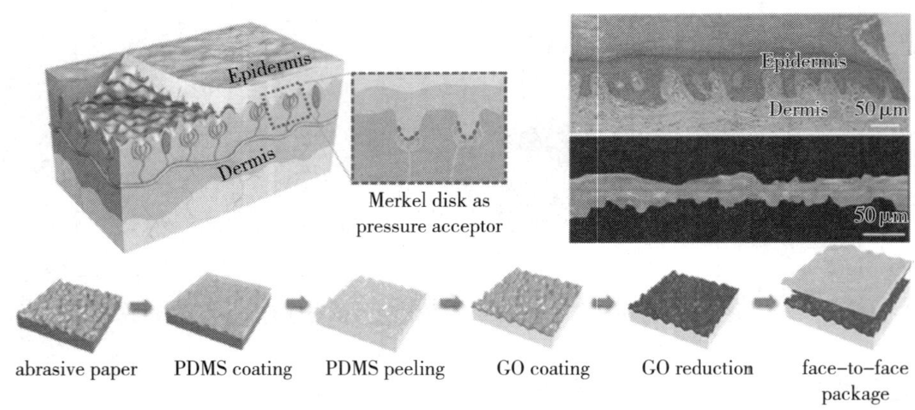

图 20　利用砂纸倒模制备含有微纳结构的有机弹性基底[38]

1. 基于秦岭箭竹叶飞行器防冰蒙皮

西北工业大学苑伟政、何洋团队提出了基于秦岭箭竹叶疏冰微纳结构的仿生表面防冰的新方法，为飞机防除冰技术提供了一种新的研究方向，如图 21 所示。提出并实现了分层转移组装制造新方法，如图 22 所示，解决仿秦岭箭竹叶多层不等高疏冰微纳结构加工难题。将多层不等高微纳结构分成各个独立的单层，通过模塑复型获得单层结构，再将各单层转移并组装成多层结构。突破柔性结构对准键合、界面粘附力控制等关键问题，实现多层不等高微纳结构的仿生制造。面向边防无人机防除冰的迫切需求，针对中小型无人机功率低、负载小、传统防除冰技术无法应用的难题，研制了基于秦岭箭竹叶的多层不等高疏冰微纳结构的复合蒙皮，降低能耗达 50%~90%，并实现了首次飞行实验，为无人机防除冰提供了一种有效的技术手段，满足了我国边防的急需，如图 23 所示。

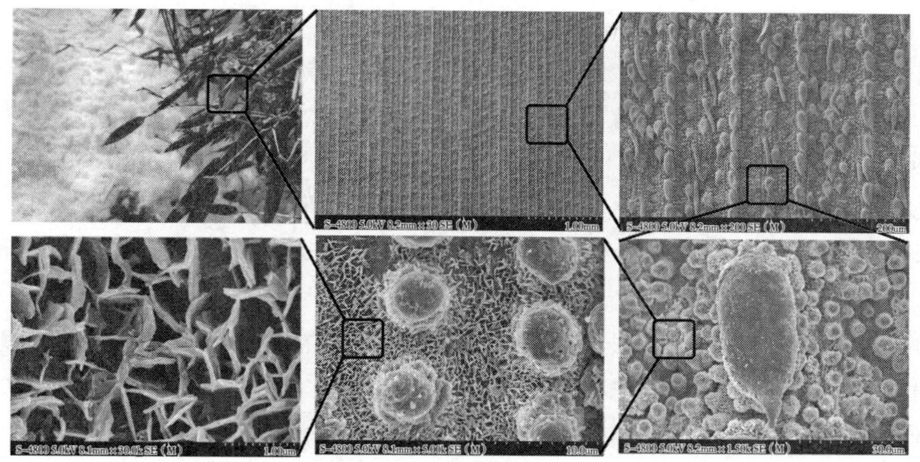

图 21　秦岭箭竹叶疏冰微纳结构

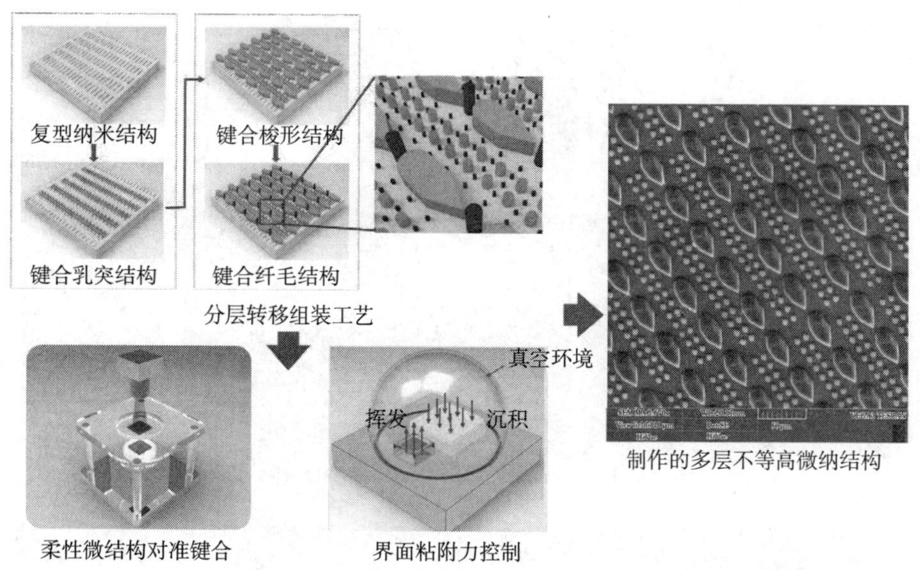

图 22　仿秦岭箭竹叶多层不等高微纳结构分层转移组装制造

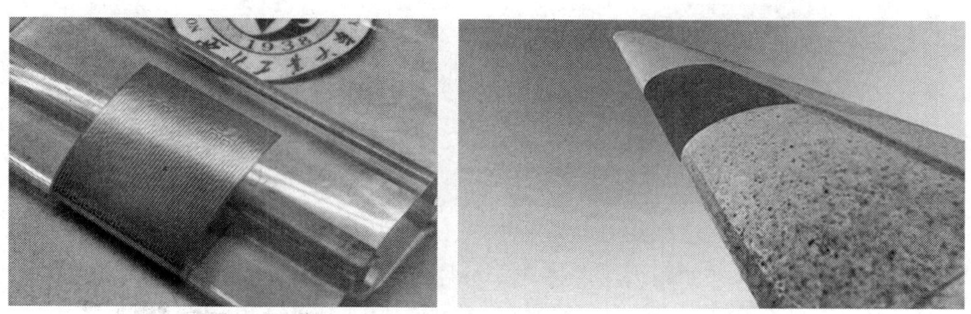

图 23　基于仿秦岭箭竹叶多层不等高疏冰微纳结构的复合蒙皮飞行实验

2. 太空碎片抓取

清理太空垃圾对保障卫星等航行器安全至关重要，美国航空航天局在 2015 年制定的“技术路线图”将壁虎仿生粘附列为是太空可逆抓取的唯一解决方案，预计在 2025 年节点投入应用。西安交通大学邵金友团队发明了微纳结构的压印 - 诱导整形制造技术，该技术通过纳米结构的电场诱导整形，实现纳米结构微观形貌的重构，为超光滑非球面微透镜（Ra < 0.2 nm）、仿生粘附功能表面等异型微纳结构制造提供了创新工艺[39-41]，如图 24 所示。

纳米结构的压印 - 诱导整形制造技术解决了异型仿生粘附结构规模化制造的难题，开发的 4 英寸高强度粘附薄膜在光滑表面的法向粘附强度优于壁虎原生脚掌，在粗糙表面粘附强度比现有研究提高 5.6 倍，重复粘附次数可超过 10 万次。

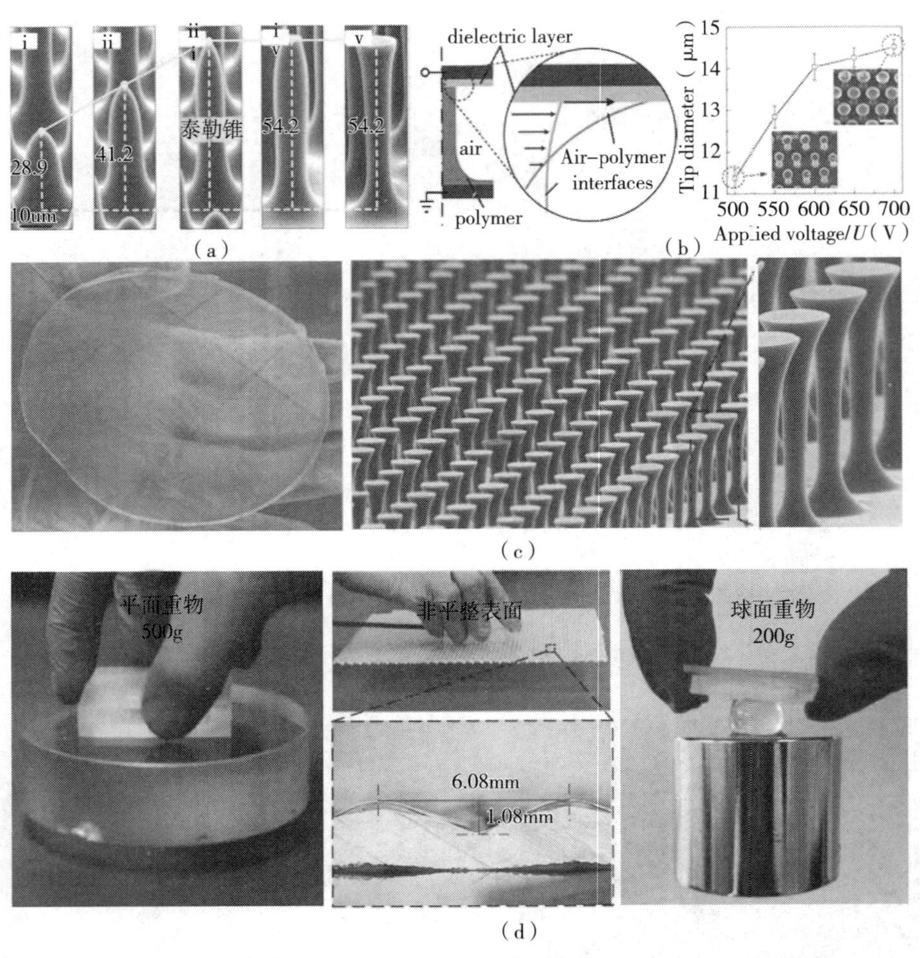

图 24　太空可逆粘附薄膜：（a）压印 – 诱导整形过程；（b）顶部介电润湿铺展效应及控制；（c）蘑菇状末端膨大结构制造；（d）粘附结构应用

（五）柔性显示制造技术

柔性显示由于具有轻薄可卷曲等独特优点成为显示制造技术发展的重点方向，已经成为显示制造最核心的关键技术之一。柔性显示制造应用中，需要突破柔性基板非镜面翘曲、超大面积高精度和柔性应力失配等科学挑战，是我国平板显示制造及关键装备领域亟待解决的瓶颈与短板。

1. TFT 有源显示图案化自对准制造方法

上海大学张建华等针对上述难题，分析了超大面积非镜面基板显示阵列制造过程中精准对位、偏差补偿、应力调控等关键技术问题，提出了 TFT 有源显示图案化自对准制造新原理，解决基板翘曲导致的对准偏差与测量偏差引起的曝光偏差实时重合自对准，保证曝光焦面与掩膜版恒高。攻克了玻璃双面反射精准测量、数值孔径与投影倍率相互制约、柔性膜层应力匹配、高阻水氧薄膜封装等关键技术。以自对准方法与关键技术的创新成果为理论指导和技术支撑，创新解决柔性显示高精度集成制造难题，研制开发出大面积高精度平板显示图案化工艺及集成制造技术，实现了柔性显示面板高精度集成制造。

研制的大面积（1500 mm × 1800 mm）高精度（1.5 μm）显示图案化装备与柔性工艺，填补了国内空白，改变了该领域的国际竞争格局。相比于国外先进光刻技术，该成果实现大面积 1.5 μm 高分辨率，并在小掩模制备大面积显示屏等关键性能指标超过国外同类设备先进水平。成果已应用于上海微电子装备有限公司、上海天马等显示产业装备与生产制造企业，为加快我国新型显示产业自主可控发展、推动新一轮产业革命作出了重要贡献。

2. 纳米压印与增材填充复合制造方法

苏州大学陈林森、西安交通大学邵金友团队发明了功能结构的纳米压印 + 增材填充复合制造工艺，实现了微金属网格型透明导电膜（电极）、嵌入电子器件、柔性传感器的创新制造[42–44]，如图 25 所示。为解决微纳米结构腔体功能材料填充不均的难题，研究团队进一步提出了电场辅助纳米刮涂填充技术，利用电润湿特性降低材料填充过程中的边缘效应和界面能量壁垒，实现多种功能材料在高深宽比微纳米结构内腔体的可靠填充。苏州大学研究团队采用纳米压印 – 增材填充技术制备的透明电容触控屏，已进入产业化应用，实现了无蚀刻大尺寸透明电极和柔性电路的绿色制造，颠覆了柔性电路需要蚀刻工艺的传统思路。其中，15.6~55 英寸透明电容触控屏产品已批量应用，大尺寸电容触控屏在美国、欧盟和日本著名品牌采用；推出的智能信息交互终端威讯宝 VisionBoard（55 英寸、110 英寸双屏），具有视频会议、上网、电视、白板、演示和娱乐全功能。发明了导光板双面纳米直接压印技术，制造超薄导光板功能薄膜进入产业化应用。超薄导光薄膜已成功应用于微软 Surface Pro4，并通过了 AUO（友达光电）、灿宇光电、京东方、龙腾光电、赛世达认证和采用。由于在品质、成本和超薄化的显著优势，压印型超薄导光器件将取代注塑和丝网印刷导光板，从平板电脑、笔记本应用（15.6 英寸），向显示器（32 英寸）和电视（55~70 英寸）延伸，形成颠覆性行业应用，如图 25 所示。

依托相关研究项目开发的国产高端装备进入国内外知名研究机构，包括上海交大物理系、北京工业大学、北京航空航天大学、清华大学物理系、中电科 13 所、14 研究所、香港科大等数十家单位以及韩国、俄罗斯等国家。

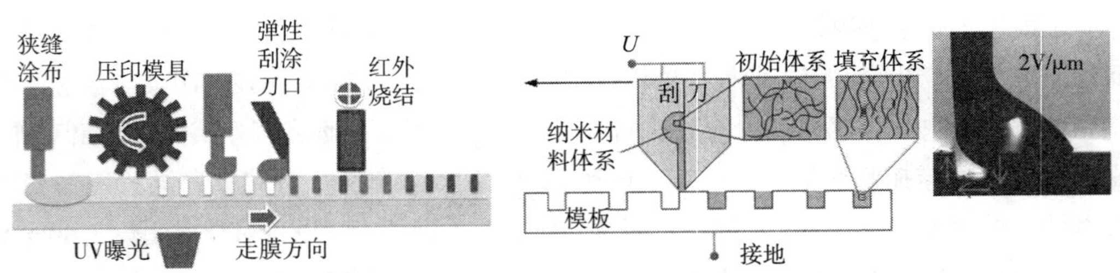

图 25　柔性制造显示技术：压印 + 增材填充工艺原理

（六）聚合物微流控芯片制造关键技术

我国研究人员对聚合物微流控芯片制造领域开展了广泛的研究，大连理工大学和西北工业大学等多家研究单位深入研究并建立了微结构的高精度批量化复制成型方法以及高保形热压工艺微结构转移方法等关键技术，并取得了重要突破。

1. 微结构的高精度批量化复制成型方法

大连理工大学刘冲团队在聚合物微流控芯片的微结构高精度批量化复制成型方法方面取得了重要进展。发明了用于聚合物微结构复制成型的金属模具超声 / 兆声辅助微电铸制造方法，实现了金属模具的高性能制造。揭示了热压成型过程中玻璃态 / 高弹态聚合物微纳尺度下的“硬化 – 松弛 – 回复”行为和“固 – 粘”相迁移形变机理，发明了“二次填充”微热压成型工艺；建立了面向微结构注塑成型的非牛顿熔体流动输运理论模型，揭示了微结构特征等对熔体流动滞留和填充完整性的作用机理，开发了变模温和多级注射等微注塑成型关键技术。发明了一种阻流柔性超声键合方法，开发了弹性支撑体、球面自调平两种压力自平衡超声键合装置，实现了聚合物微流控芯片的高质高效键合。批量化制造的聚合物微流控芯片复制精度和重复精度均优于 98%。在此基础上，研发了多种用于重大疾病早期诊断等的新型微流控芯片产品[45-50]。

2. 高保形热压工艺微结构转移方法

西北工业大学常洪龙团队采用等离子刻蚀（ICP）刻蚀及电铸工艺制作微结构模具，提出了高保形热压工艺微结构转移方法，加工出内壁粗糙度达 13nm 的 PMMA 基微通道，解决了高表面质量的微通道制造难题，使侧向散射光灵敏度优于 1μm，降低了光学检测噪声，提高了白细胞以及淋巴细胞亚群分类检测分辨率，在载人航天工程中得到批量应用。

（七）高分辨率电流体喷印技术及宏微结构制造方法

我国研究人员在高分辨率电流体喷印领域开展了广泛的研究，华中科技大学尹周平团队建立了高分辨率电流体喷印工艺系统、喷印制造核心控制系统，并研制出了国内首台成熟型的高精度、高效、全自动化的电喷印原理样机，在高分辨率、高效率电喷印工艺及装备研制方面取得了重要进展[51-53]。

1. 建立高分辨率电流体喷印工艺系统

研究了带电射流中液线断裂的控制条件，提出了电流体喷印的连续喷印与离散喷印的判定准则，实现精细液滴（液滴体积＜50fL）的高频喷印，为高性能宏微功能结构制造奠定理论基础。在传统近场电纺丝技术的基础上，引入基板牵引力对微纳米纤维进行精确定位，首次实现了力控电纺丝工艺。相比近场电纺丝，力控电纺丝可显著提高喷嘴基板间距，提高了喷射纤维的空间飞行过程的固化调控性能，同时避免近场电纺丝由于喷嘴基板间距较近易发生电击穿等现象，制备出高分辨率、可定位的阵列化纤维结构。研究了电纺螺旋射流绕圈的失稳现象，建立了带电微粒射流模型，提出了螺旋电流体喷印工艺，实现了自相似多级波纹结构的制备，并制备出具有超延性的压电传感器与能量捕获器，拉伸性能超过300%[54-56]。

2. 建立喷印制造核心控制系统

结合高分辨位图解析技术和高精度图像处理技术，提出了机器视觉的智能控制算法，实现了对打印器件的实时在线监控反馈，同时实现对喷射液滴空间飞行过程的实时监控，解决了喷射过程液滴漏喷的难题。搭建了打印机微环境控制系统，可以保证打印环境（温度、湿度）的恒定，而且避免了空气流动带来的定位扰动。同时手套箱可提供惰性气体环境，为制备水氧敏感的器件（例如OLED像素）提供气氛控制系统。集成了大跨距高精密运动平台，保证了打印结构和器件的大面积、阵列化和高精度，同时实现了打印过程的数字化可调可控。基于电流体喷印原理及微纳制造工艺设计并制作出硅基可寻址喷嘴阵列，解决了邻近电场串扰导致的液滴飞行紊乱问题，实现了稳定高精度高效喷印、独立可控自动化喷印方法。

3. 电喷印制造装备

研制出了国内首台成熟型的高精度、高效、全自动化的电喷印原理样机，实现了力控电纺丝直写和螺旋电流体喷印工艺，制备了高精度、高分辨率微纳米直线型和延性波纹结构，并成功应用在超延性生物集成传感器和能量捕获器上。在原理样机的基础上相继完成了多种型号（HEIJ–H）的电喷印设备的开发研制。

三、国内外研究进展比较

1. SOI 基 MEMS 制造新方法

国际上 SOI 基 MEMS 制造技术主要包括双面刻蚀法和单面刻蚀法两个技术路线，由于双面刻蚀法必须使用直罩式双面光刻机，工艺兼容性差，制造成本高，且加工的结构易变形，因此单面刻蚀法应用更广泛。单面刻蚀法主要包括正面微结构刻蚀和悬置结构释放两步，常规单面刻蚀法在易产生 Footing 效应，降低根部强度，且采用的气态氢氟酸释放使结构层和基底层表面易产生静电吸合和粘附造成工作失效。

国内北京大学、上海微系统所、中电 13 所等开展了 SOI 基 MEMS 制造技术研究。西北工业大学苑伟政团队提出单掩膜刻蚀与悬置结构选择性释放方法，通过选择性刻蚀和释放技术，解决了单面刻蚀过程中的弹性梁等关键结构的根切及悬置结构粘附的难题。同时该团队在单掩膜刻蚀与悬置结构选择性释放方法的基础上，通过调控等离子干法刻蚀过程、优化多晶硅沉积沟道填充工艺和设计封装应力隔离结构，进一步实现了大异宽高深宽比结构同步可控刻蚀、单层横向电绝缘窄沟道隔离及真空封装应力隔离，大幅提升了 SOI 基 MEMS 传感器制造精度，是 MEMS 制造领域的创新技术。

国外 SOI 基 MEMS 制造技术在半导体电路和器件研制、生产以及生物医学等方面开展了应用。国内 SOI 基 MEMS 制造技术在航空航天领域等特殊领域的研究独具特色，国防科技工业局组织的鉴定认为：“整体技术达到国际先进水平，其中干湿法结合的无粘附选择性释放方法处于国际领先水平。”

2. 纳米压印技术

纳米压印技术作为一种高分辨率、高产出率、低成本的图形复制技术，备受国外相关学术界和产业界的广泛关注，相继发展了热压印、紫外压印两代纳米压印技术。在学术界和产业界共同努力下，纳米压印技术在压印工艺、压印模板、压印材料等方面已经取得了突出的成果，正逐步由科学研究阶段向工业应用阶段过渡。

目前，在相关高校或研究机构技术支持下，全球主要有五家公司提供商用的纳米压印设备，包括美国的 Molecular Imprints Inc. 和 Nanonex Corporation、奥地利的 EV Group、瑞典的 Obducat AB 和德国的 Suss Micro Tec。Molecular Imprints Inc. 在美国得克萨斯大学奥斯汀分校 S. V. Sreenivasan 和 G. Willson 两位教授研发的步进闪光紫外压印技术支持下，开发的步进式紫外压印机成为半导体设备大批量图案成形解决方案的全球技术领导商；Nanonex Corporation 由纳米压印技术提出者（普林斯顿大学的 Stephen Y. Chou）于 1999 年成立，利气体辅助的热压印技术，保证压印力在整个压印面积上的均匀性；EV Group 在德国亚琛工业大学教授 Heinrich Kurz 研究的软光刻紫外压印技术支持下，将软模板纳米压印图形的分辨率推进到了 12.5nm；Obducat AB 基于瑞典隆德大学教授 Lars Montelius 的技术支持，开发了软模板紫外压印技术，用以保证大面积内复制图形的一致性，同时提供模板制作、加工程序优化等整体解决方案；Suss Micro Tec 在与飞利浦研究院共同开发的前提下，提出了基底保型紫外压印技术，通过气压辅助软膜板变形的方法，在继承紫外纳米压印的高分辨特点上，能够提高大面积上复制图形的一致性。

虽然国内纳米压印技术研究相较国外起步较晚，但是发展迅速。目前，西安交通大学、苏州大学、南京大学与上海交通大学等单位在纳米压印基本原理、关键技术、装备研发，应用推进等方面取得了突出成果。西安交通大学在压印材料界面电荷调制机理研究基础上，形成了以电场驱动为主要技术特征的纳米压印方法体系，成为国际上与紫外压印技术、热压印技术并列的新一代纳米压印技术，利用界面电场力替代机械挤压力实现结构成形，能够有效解决压印力导致的系统变形、图形失真等问题，并开发了大面积嵌入式功能结构的电场辅助扫描填充技术、异型微纳结构压印诱导流变成形新方法、面向非平坦表面的纳米压印工艺与装备、非硅 MEMS 柔性电子器件的压印成形等电驱动纳米压印变种工艺，在大幅面 / 超长精密计量光栅、复杂仿生功能结构等方面具有重要的应用价值。苏州大学研制了多尺度卷对卷纳米压印装备，实现了 100μm~100nm 多尺度结构特征的保真度达到 95% 的快速卷对卷微纳米结构转移，并探索了纳米压印技术在大尺寸电容触控屏、平板显示（超薄导光板）等方面的应用。南京大学研发了各类新型纳米压印与光刻胶材料，提出了基于高分子复合模板的纳米压印模板制备技术，同时积极将纳米压印技术用于极端尺寸与特种架构、功能光栅、高密度生物芯片、多层膜 / 表面等离激光结构等研究中。上海交通大学研发了卷对卷紫外光固化成型设备，开展了微金字塔等结构的卷对卷紫外固化成型工艺研究，同时，设计了负真空紫外固化压印设备，重点研究了微纳米模板的制作，在纳米压印模板的防粘处理等诸多工艺方面开展了深入的研究。

在纳米压印技术与装备方面，国内外研究水平和技术装备发展与国外相比存在一定差距，但基本均处于由科学研究向产业应用阶段过渡。欧美等国科研院所和厂商针对半导体产业已发展了完备的加工工艺和标准化流程，重点探索了纳米压印在光学元件、生物芯片以及前端存储器等方面的应用，基本可以满足工业生产和实验研究需求；国内高校或研究所也形成了各具特色的纳米压印系统，但在结构精度、大面积一致性方面与国外相比存在一定的差距，主要探索了透明电极、超材料、微纳传感器与执行器、仿生结构等方面的工程应用。在基础理论研究方面，国内外在热压印和紫外压印技术领域差距不大，均在纳米材料成形机制、结构精度控制方法方面均开展了一系列基础研究，有效支撑了纳米压印设备的开发。西安交通大学研究团队在热压印和紫外压印研究基础上，提出了新一代电场驱动纳米压印技术，利用界面电场力替代机械挤压力实现材料的压印填充成形，能够有效解决热压印和紫外压印技术中机械压印力引发的结构变形、图形失真等问题，极大拓展了纳米压印的产业化应用范围。

3. 电子皮肤制造技术

国外研究以美国西北大学的 John A. Rogers 研究组和美国斯坦福大学的鲍哲楠研究组为主要代表，在电子皮肤设计、制造和应用等方面开展了前沿研究。Rogers 研究组采用超薄单晶硅制备可拉伸和折叠的柔性电路及柔性压力传感器，并通过在改性聚酯基底上直接集成应变、压力、温度、湿度等传感器和运放、ECG/EMG 电极、无线充电线圈等，制备柔性电子皮肤；鲍哲南研究组采用具有金字塔型微结构的纳米管硅胶薄膜制备柔性压力传感器，实现高灵敏的压力传感，并集成柔性有机场效应晶体管等电子器件，形成具有压力感知和模数转换功能的电子皮肤。此外，韩国基础科学研究院、延世大学、成均馆大学等研究组也开展了柔性电子皮肤的相关研究工作，采用掺杂硅、石墨烯、碳纳米管等材料制备压力、温度、湿度等柔性传感器和电子皮肤。

国内研究以清华大学和中国科学院的多个研究组为主要代表，利用微纳加工、柔性印刷、力学组装、有机合成等多种制备手段实现多感知的柔性电子皮肤，开发出多层堆栈式微纳加工、柔性印刷结合微纳加工、基于力学引导三维结构自组装、利用天然材料微纳结构的有机化学合成传感材料加工等关键工艺，制备柔性传感器和电子皮肤。清华大学朱荣团队提出压热效应的压力传感原理和基于热感应的多维信息传感机制，将压力、温度、湿度、风场、物性参数均转换成的热效应，采用薄膜热敏电阻检测，实现阵列式多功能柔性电子皮肤，由于在敏感结构和检测原理上的统一，这种电子皮肤可以与柔性印刷电路相结合，有望实现大面积、低成本制造。

国内柔性电子皮肤研究在柔性印刷、三维结构自组装、多感知集成等技术方面具有创新。部分国内研究组与国外已经建立了较为紧密的合作关系，针对电子皮肤的工艺、材料、系统等问题进行深入研究，比如清华大学和美国西北大学共同进行力学引导的三维结构自组装研究，南京大学和斯坦福大学合作进行电子皮肤的自愈合材料研究，中科院能源所和佐治亚理工学院合作开展基于摩擦电技术的自供能电子皮肤。柔性电子皮肤的研究还着眼于系统层面的集成以及产业化的推广，以产学研结合的方式实现产业化运作。如清华大学成立柔性电子研究中心，并在杭州成立柔性电子技术研究院，推进技术落地和成果转化。在电子皮肤的制造、材料、系统、转化等方面，国内研究单位始终处于国际一流研究行列。

4. 复杂仿生微纳结构制造技术

国外研究分别以壁虎、荷叶、猪笼草以及鲨鱼等典型仿生对象开展了复杂表面的仿生微纳结构制造技术研究，其制造方法主要包括化学合成方法、电化学合成方法、反应离子刻蚀方法、热传递方法、激光制造方法、电喷射方法等，并将其制造的微纳结构应用于粘附、防冰、润湿以及减阻等领域。

国内研究人员针对相关应用，发现新的仿生对象，提出新的制备方法。其中西北工业大学以秦岭箭竹叶为仿生对象，提出并实现了分层转移组装制造新方法，解决仿秦岭箭竹叶多层不等高疏冰微纳结构加工难题。将多层不等高微纳结构分成各个独立的单层，将各单层转移并组装成多层结构，突破柔性结构对准键合、界面粘附力控制等关键问题，实现多层不等高微纳结构的仿生制造。西安交大发明了微纳结构的压印－诱导整形制造技术，该技术通过纳米结构的电场诱导整形，实现纳米结构微观形貌的重构，为仿生粘附功能表面等异型微纳结构制造提供了创新工艺。

国内外的研究方向不完全相同，在不同的领域各有优势。国内在极端环境下的仿生研究更具特色，国内研究单位的研究成果始终处于国际研究前沿行列。

5. 在柔性显示制造技术方面

当前国外围绕大面积高分辨柔性显示技术，主要集中在制造精度、应力平衡及折叠失效等问题开展研究。

我国研究人员在纳米压印与增材填充复合制造方法方面取得进展。基于热压型纳米压印技术，已成为 LCD 显示背光源的产业迭代性技术，全面应用于显示背光和平板照明的核心器件－超薄导光器件的产业化。其特点：环保制程、光效提升、成本降低（材料节省、能耗节省）。通过深纹纳米压印 + 纳米材料填充 / 生长 / 烧结工艺，实现了超精细的电子电路的工业化制备，全流程环保，正成为柔性电子的变革性技术，打破了 60 年来，电子电路的铜蚀刻的传统工艺（减法）。我国研究人员提升图案化设备精度、提高制造分辨率、采用控制薄膜应力降低应力不匹配问题，通过改变金属布线方法改善折叠可靠性。瞄准国内多条柔性显示生产线，上海大学建立大面积柔性高分辨显示制造中试线推进基础研究向工程应用再到产业化，在制造技术方面与上海天马、维信诺等柔性显示企业开展产学研合作，在高分辨制造装备上面与上海微电子装备开展产学研合作，提升我国大面积柔性显示制造的整体核心竞争力。

国内外的研究在不同领域各有优势，国内研究单位的研究成果始终处于国际前列，国内在大面积高分辨率柔性显示制造核心技术与装备等方面的研究具有特色，在纳米压印与增材填充复合制造方法等方面具有领先水平。

6. 聚合物微流控芯片制造关键技术

国外在聚合物微流控芯片制造方面已进入批量化制造研究阶段。聚合物微结构热压成型和注塑成型的制造精度（复制精度和重复精度）已达到 95% 左右，例如 2017 年美国密歇根州立大学报道：聚甲基丙烯酸甲酯（PMMA）微沟道深度的热压成型复制精度为 97%、重复精度为 95%；再如，2017 年德国亚琛工业大学报道：PMMA 微沟道深度的复制精度为 94%。关于芯片键合，国外研究者也提出了多种方法，例如热键合、氧等离子体辅助热键合、胶粘键合、超声键合等。

国内从事聚合物微流控芯片批量化制造研究的单位较少，其中大连理工大学刘冲团队做出了多项具有代表性的工作。经第三方测试，PMMA 微沟道热压成型和注塑成型的复制精度和重复精度均达到了 98% 以上；发明了一种柔性胶粘键合方法，芯片键合效率为 2

分钟 / 片，键合强度为 0.39 MPa；发明了一种阻流柔性超声键合方法，芯片键合效率为 10 秒 / 片，键合强度为 1.92 MPa。

国内外各有优势，国内在某些方面成果突出，例如中国机械工程学会组织对“聚合物微流控芯片制造关键技术与装备”科技成果进行了鉴定，鉴定委员会认为：“总体技术达到国际先进水平，其中聚甲基丙烯酸甲酯（PMMA）微结构热压成型与注塑成型精度居国际领先水平。”

7. 高分辨率电流体喷印制造装备

在高分辨率电流体喷印技术的发展过程中，针对绝缘基板及打印效率问题，逐步形成了交变电场辅助电喷印、静电聚焦电喷印、多打印头电喷印等多种工艺变种，此类新兴工艺重点关注塑料基板打印难、电荷残留影响定位、多材料打印不兼容等电流体喷印基础性难题，因其单喷头打印缘故而打印效率通常不高。

我国研究人员从电喷印液滴精确定位、打印效率、打印模式入手，利用双电极集成的鞘气辅助和电场驱动方法，实现了曲面共形电流体喷印、微纳 3D 打印；突破阵列化喷头、微环境控制、液滴体积调控、多喷嘴独立可控喷射等关键技术，解决了大面积高效率微纳结构的电流体喷印制造瓶颈问题，是电流体喷印领域的“卡脖子”技术。

目前市场销售的科研型高分辨率电流体喷印装备主要集中于中日韩地区，欧美地区主要是一些原理性平台。国内华中科技大学柔性电子研究中心攻克了阵列化喷嘴设计制造、机器视觉对准与多层结构套印、微环境控制三大关键技术，研制了集多目视觉定位系统、微环境控制系统和大跨距高精密运动平台、高压发生器、供墨系统、阵列化喷头等模块为一体的多功能电流体动力喷墨打印装备（eJet printer），实现了多场耦合作用下电喷印设备的多模式打印。日本的 SIJ（super inkjet printer）设备具备较高的打印精度（0.1μm），支持飞升（fL）级电点喷功能，韩国的 E-Nano Jet 功能和指标与 HEIJ 系列电流体喷印设备类似。

四、发展趋势与展望

在 SOI 基 MEMS 制造新方法方面：目前开发的 SOI 基 MEMS 制造工艺，主要为多品种、小批量 MEMS 器件提供技术支撑，重点是面向航空航天特种 MEMS 定制加工，并已经形成了工艺的标准化，为产品的规模化生产提供了基础。但如何在此基础上适合更多的器件品种的大规模批量制造，协调好工艺的标准化与产品多样性的兼容关系是未来的发展方向。高端 MEMS 具有高性能的特点，对精度、寿命、可靠性，以及工程环境适应性等提出了非常严格的要求，进而也对其加工的稳定性、质量控制提出了更高要求。如何协调处理好加工效率、成本与质量、性能的关系是另一个未来的发展方向。国际上开始流行 MEMS 制造的多项目晶圆（Multi Project Wafer，MPW）模式，可以为小批量 MEMS 产品提供标准代工服务，有效降低产品开发成本。但是，国际代工不对我国航空航天产品开放，精度等性能指标也不能满足要求。如何针对我国未来将建立的相应的代工线，修订和完善 MEMS 产品工艺，满足代工条件限制，探索出一条高性能、多品种 MEMS 产品的大批量、低成本制造的产业化之路也是需要探索的问题。

纳米压印技术方面：集成电路光刻技术要求极低的结构缺陷率以及极高的结构对准精度，纳米压印作为一种通过直接接触来复制图形的方法，直接的物理接触将不可避免地带来结构缺陷，同时纳米压印过程中模板与衬底间的距离动态变化，限制了高精度对准，因此设法从根本上降低纳米压印的缺陷率以及提高对准精度，是推动纳米压印成为未来主流光刻技术的关键问题。纳米压印技术作为纳米制造的重要手段，除了面向集成电路光刻应用之外亦具有多方面的应用潜力，在光学元件、生物芯片以及前端存储器等方面的应用潜力不容小觑。例如，功能化大面积纳米结构在非平坦衬底（如三维曲面）上直接压印制造，将是未来纳米压印技术的重要发展方向。

在电子皮肤制造技术方面：当前制备工艺虽然在一定程度上满足了电子皮肤对柔性或可拉伸性的结构要求，但器件的强度和韧度仍然难以抵抗在实际使用中可能遇到的大幅拉扯、扭转和变形，电子皮肤和信号调理电路的可靠连接以及传感信息的无线传输等尚存在难题，需要新工艺和新材料保证器件在恶劣工况下的可靠性，以及多感知集成、信息处理、无线传输等。此外，面向可穿戴、智能机器人和智能假肢的轻薄化、共形性、表贴式的多功能柔性电子皮肤是未来的主要发展方向。柔性电子皮肤走向应用，除多信号感知需求外，利用简单工艺完成大面积低成本的柔性传感阵列制作，也是拓宽柔性传感器应用范围、加速柔性电子皮肤实用化的重要内容。

在复杂仿生微纳结构制造技术方面：传统的干法刻蚀、化学刻蚀等主流制备方法难以满足日益复杂的仿生微纳结构制备需求。未来应针对国家在减阻、降噪及防冰等领域的重大需求，发现新的仿生对象，开发基于生物、化学、物理以及机械等多学科交叉的新型微纳结构制造技术，制备出真三维的复杂仿生微纳结构，阐释更多的仿生研究机理，并最终获得更多的应用领域突破。

在柔性显示制造技术方面：根据显示技术的发展，亟须解决柔性折叠屏高可靠性制造及相关装备技术，重点开展柔性膜层低弯曲应力制造和高阻水氧高曲率弯曲的薄膜封装技术研究，阐明折叠应力对显示器件性能影响的机制，探讨全柔性屏任意弯曲的可靠性制造方法与机理，为下一代折叠屏和全柔性屏提高技术，提升我国的竞争力。

在聚合物微流控芯片制造关键技术方面：随着纳米技术的发展，在聚合物微流控芯片中引入纳米通道等纳米结构，可以极大增强芯片的某些性能或者产生一些新的功能，因此纳米结构的定域可控制造将是聚合物微流控芯片制造的一个重要发展方向；柔性电子是当前国际微纳制造领域的一个重要研究热点，将微流控技术与柔性电子技术相结合，研究用于人体生理信号监测等的可穿戴柔性微流控芯片，也将是聚合物微流控芯片制造的一个重要发展方向；基于微流控技术的器官芯片在高通量药物筛选等领域具有巨大应用前景，因此聚合物器官芯片的制造也是目前国际微流控领域关注的一个焦点。

在高分辨率电流体喷印制造装备方面：电流体喷印技术是最具应用前景的微纳尺度打印技术之一；提高打印速度、增加效率是首要问题，需要重点突破多喷头、多材料电喷印技术难题，解决规整平面到复杂曲面、二维到三维的打印问题，拓展电喷印的工艺范围，提高打印分辨率、材料适配性等。

参考文献

[1] A. Chortos，J. Liu，Z. Bao. Pursuing prosthetic electronic skin [J]. Nature Materials，2016，15：937-950.

[2] Y. Lee，J. Kim，H. Joo，et al. Wearable sensing systems with mechanically soft assemblies of nanoscale materials [J]. Advanced Materials Technologies，2017，2：1700053.

[3] G. K. Celler，et al. Frontiers of Silicon-On-Insulator [J]. Journal of Applied Physics，2003，11 (9)：4955-4965.

[4] J.P.Colinge. Silicon On Insulator Technology：Materials to VLSI 2nd [M]. Boston：Kluwer Publishers，1997.

[5] 林成鲁，张苗. SOI——二十一世纪的微电子技术 [J]. 功能材料与器件学报，1999，5 (1)：1-7.

[6] G. S. Hwang，K. P. Giapis. On the origin of the notching effect during etching in uniform high density plasmas [J]. Journal of vacuum science & technology B，1997，15 (1)：70-87.

[7] G S. Hwang，K P. Giapis. The influence of surface currents on pattern-dependent charging and notching [J]. Journal Of Applied Physics，1998，84 (2)：683-689.

[8] Xie Jianbing，Hao Yongcun，Chang Honglong，et al，Single mask selective release process for complex SOI mems device [J]. Key Engineering Materials，2013，562：1116-1121.

[9] C. Hedlund，H. Blom，S. Berg. Microloading effect in reactive ion etching [J]. Journal of Vacuum Science & Technology，1994，12 (4)：2.

[10] M. Chabloz，J. Jiao，Y. Yoshida，et al. Method to evade microloading effect in deep reactive ion etching for anodically bonded glass-silicon structures [J]. Proc. IEEE Microelectromechanical Systems (MEMS)，2000：283-287.

[11] Xie Jianbing，Hao Yongcun，Shen Qiang，et al. A dicing-free soi process for mems devices based on the lag effect [J]. Journal of Micromechanics and Microengineering，2013 (23)：125033.

[12] 康宝鹏. 高频二维微扭转镜的设计及性能测试 [D]. 西安：西北工业大学，2013

[13] 乔大勇，史龙飞，刘耀波，等. 用于沟道填充的新型沟道隔离槽 [P]. 中国，zl201210118164.5，2014-12-10.

[14] Li Xiangming，Tian Hongmiao，Shao Jinyou，et al. Decreasing the Saturated Contact Angle in Electrowetting-on-Dielectrics by Controlling the Charge Trapping at Liquid-Solid Interfaces [J]. Advanced Functional Materials，2016，26 (18)：2994-3002.

[15] Li Xiangming，Shao Jinyou，Tian Hongmiao，et al. Fabrication of high-aspect-ratio microstructures using dielectrophoresis-electrocapillary force-driven UV-imprinting [J]. Journal of Micromechanics and Microengineering，2011，21 (6)：65010.

[16] Li Xiangmeng，Li Xiangming，Shao Jinyou，et al. Shape-controllable plano-convex lenses with enhanced

transmittance via electrowetting on a nanotextured dielectric [J] . Journal of Materials Chemistry C, 2016, 4 (39): 9162–9166.

[17] Li Xiangming, Tian Hongmiao, Wang Chunhui, et al. Electrowetting Assisted Air Detrapping in Transfer Micromolding for Difficult–to–Mold Microstructures [J] . ACS Applied Materials & Interfaces, 2014, 6 (15): 12737–12743.

[18] Nie Bangbang, Li Xiangming, Shao Jinyou, et al. Flexible and Transparent Strain Sensors with Embedded Multiwalled Carbon Nanotubes Meshes [J] . ACS Applied Materials & Interfaces, 2017, 9 (46): 40681–40689.

[19] Li Xiangming, Tian Hongmiao, Shao Jinyou, et al. Electrically Modulated Microtransfer Molding for Fabrication of Micropillar Arrays with Spatially Varying Heights [J] . Langmuir, 2013, 29 (5): 1351–1355.

[20] Tian Hongmiao, Shao Jinyou, Ding Yucheng, et al. Numerical Characterization of Electrohydrodynamic Micro– or Nanopatterning Processes Based on a Phase–Field Formulation of Liquid Dielectrophoresis [J] . Langmuir, 2013, 29 (15): 4703–4714.

[21] Tian Hongmiao, Ding Yucheng, Shao Jinyou, et al. Formation of irregular micro– or nano–structure with features of varying size by spatial fine–modulation of electric field [J] . Soft Matter, 2013, 9 (33): 833–884.

[22] Tian Hongmiao, Shao Jinyou, Hu Hong, et al. Generation of Hierarchically Ordered Structures on a Polymer Film by Electrohydrodynamic Structure Formation [J] . ACS Applied Materials & Interfaces, 2016, 8 (25): 16419–16427.

[23] Hu Hong, Tian Hongmiao, Li Xiangming, et al. Biomimetic Mushroom–Shaped Microfibers for Dry Adhesives by Electrically Induced Polymer Deformation [J] . ACS Applied Materials & Interfaces, 2014, 6 (16): 14167–14173.

[24] Hu Hong, Tian Hongmiao, Shao Jinyou, et al. Fabrication of bifocal microlens arrays based on controlled electrohydrodynamic reflowing of pre–patterned polymer [J] . Journal of Micromechanics and Microengineering, 2014, 24 (9): 95027.

[25] Li Xiangming, Tian Hongmiao, Ding Yucheng, et al. Electrically Templated Dewetting of a UV–Curable Prepolymer Film for the Fabrication of a Concave Microlens Array with Well–Defined Curvature [J] . ACS Applied Materials & Interfaces, 2013, 5 (20): 9975–9982.

[26] Li Xiangming, Ding Yucheng, Shao Jinyou, et al. Fabrication of Microlens Arrays with Well–controlled Curvature by Liquid Trapping and Electrohydrodynamic Deformation in Microholes [J] . Advanced Materials, 2012, 24 (23): 165–169.

[27] Wang Chunhui, Shao Jinyou, Lai Dengshui, et al. Suspended–Template Electric–Assisted Nanoimprinting for Hierarchical Micro–Nanostructures on a Fragile Substrate [J] . ACS Nano, 2019, 13 (9): 10333–10342.

[28] Wang Chunhui, Shao Jinyou, Tian Hongmiao, et al. Step–Controllable Electric–Field–Assisted Nanoimprint Lithography for Uneven Large–Area Substrates [J] . ACS Nano, 2016, 10 (4): 4354–4363.

[29] Chen Xiaoliang, Li Xiangming, Shao Jinyou, et al. High–Performance Piezoelectric Nanogenerators with Imprinted P (VDF–TrFE) /BaTiO3 Nanocomposite Micropillars for Self–Powered Flexible Sensors [J] . Small, 2017, 13 (23): 1604245.

[30] Chen Xiaoliang, Tian Hongmiao, Li Xiangming, et al. A high performance P (VDF–TrFE) nanogenerator with self–connected and vertically integrated fibers by patterned EHD pulling [J] . Nanoscale, 2015, 7 (27): 11536–11544.

[31] Chen Xiaoliang, Parida Kaushik, Wang Jiangxin, et al. A Stretchable and Transparent Nanocomposite Nanogenerator for Self–Powered Physiological Monitoring [J] . ACS Applied Materials & Interfaces, 2017, 9 (48): 42200–42209.

[32] Q. Hua，J. Sun，H. Liu，et al. Skin-inspired highly stretchable and conformable matrix networks for multifunctional sensing [J] . Nature Communications，2018，9：244.

[33] S. Zhao，R. Zhu. Electronic skin with multifunction sensors based on thermosensation [J] . Advanced Materials，2017，29：1606151.

[34] S. Zhao，R. Zhu，Y. Fu，Piezo-thermic Transduction of Functional Composite Materials [J] . ACS Applied Materials & Interfaces，2019，11（4）：4588-4596.

[35] K. I. Jang，K. Li，H. U. Chung，et al. Self-assembled three dimensional network designs for soft electronics [J] . Nature Communications，2017，8：15894.

[36] T. Li，H. Luo，L. Qin，et al. Flexible capacitive tactile sensor based on micropatterned dielectric layer [J] . Small，2016，12：5042-5048.

[37] M. Jian，K. Xia，Q. Wang，et al. Flexible and highly sensitive pressure sensors based on bionic hierarchical structures [J] . Advanced Functional Materials，2017，27：1606066.

[38] Y. Pang，K. Zhang，Z. Yang，et al. Epidermis microstructure inspired graphene pressure sensor with random distributed spinosum for high sensitivity and large linearity [J] . ACS Nano，2018，12：2346-2354.

[39] Wang Yue，Hu Hong，Shao Jinyou，et al. Fabrication of Well-Defined Mushroom-Shaped Structures for Biomimetic Dry Adhesive by Conventional Photolithography and Molding [J] . ACS Applied Materials & Interfaces，2014，6（4）：2213-2218.

[40] Hu Hong，Tian Hongmiao，Shao Jinyou，et al. Discretely Supported Dry Adhesive Film Inspired by Biological Bending Behavior for Enhanced Performance on a Rough Surface [J] . ACS Applied Materials & Interfaces，2017，9（8）：7752-7760.

[41] Tian Hongmiao，Li Xiangming，Shao Jinyou，et al. Gecko - Effect Inspired Soft Gripper with High and Switchable Adhesion for Rough Surfaces [J] . Advanced Materials Interfaces，2019，6（18）：1900875.

[42] Li Xiangming，Xu Chuan，Wang Chao，et al. Improved triboelectrification effect by bendable and slidable fish-scale-like microstructures [J] . Nano Energy，2017，40：646-654.

[43] Wang Chunhui，Shao Jinyou，Tian Hongmiao，et al. Protective integrated transparent conductive film with high mechanical stability and uniform electric-field distribution [J] . Nanotechnology. 2019，30（18）：185303.

[44] Shao Jinyou，Chen Xiaoliang，Li Xiangming，et al. Nanoimprint lithography for the manufacturing of flexible electronics [J] . Science China（Technological Sciences），2019，62（2）：175-198.

[45] Liu Junshan，Wang Zhong，Zeng Pengyue，et al. Direct casting of a PDMS substrate holder from a structured polymer film for lab-on-a-foil bonding [J] . Sensors and Actuators B-Chemical，2018，266：570-576.

[46] Zhai Ke，Du Liqun，Wang Weitai，et al. Research of megasonic electroforming equipment based on the uniformity of electroforming process [J] . Ultrasonics Sonochemistry，2018，42：368-375.

[47] Song Chang，Du Liqun，Ji Xuechao. Reducing the residual stress in micro electroforming layer by megasonic agitation [J] . Ultrasonics Sonochemistry，2018，49：233-240.

[48] Zhao Ming，Du Liqun，Wei Zhuangzhuang，et al. Fabrication of metal microfluidic chip mold with coplanar auxiliary cathode in the electroforming process [J] . Journal of Micromechanics and Microengineering，2019，29：025002.

[49] Liang Chao，Liu Yuanchang，Liu Chong，et al. One-step selective-wettability modification of PMMA microfluidic devices by using controllable gradient UV irradiation（CGUI）[J] . Sensors and Actuators B，2018，273：1508-1518.

[50] Li Jingmin，Liu Ziyang，Liang Chao，et al. Micro-to-nano scale filling behavior of PMMA during imprinting [J] . Scientific Reports，2017，7：7871.

[51] 尹周平，黄永安. 柔性电子制造：材料、器件与工艺 [M] . 北京：科学出版社，2016.

[52] Z. P. Yin, Y. A. Huang, N. B. Bu, et al. Inkjet printing for flexible electronics: Materials, processes and equipments [J]. Chinese Science Bulletin, 2010, 55(30): 3383-3407.

[53] J. U. Park, M. Hardy, S. J. Kang, et al. High-resolution electrohydrodynamic jet printing [J]. Nature Materials, 2007, 6: 782-789.

[54] Y. A. Huang, Y. Ding, J. Bian, et al. Hyper-stretchable self-powered sensors based on electrohydrodynamically printed, self-similar piezoelectric nano/microfibers [J]. Nano Energy, 2017, 40: 432-439.

[55] Y. Ding, C. Zhu, J. P. Liu, et al. Flexible small-channel thin-film transistors by electrohydrodynamic lithography[J]. Nanoscale, 2017, 9: 19050-19057.

[56] J. Liu, L Xiao, Z. Rao, et al. High-Performance, Micrometer Thick/Conformal, Transparent Metal - Network Electrodes for Flexible and Curved Electronic Devices [J]. Advanced Materials Technologies, 2018, 3: 1800155.

撰稿人：苑伟政　刘　冲　张建华　朱　荣　邵金友　黄永安　刘军山　常洪龙

非传统加工

一、引言

（一）专题领域的定义和范畴

非传统加工泛指用电能、热能、光能、电化学能、化学能、声能及特殊机械能等能量达到去除或增加材料的加工方法，从而实现材料被去除、变形 、改变性能或被镀覆等，其定义和范畴是基于“材料加工所采用的能量种类”来确定的。值得注意的是，增材制造是 20 世纪 80 年代后期发展起来的新型制造技术且发展迅猛，其不仅采用了传统 / 常规的加工手段，也大量采用了上述“非传统加工”手段。因本书设置了“增材制造”专题，本专题只从加工采用的能量种类这个角度出发，阐述激光加工、电加工、液体射流加工、超声加工、电子束和离子束加工等主要非传统加工方向的发展[1, 2]。

激光加工：是指以激光为主要工具，通过光与物质的相互作用引起材料的物态、成分、组织结构或者应力状态的变化，最终实现零件 / 构件成形与成性的加工方法。激光是通过受激辐射产生的可以精确控制的光波，且在波长、能量、脉冲宽度等方面可选择范围宽，与物质相互作用时会产生丰富的效应、引起材料的不同响应，从而衍生出种类繁多的激光加工方法。目前研究和应用最为广泛的激光加工方法主要包括激光焊接、激光切割与制孔、激光表面强化与再制造、超快激光微纳制造等。

电加工：是指采用电能为主的加工方式，包括电火花加工和电化学加工。电加工具有最小加工去除单位可控、工艺自动化程度较高、设备成本低廉等优势。电火花加工是指通过工具电极与工件电极之间的脉冲式火花放电，利用放电产生的高温、高压等离子体与材料作用，实现材料去除成形。常用的电火花加工主要有电火花成形加工、电火花线切割加工和微细电火花加工。电化学加工是利用电化学反应原理的一种特种加工方法，主要包括利用阳极溶解原理的去除材料加工、利用阴极沉积原理的增材加工。

液体射流加工：是指使用某种液体介质的射流束对工件材料进行去除或对其表面进行

处理，以达到清洗或表面改性等的工艺方法，包括水射流加工、磨料水射流加工等。通过对液体进行增压并流经微孔喷嘴形成射流束，将液体的压力能转换成动能，达到冲蚀工件材料的效果。

超声加工：是指利用频率高于 20000Hz 的超声所具有的力学、热学、电磁学及化学效应对材料进行加工的工艺方法，包括基于传统机械加工的超声振动加工，如超声振动切削、超声表面光整强化，以及其他超声辅助特种加工，如超声辅助电加工、超声辅助激光加工等。

电子束 / 离子束加工：是指利用电子束 / 离子束与物质相互作用来实现材料成形与改性的加工工艺方法。电子束加工主要包括电子束曝光、电子束热加工（焊接和快速成型）、电子束诱导沉积及表面改性等；离子束加工主要包括离子束刻蚀、离子束溅射镀膜、离子注入改性等。

（二）近 5 年来科技及产业的主要发展趋势及关键科技问题

激光加工：由于激光加工具有高灵活性、高适用性、高效率、高精密等显著优势，近几年来发展迅速，其中新兴的超快激光微纳制造更是发展迅猛。激光加工是先进、高端制造的重要手段之一，并越来越广泛用于航空航天、能源、交通、电子、医疗、重大工程等领域。主要发展趋势及关键科技问题：①激光焊接：发展新光源技术和创新工艺方法，以拓展可焊材料的范围和尺度极限；开展激光与其他能场的复合，以提高焊接生产效率和质量；研发焊接状态和焊接过程以及质量的检测与控制技术，以提升焊接生产制造的智能化水平。②激光切割与制孔：主要发展趋势是精度更高、速度更快、幅面更大、切割更厚；其关键是通过不断提高激光在能量、时间、空间等方面的可选择性和可调控性，研发新的切割与制孔理论、技术。③激光表面强化与再制造：服务于高端装备核心部件，面对高性能及现场等复杂工况条件，提供解决“卡脖子”的关键工艺；通过多能量场及工艺的复合，研发系列化复合技术及专用装备，实现高效率、高质量、低成本的激光复合表面改性。④超快激光微纳制造：主要发展趋势是深入揭示超快激光整形脉冲加工中光子 – 电子 – 声子间的非平衡、非线性、多尺度相互作用机制，提出和发展超快激光微纳制造新原理、新方法、新工艺等；其关键科学问题主要是揭示材料对光子能量的吸收、传递和转化机制，以及实现对该多尺度过程的主动调控。

电加工：电加工技术以其独特的加工优势，在高温合金、钛合金、聚晶金刚石、立方氮化硼等难切削材料，以及复杂形面及精细表面加工方面得到广泛应用，在机械特别是模具制造、航空航天、汽车、电子、仪器仪表等行业占据了举足轻重的地位。①主要发展趋势：高可靠、高精准、高效率、绿色节能；更高性能、更多功能、更智能化、更个性化；更微细、三维形状、难加工材料。②关键科技问题：电加工能场及其复合能场输出及其作用机理；材料特性影响下材料微观剥离机理、精度创成与表面特性演变机制；多轴数控 /

多功能复合电加工装备在线监测－智能化/网络化控制技术。另外，微细电火花加工近两年主要集中在微/纳放电机理、微细复合/组合创新工艺研究，其应用正拓展到微电子制造、光通信、生物医疗及其微操作等前沿热点领域。

液体射流加工：液体射流是一种“冷”能束、“软”的加工工具，液体射流加工具备加工范围广、工艺灵活等特点，被广泛应用于航空、航天、交通运输等行业。①主要发展趋势：加工尺寸向大型化和微型化发展、加工精度不断提高、加工零件越来越复杂、工艺应用范围进一步扩展。②关键科技问题：不同应用中加工机理、关键装备和新型装备。

超声加工：超声加工技术已应用于航空航天、兵器、交通运输、能源、高端医疗等领域，成为机床和工具产品升级换代的核心技术之一，是继激光加工、高速加工、3D 打印之后又一重要的高效精密加工新技术。①主要发展趋势：难加工材料的加工新工艺、超精超声加工、微细超声加工和生物体超声手术治疗。②关键科技问题：工具与材料界面的微观能量作用机理、加工系统的加工稳定性和可控性及其能量的高效传输。

电子束/离子束加工：电子束/离子束加工在真空中完成，容易聚焦，束斑位置与尺寸都可精确可调，其可加工的关键尺寸可细微到 10nm 以下，从而在芯片制造领域得到应用。另外，电子束加工关键尺寸也可扩展到数米，从而在航空制造领域得到应用。其发展趋势及关键科技问题主要是围绕加工尺度、精度、效率等综合性能参数的提升，以及在新产品、新产业中的加工应用。

二、近年来的最新研究进展

（一）激光加工

1. 激光焊接

华中科技大学邵新宇团队针对汽车车身激光焊接形性控制难的“卡脖子问题”，提出了大型薄壁曲面激光焊接控形控性技术。首次将激光搭接填丝熔焊工艺用于大型薄壁曲面白车身焊接，改善焊缝化学成分和组织，提高了接头力学性能；建立了激光焊接“气－液锐利界面”精确数学模型，揭示了缺陷形成机理并提出了抑制方法，显著降低了车身激光焊接缺陷率；研发了焊接变形预测与控制技术，发明了大型三维薄壁曲面焊缝形貌在线“测量－跟踪－补偿”技术与装置，实现了小变形、低应力、高质量焊接。打破了国外技术垄断，相比原有技术，拼装允差从 0.3mm 提高到 0.8mm，光缝对中精度达到小于 0.1mm 水平，成果在神龙、长城、江淮、上海通用、江铃等企业应用。相关成果获 2015 年国家科技进步奖一等奖。其焊接过程模拟以及测量－跟踪－补偿技术如图 1 和图 2 所示。

北京工业大学肖荣诗团队建立了光纤激光焊接模式转变物理数学模型，获得了深熔焊接阈值表征新参量；揭示了羽辉对焊接过程的影响规律[3]；发明了焦点旋转激光焊接新方法，开发了随焊压紧和焦点自适应跟踪等技术，解决了大型薄壁构件密集搭接焊缝非穿

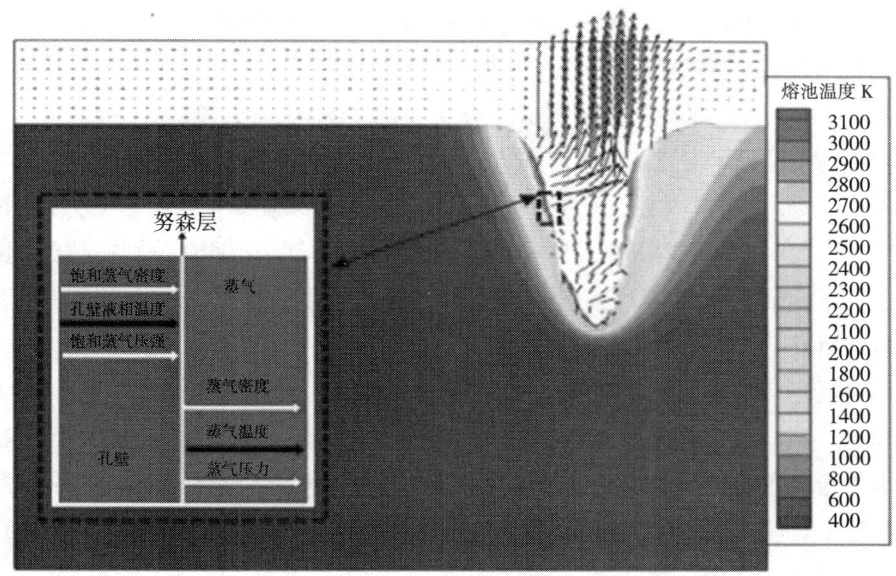

图 1　基于“气 – 液锐利界面”数学模型的激光焊接过程模拟

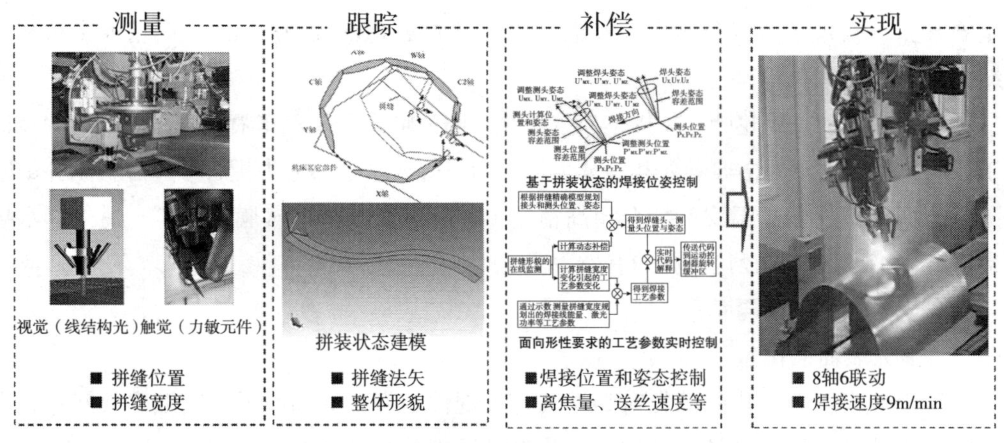

图 2　大型三维薄壁曲面焊缝形貌在线“测量 – 跟踪 – 补偿”技术

透焊接过程稳定性和焊接质量控制难题，成果在轨道交通、航空航天、化工机械等高端装备制造中应用。相关成果获 2013 年中国机械工业科学技术奖一等奖。

湖南大学陈根余团队自创“三明治”激光深熔焊研究方法，获得了真实小孔形状及孔内等离子体温度和压力等基本参量，建立了基于真实小孔的激光深熔焊接传热传质数学模型和能量耦合模型，发明了焊接熔池长度、熔池重力平衡的调控方法，攻克了中厚板万瓦级光纤激光焊接缺陷抑制难题[4]，成果在航空航天、新能源等行业应用。相关成果获 2015 年中国机械工业科学技术奖一等奖。

上海交通大学李铸国团队针对高功率激光焊接瞬态失稳问题，提出了空间约束光致等离子体的超窄坡口设计方法，突破了中厚板激光焊接过程稳定性和焊缝精确成形难题；开发了焊缝精确跟踪、间隙自适应填充、起始点寻位等关键技术，成果在海洋工程、核电等领域得到应用。相关成果获 2016 年中国机械工业科学技术奖一等奖。

中国航空制造技术研究院巩水利团队针对钛合金整体带筋壁板双光束激光焊接，发明了双光束焊接同步控制造方法，研制了机器人双光束激光填丝焊接系统，实现了应用；大连理工大学刘黎明、哈尔滨工业大学陈彦宾、清华大学单际国等团队分别在激光 – 电弧复合焊接、铝锂合金 T 形结构双光束激光焊接、金属与热塑复合材料激光焊接等方面开展了卓有成效的研究。

2. 激光切割与制孔

全材料、高精度、跨尺度和异形结构的激光切割与制孔研究进展迅速。目前高功率（2~12kW）光纤激光切割不锈钢、铝合金和黄铜的厚度可分别达 50mm、40mm、20mm，切割过程稳定且速度超过 0.1m/min；在碳纤维复合材料激光加工质量和深度影响规律方面也开展了研究。

在基于超快激光的激光成丝复合化学腐蚀切割、隐形切割、多焦点追踪切割等方面国内学者开展了研究。如北京工业大学季凌飞等[5]提出了皮秒激光成丝复合化学腐蚀切割蓝宝石技术，实现了蓝宝石切面近零锥度和低粗糙度（Ra ≤ 800nm）、高精度锐角和超小结构件的精细切割。

针对航空发动机涡轮叶片、火焰筒气膜孔、喷油嘴微孔及汽车喷油嘴微孔等大深径比要求，西安交通大学王恪典等人和江苏大学任乃飞等人基于热 – 力耦合模型分析制孔缺陷的形成原因，实现了高温镍基合金超高精度（±2μm）及异型气膜孔加工。另外，水导激光复合加工也是大深径比制孔的有效手段。

3. 激光表面强化与再制造

（1）激光表面强化

浙江工业大学姚建华团队针对高端装备关键件表面易局部磨损、腐蚀失效问题，提出了非析出性激光快速微纳米结构强韧化设计原理并开发了系列粉体，发明了激光固溶深层强化和薄壁零件低形变激光强化方法，应用于全国超过 80% 的工业汽轮机叶片强化与再制造，实现了超超临界百万千瓦发电汽轮机机组末级叶片的国产化制造。相关成果获 2012 年国家科技进步奖二等奖和 2018 年机械工业科学技术奖一等奖。其高质高效激光表面改性技术原理如图 3 所示。

江苏大学张永康团队针对航空发动机疲劳寿命短、可靠性差，提出了大面积激光搭接冲击制备强度 – 塑性匹配的梯度纳米结构的方法[6]，发明了复杂空间结构隐蔽面激光冲击强化方法和稳定水膜涂敷技术，解决了航空构件易产生裂纹和变形的技术难题，获得了应用。相关成果 2013 年获江苏省科学技术奖一等奖。

中国科学院沈阳自动化研究所赵吉宾团队建立了复杂结构薄壁件激光诱导残余应力场

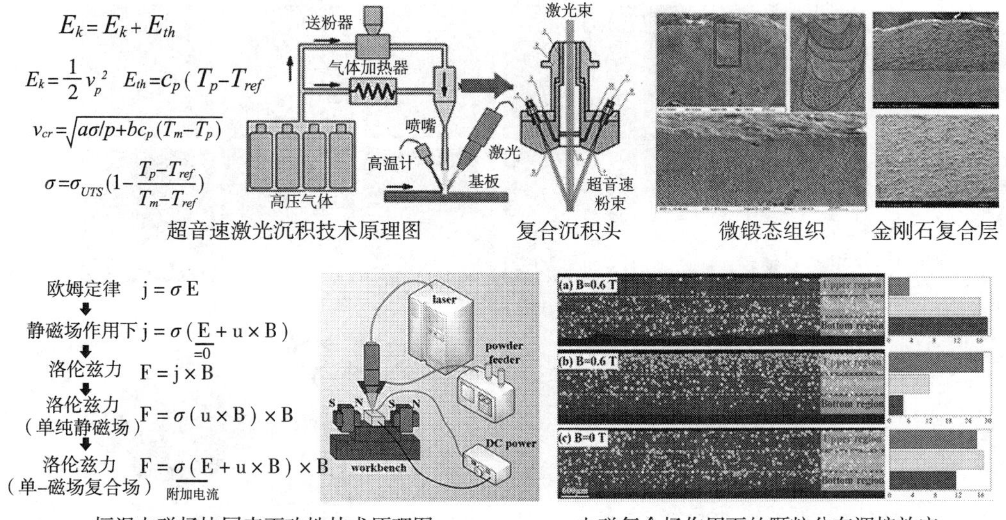

图 3　高质高效激光表面改性技术原理

与流变应力的动态理论模型[7]和国内首套航空发动机整体叶盘激光冲击强化自动化生产线，提升了我国航空发动机重要零部件疲劳寿命。

（2）激光复合表面改性与再制造

浙江工业大学姚建华团队提出了超音速粒子动能场与激光同步复合的激光沉积方法，实现了开放环境下 Cu、Al、Ti 合金、金刚石等热敏感、高硬度材料的微锻态增材制造，沉积效率比单一激光熔覆提高 5 倍以上，热影响区宽度≤ 9μm[8]；发明了电磁复合场协同激光制造控形控性技术，揭示了熔池区域电磁复合场形成的定向洛伦兹力控制流体传质、传热机制，实现了熔池的主动排气、形貌控制、增强颗粒分布及组织调控，沉积致密度达 100%[9]。成果已用于大型电站与工业汽轮机、舰船驱动单元、矿山机械和石油化工装备等高端装备关键部件制造。

4. 超快激光微纳制造

北京理工大学姜澜团队提出了基于电子动态调控的超快激光时空整形微纳加工新方法，通过设计超快激光的时域 / 空域 / 频域分布，调控局部电子密度 / 温度 / 激发态分布等及材料瞬时局部特性，提高了加工质量、效率、精度和一致性等[10]。通过调控材料内部化学键组分，提高刻蚀效率达 37 倍（图 4a）；实现了超衍射极限加工，制备出了稳定性好、易于图案化的纳米线（线宽只有波长的 1/14）（图 4b）；大幅提高微孔深径比加工极限（1000∶1），被选定为某国家重大工程的加工工艺；提出并首次实现了飞秒 – 皮秒 – 纳秒 – 毫秒 – 秒多尺度电子动态演化全景过程观测。该团队获批“非硅微纳制造”教育部创新团队，相关成果获 2016 年国家自然科学奖二等奖。

清华大学钟敏霖团队提出了金属表面微米 – 纳米双尺度复合结构双级调控新方法，

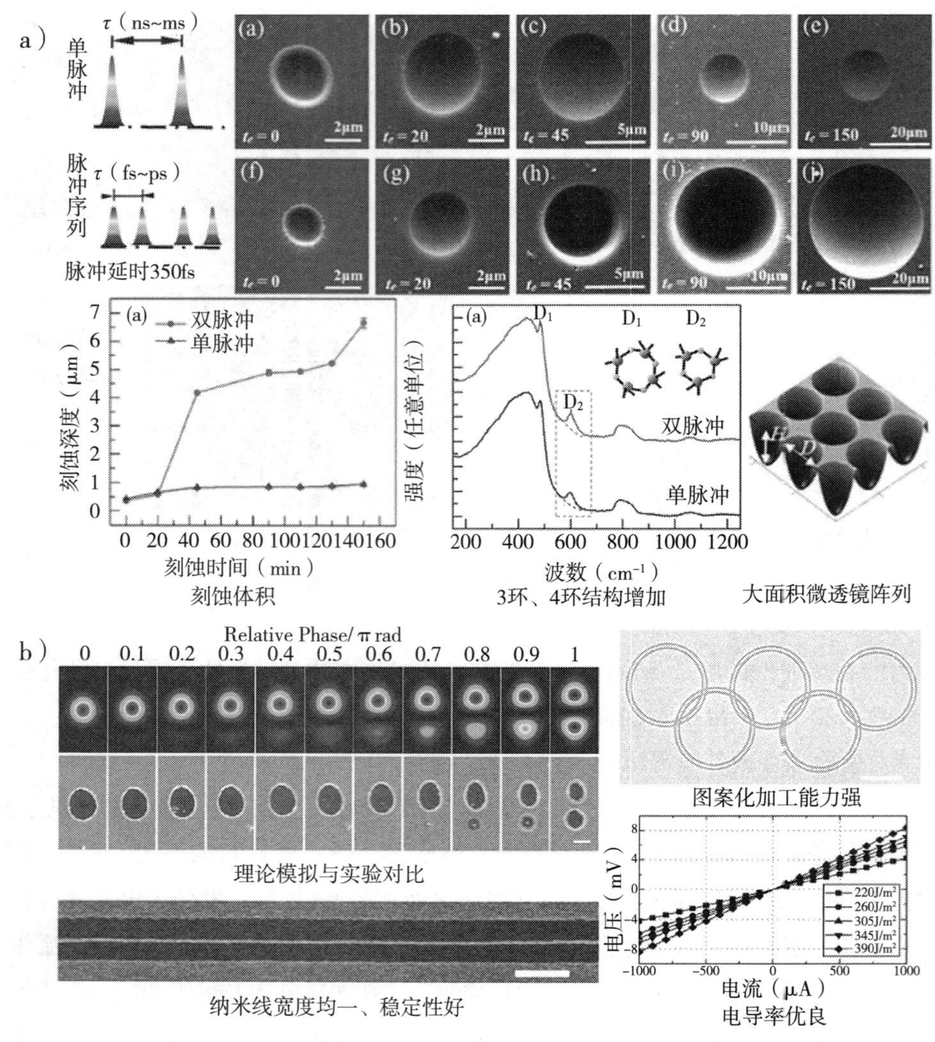

图 4　基于电子动态调控的超快激光微纳加工新方法

a）超快激光时域整形微纳加工提高刻蚀效率；b）超快激光空域整形实现超衍射极限加工

通过对超快激光加工过程中脉冲注入数量和注入方式的灵巧控制，实现了对微米、纳米尺度结构的有效调控，可同时发挥微米结构的几何陷光效应和纳米结构的等效介质以及纳米颗粒的表面等离子激元等多种效应，实现优异的高效抗反射性能，在铜、钛、钨表面分别获得了 1.4%、0.29%、2.5% 的已知最低金属表面反射率[11]。该方法适用于各种金属材料的微纳米复合功能结构可控制备，在抗反射、自清洁、高效催化等领域有重要应用价值。

清华大学邹贵生团队提出了飞秒激光纳连接新方法，利用表面等离子激元共振的纳米自聚焦效应，可突破衍射极限，将飞秒激光能量恰好汇聚到纳米接头处，揭示了飞秒激光纳米自聚焦的能量尺寸效应及其对纳米材料连接的作用机理和纳米尺度的界面冶金连接机理，实现了同质如纳米 Ag 线和异质如纳米 Ag、Cu、Pt 与纳米 TiO_2、SiC 线等的高质量连接，通过对纳米尺度连接界面的能带结构与电性能的协同调控，实现了可编码 5 级记忆电阻器单元和整流开关单元的开发，将促进新型微纳功能器件研发[12]。

吉林大学孙洪波团队提出了利用干法辅助刻蚀和预降温抑制热效应进行硬脆材料飞秒激光高精度加工方法，制备了折衍混合透镜、高温光栅光纤和蓝宝石红外增透窗口等前沿光电器件。提出了飞秒激光光动力纳米组装、相干光场表面多级结构制备与原位物性调控、复杂环境下微纳结构柔性集成与功能部件原位组装等激光加工新方法。针对智能微纳机器人开发中三维微纳成型、材料智能化和微纳结构驱动等系列难题，提出了飞秒激光双三维微纳加工、激光物性梯度调控和激光选择性改性等微纳机器人驱动新策略。研制出了湿敏石墨烯机器人、马拉高尼效应光热机器人及光－电－磁－热－湿多场耦合操控机器人等原型器件[13]。

中国科学院理化技术研究所郑美玲研究团队提出了非简并双光子激光超衍射加工原理，加工分辨力提高到 13nm。利用超快激光首次制备了在光波段响应的 3D 龙伯透镜微纳光子学器件，验证了平行光束在自由空间中的理想聚焦特性，并从理论上解析了完美聚焦的物理机制[14]。提出了水溶性双光子引发剂的制备方法，利用双光子聚合微加工 3D 打印技术制备了具有生物相容性的仿腺病毒、红细胞等高精细 3D 水凝胶微观结构。

西安光机所李明团队提出了激光表面精细制造的新方法，解决了光束空间柔性传输、图形分割与拼接制造等技术，研发了飞秒激光成套制造装备，与俄罗斯装备相比，制造效率提高了 3 倍，制造精度提高了 5 倍，已用于卫星导航 / 深空探测的复杂构件表面图案制造。研发了激光刻型装备，减重达 80%，具备二次刻型能力，应用于航空发动机机匣构件减重。研发了飞秒激光制造孔装备与成套工艺，开展了惯导系统伺服阀、液体火箭发动机喷注部件制孔、航空发动机叶片制孔应用。

浙江大学邱建荣团队研究了超快激光与透明材料相互作用并探索了无机发光材料[15]，建立了四阶微扰理论模型，结合实验证明了飞秒激光可诱导和控制稀土离子掺杂玻璃的上转换发光性质，为控制和理解稀土离子的上转换发光提供了新方法，有望为稀土离子应用领域带来新机遇。

（二）电加工

1. 电火花加工

（1）电火花成形加工

以航空发动机和液体火箭发动机闭式整体叶盘类零件等典型应用为牵引，我国四－六轴联动电火花加工技术与装备已进入成熟阶段。精密高效脉冲电源、基于 windows 或 linux 平台数控系统、CAD/CAM 技术、全浸液转台等专用附件全面走向应用。上海交通大学赵万生团队基于大电流电弧放电提供高能密度的特种能场研发出了“高速电弧放电加工”方法；采用水基工作液介质并施加高速多孔内冲液形成独特的流体动力断弧作用，成功地实现了高温合金等难切削材料的高效加工，如 GH4169 高温合金和钛合金的去除率可分别达 14000 mm^3/min 和 20000 mm^3/min，在航空航天发动机制造中得到应用。另外，针对电火花成形加工放电过程油类工作液产生大量炭黑不可避免并严重影响电蚀产物排除和加工速度，北京东兴润滑剂有限公司研发了适合铜及石墨电极粗、精、超精加工的 DIC-302 型加工液；中国石油大学（华东）刘永红团队研制了油包水微乳液替代油类工作液，为实现绿色高效加工提供了新方法。

（2）电火花线切割加工

南京航空航天大学刘志东团队采用新型脉冲电源及全新的伺服控制系统，实现了对电阻率 10Ω · cm 以内半导体材料的稳定切割（图 5）。往复走丝电火花线切割机床也已应用于聚晶金刚石和聚晶金刚石成形刀具的修整加工。

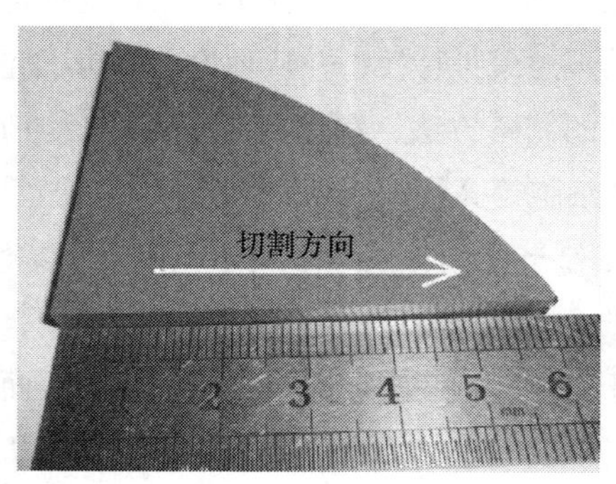

图 5　P 型单晶硅（2.1Ω · cm）变厚度切割件（左）和半导体微小、复杂及非直线切割件（右）

哈尔滨工业大学白基成团队提出了浮动阈值放电状态检测技术，节能利用率比传统脉冲电源提高了 67.6%，已应用到线切割系列机床中[16]。苏州三光科技股份有限公司研发了 LA500 单向走丝电火花线切割机床，实现了最佳加工表面粗糙度 Ra ≤ 0.2μm 的微细镜面加工，最大加工速度可达 350 mm^2/min；还研发了带有抽真空功能的新型自动穿丝喷嘴装置，有效提高了穿丝成功率。苏州电加工机床研究所有限公司研发了配置 A 轴的六轴数控单向走丝电火花线切割机床，开发了 A 轴旋转与直线轴联动控制的专用工艺软件及计算机适应控制数控软件，有效解决了回转零件的线切割加工难题，加工效率可达 350 mm^2/min，最佳加工表面粗糙度 Ra ≤ 0.2μm。

（3）微细电火花加工

清华大学李勇团队发明了微细电极蠕动进给微倒锥推摆机构、高频脉冲可控式 RC 复合微能电源、微小放电间隙智能控制方法等关键技术，在国内率先研发出国 4（欧 IV）标准以上高端喷油嘴倒锥形微细喷孔加工专用装备，可替代昂贵的进口装备，并已应用于油泵油嘴生产；提出了一种微细电火花电解组合工艺加工倒锥形微喷孔，有望实现成形和抛光的一体化[17]。中国工程物理研究院制造工艺研究所针对介观尺度群特征结构加工，研制了微小群特征结构组合电加工专用装备。北京市电加工研究所研制出七轴超精密微细数控电火花加工专用装备，兼具成形机、微孔机和小孔机多重功能。哈尔滨工业大学杨晓冬团队探索了静电感应给电微细电火花加工技术、王振龙团队发明了一种金属－陶瓷功能梯度材料自诱导加工方法、上海交通大学赵万生团队发明了一种场致射流微细放电加工方法、山东大学张勤河团队提出了压电自激脉冲式微细电火花加工技术。

2. 电化学加工

（1）电致化学抛光

大连理工大学郭东明团队与厦门大学田中群团队共同提出了电化学氧化和化学刻蚀相结合的超平整超光滑铜表面电致化学抛光方法[18]，基于扩散控制反应实现工件高点的优先刻蚀，进而实现超平滑表面加工，加工直径 50mm 铜工件时平面度小于 PV 120nm、表面粗糙度 Ra $<$ 2nm。

（2）复杂结构零件电解成形加工

南京航空航天大学朱荻团队提出了整体叶盘叶栅通道旋转进给电解加工新方法[19]。工具阴极由叶片的叶尖向叶根直线进给，同时围绕自身轴线旋转；根据叶栅通道的扭曲情况，调整工具阴极的进给速度和旋转速度，叶背和叶盆的余量差分别降低了 32.7% 和 33.6%。合肥工业大学陈远龙团队开展了叶片脉冲电解加工过程多场耦合仿真研究，提出了基于时间平均的准稳态算法，有效解决了多时间尺度温度域难以求解的问题。

（3）微细电化学加工

哈尔滨工业大学闫永达、厦门大学田中群团队共同提出了一种扫描电化学显微镜探针电流 / 定位闭环模式[20]。在该模式下，将探针电流信号反馈给信号比较器，并与 PID 控制器构成一个闭环控制系统，实现扫描电化学显微镜探针的定位及运动轨迹的控制，可对任意三维微织构进行微细电解加工。

（4）电化学法制备仿生超疏水表面

大连理工大学宋金龙团队利用晶界 / 位错的微纳米尺度特征及其比正常晶粒更易发生阳极溶解特点，提出了电场与化学溶液双重作用诱导晶界 / 位错优先蚀除方法，可用于超疏水表面基底的多重阶层微纳米结构加工，建立了在铝、铜、锌、镁和钛合金等典型材料表面上构建超疏水微纳米结构的工艺规范；还采用小面积移动式阴极加工出了大面积的金属基体超疏水表面，解决了金属基体超疏水表面难以大面积制造的难题[21]。

（5）电解电火花复合加工

南京航空航天大学朱荻团队采用超低浓度盐溶液和中空状管电极进行微小孔电火花－电解复合加工，利用电火花穿孔和电解加工在加工效率和去除再铸层方面的各自优势，较好地解决了微孔高效高表面质量加工难题[22]。

（三）液体射流加工

1. 磨料水射流车削加工

磨料水射流车削分为径向模式和偏置模式。径向模式冲蚀角度为90°，材料去除率较高，但切削深度不易控制；偏置模式切削深度易于控制、表面质量较高，但材料去除率过低。山东大学黄传真团队研究了氧化铝、氧化锆等陶瓷材料的径向模式磨料水射流车削加工，建立了车削陶瓷时的切除深度通用模型，解决了径向模式车削时难以控制切除深度的难题，建立了基于切除深度最大和表面粗糙度最小的磨料水射流车削工艺参数优化模型[23]（图6）。

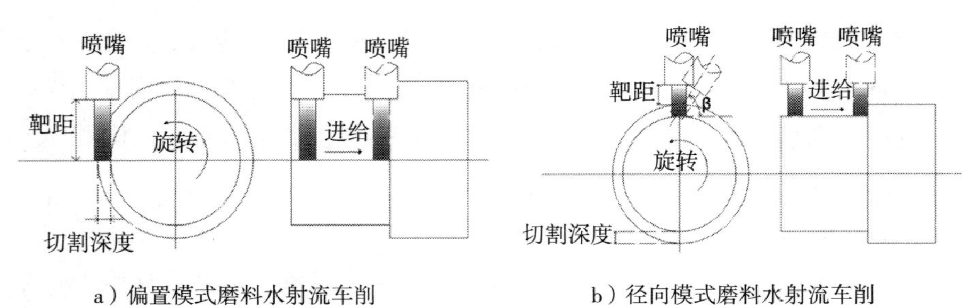

a）偏置模式磨料水射流车削　　b）径向模式磨料水射流车削

图6　磨料水射流车削

2. 超声振动辅助磨料水射流抛光

山东大学朱洪涛团队研究了超声振动辅助磨料水射流脉动行为、抛光冲蚀机理、工艺。模拟研究了振动边界冲击射流流场、射流冲击振动工件表面时的流固耦合作用等[24]；开发了磨料水射流超声振动喷嘴、纵振、切振和扭振工作台等配套装置，可用于硬脆材料的磨料水射流抛光加工。山东理工大学侯荣国团队对超声振动磨料水射流流场分析做了较为系统的研究。

3. 磨料水射流 3D 复杂零件加工

重庆大学张仕进团队研究了超高压磨料水射流精密切割3D模型，提出了高压水射流切割误差试验方法，建立了可精确预测切割前沿后拖量曲线的回归模型[25]。大连理工大学高航、山东大学朱洪涛团队用在线控制高压磨料水射流材料去除率方法研究了整体式叶盘加工。

4. 激光－水射流复合加工

山东大学黄传真团队系统研究了偏置式激光－水射流复合加工，研发了国内首台近无损伤复合加工系统（图7）。研究了氧化铝、单晶硅、碳化硅、氮化硅等材料近无损伤微加工机理和工艺；提出了考虑工件材料高温热物理性能参数变化的激光－水射流复合微细加工单晶碳化硅的温度场模型、基于热传导方程定解问题的解结构定理，获得了三维温度场模型的解析解。建立了激光–水射流复合微细加工单晶碳化硅时槽深、槽宽和材料去除率的回归预报模型；揭示了工艺参数间的交互作用对槽深、槽宽和材料去除率的影响规律，阐释了激光、水和工件之间的多场耦合作用机理与规律。构建了激光–水射流复合微细加工4H单晶碳化硅的工件材料去除廓形有限差分模型，实验验证了模型的有效性，该模型对槽深、槽宽和切口截面轮廓的预测均具有较高的精度[26]。

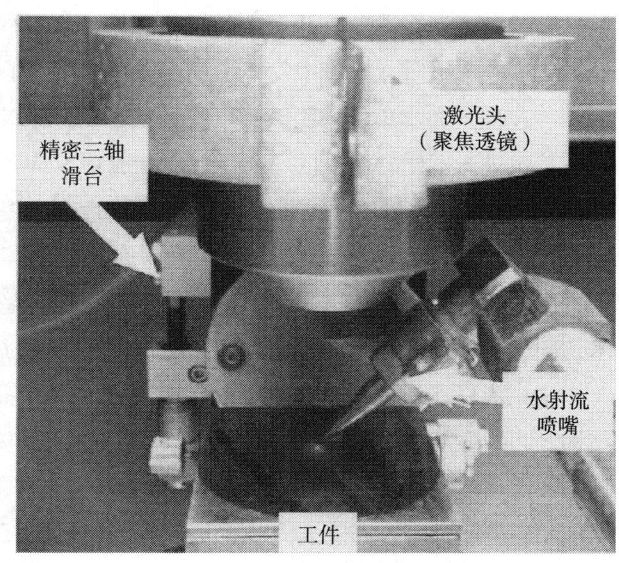

图7 激光–水射流复合切割头

5. 水射流辅助破岩

重庆大学卢义玉团队研究了水射流冲击瞬态动力特性及破岩机理[27]。以高压水射流截割头为对象，利用弹性波动力学理论和数值分析方法，研究了高压水射流冲击和机械刀具的破岩过程、自制水射流截割头的破岩性能及其破岩过程的动力学行为，为高压水射流掘进机工业应用提供了理论和试验依据。中国石油大学盛茂等研究了高压水射流冲蚀作用下页岩破坏模式与力学机制。

6. 水射流清洗

山东大学李方义团队面向再制造并围绕高压水射流清洗，利用COMSOL Multiphysics模拟分析了喷嘴内流场分布，研究了不同喷嘴参数对流场的影响，比较了喷嘴轴线速度与出口径向速度的分布情况，并优化了喷嘴结构[28]。山东大学刘增文团队研究了KDP晶体的低压液体射流清洗技术；中国人民解放军78366部队廖松团队对清洗用空化水射流喷嘴进行了数值模拟和实验研究；相关企业和高校在利用高压水射流清洗化工装备、管道除污等方面也开展了应用研究。

（四）超声加工

超声加工技术是衔接传统机械加工和其他非传统加工技术的桥梁，一方面提升了传统机械加工的加工能力和适用范围，另一方面弥补了其他非传统加工技术的一些不足；超声加工技术已经成为继激光加工、电加工、高能束流技术之后重要的非传统加工技术。超声加工专业于2016年成为中国机械工程学会特种加工分会的新成员，在2016年、2018年分别于大连和北京召开了两届超声加工技术研讨会。近五年来，在国家“973”计划、“863”计划、国家自然科学基金以及省自然科学基金的资助下完成或正在进行的项目近30项，与航空、航天、兵器、交通运输、船舶等行业的领军企业保持密切的合作，超声加工技术已在多个国家级重点项目中发挥了重要作用，取得了可观的经济效益。

大连理工大学康仁科团队对硬脆材料、复合材料、轻质蜂窝材料的超声精密切削加工关键技术进行了比较全面的研究，并研制成功了具有自主知识产权的超声切削机床[29]。

北京航空航天大学张德远团队引入仿生理念，提出了新型“蛇行”横向超声振动高速切削理论和方法，在同等粗糙度和精度条件下，加工效率大幅提高，在国家重点型号攻关任务中发挥了重大作用。另外，瞄准精准医疗的大趋势，对微创仿生载能工具与软组织手术切削进行了探索性研究，研制了新型超声复合电刀的原型机[30]。

中南大学唐进元团队针对轴向超声磨削工件表面周期性建立了加工参数与超声表面微结构之间的联系[31]；北京理工大学周天丰团队用超声椭圆加工技术解决了硬质合金表面微结构的加工难题；河南理工大学赵波、扬州大学朱永伟、齐鲁工业大学沈学会分别用超声振动切削和超声复合电加工技术研究了表面微结构的加工理论和方法；北京航空航天大学张德远和姜兴刚在高速振动切削研究的基础上提出了表面微结构和形貌的相位控制理论和技术[32]。

此外，东北大学、天津大学、中北大学也开展了超声辅助磨削陶瓷、石英等硬脆材料的研究。同时，北京航空航天大学、北京交通大学和北京理工大学都先后进行了高强度钢的超声挤压 / 滚压强化研究，已经应用在飞机、高铁的抗疲劳制造上，为提高产品整体性能发挥了重要作用[33]。清华大学冯平法和张建富、杭州电子科技大学胡小平、北京航空航天大学姜兴刚、天津大学林彬等系统研究了超声加工系统的机电特性、稳定性控制和能量传输问题，为高端超声加工设备的研制奠定了重要基础。

（五）电子束加工与离子束加工

1. 电子束加工

（1）电子束曝光

针对半导体芯片、短波光学光栅及光子芯片等器件制造对极小尺度、极高精度纳米加工的要求，中国科学院电工所微纳加工室韩立团队研发了电子束曝光系统图形发生器的核心技术，但在整机优化及性能提升方面仍需突破。中山大学许宁生团队研究了纳米电子源并取得了系列创新成果，但尚未实际应用到曝光系统。湖南大学段辉高团队开发了轮廓加工方式，大幅度提升了跨尺度电子束加工的精度和效率，展示了在纳米天线、纳米间隙电极等光电基本元件中不可替代的应用[34]。中科院微电子所、半导体所、微系统所、中科大、中山大学等用电子束曝光分别在微电子芯片、激光器、单光子探测、量子器件及大面积平面透镜等器件开发中取得了显著进展。

（2）电子束选区熔融增材制造与焊接

面向航空航天高性能复杂零部件、个性化多孔结构医疗植入体等制造的要求，清华大学林峰、中科院电工所韩立、中科院重庆绿色制造研究院智能制造研究所段宣明等在电子枪、电子光学系统以及 EBSM 系统整机开发方面都已取得了较大进展，有望得到应用。北京航天制造研究所高能束流重点实验室长期从事电子束热加工研究，在航空航天高性能大型复杂部件电子束选区熔融和焊接研究方面取得了系列进展。此外，桂林实创真空数控设备公司先后推出了不同型号的电子束焊接装备，并已展示了连续生产能力。

2. 离子束加工

天津大学微纳制造实验室通过揭示离子束加工多参数耦合机制，优化聚焦离子束（FIB）纳米加工工艺，成功实现了纳米光刻掩模结构阵列的聚焦离子束加工，并在德国埃朗根 – 纽伦堡大学、三丰欧洲研究中心获得应用[35]。中科院物理所李志远团队与华南理工大学、麻省理工学院、中科院大学的相关团队合作，提出了利用 FIB 轰击应力引入等技术，实现了对薄膜材料的三维功能结构加工，包括不同手性、不同直径和不同材料等微纳尺度螺旋管结构，以及三维 MEMS 功能结构等加工，成为三维纳米结构制造的有效途径之一[36]（图 8）。

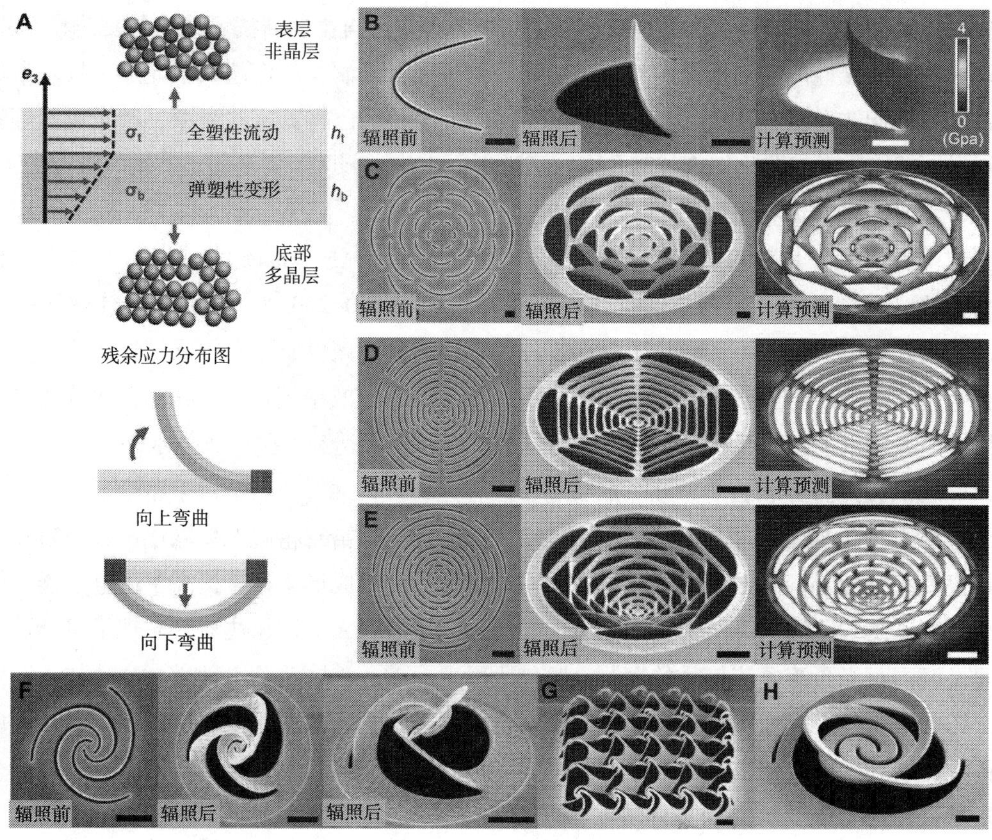

图 8　基于离子束轰击的图形化引导纳米剪纸结构加工

三、国内外研究进展比较

（一）激光加工

1. 激光焊接

国际上激光焊接研究热点：①探讨高功率激光焊接内在物理机制，揭示高功率激光焊接气孔、驼峰和熔深波动等焊接缺陷的形成机理；②发展玻璃、半导体等非金属材料及铝/铜、铝/钢、铝/钛、金属/复合材料等异质材料的焊接新技术；③发展面向锂离子电池、核电等新能源器件与装备制造的微焊接及厚板超窄间隙焊接技术；④开发焊接状态、过程、质量在线检测与控制技术。我国学者均有所涉及，但在基础研究深度和成套装备方面与发达国家相比还存在较大差距；近年来在各类国家项目支持下，研究正在有序开展。

2. 激光切割与制孔

在中厚板材、高速大幅面、三维切割研究方面与国际基本同步，总体实现了对激光宏观加工效果的预测与调控，但存在核心技术掌握不完全、自主创新技术和装备缺乏等不足。受国内超快激光性能稳定性及国外超快激光限购等因素限制，国内超快激光加工技术市场的普及尚处起步阶段；国外 Spectra-Physics、Rofin 等公司已将贝塞尔光束、激光成丝等新机制引入超快激光工业化切割与制孔中，实现了更小热影响区、更高切割质量的可控加工。

3. 激光表面强化与再制造

国内外研究各具特色。德国弗劳恩霍夫激光技术研究所 Voker Lannert 等开发出一种超高速激光熔覆技术，熔覆线速度比传统激光熔覆快 100~250 倍；激光对基体热影响极小，替代硬铬电镀技术可实现热敏材料零件的涂层制备；该设备已在中国销售，可望大范围有效替代电镀。国内研发的超音速激光沉积技术的沉积效率超过 300g/min，比普通激光熔覆提高 5 倍以上，尤其在超硬材料、有色金属沉积方面达到了国际领先水平。

4. 超快激光微纳制造

国外不少机构开展了超快激光微纳制造研究。美国内布拉斯加林肯大学 Yongfeng Lu 用超快激光实现了不同维度纳米材料的合成、组装和三维成形，显著提高了微电子器件电学与机械性质；德国马克斯 - 普朗克量子光学研究所研究人员用超快激光实现了飞秒脉宽时间尺度内对光泵浦电流信号的探测；哈佛大学 Eric Mazur 推动了飞秒激光“冷加工”发展，拓展了飞秒激光加工材料表面及透明材料内部微纳结构的功能性应用；澳大利亚斯威本科技大学利用两束超快激光干涉抑制，大大提高了分辨率，实现了超衍射光刻，且结合分子材料设计实现了 9nm 加工分辨率。

（二）电加工

在电火花加工技术装备的自动化、智能化、可靠性综合方面，瑞士阿奇夏米尔、日本沙迪克和三菱电机以及牧野公司等都进行了长期深入研究与开发，仍然占领高端市场；国内尚存在一定差距，且还没有高精度的双轴全浸液转台，导致多轴电火花加工装备关键功能部件严重依赖进口。针对电火花成形加工工艺，国内已关注如何提高电火花成形加工机床自动化、信息化、智能化的应用及整体解决方案；针对加工效果，国内开展了石墨和铜电极的零损耗、表面纹理控制、特殊材料高效加工等技术的研究。另外，近年来国外趋向于对电火花加工放电现象中基础问题探讨。例如，日本、欧洲等研究机构先后开展了放电过程等离子通道观测、气泡形成过程观测及影响因素分析、电蚀产物形成和排出过程观测等试验研究，并结合最新物理学研究成果开展了加工过程的建模和仿真，提出了针对微细表面质量的更高标准和精细的评价指标与方法。

欧美各航空航天大国在电化学加工理论与技术研究方面处于领先地位，已具备较为完整的电化学加工工艺体系，成为航空航天发动机等重大装备研发的重要支撑技术；与之相比，我国在相关理论与技术研究方面起步较晚，但近年来备受关注并获得快速发展，如整体叶盘精密高效电解加工技术等部分相关工艺技术与装备得到工程应用；但新型难加工材料电解加工理论与新工艺、复杂结构高精度电解加工装备、微细电解加工新方法新工艺、电化学复合加工新方法等方面的研究相对滞后。

（三）液体射流加工

澳大利亚新南威尔士大学 Jun Wang 团队长期从事水射流加工研究，先后原创性地提出激光 - 水射流复合加工和径向磨料水射流车削加工技术。国内山东大学黄传真团队在上述两个方向相继开展了系统研究，在激光 - 水射流复合加工氧化铝、碳化硅、氮化硅等材料的近无损伤微加工、磨料水射流车削陶瓷材料方面均取得系列成果。

近几年国内在水射流石材加工、辅助破岩及清洗领域的研究成果相对国外更丰富，显示了该方向的潜力和优势。

近年来国外磨料水射流在复合材料加工领域研究较多，尤其是对纤维增强复合材料，如 Weiyi Li 研究了短碳纤维增强塑料的磨料水射流车削，建立了材料去除模型和表面粗糙度模型；Schwartzentruber 研究了碳纤维增强叠层复合材料磨料水射流加工中流体冲击引起的层裂，建立了层裂预测模型，而国内在该方向的研究刚起步。

在水射流、磨料水射流加工领域，国内外研究各有优势，基本处于同一水平。但国内在研究工作的开创性和关键装备的研发能力方面，尚存在一定差距。

（四）超声加工

超声加工作为一项基础工艺技术，面向国防、高端制造、新技术产业的需要，在难加工材料和结构、超精微细加工及精准医疗等应用领域开展了大量的实用性研究。

1. 常规超声加工

日本与美、德、意等国在超声加工领域的研究起步早，已有多个型号的高端设备投入市场，目前侧重于比较基础的理论研究；伊朗、印度等国近年来则加大了应用研究力度。我国在超声振动铣削、超声辅助磨削、超声表面强化和改性等领域的科研成果最为突出，解决了高强钢、CFRP 等新型材料和结构的加工难题。近五年的论文和专利统计数据显示，我国在超声加工领域取得的成果数量与国外相比约为 2∶1。

2. 超声复合加工

超声辅助电火花加工、超声辅助电解加工、超声辅助激光加工主要面向微细加工开展了相关研究。借助超声辅助焊接技术兴起的超声增材制造即超声 3D 打印是目前国外的研究热点，欧美各国都已开展了比较深入的研究，而我国刚刚起步。

（五）电子束加工与离子束加工

1. 电子束加工

电子束加工在国内外最核心的应用仍然围绕基于其极小聚焦束斑的纳米加工能力以及极高能量密度的选区熔融增材制造及焊接等几个方面展开。在纳米加工方面，日本和德国的企业掌握了装备绝对主导权，目前是我国所缺失的“卡脖子”技术。在工艺开发及应用方面，我国已基本与欧美日等顶尖研究机构处于同等水平，但在新原理的工艺如聚焦电子束诱导沉积和纳米尺度 3D 打印方面的研究较少。此外，高端电子束加工抗蚀剂及导电聚合物方面我国主要依赖进口，需要光化学研究人员与纳米加工研究人员联合攻关。在电子束选区熔融增材制造、焊接等方面，我国虽起步较晚，但在国家大力支持和产业需求驱动下，近些年已经取得了长足进步，实现了装备国产化。

2. 离子束加工

国内外研究主要围绕新型半导体器件的离子注入改性、超光滑表面离子束修形、功能微纳结构器件加工等方面展开。我国聚焦离子束设备仍依赖进口；但近年来，北京航空航天大学成功研制了聚焦离子束与扫描电镜双束系统。

四、发展趋势与展望

（一）激光加工

激光加工 / 制造发展迅猛，是国际先进制造的重要发展趋势，是发达国家先进制造领域抢占的战略制高点，是创新驱动发展、建设创新型国家的重要技术支撑，是实现创新创业和制造业转型升级、创造重大经济和社会效益的需求，是我国科技部重点研发专项“增材制造与激光制造”以及“中国制造 2025”的重要组成部分。未来 5 年重点研究领域主要包括：①激光焊接：玻璃和半导体等非金属材料、异种金属及金属与非金属等异质材料的焊接技术；超厚板、微 / 纳尺度、跨尺度焊接技术；激光与电 / 磁、超声等能场复合焊接技术；焊接状态、过程、质量检测与控制等智能化技术。②激光切割 / 制孔：从电子层面研究光场调控下激光去除材料的新现象和新效应，扩展加工材料种类及其加工尺度范围；探索多能量、多方法复合技术；开发超硬脆等特种材料和跨尺度高精可控切割 / 制孔技术与装备。③激光表面强化与再制造：开发高端装备关键基础件的新技术及装备如多物理场、多工艺的复合改性技术等；开发面向现场快速响应的专家系统；研制具有智能化特点的技术及成套设备。④超快激光微纳制造：研究超快激光整形脉冲加工中光子－电子－声子间的非平衡、非线性、多尺度相互作用机制及其能量吸收、传递、转换及相应成形成性机理；研究超快激光复合制造中的动力学过程、机理与规律包括能量耦合与协同作用机理等；研究纳米尺度异质材料连接的机理及微纳器件连接制造；研究超快激光微纳制造新原理、新方法、装备集成与应用。

（二）电加工

未来 5 年电加工技术将向精度与效率兼备，以及表面完整性、复合能场延展、网络化智能化、绿色环保方向发展，并提高微细结构和微小特征尺寸甚至纳米尺度的加工能力。通过探索新理论、方法、技术，电加工功能模块技术将得到提升如纳秒级智能脉冲电源、CAD/CAPP/CAM 系统集成、多信息融合的控制系统、工具电极损耗智能补偿技术、基于云端工艺数据库、零部件柔性化加工生产线、复合电加工技术的自动化机器人；同时，加工成套装备的智能化程度得到提高，其加工精度和表面粗糙度将分别达到 1~10μm、100 nm 量级以上。重点研究领域包括：多能场耦合作用下新型难加工材料电加工机理与表面完整性形成机制；微加工间隙内物质输运规律与强化传输方法；复杂结构电加工成形过程参数的智能监测与精密控制等。

（三）液体射流加工

未来 5 年液体射流加工将向四个方向发展：加工零件尺寸大型化或微型化、加工精度精密化；加工零件形状由传统的平面轮廓转向 3D 轮廓或 3D 形状，如整体式叶盘磨料水射流加工等；加工对象更多地面向难加工材料，如纤维增强复合材料、钛合金、高温高强合金等；技术应用领域将进一步扩展，如磨料水射流金刚石砂轮修整、零部件或结构的破拆等，并将发展成为一种被广泛使用的通用特种加工技术。重点研究领域包括：面向大型或微型尺寸、复杂形状以及难加工材料特别是复合材料的高精密加工新方法新技术；不同加工方法与应用的加工机理、关键技术装备。

（四）超声加工

未来 5 年超声加工重点研究领域包括：①针对航空航天、交通运输、电子、医疗等行业的加工制造难题，创新思路、创新方法，深入超声加工机理研究，实现新型材料、超结构的超声加工制造。②结合智能化平台、数控技术、绿色制造等，发挥超声加工适用范围广、加工能力强、制造成本低的特点，开拓超声增材制造、精准超声手术等新技术。③大力开展实用的工艺技术研究，加强产学研结合，推进超声加工技术的设备化、产业化。

（五）电子束加工与离子束加工

未来 5 年电子束加工与离子束加工的发展趋势是提升加工尺度、精度、效率等方面的综合指标及其在新产品、新产业中的应用。重点研究领域包括：纳米尺度加工 /3D 打印新方法及机理；新型高端电子束加工抗蚀剂及导电聚合物；电子束选区熔融增材制造、焊接等新方法新技术；离子注入改性、超光滑表面离子束修形、功能微纳结构器件离子束加工制造新方法新技术及装备。

参考文献

[1] 肖荣诗，巩水利，姚建华，等．2012—2013 机械工程学科发展报告（特种加工与微纳制造）[M]．北京：科学技术出版社，2014.3.

[2] 黄传真，陈根余，张永康，等．2008—2009 机械工程学科发展报告（机械制造）[M]．北京：科学技术出版社，2009.3.

[3] Zou J L，Yang W X，Wu S K，et al. Effect of plume on weld penetration during high-power fiber laser welding[J]. Journal of laser applications. 2016，28（2）：022003.

[4] Li S C，Chen G Y，Katayama S，et al. Relationship between spatter formation and dynamic molten pool during high-power deep-penetration laser welding[J]．Applied Surface Science. 2014，303：481-488.

[5] 季凌飞，燕天阳，王文豪，等．一种蓝宝石亚微米级切面的激光高精加工［P］. 中国：CN201710158826.4，2017-06-27.

[6] Lu J Z，Wu L J，Sun G F，et al Microstructural response and grain refinement mechanism of commercially pure titanium subjected to multiple laser shock peening impacts［J］．Acta Materialia，2017，127：252-266.

[7] 孙博宇，乔红超，赵吉宾，等．高斯模激光冲击诱发薄壁件应力场的演变机制[J]，中国激光，2018，45（5）：0502005.

[8] Li Bo，Jin Yan，Yao Jianhua，et al. Solid-state fabrication of WCp-reinforced Stellite-6 composite coatings with supersonic laser deposition[J]．Surface & Coatings Technology，2017，321：386-396.

[9] Wang Liang，Yao Jianhua，Hu Yong，et al. Influence of electric-magnetic compound field on the WC particles distribution in laser melt injection[J]．Surface & Coatings Technology，2017，315：32-43.

[10] Jiang L, Wang A D, Li B, et al. Electrons dynamics control by shaping femtosecond laser pulses in micro/nanofabrication: modeling，method，measurement and application[J]．Light：Science & Applications 2018，7：17134.

[11] Fan P，Bai B，Zhong M，et al. General Strategy toward Dual-Scale-Controlled Metallic Micro-Nano Hybrid Structures with Ultralow Reflectance［J］．ACS Nano 2017，11：7401-7408.

[12] Lin L, Liu L, Musselman K, et al. Plasmonic-radiation-enhanced metal oxide nanowire heterojunctions for controllable multilevel memory[J]. Advanced Functional Materials, 2016, 26(33): 5979-5986.

[13] Hani B, Zhang Y L, Zhu L, et al. Plasmonic-assisted graphene oxide artificial muscles [J]. Advanced Materials, 2019, 31(5): 1806386.

[14] Zhao Y Y, Zhang Y L, Zheng M L, et al. Three-dimensional Luneburg lens at optical frequencies[J]. Laser & Photonics Reviews 2016, 10: 665-672.

[15] Liu P, Cheng W J, Yao YH, et al. Observing quantum control of up-conversion luminescence in Dy 3+ ion doped glass from weak to intermediate shaped femtosecond laser fields[J]. Laser Physics Letters 2017, 14: 115301.

[16] 李凌铃，刘志东，岳伟栋. 随动导丝及喷水机构大锥度高速电火花线切割研究[J]. 中国机械工程，2015，26(9)：1167-1172.

[17] Li Yong, Hu Ruiqin. Micro electrochemical machining for tapered holes of fuel jet nozzles[J]. Procedia CIRP, 2013, 6: 395-400.

[18] Shan Kun, Zhou Ping, Zuo Yunsheng, et al. Analysis of the polishing ability of electrogenerated chemical polishing [J]. Precision Engineering, 2017, 47(1): 122-130.

[19] Zhang Juchen, Xu Zhengyang, Zhu Dong, et al. Study of tool trajectory in blisk channel ECM with spiral feeding[J]. Materials and Manufacturing Processes, 2017, 32(3): 333-338.

[20] Han Lianhuan, Zhao Xuesen, Hu Zhenjiang, et al. Tip current/positioning close-loop mode of scanning electrochemical microscopy for electrochemical micromachining[J]. Electrochemistry Communications, 2017, 82(9): 117-120.

[21] Song Jinlong, Xu Wenji, Lu Yao, et al. Fabrication Technology of Low-Adhesive Superhydrophobic and Superamphiphobic Surfaces Based on Electrochemical Machining Method [J]. Journal of Micro and Nano-Manufacturing, 2013, 1(2): 21003.

[22] Zhang Yan, Xu Zhengyang, Zhu Di, et al. Tube electrode high-speed electrochemical discharge drilling using low conductivity salt Solution[J]. International Journal of Machine Tools and Manufacture, 2015, 92(5): 10-18.

[23] 刘盾. 磨粒高速冲击陶瓷的响应和磨料水射流车削工艺参数优化研究 [D]. 济南：山东大学，2016.

[24] 吕哲. 超声振动辅助磨料水射流抛光冲蚀机理和工艺技术研究 [D]. 济南：山东大学，2015.

[25] 吴逾强. 超高压磨料水射流精密切割 3D 模型基础研究 [D]. 重庆：重庆大学，2015.

[26] 惠庆志. 激光辅助水射流加工 4H-SiC 材料的工艺与去除机理研究 [D]. 济南：山东大学，2018.

[27] 黄飞. 水射流冲击瞬态动力特性及破岩机理研究 [D]. 重庆：重庆大学，2015.

[28] 郭琦. 面向再制造的高压水射流清洗研究与应用 [D]. 济南：山东大学，2015.

[29] 董志刚，段佳冬，康仁科，等. 超声辅助磨削硬脆材料芯棒直径预测模型 [J]. 光学精密工程，2017，25(8)：2106-2112.

[30] Zhang Xiangyu, Sui He, Zhang Deyuan, et al. Study on the separation effect of high-speed ultrasonic vibration cutting[J]. Ultrasonics, 2018, 87: 166-181.

[31] 陈海锋，唐进元，邓朝晖，等. 考虑耕犁的超声磨削表面微观形貌建模与预测 [J]. 机械工程学报，2018.

[32] 赵波，张存鹰. 超声振动辅助加工表面微结构及其特性研究现状[C]// 2018 年全国超声加工技术研讨会论文集.

[33] Zhang Qinjian, Cao Jianguo, Wang Huiying. Ultrasonic surface strengthening of train axle material 30CrMoA[J]. Procedia CIRP, 2016, 42: 853-857.

[34] Chen Yiqin, Xiang Quan, Li Zhiqin, et al. Sketch and Peel Lithography for High-Resolution Multiscale Patterning [J]. Nano Lett., 2016, 16(5): 3253-3259.

[35] Xu Z W, Fu Y Q, Han W, et al. Recent Developments in Focused Ion Beam and its Application in Nanotechnology [J].

Current Nanoscience，2016，12：696-711.

[36] Liu Z，Du H，Li J，et al. Nano-kirigami with giant optical chirality：Science Advances，2018，4（7）：4436.

撰稿人：邹贵生　肖荣诗　季凌飞　姚建华　张群莉　李　欣　刘　磊　李　勇　佟　浩　赵万生　白基成　金洙吉　黄传真　朱洪涛　张德远　秦　威　段辉高　徐宗伟

增材制造

一、引言

（一）定义与范围

增材制造技术（Additive Manufacturing，简称 AM，包括 3D 打印、4D 打印等）是 20 世纪 80 年代后期发展起来的新型制造技术，是当前国际先进制造技术发展的前沿，同时也是目前智能制造体系的重要组成部分。2013 年美国麦肯锡咨询公司发布的《展望 2025》报告中，将增材制造技术列入决定未来经济的十二大颠覆技术之一。增材制造是依据三维数字化模型，通过自动化技术将材料逐层累加制作三维物体的过程。通过材料、信息、工艺、装备和应用的交叉融合，其所具有的离散–堆积的制造原理突破了传统制造技术受结构复杂性制约的瓶颈，有望实现从材料微观组织到宏观结构的可控制造，引领制造技术向“设计—材料—制造”一体化方向发展。

目前，增材制造成形材料包含了金属、非金属、复合材料、生物材料甚至是生命材料，已可以制造小到 5nm 厚的纳米颗粒隧道应变传感器，跨尺度可调力学、电学和其他功能特性的软物质器件和大到 5m 以上的波音 777X 机翼 ABS 塑料制造工装和投影面积达 $16m^2$ 的超大型先进战机钛合金框梁，甚至包括用于药物测试的人类脏器组织和具有生命功能的人体组织以致完整脏器，为现代工业和社会的发展创造了无限的契机。世界上主要发达国家均将增材制造等作为“再工业化”“重新夺回制造业”“颠覆性革命”、实现社会化“泛在制造”的核心国家战略。

（二）本领域近 5 年来科技及产业的主要发展趋势及关键科技问题

随着新技术、新工艺、新设备以及新测试技术和仪器的采用，增材制造技术水平在不断地提高，其主要发展趋势及关键技术问题如下。

（1）金属增材制造。目前主流的金属增材制造技术主要分为粉末床熔融和定向能量沉积两大类，采用激光束、电子束、电弧或等离子弧等高密度载能束，对金属粉末或丝材进行精确数字化控制的特定空间区域内的熔凝处理，制造出具有冶金结合的高性能复杂金属零件或近净毛坯[1]。近五年来，金属增材制造技术发展迅猛，因其成形件性能可与锻件相当，可以快速制造出传统制造方法无法制造的轻量化精密复杂金属构件，以及大型和超大型复杂金属构件，在航空航天、动力能源及生物医疗等领域已经展示出巨大的产业应用价值，并进一步拓展到模具、机械、汽车、船舶等广泛的工业领域。目前金属增材制造技术主要是朝着低成本、高效率、高性能、高精度、宽材料的方向发展，并力求实现构件组织和性能的主动调控，以期按照设计要求实现一致的、可重复的构件组织和性能。对定向能量沉积金属增材制造，重点关注的是大型及超大型高性能复杂构件的低成本、高效率增材制造与修复再制造；而对于粉末床熔融金属增材制造，如何进一步提高其成形构件的精度和表面质量，特别是内腔的精度和表面质量是目前亟待解决的关键问题。同时，如何进一步提升其力学性能和质量的一致性也是研究者关注的重点。需要指出的是，最近美国惠普公司和桌面金属公司推出的金属粉末床喷射粘结增材制造技术，因其可以显著提升制造效率并极大地降低成本，在未来极有可能改写金属增材制造的技术和产业格局。此外，研发增材制造专用合金以充分发挥增材制造的技术优势，必然也是一个极为重要的研究方向。

（2）非金属增材制造。非金属增材制造主流技术主要包含立体光固化（SL）、激光选区烧结（SLS）、熔融沉积制造（FDM）、三维喷印（3DP）等。立体光固化（SL）是采用光照固化光敏高分子材料以成形出精度可达亚微米级三维成形件的技术，适合成形生物、航空航天、微机电系统等领域中的高精度零件。在工艺上，高速光固化和高精度光固化成形技术是其发展趋势，在材料上，由从传统的光敏树脂扩展到水凝胶和陶瓷。目前，材料种类少且昂贵、材料性能差等仍是需要解决的关键问题。激光选区烧结（SLS）技术是基于粉末床的激光烧结技术，过去几十年来，该技术已成功应用于汽车、造船、航天和航空等诸多行业。目前，SLS 技术还有很大的发展空间：成形工艺和设备的开发与改进、新材料成形机理、SLS 与传统加工技术相结合复合成形工艺、成形件后处理工艺优化等。熔融沉积制造（FDM）是利用丝材熔融挤出的增材制造技术，打印出的物件可耐热、耐腐蚀和抗菌，被用于制造概念模型、功能原型，甚至直接制造零部件和生产工具。未来，FDM 成形件精度和性能有待提高，应用领域需向多样化方向拓展。三维喷印（3DP）采用液体粘结剂选择性地喷射在粉末床上逐层粘结成形，特别适用于成形铸造型芯、快速金属模具等。目前铸造砂型的高效率三维喷印及大型金属零件的低成本成形是该技术的发展趋势，成形材料从陶瓷、沙子、高分子粉末拓展至金属材料。目前，成形零件性能差、精度偏低、核心零部件（喷头）价格昂贵是需要解决的关键问题。

（3）生物医疗增材制造。生物医疗增材制造技术是用生物材料、细胞、生物因子及药物为成形材料去制造人体组织器官、体外生物模型和药品。目前主要包括制造具有生物医学功能的体外医疗器械、人体组织替代物、组织工程支架、细胞三维结构组织及药物等。其中，目前定制化人体植入物和矫正器已进入临床应用，成为引领“个性化和精准医疗”发展的核心技术，具有巨大的市场需求和产业前景。近五年，以临床治疗应用的 3D 打印技术爆发式增长，大量医生参与其中推动了 3D 打印在骨科、口腔科、胸科领域的应用；高性能 PEEK、钽金属等新材料增材制造不断发展，定制化植入物进入临床试验，取得了显著的治疗效果；国家相关管理部门为推动医疗增材制造技术规范化和产业化，从科学监管和政策法规方面制定政策，逐步批准产品注册。近五年在关键技术上取得了显著的进步，建立了个性化矫形器和植入物的设计方法与软件系统；突破聚醚醚酮（PEEK）韧性低的难题，实现 PEEK 材料性能调控和医学假体个性化功能结构制造；建立电子束制备钽金属定制化植入物系统，认识钽金属的个性化植入物增材制造与骨组织生长关系等。通过关键技术的研发，有效支撑了我国医用增材制造技术在临床应用和医疗监管科学的发展，使得我国在本领域的发展走在国际前列。

（4）增材制造设计与软件。增材制造产品性能的充分发挥有赖于基于增材制造工艺特性的变革性新结构的设计与实现。充分利用增材制造技术释放的创新设计空间，发展面向增材制造的结构创新设计理论、方法与软件工具，实现“功能驱动设计、设计牵引制造”，是近年来增材制造设计与软件领域各国普遍认同的发展趋势和研究热点。拓扑优化已经成为结构构型创新设计的重要工具，是能够与增材制造完美契合的设计技术。将拓扑优化与增材制造技术融合，发展面向增材制造的结构与材料创新设计技术体系，已经成为新的研究焦点。围绕整体化、多层级、梯度材料、结构功能一体化设计，催生了基于密度法、水平集方法、进化算法等一系列增材制造拓扑优化设计新方法。基于拓扑优化方法的增材制造结构设计近年来在航空航天与机械工程领域得到极大关注，在降低结构重量、提高结构性能、减少零件数目方面工程应用效果显著。同时，考虑增材制造特有制造约束的结构拓扑优化设计方法成为新的研究增长点，包括尺寸极限、悬挑限制、连通性等几何特征约束，材料各向异性和尺寸依赖性等材料性能方面的特点，以及表面粗糙度、多材料界面、制造几何与材料缺陷等不确定性因素的影响。支持多材料、多尺度工艺结构一体化、多工艺协同制造的数据格式与软件平台基础技术框架是目前的研发重点，ASTM 提出的 AMF 格式已经成为 ISO 国际标准，可完备支持多材料、曲面模型、微结构等模型特征，但完整支持上述功能的软件解决方案仍在完善中。工艺软件方面，研究激光扫描的运动轨迹、工艺参数设计方法、设计实现制备残余热应力最小的制造进程方案也是重要的研究领域。此外，增材制造结构设计优化、几何模型处理、制造工艺仿真、加工制造、后处理等商品化成熟软件解决方案已有应用，大规模点阵结构几何模型处理、拓扑优化传统密度法优化结果的自动参数化后处理也成为各商业软件公司重点突破和主推的新技术。

（5）增材制造质量基础。增材制造产品的组织和性能特征完全不同于传统铸件和锻件，这意味着传统的构件质量检测和评价方法很可能并不适用于增材制造产品。增材制造成形件质量满足用户需求是保障增材制造实际应用的基础，科学、精确、系统的检测评价方法是增材制造研发和生产的关键工具，成形件和测试方法的标准化是增材制造推广的加速器。近年来国内在检测方法和标准化方面的工作推进明显。由于增材制造工艺成形过程逐层叠加的特性，成形过程工艺参数是影响成形件质量的重要环节，可以利用热成像、同步辐射、高频激光超声等方法开发增材制造在线实时监测技术，后期系统集成于增材制造设备，实现实时监测与反馈，形成控制闭环，以有效降低成形件废品率。增材制造具有定制化、小批量的特点，无损检测是评价成形件内部质量的最佳方法。通过开发高能束高精度增材制造复杂结构无损检测方法与设备，解决工业 CT 对样品尺寸的限制以及超声检测存在表面盲区等问题，直接精确表征成形件内部缺陷，结合机械性能数据综合分析成形件质量。增材制造面向行业类别丰富，建立和完善增材制造检测标准化体系，规范化检测方式和数据记录格式，有利于各行业之间的交流，促进增材制造快速推广应用。

（6）增材制造前沿探索。增材制造前沿领域来自多学科的交叉和融合，除上述主流技术外，均匀金属微滴喷射、电流体动力喷射、微纳光固化、微电路增材制造、4D 打印等也有很好的发展前景。均匀金属微滴喷射是通过控制均匀金属微熔滴逐层堆积成形三维结构，可以根据需求打印均质和非均质微小结构，发展趋势为：实现结构功能一体化件打印和提高打印精度，涉及微滴稳定喷射与沉积、液固相变与结合、组织性能和表面形貌调控等科学技术问题。电流体动力喷射是在喷嘴与基板之间施加高电压脉冲而形成泰勒锥，并以极细锥射流或射流断裂形成的微滴逐层堆积成形复杂三维微纳结构，发展趋势为：研发低成本功能材料、建立多材料多尺度打印工艺等，涉及大高宽比超微细导电图案打印方法、多喷头电场串扰机理及打印不稳定性抑制等科学技术问题。微纳光固化又分为微立体光固化、双光子聚合三维激光直写、大面积投影微立体光固化等。它是采用亚微米 ~ 微米级光斑（图像）使树脂在极小区域发生光固化反应，发展趋势为：大面积微立体光固化、宏观零件亚微米精度成形等，涉及微域光敏树脂交联反应等科学技术问题。微电子线路增材制造是通过沉积电子功能材料来实现微电子线路的打印，发展趋势为：高性能纳米导电材料和介电材料的协同数字化沉积和三维立体空间布线或空间曲面布线，涉及沉积材料间相容性、润湿匹配以及纳米导电材料即时光子烧结等科学技术问题。4D 打印是通过材料或结构的主动设计，使构件形状、性能和功能在时间和空间维度上实现可控变化的增材制造技术，发展趋势为：智能材料新工艺与装备研发、4D 打印智能构件原理验证与应用示范等，涉及智能构件设计、建模与评价方法，功能预测及优化设计等科学技术问题。

二、最新研究进展

1. 金属增材制造

面对高端装备领域对构件尺寸极限，加工精度，成形自由度和综合力学性能越来越迫切的需求，在国家重点研发计划、“973”计划、“863”计划等项目的支持下，北京航空航天大学、西北工业大学、清华大学、华中科技大学等多家高校，北京煜鼎增材制造研究院有限公司、西安铂力特增材技术股份有限公司、天津清研智束科技有限公司等企业，在金属增材制造技术方面取得重要进展。

（1）解决大尺寸构件在金属增材制造过程中存在的应力累积和工艺稳定性问题，发明了世界最大尺寸的激光熔覆沉积增材制造装备，实现世界最大尺寸航空航天关键构件的增材制造。北京航空航天大学和北京煜鼎增材制造研究院有限公司发明桥式、高紧凑、灵活扩展、多路沉积激光熔覆沉积增材制造装备，研制出制造能力达 7m×5m×3m、钛合金沉积效率达 500 cm^3/h 的目前世界最大的多路沉积“桥式”激光熔覆沉积增材制造成套装备[2]。在此基础上，突破弱刚性结构增材制造变形开裂预防和几何尺寸控制难题，成功制造出包括最大外廓投影 16 m^2 的整体钛合金框、直径 4m 的大型钛合金底框等在内的大型钛合金关键整体构件，服务大飞机及载人航天工程[3, 4]。西北工业大学和西安铂力特激光成形技术有限公司突破复杂悬空结构和倾斜结构的激光熔覆沉积难题，为欧洲空中客车公司预研新机型提供尺寸达 3m 的钛合金关键承力构件，显著提升了我国激光增材制造的国际影响力。首都航天机械有限公司实现了尺寸达米级的铝合金和高温合金电弧熔丝增材制造，这是目前世界电弧熔丝增材制造最大尺寸的铝合金和高温合金构件，并且在国际上首次实现了装机应用，电弧熔丝增材制造铝合金构件通过了航天器飞行应用考核。中国航空制造技术研究院联合中国科学院沈阳金属研究所等相关单位，突破了丝材高速稳定熔凝技术、复杂零件路径优化技术、大型结构变形控制技术、力学性能调控技术、专用材料开发等一系列关键技术，于 2012 年和 2016 年分别首次实现了电子束熔丝沉积成形钛合金次承力结构和主承力构件的装机应用，研制出了国内第一台和目前国内最大的电子束熔丝成形设备。

（2）实现航空航天极端复杂构件的精密激光与电子束选区熔化增材制造，突破高端激光及电子束选区熔化装备限制并出口欧洲市场。西安铂力特增材技术股份有限公司突破超大尺寸复杂薄壁构件变形控制关键技术，制造出了长达 1.2m 的世界最大单方向尺寸的激光选区熔化钛合金制件；解决型号产品功能结构一体化整体制造瓶颈，实现整体结构显著减重，应用于高超飞行器；突破具有空间极限斜角孔异型格栅结构的精密制造难题，显著提高雷达波吸收效率，应用于新一代重型战机。突破了面向平台互换性和动态稳定性的模块化、智能化装备设计方法，高难度复杂零件的装备高稳定性和可靠性制造技术，研制出高精度、高稳定性激光和电子束选区熔化增材制造装备。西安铂力特增材技术股份有限公司研制的高稳定性 BLT-S300 型激光选区熔化装备出口德国和法国，BLT-S310 激光选区熔化装备成为空客 A330 增材制造项目主要设备之一。清华大学与天津清研智束科技有限公司研制的 QBeamLab200 电子束选区熔化装备出口俄罗斯，并通过“全俄航空材料研究所（VIAM）”测试和验收，使中国成为国际上第二个能够自主研发该技术的国家，实现了该技术的“自主可控”。西安铂力特增材技术股份有限公司于 2017 年荣获第一届全球年度 3D 打印行业奖——年度 OEM（企业）大奖。

华中科技大学快速制造中心提出将材料制备与结构成形合并，以形成材料组分区域可控和多工艺结构整体成形的一体化技术。发现激光高速扫描产生的应力是导致弱界面、裂纹和孔隙等缺陷的主要原因，提出粉末微区预热、再熔化和后精整的调控方法，发明了三束激光协同扫描的增 / 减材装备（图 1）；提出激光与复合材料作用的固溶和弥散共存强化，以及材料组分与激光参数时空调控的方法，发明了微区性能与区域结构的可控调节方法；提出了装备与工艺信息交换的统一数字化表达模型和全维度数据格式，研发了面向材料 – 结构 – 性能一体化制备与成形的软件。该成果获 2016 年湖北省技术发明奖一等奖[5,6]。

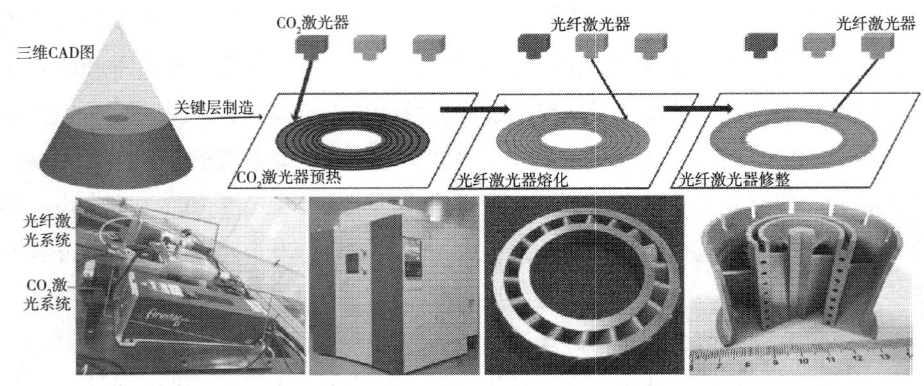

图 1　多激光增 / 减材复合制备与成形方法示意图

（3）复合制造技术提高零件制造效率与成形自由度。华中科技大学综合增材微铸与半固态连续铸锻两项技术的优势，发明了增 – 等 – 减材即微铸锻铣多工序复合超短流程、多能场多材料复合的控形控性方法，建立了面向多向制造曲面分层、多物理场多尺度模拟的理论模型，研发成功首台超短流程微铸锻铣合一复合增材制造高端锻件的设备并完成系列化。同时，提出了磁 – 电 – 光 – 力多物理场多尺度复合成形模拟方法，掌握了移动热源和刚 – 柔性约束的热力循环条件下的成形件热应力变形和组织演变与控制规律，建立了金属零件形状与冶金质量主动并行控制的成形路径 – 熔积能量 – 塑性加工三位一体复合制造系统。研发出了面向大型化高端金属零件研发生产的复合制造工程化系列装备，集成了柔性变胞紧凑微锻装置、数字化控温控形控性以及工艺过程动态交互系统，成形尺寸最大达 5 m。

清华大学创新出了电子束 – 激光复合选区熔化（EB–LHM）技术，通过激光与电子束的组合，可以实现真空 SLM、高粉末床温度 SLM、激光防吹粉以及电子束 – 激光复合选区熔化（EB–LHM）等多种复合新工艺，为解决两种工艺的技术瓶颈创造了有利条件[7]。

（4）提高综合力学性能，建立了激光增材制造高强韧合金组织主动调控新原理和新方法。上海交通大学和西北工业大学等将纳米 TiB_2 增强和增材制造相结合，使普通铸造铝硅合金的强度相比传统工艺提升 75%，延伸率提高 5 倍，研发了与高强变形铝合金 7050 相当的增材制造专用铝基复合材料；西北工业大学通过相与组织再设计，在强度损失不大的情况下，使增材制造钛合金的延伸率提高 105%。同时，显著改善长期为工业界所诟病的拉伸性能的稳定性（＜5%）和各向异性（＜15%）问题，支撑了包括 C919 在内的国家国防 30 余个重点型号装备的创新发展[8, 9]。

2. 非金属增材制造

（1）基于激光选区烧结的碳纤维增强热固性树脂和碳化硅陶瓷基复合材料制备。华中科技大学快速制造中心首次提出基于粉床激光增材制造的碳纤维 / 环氧热固性树脂和 C_f/SiC 复合材料的制备成形一体化工艺[10, 11]，利用激光选区烧结制备形状结构复杂的碳纤维 / 尼龙预制体，再高温浸渗热固性树脂并固化，得到高性能碳纤维增强热固性树脂复合材料零件（图 2 左）；预制体通过碳化、渗硅得到 C_f/SiC 复合陶瓷零件，世界首次整体增材制造出 1.6m 多的复杂碳化硅陶瓷基复合材料零件（图 2 右）。

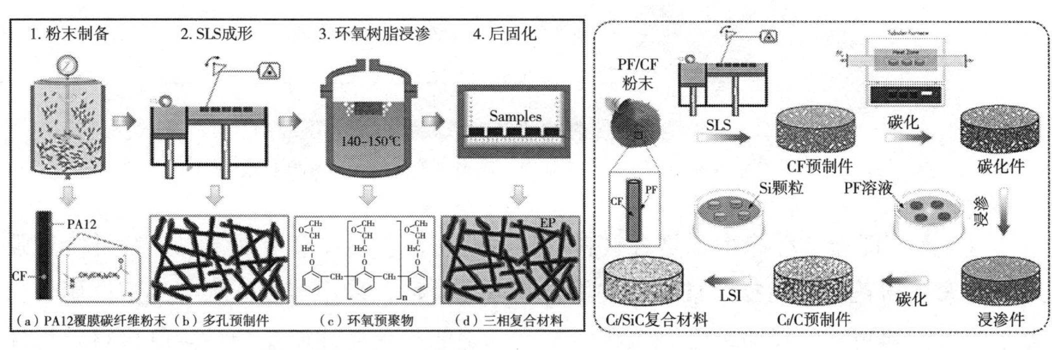

图 2　基于 SLS 的碳纤维增强热固性树脂（左）和碳化硅陶瓷基复合材料制备成形一体化工艺（右）

（2）大型陶瓷构件粉床激光增材制造工艺与装备。华中科技大学快速制造中心首次实现大型陶瓷构件粉床激光增材制造工艺与装备。发明多层多点独立控温结合数值模拟，实现超大范围均匀预热温度场；发明多点视觉测量自动校正方法，实现多扫描系统的高精度拼接；发明实时负载均衡方法，实现多激光高效协同工作。研制成功世界最大台面（1700 mm × 1700 mm）的陶瓷构件粉床激光增材制造装备，并在航空航天领域得到实际应用。

（3）复杂零件整体铸造的型（芯）激光烧结材料制备与控形控性技术。华中科技大学快速制造中心采用激光选区烧结（SLS）整体成形复杂型（芯），创新铸造过程调控方法，以实现高性能复杂零件的整体铸造。项目包括三个创新点：①高性能型（芯）SLS 粉末及制备方法；②复杂型（芯）SLS 过程在线测量与形性调控方法；③复杂零件整体铸造的变形、夹渣和孔松等定量预测与工艺优化方法。基于上述创新成果，创建高性能复杂零件的整体铸造成套技术，突破了航空发动机机匣、航天发动机涡轮泵等高性能复杂零件的整体铸造难题。项目获发明专利 24 项、软件著作权 13 项。专家鉴定“总体技术达到国际先进水平，部分指标国际领先”。成果应用于中国航发、西安航天发动机等国内外数百家单位，取得了显著的经济和社会效益，引领了我国铸造行业技术进步，大幅提升了国际竞争力。该成果获 2018 年国家科技进步奖二等奖（图 3）。

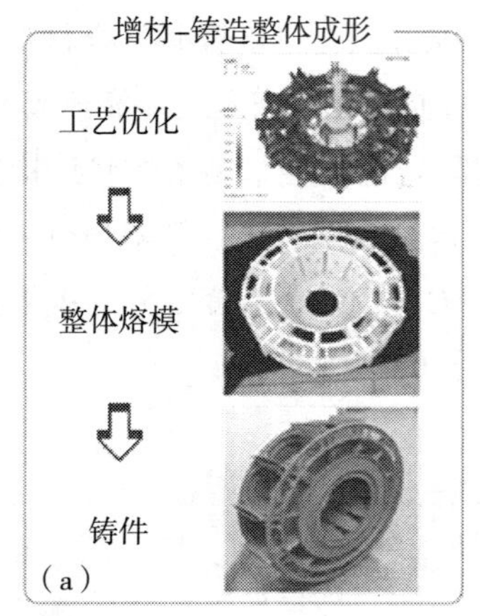

图 3　高性能复杂零件的整体铸造成套技术典型应用

（a）钛合金中介机匣；（b）高强不锈钢涡轮泵的壳体和离心轮

（4）高性能连续纤维增强复合材料增材制造工艺。西安交通大学以连续纤维增强热塑性聚合物基高性能复合材料零件增材制造为目标，采用连续纤维与热塑性聚合物为原材料，利用复合浸渍 - 熔融沉积增材制造工艺实现高性能复杂结构复合材料构件的低成本一体化快速制造，打印的复合材料零件的拉伸与弯曲强度分别达到 340 MPa 与 390 MPa [12]，该技术既克服了传统增材制造零件强度不足的缺点，又突破了传统复合材料成型工艺成本高、周期长的技术瓶颈，为纤维增强树脂复合材料构件的制造提供了一条新技术途径。

（5）陶瓷点阵结构的光固化增材制造技术。西北工业大学曾庆丰等联合迈海材料基因组国际研究院和西安点云生物科技有限公司开发了高流动性光固化陶瓷墨水，通过数字光处理（Digital Light Processing，DLP）技术实现了周期点阵结构的增材制造。该陶瓷墨水的固相体积含量超过 50%，烧结制品的致密度大于 98%，该技术解决了陶瓷材料难成型、难加工的瓶颈问题，可应用于陶瓷多孔体、铰链、轴承等复杂构件的制造。

（6）高性能陶瓷材料面成形增材制造。西安交通大学开发了自制的液态陶瓷浆料和光固化面成形设备，建立具有自主知识产权的陶瓷光固化面成形方法，可与传统陶瓷烧制工艺结合，成形高密度复杂工业陶瓷制件、生物陶瓷支架、陶瓷义齿等多种陶瓷零件。发现了分散剂用量和陶瓷固相含量对于浆料黏度，以及光引发剂用量对于浆料光固化性能的影响规律；通过对面曝光技术分离方式和分离膜对加工过程中零件受力的影响规律的研究，如分离膜材料在直接抬起分离和倾斜分离的方式下分离力变化规律，为面成形工艺和设备研制提供了理论依据。采用该技术成形的多孔陶瓷支架，其致密度为 84.8%，压缩强度为 66.38 MPa，相比点扫描式光固化成形的同种结构的生物陶瓷支架的力学性能提高 2 倍以上，为复杂结构高性能陶瓷零件提供了新的制造手段。

3. 生物医疗增材制造

医疗增材制造进入临床应用的主要是体外矫形器和假肢、口腔矫形器、人体植入物等，近年来我国科研人员在材料、设计、制造和应用多方面取得突出进展，也为国家相关政策法规制定提供技术支撑。

（1）个性化体外医疗器械。西安交通大学在个性化糖尿病预防脚垫、矫形器和康复假肢方面提出梯度变模量的优化设计方案，通过微观孔隙结构实现产品局部模量的精确调控，有效降低矫形器、鞋垫与肢体接触部分的应力峰值 30% 以上，提高穿戴舒适度[13]。个性化矫形鞋垫在西安红会医院已进入临床试用，穿戴后即可调整足踝部关节畸形角度 50% 以上。研发了专用于假肢矫形器制造的连续纤维增强热塑性复合材料 3D 打印设备，提高 3D 打印假肢接受腔的自动化设计水平和穿戴舒适度，制备的假肢接受腔比传统方案制备产品重量降低 30%，成本降低 50%，且舒适度较高，已开展临床试用[14]。

（2）钛合金植入物。钛合金是定制化植入物制造技术主流技术，目前主要工艺是激光铺粉制造技术和电子束铺粉制造技术。近年来上海第九人民医院与上海交通大学机械与动力工程学院开展应用研究[15]，空军军医大学与西安铂力特公司开展了大面积定制化胸骨替代物临床应用[16]。华南理工大学研发了基于激光选区熔化技术成型的钛合金种植牙以及下颌骨植入体，研发的设备打印精度可达 20 μm[17]。研发了个性化种植牙，其外形与拔牙窝具有非常高的贴合度，该技术可减少骨的充填材料，降低种植体预备、植入等创伤，减少手术等待流程，减轻患者的经济负担。

上海交通大学采用仿生设计和拓扑优化方法，建立梯度孔隙结构模型，实现了植入物的高孔隙率和力学适配性，为骨组织长入提供了合适的孔径、充足的空间，有效的力学支撑，并消除了植入物与宿主骨之间的应力遮挡[18]。对比研究电子束粉床熔化成形（EBM）和激光粉床熔化成形（SLM）的差异，发现在相同孔隙率条件下，EBM 多孔钛抗压强度、结构刚度明显低于 SLM 多孔钛，但延展性高于 SLM 多孔钛。将天然聚合物海绵、生物陶瓷与多孔钛复合，在多孔钛孔隙内构建仿生微环境，赋予多孔钛植入物生物功能，调控蛋白的吸附和细胞粘附，促使其主动参与组织再生与重建的生物学过程，显著提升了多孔钛植入物的成骨性能，相关研究结果发表于本领域最权威杂志 *Biomaterials*[19]。多孔钛植入物研究成果获得广东省科技进步奖二等奖。

西安交通大学开展了多孔金属植入物设计技术研究，提出了体内骨替代物的通用设计准则，建立了梯度多孔内植物的宏微观功能梯度一体化设计方法，系统研究多孔微结构单元的等效力学性能，开发个性化内植物设计软件 OrthoDesign，实现功能梯度结构宏微一体化设计的自动化功能[20]。提出了多步态载荷工况下的内植物拓扑优化设计新思路，实现了个性化假体轻量化设计以及多步态全周期的假体安全校核，联合西京医院于 2019 年 5 月完成了世界首例拓扑优化个性化盆骨替代物和个性化人工椎体的临床应用。

（3）钽金属植入物。西北有色金属研究院和西安赛隆金属材料有限责任公司，在国际上首次开展了个性化多孔钽植入假体粉床电子束增材制造装备与关键技术研究[21]。采用自主研发的等离子旋转电极雾化制粉设备，攻克了增材制造用高熔点金属球形粉末的制备难题。开发了面向高熔点金属的大束流精细、动态聚焦技术以及海量多孔结构海量 STL 数据模型快速剖分技术；开发了基于粉床电子束增材制造技术的应力松弛和精度控制技术，实现了多孔钽孔隙率在 65%~95% 内的任意调控，并形成了稳定的成形工艺包。2018 年完成了全球首例个性化多孔钽植入假体的临床应用。

（4）聚醚醚酮（PEEK）植入物。以 PEEK 材料为代表的聚合物植入物，因其与骨接近的材料性能和优异的生物学性能逐渐成了内植物的研究热点，而且具有替代金属的潜力。西安交通大学[22]提出了 PEEK 3D 打印的控形控性冷沉积工艺，解决了大尺寸 PEEK 零件的收缩和翘曲的难题，实现了 PEEK 复杂形貌可控精度和模量的成型工艺。完成世界首例 3D 打印 PEEK 肋骨、胸骨和肩胛骨植入物临床应用，相关研究和临床案例发表在国际权威期刊 *Biomechanics and Modeling in Mechanobiology* 和 *Journal of Bone Oncology*，获得该领域国际专家的高度评价与认可，至今已实现了近百例的个性化 PEEK 骨替代物的临床应用[21, 23]。相关医学应用和医疗准入方面取得了显著进展，标志性的发展是北京大学第三医院与爱康医疗控股有限公司将电子束增材制造技术应用在髋关节臼和外表面多孔结构制造中并于 2015 年获得国家食品药品监督管理局（CFDA）的注册批准，成为我国首个增材制造的上市产品。2018 年 3 月，西安交通大学所研究的“个体化下颌骨重建假体”通过国家食品药品监督管理总局产品审评并获批注册，成为国内首个定制化内植物器械注册证。相关研究成果在 2014 年获得国家技术发明奖二等奖。国家食品药品监督管理总局已经在 2018 年 9 月出台《定制式医疗器械监督管理规定（试行）》（征求意见稿），相关政策将为生物医疗增材制造技术的产业化提供制度保证。

4. 增材制造设计与软件

在国家重点研发计划、“863”计划、国家自然科学基金重点项目等的支持下，大连理工大学、华中科技大学、西北工业大学、上海交通大学、南京航空航天大学等多家高校及科研院所，在增材制造设计与软件开发方面取得重要进展。

（1）面向增材制造的结构多功能化设计方法研究。依托国家自然科学基金重点项目的支持，大连理工大学刘书田等研究建立了面向增材制造的飞行器承力结构多功能化设计方法（图 4）。构建了增材制造工艺约束的表征与描述模型，发展了面向增材制造的结构拓扑优化设计理论和方法。提出了一种面向变密度法的拓扑优化结果快速参数化策略，实现拓扑优化模型和增材制造模型的直接转化[24]；研究了增材制造工艺约束的表征与描述问题，提出了基于虚拟温度场比拟的连通性约束描述方法，建立了考虑增材制造连通性约束、尺寸约束及悬挑约束等工艺约束的结构拓扑优化方法[25]；发展了增材制造激光扫描轨迹的设计方法，以缓和大尺寸增材制造件的热残余应力与翘曲变形。在面向国家重大工程需求的超轻材料和结构新构型设计方面，与航空、航天等工业领域相结合，提出了一系列针对具体工程问题的新的分析、设计和优化方法，解决了一大批国家重点工程和重点项目的实际问题[26]。具体包括：含流道的多层微桁架夹芯面板一体化热防护结构承载与隔热协同优化设计、飞行器典型零件优化设计、大口径空间反射镜轻量化结构优化设计、飞行器环形散热器优化设计等。

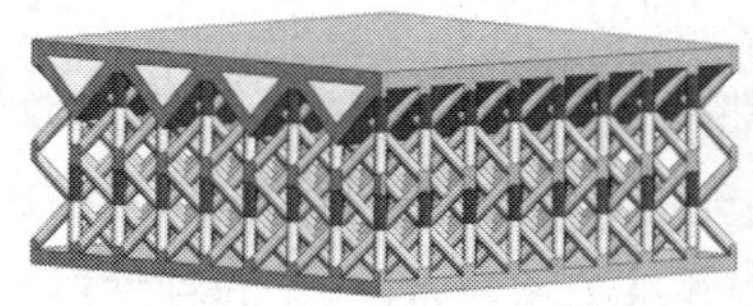

图 4　面向增材制造的超轻多功能结构设计

（2）面向增材制造的结构整体式构型设计理论与方法。依托国家重点研发计划、国家自然科学基金重点项目、国际（地区）合作与交流项目的支持，西北工业大学张卫红等提出了机械结构系统的整体式构型设计理论与方法。针对复杂结构系统中结构构型、复杂载荷工况以及苛刻性能要求存在强相互耦合制约关系，分别提出了高性能整体式构型混合参数设计与优化[27]、结构 – 组件 – 支承耦合的整体结构多因素匹配设计[28]以及考虑载荷设计相关耦合作用的拓扑优化[29]等技术，成功解决了新一代大型运载火箭上面级结构、新型战斗机翼面结构以及新型航空发动机热力耦合静子框架等航空航天型号研制中的结构设计难题，获得国家自然科学奖二等奖。发展了拓扑优化技术与增材制造工艺深度融合的以“性能优先”为宗旨的结构创新研制模式，建立材料 – 结构 – 工艺 – 性能一体化技术。建立了考虑悬空角、连通性以及增材制造成形后材料性能的拓扑优化方法；建立了增材制造成形后材料的唯象弹性本构模型，基于各向异性屈服准则建立了极限强度预测准则；建立了增材制造典型微结构、典型多材料混杂方式的等效力学性能分析方法，形成了组件布局、点阵微结构、宏观结构构型三类、150 万设计变量规模结构的优化设计能力；完成了某飞行器舵轴和某卫星平台整体结构设计，研制出国内首套运载火箭动力系统新型多孔介质燃烧室；初步完成了卫星承力结构、舵面和封头等薄壁加筋结构的整体结构构型设计与增材制造的应用研究。

（3）复杂力学环境航天构件材料 – 结构一体化设计。依托国家自然科学基金重大项目的支持，上海交通大学林忠钦等针对复杂航天结构件超强承载、极端耐热、超高精度和超轻量化的性能目标，面向材料 – 结构的多尺度匹配设计、高性能构件材料 – 结构整体制造以及制造性能的多能场精确调控等挑战，围绕金属材料、树脂材料、复合材料增材制造工艺下多尺度结构与构件性能的映射规律、多材料多尺度结构的成型原理、材料组织演化与结构变形的交互作用机制等科学问题，开展高性能构件材料 – 结构一体化设计方法、树脂基点阵夹层构件的原位制造、异质多层防热复合材料构件三维织造 – 增材制造、金属基材料 – 结构双梯度点阵构件增材制造和异型筋筒体构件等材 – 增材制造形性精确调控等基础理论、新工艺和装备开展研究，通过典型薄壁构件进行了材料 – 结构一体化设计和制造方法的应用验证，实现了材料从“选择”到“定制”、结构从“组装”到“整体”、性能从“试错”到“精确”的转变，形成材料 – 结构一体化设计与制造理论，实现高性能复杂结构的整体制造和性能精确调控。此外，南京航空航天大学顾冬冬等在国家自然科学基金重点项目“功能驱动的仿生结构多材料构件激光增材制造基础研究”支持下，基于下一代航空航天装备及构件整体化、多功能化发展趋势，面向隔热 / 防热功能、减震抗冲击功能、空间抗辐射加固功能的综合功能需求，创新发展鳞脚蜗牛壳的异种材料层状结构、水蜘蛛的水泡构型、龙虾眼的球面微通道阵列结构等仿生结构，并基于陶瓷 /Ti 合金异种材料层状复合结构、碳纳米管增强 Al 基纳米复合材料等多材料设计与布局，实现了仿生结构多材料构件的整体增材制造及多功能一体化。

（4）结构拓扑优化新框架与高效算法方法。在重点研发计划、重点基金等项目的支持下，大连理工大学、西北工业大学等在结构优化新框架与高效算法方法方面取得了重要进展。

大连理工大学郭旭等创立了完全不同于既有范式的结构拓扑优化新框架，提出了采用显示几何描述的组件（MMC）/ 孔洞（MMV）作为基元，通过组件或孔洞的移动、变形、交叠与覆盖实现拓扑变化，该方法有望实现拓扑优化结果与 CAD 软件的无缝对接[30]。相比传统算法设计变量与有限元节点自由度呈数量级减少。该方法还可以对结构进行特征的显示控制、局部控制以保证结构的可制造性，该方面的成果有望为增材制造制造约束提供解决的新思路。

西北工业大学张卫红等[31]建立了拓扑优化与机械 CAD 特征建模理论相结合的技术新途径，提出了特征驱动优化（FDO）方法。基于基本特征和整体结构工程特征通用建模与几何变换方法、高精度有限胞元计算框架及固支边界条件隐式施加和优化、自由变形与受控变形工程特征及设计变量定义、隐式 / 显式统一优化方法等关键问题，建立了工程特征驱动的结构拓扑优化理论与方法。

（5）增材制造仿真与设计优化软件平台。在结构仿真与优化软件平台开发方面，大连理工大学工程力学系研发了自主可控的 SiPESC 软件平台。SiPESC 软件平台针对数值方法的高效实现提出了全新的软件框架体系结构、软件设计模式与面向对象的实现技术。研发的复杂结构有限元分析与优化系统，目前已逾 200 万行代码，具备了大规模计算能力，实现了上千主核环境并行计算，完成了超 1 亿自由度、3000 万设计变量的超大规模结构拓扑优化。该平台总体功能已经与国外主流软件相当，特色功能实现了超越。

（6）增材制造数据处理软件平台。华中科技大学史玉升团队在“863”课题的支持下，综合国际标准 AMF 文件格式的特点，提出整合几何、材料、结构信息的全维度表达模型的概念，该模型采用三角形面片表达几何边界信息、空间域函数表达规则材料、结构分布、体素模型离散化表达不规则材料、结构分布，可有效解决传统 STL 模型表达点阵结构文件尺寸庞大难以处理，AMF 模型结构复杂、难以表达不规则结构等问题。在该模型的支持下，研制了一个通用的增材制造软件平台，可支持 SL、SLS、SLM、3DP、WAAM 等大多数主流增材制造工艺，支持多激光器大尺寸装备及增减材复合成形装备，支持彩色模型及复杂大尺寸点阵结构的高效成形。

（7）工艺仿真技术。在国家重点研发计划国际合作项目“激光增材制造过程的数值模拟关键技术及软件”支持下，华中科技大学材料成形与模具技术国家重点实验室研发了具有自主知识产权的 iAdditive 软件平台，具备大规模集群计算能力和自适应网格加密 / 解密功能，可支持 SLM、EBM、EBF3、WAAM、SLS 等多数工艺的熔池流动、传热以及自由界面演变行为仿真，支持超大型零件增材制造过程应力变形的高效快速仿真，为增材制造工艺的设计提供了先进的仿真手段。

5. 增材制造质量基础

目前增材制造产品质量检测项目绝大部分可以参考现有标准方法，内部质量主要采取无损检测的方法，但是对于尺寸较大的金属成形件，射线 / 工业 CT 的穿透能力有限，无法精确地表征缺陷信息，而常规的超声检测存在表面盲区，因此激光超声的应用研究成为当前热点。此外缺乏与增材制造技术相对应的检测标准和工艺规范，已经极大地制约了这一技术在航空、航天、医疗等领域的发展和应用。

（1）激光超声无损检测技术逐步应用于增材制造。南京航空航天大学自动化学院、西安交通大学机械学院[32]搭建了一套激光超声线源扫查系统，通过反射镜和线聚焦透镜将激光激励源聚焦在待测增材缺陷试块一端，在缺陷试块的另一端采用干涉仪接收信号，并通过控制扫查平台对缺陷进行 B 扫成像，其实验结果表明这种 B 扫成像方法可以有效地确定缺陷的位置和大小。

国家增材制造创新中心王琛玮[33]进行了 316L 不锈钢增材成形件在高温下的激光超声实验，测得增材成形件沉积方向的表面波速与 316L 不锈钢锻件表面波速存在差异，同温度下增材制件表面波速较小，并随着温度上升，表面波速下降。300℃以内，增材成形件沉积方向的声表面波速与温度的关系可以用直线进行近似线性拟合。该研究针对增材成形件热态下的表面波速进行，结果对于金属增材制造的激光超声在线实时检测方法研究具有重要参考价值。

西安交通大学吴尚子[34]以 SLM 快速成形的 316L 不锈钢成形件为实验对象，根据激光超声检测原理搭建激光超声检测系统，对加工得到的不同粗糙度样品进行检测，通过对比各粗糙度表面的检测信号并结合理论分析，揭示成形件表面粗糙度对激光超声检测信号的影响规律。

（2）增材制造在线监测技术成为研究热点。如何保证增材制造过程稳定性和产品综合质量，是当前先进制造技术领域中受广泛关注的热点问题。因此，在线监测技术，尤其是针对金属增材制造工艺的在线监测技术，近年来已经成为一个研究热点。目前，高速摄像机、红外摄像机、热电偶和高温计等多种技术手段已被应用于增材制造过程在线监测中，实现增材制造工艺与检测一体化、自动化和智能化，大大增强了加工过程的质量控制，避免废品出现，降低了生产成本。

华中科技大学史玉升团队[35]以面结构光三维测量技术为基础，根据激光粉末床熔融增材制造逐层加工的特点，提出了基于光束法平差优化理论的测量精度自校准方法，克服了增材制造环境温度变化导致测量结果漂移的问题，实现了铺粉层的平面度和熔融层的平面度等几何尺寸的高精度原位三维测量，能发现翘曲、粉末熔融不足等缺陷；提出了面结构光相位信息引导的轮廓边界提取方法，克服了熔融层加工轮廓图像对比度低而难以精确提取的问题，实现了加工轮廓高精度提取与几何误差分析，也能检测铺粉不足、粉末掺杂质等缺陷。在上述关键技术的研究基础上，研制了激光粉末床熔融增材制造原位三维测量设备，测试结果显示，测量精度可达 0.01 mm（图 5、图 6）。

华中科技大学张海鸥团队[36]针对增材制造工艺的特殊性，以增材制造离散化原理为核心，将传统加工完毕后的整体检测，转变为加工过程中以阶段性加工部位为检测对象的分散检测。利用永磁扰动检测技术成功检测到宽度 0.3mm 的开放式裂纹缺陷、直径 0.8mm

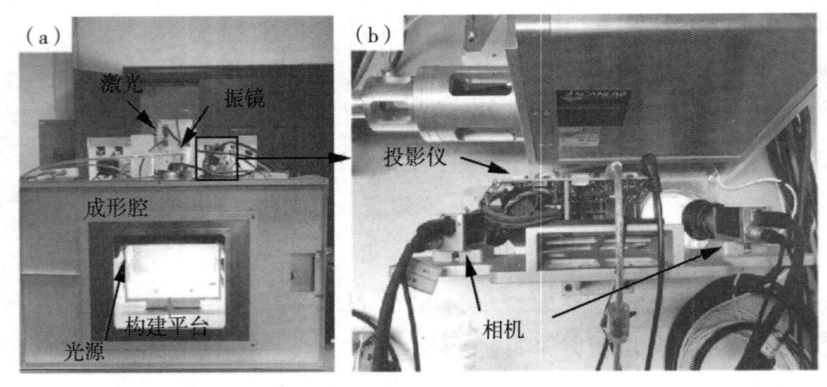

图 5　原位三维测量装置

（a）SLS 设备与原位三维测量装置的安装位置；（b）原位三维测量装置的主要组成部分，两个工业相机和一个投影仪

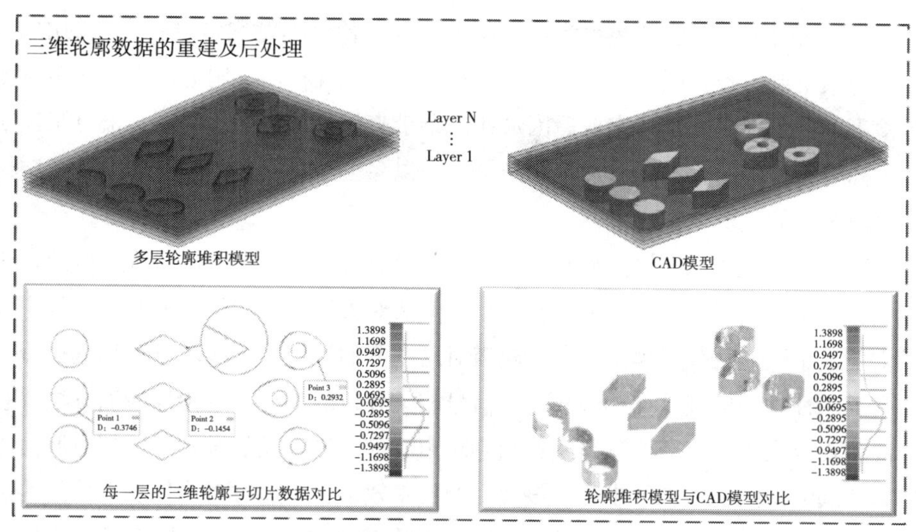

图 6　提取的零件轮廓与 CAD 模型对比分析

的内部气孔缺陷以及埋藏深度为 3mm、直径 1mm 的内部缺陷，实现了电弧熔积增材制造过程的在线检测。

浙江大学吴海曦[37]以 FDM 技术为对象，率先提出采用声发射无损检测技术对增材制造进行监测的技术路线，围绕声发射无损监测策略、信号获取、降噪处理、特征提取、数据压缩、基于模式识别的在线监测方法及其性能优化等方面问题开展了研究工作，研发了面向增材制造的多通道声发射无损检测原型系统。

（3）激光超声应用于增材制造在线检测。大连理工大学白倩等[38]发明了激光超声无损检测方法，原理为将脉冲激励激光器释放的激光通过透镜对增减材试样的表面进行照射，通过热弹性效应或烧蚀作用等激发出超声波，激发出的超声波会使检测激光器中发出的检测激光发生偏转，这种偏转被激光超声接收器接收到并转化为输出信号队。增减材试块中如果有表面或亚表面缺陷存在，则激光激发出的超声波将发生变化，其对检测激光的影响也随之改变，这种改变会被激光超声接收器捕捉到并形成输出信号队，因此可以通过激光超声信号判断材料表面或者内部是否有缺陷产生并确定其位置，检测范围和深度可以通过调节激励激光的分布和频率来控制（图 7）。

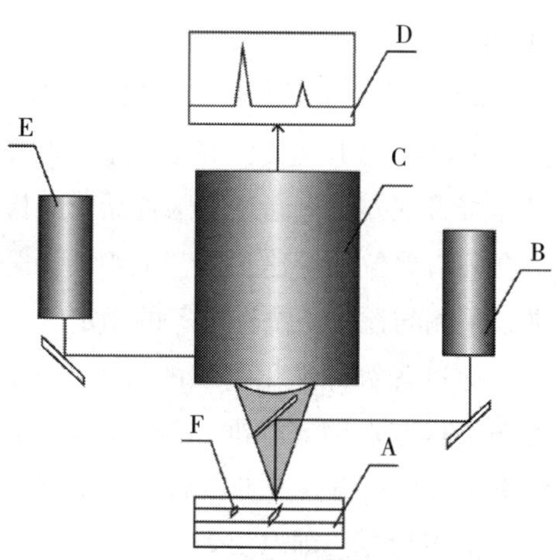

图 7　金属材料高能束增减材在线激光超声检测方法

A. 增减材试块；B. 脉冲激励激光器；C. 激光超声接收器；D. 输出信号；E. 检测激光器；F. 缺陷

中国航空工业集团公司北京航空材料研究

院王晓[39]等利用激光激励的超声表面波幅度的变化检测增材制造过程产生的冶金缺陷，检测装置与增材制造设备的高能束发生装置相结合，实现在增材制造过程中同步对零件缺陷进行检测，避免了零件制造完成后因形状复杂带来的检测盲区，提高了增材制造零件的可靠性，同时将检测过程与制造过程相结合，可以免去后续的检测时间，提高了增材制造零件全生产过程的生产效率。

长沙理工大学胡宏伟[40]发明了一种用于大型金属构件激光增材制造过程的在线无损检测方法，利用锁相红外技术与最小包围矩形算法对大型金属构件增材制造过程中疑似缺陷区域实现最小矩形划分，再使用激光超声对已划分的疑似缺陷区域进行扫查检测。胡宏伟还发明了一种基于机械手扫查激光超声信号相关分析的增材制造构件检测方法。它包括构建机械手式激光超声自动检测系统、激光超声波信号激励及信号采集、超声波信号相异系数计算及缺陷识别定位三个步骤。该发明的技术效果在于通过对构件表面检测区域网格化，利用机械手式激光超声自动检测系统，依次扫查 X 及 Y 方向的超声检测信号，并进行相异系数计算，实现了增材制造构件缺陷在线快速定位，有效地提高了检测效率。

（4）增材制造质量与检测标准。由于缺乏对增材工艺过程的表征、控制和认证的规范化要求，增材制造技术的大范围推广使用受到了制约，已有的技术优势并没有迅速转化为市场优势，因此急需开展增材制造技术的标准化工作。

我国于 2016 年 4 月 21 日成立了全国增材制造标准化技术委员会（SAC/TC562），对接 ISO/TC 261，开展国内及国际增材制造技术标准化工作，比 ISO/TC261 晚了五年，目前主要以国际标准本土化为主。国内其他标准化技术委员会也针对增材制造这一新兴领域开展了标准的制定工作，主要包括：全国有色金属标准化技术委员会（SAC/TC243）、全国激光修复技术标准化技术委员会（SAC/TC482）、特种加工机床标准化技术委员会（SAC/TC161）等。

2019 年无锡市产品质量监督检验院作为秘书处单位，完成 SAC/TC562 SC1 增材制造测试方法分技术委员会筹建工作，主要开展增材制造测试方法标准化工作。同年，国家药品监督管理办公室同意中国食品药品检定研究院负责全国医用增材制造技术标准化技术委员会归口单位的筹建工作，主要负责医用增材制造技术专业领域的基础通用标准、专用标准、检测与评价方法标准等的制定。

通过各级标准化组织的努力，2015 年以来，国内增材制造标准化工作进步明显，已发布增材制造国家标准 6 份，17 份在制定中，但仍处于跟踪转化国外标准的状态，需要根据国内增材制造产业现状，自主制定相关标准。

6. 增材制造前沿探索

（1）均匀金属微滴喷射增材制造技术。西北工业大学齐乐华团队针对复杂金属（非均质）微结构增材制造的瓶颈问题，提出均匀金属微滴喷射增材制造技术，研发出多材料、非均质金属微滴联合沉积试验平台[41]（图 8a），在微小复杂金属件成形方面取得重要进展。他们建立了均匀金属微滴喷射多参数优化理论模型，发明了宽温域均匀金属微滴可控喷射、沉积综合控制方法，喷射的均匀铝微滴尺寸从研制初期的 1mm 减小至 200μm[42]（图 8b、图 8c），脉冲激光诱导喷射的金微滴尺寸达微米级；开发了均匀金属微滴选域择向沉积及其沉积形貌表征方法，揭示了非等温微熔滴沉积铺展规律，实现了液滴定域、定向沉积及表面形貌控制，沉积表面无量纲粗糙度（Ra/Dd）为 0.018，低于目前国际报道值（0.04）[43]；建立了铝微滴沉积过程界面结合状态预测模型，揭示了微观组织形貌、内部缺陷特征、界面结合状态等形成机制及其对液滴沉积件力学性能的影响规律，得到了打印工艺参数范围图谱，7075 铝合金成形件力学性能比铸态提高 40% 以上[44]；研发出金属微滴打印多模式轨迹控制及变角度控向沉积技术，阐明了复杂微结构沉积步距优化、重熔温度、结合状态等参数影响机制，实现铝、锡等合金的可控沉积；借助脉冲激光打印出国际上首个微米级 3D 金 - 铂立式温度传感器[45]。

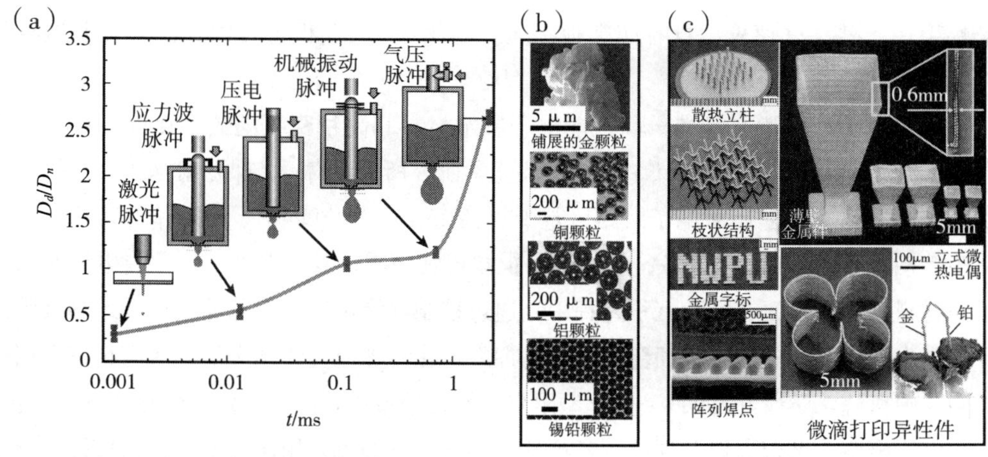

图 8　均匀金属微滴喷射增材制造技术及其打印的微小金属零件

（a）金属微滴喷射原理及液滴直径与驱动脉冲宽度之间的关系；（b）喷射得到的均匀金属微滴；（c）均匀金属微滴打印的典型零件

（2）电流体动力喷射。西安交通大学贺健康、李涤尘等[46]研究了微纳静电 3D 打印新工艺与新设备，实现了尺度（直径）为 0.2~10μm 纤维的三维可控打印，探索了其在高精度可降解生物材料支架、导电传感聚合物网络、原位反应的纳米银电极及纳米氧化锌阵列等领域的应用；首创了活性细胞的静电打印技术，实现了细胞活性大于 98%、最小线宽小于 80μm 的水凝胶活性结构的可控打印，被 *Small* 期刊选为 VIP 论文，被学术网站 Science Advanced News 专题评述“发明了细胞静电打印新方法，相比现有细胞打印技术更进一步”。青岛理工大学山东省增材制造工程技术研究中心兰红波等[47, 48]提出并建立了一种电场驱动喷射沉积微纳 3D 打印新工艺，研制出具有完全自主知识产权的电场驱动喷射沉积微纳 3D 打印工程样机，建立了预估打印点和线几何尺寸的理论模型，开展了其在透明电极、透明电加热、透明电磁屏蔽、组织支架、微透镜、大尺寸微模具、可拉伸电极、功能梯度材料等实际工程领域中的应用示范。使用内径 60μm 的喷嘴，打印黏度高达 20000mPa.s 的导电银浆，实现了最小线宽 2μm 微结构制造，最大成形尺寸 200mm × 200mm。研究成果已经发表在 *Advanced Materials*、*ASME Journal of Micro and Nano-Manufacturing*、《中国科学》等期刊上，获得中国产学研合作创新奖。电场驱动喷射沉积微纳 3D 打印为微纳增材制造、多材料多尺度 3D 打印提供了一种具有工业化应用前景的全新解决方案。华中科技大学黄永安、尹周平等[49]研究了电流体共形喷印新工艺与新设备，实现了尺度为 0.2 ~200 μm 结构的曲面共形喷印，探索了其在新型柔性 / 曲面显示、飞行器智能蒙皮、曲面集成电路等领域的应用；实现高分辨率（＜ 1 μm）量子点显示、小沟道（＜ 1 μm）柔性晶体管阵列、超薄（厚度 ~1 μm）共形触摸屏、曲面（曲率半径＜ 5 mm）共形传感器的电流体喷印，开发了电流体喷印刻蚀 / 自组装 / 自生长技术。相关研究成果发表在 *Nano Energy*、*Small*、*Nanoscale*、*Materials Horizon* 等期刊，被同行大篇幅引用，并高度评价“具有四个独一无二的优势”，获得了日内瓦国际发明展特别金奖。

（3）微电子线路增材制造。高性能电子墨水材料和高精密喷墨数字化沉积技术是实现微电子线路增材制造的核心，中国科学院化学研究所宋延林[50]课题组基于喷墨打印工艺制备了高精密透明多层微电子线路，基于直径 25 μm 的喷嘴实现了 1.6 μm 线宽，且高宽比为 1.7 的高精密电路的制备，已经超出视觉可视极限，其创造性采用了导电墨水与绝缘承印材料的互斥性，在固化沉积过程中，通过控制绝缘承印材料的流变性能，高度限制了导电墨水的扩散，随着导电油墨中溶剂的挥发，在特殊流变体系中汇集成高精密多层线路。同时中科院化学所开发的UV固化型阻焊墨水也通过了包括回流焊、浸锡、酸碱腐蚀、盐雾、电压击穿、结合力以及硬度等各项性能测试，已经可以用于微电子线路打样。导电墨水是实现微电子线路一体化增材制造的核心材料，银基导电墨水是当前增材制造微电子线路的主要材料方案，中科院化学所在中科院先导专项的支持下，完成了高浓度纳米银的制备和纯化，实现了＞ 50wt% 可喷墨数字化沉积导电墨水的制备。在微电子线路增材制造领域，中科院化学所相继承担了国家“863”计划、中科院纳米科技先导专项和航天科技装备预研项目，获得了北京市科学技术奖一等奖，为微电子线路增材制造奠定了坚实的材料和技术基础[51，52]。

（4）多材料增材制造。青岛理工大学山东省增材制造工程技术研究中心兰红波等[53]提出一种基于多材料主动混合的功能梯度材料零件 3D 打印新方法，发明了一种多材料主动混合喷头，实现了聚合物基连续功能梯度材料和结构的高效低成本增材制造，探索了其在变刚度功能梯度材料、介电功能梯度材料等领域的应用。结合电场驱动喷射微纳 3D 打印和多材料主动混合喷头，首创了基于单喷头多材料多尺度 3D 打印工艺，为实现材料、结构、性能一体化制造提供了一种具有工业化应用前景的全新解决方案。西安交通大学田小永[54]等率先提出同步复合浸渍－熔融沉积复合材料 3D 打印工艺，以连续纤维与热塑性聚合物为原材料，实现连续纤维增强热塑性复合材料制备与成形的一体化制造；明晰了复合材料熔融浸渍过程中界面形成机理，揭示了工艺参数对复合材料力学性能的影响规律，所制备连续纤维增强复合材料纤维含量可达到 50wt%，抗弯强度达 560 MPa，抗弯模量达到 62 GPa，性能超过模压成形工艺，是基体材料的 8~10 倍，解决了复杂结构热塑性复合材料构件的成形难题，实现了复合材料轻质构件的一体化快速制造；提出了具有曲线纤维走向的复合材料结构 3D 打印路径规划策略，突破纤维走向与纤维含量难以在线调节的瓶颈，实现了变刚度复合材料结构的可控制造，通过专利转让，实现了连续纤维增强复合材料 3D 打印工艺与装备产业化，填补了国内空白。另外，西北工业大学齐乐华团队提出均匀金属微滴喷射与金属粉体反应沉积增材制造方法，并控制铝微滴在钛粉床上的反应沉积，实现了非均质金属间化合物件的快速打印。

（5）4D 打印。西安交通大学李涤尘团队[55]提出了连续纤维增强复合材料结构可控变形 4D 打印策略，建立了可控变形可展开复合材料曲面结构设计准则，实现了变形复合材料曲面结构的可控设计与 4D 打印，验证了复合材料结构可控变形机理，解决了现有 4D 打印方法所制备结构变形速度慢、变形过程不能连续控制等瓶颈问题；华中科技大学史玉升团队[56]开展了铜基形状记忆合金的激光选区熔化成形工艺研究，制备出了高致密度、高强度、高硬度、具有全马氏体组织的 Cu-Al-Ni-Ti 基形状记忆合金，合金在 300℃的高温下由于应力诱发马氏体相变产生了更高的拉伸强度；吉林大学任露泉院士团队围绕智能结构的仿生设计、4D 打印工艺装备、智能材料、多重响应设计等开展研究工作，开发了系列仿生三维非线性梯度、仿生磁组装、剪切诱导自组装等 4D 打印技术，实现了仿生 4D 打印构件环境感知 / 响应 / 传感 / 驱动 / 控制等多功能有效智能调控；哈尔滨工业大学冷劲松团队[57]研制了热驱动、电驱动和磁驱动的形状记忆聚合物及其复合材料 4D 打印材料，打印出能在外界热 / 电 / 磁激励下主动变形的结构。

三、国内外研究进展比较

在金属增材制造领域，美国麻省理工学院在 2013 年首次将增材制造技术列入十大突破性科技中，在 2018 年，更是将金属增材制造技术列为其中第一位，强调低成本，便捷的金属增材制造技术将改变我们今后的生产方式。2017 年，美国劳伦斯利沃莫国家实验室通过采用金属增材制造技术制备的不锈钢零件，其强度为传统制备方式的两倍。美国惠普和 Desktop metal 公司在低成本、高效率（100 倍生产效率）金属增材制造技术方面开辟了粉床粘结剂喷射再后续烧结的新技术途径。另外，通用已经在金属增材制造方面制定长远规划，今后将在航空产品上大范围使用增材制造技术，并且成功研制出高效大尺寸金属增材制造设备。在电弧熔丝增材制造方面，英国克兰菲尔德大学是国际上最早开展

WAAM 技术在航空航天领域应用研究的单位，其电弧熔丝增材制造钛合金、铝合金的沉积效率分别达到了 240 和 400 cm^3/h，力学性能均达到了锻件水平，钛合金零件最大单方向成形尺寸达到 1.5 m。2017 年，克兰菲尔德大学获得欧共体地平线 2020 计划支持，计划 3 年内实现大型航空航天钛合金构件高效低成本电弧熔丝增减材制造。

我国研究人员近年来主要围绕金属增材制造高强韧专用合金设计、大尺寸航空航天关键构件的增材制造和装备等关键问题，研发了与高强变形铝合金 7050 相当的增材制造专用铝基复合材料；建立了激光增材制造高强韧合金组织主动调控新原理和新方法；另外，在增材制造关键器件（激光熔覆喷头）上取得突破，为增材制造装备的国产化提供强力保障；发明了世界最大尺寸的激光熔覆沉积装备，同时实现了世界最大尺寸航空航天关键构件的激光与电弧增材制造；实现航空航天极端复杂构件的精密激光选区熔化增材制造，显著提升国防武器装备的效能；开发出国内首台电子束熔丝成形设备，实现电子束熔丝沉积钛合金次承力结构和主承力构件的装机应用；在商用装备方面，实现高端激光及电子束选区熔化装备突破，出口欧洲，打破了欧美对金属增材制造装备的垄断；提出了包括微铸锻和电化学加工在内的一系列复合增材制造技术，并在诸多关键性能指标上具有明显优势。通过对比可以发现，我国在金属增材制造技术的材料、工艺、装备的研究和应用上都处于世界先进水平。

在非金属增材制造方面，国外近年在 SL 工艺和材料的重大进展有：高速光固化成形（如 Carbon 3D 公司的 CLIP 技术）、适用极端环境的陶瓷材料光固化成形（如美国 HRL 实验室开发的前驱体裂解技术）、超精细结构的光固化成形（如加州理工学院的双光子光刻成形技术）三个方面。在应用方面，奥地利 Lithoz 公司、法国 3DCeram 公司等已实现各类氧化物陶瓷的成熟打印，碳化物及氮化物类陶瓷的小型件也已可打印，而我国在商用材料种类和打印精度方面与国外存在差距。

SLS 工艺的研究热点聚焦于陶瓷材料，尤其是 SiC 陶瓷。国外近几年在陶瓷材料的 SLS 工艺方面的重大进展有：美国得克萨斯大学奥斯汀分校的 Nanzhu Zhao 应用 SLS 技术来实现具有微尺度分辨率的 SiC 部件的增材制造[58]；鲁汶大学由 Jean-Pierre Kruth 领导的团队将碳化硅（SiC）和硅（Si）混合粉末作为激光烧结的原料，其中 Si 熔化并再固化后将初级 SiC 颗粒结合在一起，之后用酚醛树脂浸渍这些 Si/SiC 预制件，经热解处理在预制件内产生多孔碳，当预制件被熔融硅渗透时，即反应形成 SiC[59]；爱沙尼亚塔林理工大学 Tatevik Minasyan 等通过 SLS 制备 $MoSi_2$ 基复合材料[60]。在国内，华中科技大学研制成功大台面（1700 mm × 1700 mm）的陶瓷构件 SLS 增材制造工艺与装备，首先利用 SLS 制备形状结构复杂的碳化硅 / 聚合物预制体，预制体通过碳化、渗硅，整体增材制造出 1.6 m 的复杂碳化硅陶瓷基复合材料零件。

FDM 工艺的最新研究热点集中在生物、复合材料制造领域，国外近几年的 FDM 工艺的重大研究进展如下：南洋理工大学的 Teoh 等以 PCL 为原料，利用 FDM 技术制备了骨软骨复合支架，并将成骨细胞与软骨细胞分别种植于支架的两部分；荷兰屯特大学的Woodfield等以生物可降解的聚乙二醇—对苯二甲酸酯/聚对苯二甲酸丁二醇酯（PEGT/PBT）嵌段共聚物为原料，以6个月大的新西兰白兔股骨远端和胫骨近端关节的三维CT成像数据为模型，利用3D纤维沉积技术分别制备了兔股骨和胫骨修复支架，移植到兔的关节缺损部位进行原位关节修复[61]。在国内，西安交通大学利用FDM技术，实现连续纤维增强热塑性聚合物基高性能复合材料零件增材制造。

全球研发3DP技术的主要有美国ExOne、Stratasys、Desktop Metal、惠普以及德国Voxeljet公司等。其中德国Voxeljet开发的VX4000喷印打印机最大打印尺寸超过4 m，打印的铸造砂型已获得成熟应用。除砂型外，国外已出现喷印成形高性能塑料和金属零件的技术与设备，如：美国惠普公司利用多射流融合技术打印的塑料件强度媲美注塑产品；通用等知名企业也相继推出金属喷印设备，成为当前最受关注的批量化低成本金属零件增材制造技术。相比而言，我国砂型三维喷印技术设备与国外先进水平相当，在应用上已经处于世界领先水平，但核心器件（如工业喷头）还依赖进口，工艺稳定性也存在一定差距；而高性能塑料和金属零件的三维喷印技术在国内则是刚起步，有望成为我国未来该技术方向的主要发展趋势。

在生物医疗增材制造方面，目前，我国在医疗增材制造部分领域处于国际领先地位，在临床应用方面具有较大市场和应用方向。在金属多孔内植物的设计方面，我国提出了内植物设计的强度、早期稳定和远期稳定性的共性设计准则，开发相应的软件平台实现复杂设计流程的自动化，在个性化假体设计能力方面，处于国际同步水平。金属医疗3D打印技术方面，国内西北工业大学、华南理工大学、华中科技大学、西北有色金属研究院、西安交通大学等开发的设备应用于医疗器械的个性化制造，在工艺和装备上有所创新，但在设备的稳定性、植入物质量方面有待提高，医生更愿意选择进口设备制造的多孔钛植入物。我国研发了具有控性沉积特性的PEEK熔融沉积成形设备，原理处于国际领先水平，在胸骨的应用获得国际认可。截至2018年年底，美国已有超过100件3D打印多孔钛骨科植入物产品获得美国食品药品监督管理局（FDA）的产品注册证，而我国只有5种产品获批注册。我国打印医疗方面的政策法规有待出台，3D打印骨科植入物产品检测标准尚未制定，目前仅有为数不多的医院在开展临床应用研究，临床应用的基本流程、规范等有待建立和完善。我国医疗增材制造技术总体走在世界前列，与美国、德国、英国等先进国家相比差距不大，基本处于并跑水平。

增材制造设计与软件设计方面，国内外均初步建立了拓扑优化到增材制造的串行技术模式，改进了现有产品设计性能，但均尚未充分发挥拓扑优化与增材制造的潜力，实现两者有机融合。国内外已初步开展了悬空角、构型连通性等工艺几何约束研究和点阵结构设计技术。大连理工大学、西北工业大学、上海交通大学等国内高校在面向增材制造的整体结构设计技术、考虑增材制造工艺约束的拓扑优化技术等热点方向做出了较为系统的研究工作，基本与国外处于并跑水平；相较国外研究机构，包括丹麦技术大学、韩国首尔大学等，国内在考虑非线性的结构拓扑优化理论、超大规模结构的高性能拓扑优化方法等方面，研究尚不足。工程应用方面，国内应用拓扑优化和增材制造技术初步完成了一些航空航天结构件的设计与试制，但在样件全面测试、批量制造方面与国外先进水平尚有差距。软件方面，Altair、Dassault 等国外老牌 CAE 软件公司在结构优化设计软件中集成了面向增材制造的后处理模块，同时涌现出 Materialize 等针对点阵结构设计的专用软件，但国内在软件方面尚处于起步阶段，与国外先进水平存在一定差距。ASTM 提出的 AMF 格式已经成为 ISO 国际标准 ISO/ASTM 52915：2013-06，而工业界提出的 3MF 格式则获得了包括微软、惠普及几乎所有大型增材制造企业的支持。Autodesk、Materialise 及 3D Systems 均推出覆盖设计优化、制造准备、工艺仿真、加工制造、后处理等全生命周期的商品化成熟软件解决方案，获得广泛应用，我国类似解决方案尚处在示范应用阶段。

增材制造质量基础方面。增材制造检测的研究热点主要是在离线无损检测、在线检测技术开发和标准制定方面。在高能束高精度增材制造复杂结构无损检测方法与装备研究方面，研究主要集中在大型结构件的超声检测工艺、高精度增材制造成形件 X 射线无损检测工艺研究，开发专用仪器设备，突破现有材料级研究的尺寸和精度限制，实现零件级的直接无损检测。超声无损检测的研究热点主要为：增材制造结构件声学建模与仿真原理和方法、超声检测信号特征信号识别及评估、增材制造结构件内部缺陷特征与超声波传播行为间的相互作用机理、增材制造结构件超声检测信号特征信号识别及评估技术等。工业 CT 无损检测的研究热点主要为：大视场偏置加拼接扫描、CT 数据校正方法、大视场高速图像重建与缺陷分析等。在增材制造在线实时监测技术研究方面，美国和欧洲等发达国家和地区的增材制造在线监测技术研究得到了其政府机构或学术组织（如美国的 NIST 和 AMSE）的支持。现阶段能通过改变工艺参数如激光功率、扫描速度、扫描间距等来监测熔池的变化，获取它们之间的关系，为实现增材制造在线调控奠定基础。目前部分增材制造设备已经具备熔池在线调控功能，能实时调节激光功率，提升零件的整体成形质量。然而，对于增材制造过程中出现的各种缺陷（如铺粉不足、裂纹、翘曲、几何尺寸精度差等）还难以检测，因此增材制造过程的缺陷检测与调控是目前各国学者正在积极研究的问题。

在国内，2017 年度的国家重点研发计划增材制造与激光制造重点专项“金属增材制造在线监测系统（2017YFB1103900）”针对目前国内龙头航空航天企业急需解决的关键技术问题，建立了复杂构件增材制造在线无损检测方法，同时重点突破内部缺陷、应力应变及元素成分的高效无损检验方法，并且研究冶金缺陷的形成机理、缺陷特征、无损检测特性和力学性能评价方法，研发基于多能束集成在线无损检测系统的增材制造装备。2018 年度的国家重点研发计划增材制造与激光制造重点专项“金属增材制造的高频超声检测技术与装备（2018YFB1106100）”，针对金属增材制造在线监测和检测的高分辨、高效率和高可靠性检测需求，抓住移动熔池状态监测及打印微区内部缺陷在线检测这一金属增材制造质量控制的关键，开发高抗干扰性的激光高频超声检测技术、装备及标准，实现增材制造过程的即打即检，具有重大现实及战略意义。在增材制造标准化体系及增材制造数据库构建方面，国际标准化组织 ISO/TC 261、ASTM F42、VDI 等开展的增材标准化工作已经从通用基础类逐渐向成熟的增材制造工艺、设备、产品等标准制定方向发展，国内的标准化组织 SAC/TC 562、SAC/TC 161 等也在跟踪转化制定，航空航天、医疗、核电等重点领域用户单位也在开展具体增材制造产品的标准化工作，共同构建增材制造标准化体系和增材制造数据库，实现增材制造产品全生命周期管理。

在增材制造前沿领域，德国慕尼黑工业大学、美国加州大学、美国东北大学、日本东北大学等对铝、锡等金属微滴喷射及其增材制造开展系统研究，已在电子钎焊、均匀颗粒制备等领域实现商业应用；国内西北工业大学、西安交通大学、大连理工大学等单位对铝、锡合金等的其他 3D 打印技术开展探索研究。西北工业大学针对太空微重力环境的轻质金属件、异形散热结构、电子线路等均匀微滴喷射打印技术开展研究，并与荷兰屯特大学合作，对微米级金属件增材制造设备和工艺开展探索研究。在电流体动力喷射 3D 打印方向，目前美国和韩国处于该方向的引领地位，中国、英国等紧随其后：Byun 等利用自发纳米焦耳加热效应实现亚微尺度电流体动力喷射，打印出高宽比达到 35 的微结构。Galliker 等结合纳尺度 EHD 喷射打印和纳米液滴静电自聚焦，使用内径 1μm 喷头打印了 50 nm 纳米结构。目前电流体动力喷射 3D 打印在透明电极、柔性电子和可拉伸电子、组织支架、OLED、3D 结构电子等领域极具商业化应用前景。在微纳光固化成形方面，加州理工学院 Greer 团队、麻省理工学院 Fang 团队、美国劳伦斯利物莫国家实验室 Spadaccini 团队、美国西北大学 Sun 团队等对微纳光固化增材制造进行了大量研究，在超材料，光学器件，水凝胶光固化等领域取得了一系列重要进展。相对国外，国内起步较晚但发展很快，目前，东南大学、清华大学、深圳摩方公司等开发了新型打印设备，在光学器件、生物医疗等领域取得应用进展。在微电子线路增材制造方面，国外研究主要集中在加拿大、日本、韩国、以色列以及欧盟，电子产业由传统平面印刷技术向 3D 数字增材制造转变，我国在微电子线路 3D 打印增材制造领域刚刚起步，中科院化学所绿色印刷重点实验室、浙江博科国技、苏州纳米所印刷电子中心等单位都开展了相关研究。在 4D 打印方面，自 2012 年提出概念以来，迅速成为国内外增材制造研究的一个热点。美国麻省理工学院、哈佛大学、明尼苏达大学等在美国国防部高级研究计划局（DARPA）、陆军研究所的支持下围绕仿生 4D 打印、4D 打印智能材料、软体机器人 4D 打印等开展了研究。国内西安交通大学、华中科技大学、哈尔滨工业大学、吉林大学、大连理工大学等也在国家重点研发计划、军委科技委专题等资助下开展了 4D 打印智能材料、设计、工艺装备、评价验证等系统研究，与国外处于同一研究水平，目前处于实验室单元技术的概念演示阶段。

四、发展趋势与展望

1. 金属增材制造

整体而言，金属增材制造技术将朝着低成本、高效率、高性能、宽材料的方向发展。针对粉床式选区激光（电子束）熔化和同轴送粉（送丝）式两种金属增材制造技术，今后的发展方向将有所区分。同轴送粉（送丝）式金属增材制造技术将朝着成形尺寸更大、效率更高、成形结构更复杂、成形构件的性能更高的方向发展并在重大装备的大型金属关键构件的成形和修复方面得到更广泛的应用。粉床式选区激光（电子束）熔化金属增材制造技术，将向更高加工精度、更优表面质量、更优异的力学性能方向发展，尤其值得一提的是功能最优的变革性新结构的设计与实现。粉床喷射粘结成形技术将引领高效率、低成本金属增材制造的发展，有可能在汽车和机械领域实现普及化应用。增材制造专用合金设计将进一步发挥增材制造的技术优势，成为一个极为重要的研究方向。

2. 非金属增材制造

SL 技术在工艺上向高精度、高成形效率方向发展，向大规模的商业化应用方向发展，在材料上向多样化、个性化和可编程化发展。SLS 技术向材料的高性能、多样化方向发展，未来，在突破多种材料的整体控制技术的基础上，解决 SLS 技术直接成形陶瓷等高强度零件的难题。FDM 技术在向成形件的高精度、应用领域的多样化方向发展。未来，FDM 成形件通过改善材料光泽，选择高强度打印材料，使性能得到进一步提高，从而改变 FDM 成形件多用于模型制作的现状，使得成形件更多地作为功能件使用。3DP 技术向大型化、高效化、低成本三维喷印方向发展，向高性能功能零件直接三维喷印制造方向发展。

3. 生物医疗增材制造

医疗增材制造技术在临床应用方面日趋成熟，其发展应用面更加宽泛，对材料和工艺的要求也更加明确。医生从过去的形态要求向性能要求和功能再造延伸，由此带来许多新的挑战，包括植入物多孔结构与力学强度的匹配性、植入物材料的高惰性与细胞生长环境的不适应性。因此，未来发展医用增材制造技术，需要不断地与临床医生深度交流，材料、设计、工艺、医学应用多学科交叉融合，以引领医用增材制造技术发展。在体外矫形器方面，需要研究个性化矫形的病理与器械有效性的关系，采用智能化材料和结构，制造个性化智能的矫形器，适应人的运动和身体变化。在植入物方面，需要将新的材料引入，发展新的增材制造设备，通过复合材料增材制造，使得植入物与人体组织建立牢固的生物结合，保证植入物在力学性能、植入稳定性和长期疲劳性能方面满足人体治疗和康复需要，保证植入物长期有效。通过材料、设备、应用的多学科交叉研究，为个性化医疗器械提供科学有效的监管依据，医疗增材制造产业从科研向产业化发展。

4. 增材制造设计与软件

随着增材制造技术的发展，未来多材料体系以及新型复合材料将大量涌现并应用于高端装备中，面向多材料体系的考虑界面影响的结构优化设计技术将成为增材制造设计的重要方面；建立面向 4D 打印的结构拓扑优化设计理论，进一步发展考虑几何大变形、弹塑性变形及时间效应的结构拓扑优化方法；面向极端服役环境、苛刻服役性能、更高轻量化水平的结构优化技术，免重构优化技术和优化结果特征自动提取技术，也是今后的发展趋势；从零件设计向部件设计、系统级结构总体设计发展所必需的超大规模结构系统的设计技术及基于并行计算的超大规模结构高性能分析与优化设计算法更是增材制造仿真、设计与优化的必然之路。因此，对面向增材制造的设计（结构构型设计优化、工艺规划与仿真）、制造与在线检测全生命周期模块的闭环软件系统的需求必然会极其迫切。此外，传统的增材制造软件解决方案受限于其历史负担，往往局限于特定增材制造工艺，发展受到很大限制，而未来的材料－结构一体化增材制造必然将综合使用多种制造工艺以实现多材料、高效率、高性能的综合最优，必须在软件架构及基础数据结构上支持现代跨工艺、多材料－多尺度工艺结构一体化等特征，形成面向材料－结构一体化的多工艺、全流程软件解决方案。

5. 增材制造质量基础

航空航天、生物医疗、军工等增材制造使用率高且对产品质量有着严格审批和认证规则的应用领域将推动增材制造质量与检测的快速发展。检测技术重点研究方向为：①高精度、高效率、高可重复性、大尺寸、低成本的零件级成形件无损检测技术开发；②开发增材制造在线实时监测技术，全流程监控成形过程；③分析增材制造成形件质量区别于传统工艺的关键影响因素，开发增材制造核心、特色检测项目；④建立增材制造第三方检测和认证体系。质量控制的发展趋势是建立增材制造专用检测方法标准体系，利用标准化的检测方法进行产品质量检测，规范化数据记录格式，建立增材制造全流程数据库，基于大数据分析手段开发质量分析验证、增材制造模拟仿真、变形预测功能，以指导用户根据需求选用材料及工艺。

6. 增材制造前沿探索

均匀金属微滴喷射技术方面，未来重点发展面向太空（空间站、月球地表基地）的轻质金属原位增材制造技术及其设备，探索微米尺度金属微滴增材制造及与其他技术相结合的新方法，揭示铝合金微滴重熔与凝固过程参数作用规律，实现增材制造件微观组织与力学性能调控。电流体动力喷射技术方面，未来重点解决大尺寸高效电流体动力喷射 3D 打印装备开发、低成本多种功能性墨水研发、3D 共形以及纳尺度电流体动力喷射 3D 打印新工艺，并着重提高打印效率、打印面积、一致性和可靠性。微纳光固化方面，未来重点解决样件打印大数据处理问题，研发导电树脂、生物医疗树脂等多样功能材料，拓宽应用领域。微电子线路增材制造方面，未来重点发展替代传统蚀刻方法的电路制造技术，变革微电子线路的供应链体系，实现微电子线路一体化制造、分布式柔性化快速制造。4D 打印方面，未来重点发展应用需求为牵引的系统建模、功能预测及优化设计理论与方法体系，开发 4D 打印专用可编程智能材料、智能结构及其新打印工艺与装备，实现智能构件的变形 / 变性 / 变功能自适应控制，从单纯依靠材料结构智能向生物智能方向发展。

参考文献

[1] Singh S，Ramakrishna S，Singh R. Material issues in additive manufacturing：A review [J]. Journal of Manufacturing Processes，2017，25：185-200.

[2] 王华明. 飞机钛合金大型构件激光成形工艺与装备 [J]. 中国科技成果，2014（11）：17.

[3] 王华明. 高性能大型金属构件激光增材制造：若干材料基础问题 [J]. 航空学报，2014，35（10）：2690-2698.

[4] 王华明. 高性能金属构件增材制造技术开启国防制造新篇章 [J]. 国防制造技术，2013（3）：5-7.

[5] 罗喜望，魏青松，赵晓，等. 一种模具迷宫随形冷却方法及其结构 [P]. 中国发明专利：CN103587005A，2014-02-19.

[6] 史玉升，李瑞迪，魏青松，等. 一种三束激光复合扫描金属粉末熔化快速成形方法 [P]. 中国发明专利：CN101607311，2009-12-23.

[7] Yan W，Ge W，Smith J，et al. Multi-scale modeling of electron beam melting of functionally graded materials [J]. Acta Materialia，2016，115：403-412.

[8] Wen X，Wang Q，Mu Q，et al. Laser solid forming additive manufacturing TiB2 reinforced 2024Al composite：Microstructure and mechanical properties [J]. Materials Science and Engineering：A，2019，745：319-325.

[9] Li X P，Ji G，Chen Z，et al. Selective laser melting of nano-TiB 2 decorated AlSi10Mg alloy with high fracture strength and ductility [J]. Acta Materialia，2017，129：183-193.

[10] Zhu W，Yan C，Shi Y，et al. A novel method based on selective laser sintering for preparing high-performance carbon fibres/polyamide12/epoxy ternary composites [J]. Scientific Reports，2016，6：33780.

[11] Zhu W，Fu H，Xu Z，et al. Fabrication and characterization of carbon fiber reinforced SiC ceramic matrix composites based on 3D printing technology [J]. Journal of the European Ceramic Society，2018，38（14）：4604-4613.

[12] Tian X，Liu T，Yang C，et al. Interface and performance of 3D printed continuous carbon fiber reinforced PLA composites [J]. Composites Part A Applied Science & Manufacturing，2016，88：198-205.

[13] Tang L，Wang L，Bao W，et al. Functional gradient structural design of customized diabetic insoles [J]. Journal of the Mechanical Behavior of Biomedical Materials，2019，94：279-287.

[14] Yin L，Tian X，Shang Z，et al. Characterizations of continuous carbon fiber-reinforced composites for electromagnetic interference shielding fabricated by 3D printing [J]. Applied Physics A，2019，125：266

[15] Nie B E，Ao H，Long T，et al. Immobilizing bacitracin on titanium for prophylaxis of infections and for improving osteoinductivity：An in vivo study [J]. Colloids Surf B Biointerfaces，2017，150：183-191.

[16] Qian Z，Wang J，Cheng B. Effect of minTBP-1-RGD/titanium implant on osseointegration in rats [J]. Materials Letters，2018，228：424-426.

[17] Wang D, Wang Y, Wu S, et al. Customized a Ti6Al4V Bone Plate for Complex Pelvic Fracture by Selective Laser Melting [J]. Materials, 2017, 10 (1): 35.

[18] 冯辰栋，夏宇，李祥，等.3D 打印多孔钛支架微观孔隙结构和力学性能 [J]. 医用生物力学，2017，32 (3): 256–260.

[19] Zhang W, Feng C, Yang G, et al. 3D–printed scaffolds with synergistic effect of hollow–pipe structure and bioactive ions for vascularized bone regeneration [J]. Biomaterials, 2017, 135: S1064111543.

[20] Iqbal T, Wang L, Li D, et al. A general multi–objective topology optimization methodology developed for customized design of pelvic prostheses [J]. Medical Engineering & Physics, 2019, 69: 8–16.

[21] Xinting K, Yaning L, Guangzhong L, et al. Effect of Sintering Temperature on Properties of Tantalum Porous Materials [J]. Rare Metal Materials And Engineering, 2017, 46 (4): 1092–1096.

[22] 李涤尘，杨春成，康建峰，等.大尺寸个体化 PEEK 植入物精准设计与控性定制研究 [J]. 机械工程学报，2018，54 (23): 135–139.

[23] Dong L, Jun F, Hongbin F, et al. Application of 3D–printed PEEK scapula prosthesis in the treatment of scapular benign fibrous histiocytoma: a case report [J]. Journal of Bone Oncology, 2018.

[24] Liu S, Li Q, Liu J, et al. A Realization Method for Transforming a Topology Optimization Design into Additive Manufacturing Structures [J]. 工程（英文），2018, 4 (2): 277–285.

[25] Li Q, Chen W, Liu S, et al. Structural topology optimization considering connectivity constraint [J]. Structural & Multidisciplinary Optimization, 2016, 54 (4): 971–984.

[26] 刘书田，李取浩，陈文炯，等.拓扑优化与增材制造结合：一种设计与制造一体化方法 [J]. 航空制造技术，2017，60 (10): 26–31.

[27] Zhang W, Sun S. Scale - related topology optimization of cellular materials and structures [J]. International Journal for Numerical Methods in Engineering, 2010, 68 (9): 993–1011.

[28] Zhu J, Zhang W, Beckers P. Integrated layout design of multi - component system [J]. International Journal for Numerical Methods in Engineering, 2010, 78 (6): 631–651.

[29] Gao T, Zhang W. Topology optimization involving thermo–elastic stress loads [J]. Structural & Multidisciplinary Optimization, 2010, 42 (5): 725–738.

[30] Xu G, Zhou J, Zhang W, et al. Self–supporting structure design in additive manufacturing through explicit topology optimization [J]. Computer Methods in Applied Mechanics & Engineering, 2017, 323: S183505972X.

[31] Zhou Y, Zhang W, Zhu J, et al. Feature–driven topology optimization method with signed distance function [J]. Computer Methods in Applied Mechanics & Engineering, 2016, 310: 1–32.

[32] Liu S, Li Q, Liu J, et al. A Realization Method for Transforming a Topology Optimization Design into Additive Manufacturing Structures [J]. Engineering, 2018, 4 (2): 277–285.

[33] 王琛玮. 316L 不锈钢增材制件高温下激光超声表面波速实验研究：2018 远东无损检测新技术论坛论文集 [C]. 厦门，2018: 271–276

[34] 吴尚子.增材制件表面粗糙度对激光超声检测影响规律研究：2018 远东无损检测新技术论坛论文集 [C]. 厦门，2018: 228–233

[35] Li Z, Liu X, Wen S, et al. In situ 3d monitoring of geometric signatures in the powder–bed–fusion additive manufacturing process via vision sensing methods [J]. Sensors, 2018, 18 (4): 1180.

[36] 刘磊.电弧熔积增材制造过程中在线检测的研究与实现 [D]. 华中科技大学，2016: 1–10.

[37] Li H, Wang P, Qi L, et al. 3D numerical simulation of successive deposition of uniform molten Al droplets on a moving substrate and experimental validation [J]. Computational Materials Science, 2012, 65 (4): 291–301.

[38] 白倩，杜巍，王义博，等.金属材料高能束增减材在线激光超声检测复合加工方法 [P]. 中国发明专利：CN107102061A，2017–08–29.

[39] Chao Y P，Qi L H，Zuo H S，et al. Remelting and bonding of deposited aluminum alloy droplets under different droplet and substrate temperatures in metal droplet deposition manufacture [J]. International Journal of Machine Tools & Manufacture，2013，69：38–47.

[40] 胡宏伟，何绪晖，王向红，等. 一种用于大型金属构件激光增材制造过程的在线无损检测方法 [P]. 中国发明专利：CN108333219A，2018–07–27.

[41] 齐乐华，钟宋义，罗俊. 基于均匀金属微滴喷射的 3D 打印技术 [J]. 中国科学：信息科学，2015，45（2）：212–223.

[42] Luo J，Qi L，Yuan T，et al. Impact–driven ejection of micro metal droplets on–demand [J]. International Journal of Machine Tools & Manufacture，2016，106：67–74.

[43] Luo J，Wang W，Wei X，et al. Formation of uniform metal traces using alternate droplet printing [J]. International Journal of Machine Tools & Manufacture，2017，122：47–54.

[44] Zuo H，Li H，Qi L，et al. Influence of Interfacial Bonding between Metal Droplets on Tensile Properties of 7075 Aluminum Billets by Additive Manufacturing Technique [J]. Journal of Materials Science & Technology，2016，32（5）：485–488.

[45] Luo J，Pohl R，Qi L，et al. Printing Functional 3D Microdevices by Laser–Induced Forward Transfer [J]. Small，2017，13（9）：1602553.

[46] He J，Zhao X，Chang J，et al. Microscale Electro–Hydrodynamic Cell Printing with High Viability [J]. Small，2017，13（47）：1702626.

[47] Zhu X，Xu Q，Li H，et al. Fabrication of High–Performance Silver Mesh for Transparent Glass Heaters via Electric–Field–Driven Microscale 3D Printing and UV–Assisted Microtransfer [J]. Advanced Materials，2019，31（32）：1902479.

[48] 钱垒，兰红波，赵佳伟，等. 电场驱动喷射沉积 3D 打印 [J]. 中国科学：技术科学，2018，48（7）：773–782.

[49] Huang Y，Ding Y，Bian J，et al. Hyper–stretchable self–powered sensors based on electrohydrodynamically printed，self–similar piezoelectric nano/microfibers [J]. Nano Energy，2017，40：432–439.

[50] Jiang J，Bao B，Li M，et al. Inkjet Printing：Fabrication of Transparent Multilayer Circuits by Inkjet Printing（Adv. Mater. 7/2016）[J]. Advanced Materials，2016，28（7）：1523.

[51] Su M，Huang Z，Huang Y，et al. Swarm Intelligence–Inspired Spontaneous Fabrication of Optimal Interconnect at the Micro/Nanoscale [J]. Advanced Materials，2016，29（7）：1605223.

[52] Li Y，Zhang Z，Su M，et al. A general strategy for printing colloidal nanomaterials into one–dimensional micro/nanolines [J]. Nanoscale 2018，10（47）：22374–22380.

[53] Lan H. Active Mixing Nozzle for Multimaterial and Multiscale Three–Dimensional Printing [J]. Journal of Micro and Nano–Manufacturing，2017，5（4）：40904.

[54] Tian X，Liu T，Wang Q，et al. Recycling and remanufacturing of 3D printed continuous carbon fiber reinforced PLA composites [J]. Journal of Cleaner Production，2017，142：1609–1618.

[55] Wang Q，Tian X，Lan H，et al. Programmable morphing composites with embedded continuous fibers by 4D printing [J]. Materials & Design，2018，155：404–413.

[56] Tian J，Zhu W，Wei Q，et al. Process optimization，microstructures and mechanical properties of a Cu–based shape memory alloy fabricated by selective laser melting [J]. Journal of Alloys and Compounds，2019，785：754–764.

[57] Ei H，Hang Q，Yao Y，et al. Direct–Write Fabrication of 4D Active Shape–Changing Structures Based on a Shape Memory Polymer and Its Nanocomposite [J]. Acs Appl Mater Interfaces，2016，9（1）：876–883.

[58] Zhao N. Micro selective laser sintering of silicon carbide [D]. The University of Texas at Austin，2017：1–10.

[59] Meyers S, Leersnijder L D, Vleugels J, et al. Direct laser sintering of reaction bonded silicon carbide with low residual silicon content [J]. Journal of the European Ceramic Society, 2018, 38 (11): 3709-3717.

[60] Minasyan T, Aghayan M, Liu L, et al. Combustion synthesis of MoSi 2 based composite and selective laser sintering thereof [J]. Journal of the European Ceramic Society. 2018, 38 (11): 3814-3821.

[61] Yu Yongze, Zheng Lulu, et al. Fabrication of hierarchical polycaprolactone/gel scaffolds via combined 3D bioprinting and electrospinning for tissue engineering [J]. Advances in Manufacturing, 2014, 2 (3): 231-238.

撰稿人：黄卫东　林　鑫　史玉升　李涤尘　刘书田　黄晓东　齐乐华
王　玲　王顺权　王福德　王　磊　田小永　兰红波　巩水利
朱继宏　华若绮　闫春泽　汤海波　汤慧萍　苏　萌　李涤尘
李　祥　杨永强　杨　光　连　芩　吴甲民　宋延林　宋　波
李　超　张丽娟　张海鸥　陈文炯　林　峰　罗　俊　周建林
冒浴沂　贺健康　顾冬冬　高　彤　康　楠　曾庆丰　魏青松

机械基础零部件制造

一、引言

（一）专题领域的定义和范围

机械基础零部件主要指：轴承、齿轮、模具、液压件、气动元件、密封件、紧固件等，是组成机器不可分拆的基本单元，是装备制造业不可或缺的重要组成部分，直接决定着重大装备和主机产品的性能、水平、质量和可靠性，是实现我国装备制造业由大到强转变的关键。机械基础零部件品种规格繁多，量大面广，为航空航天、兵器、机械制造、交通运输、建设工程、冶金矿山、石油化工、电力能源、电子通信、轻工纺织等装备提供配套，并广泛应用于社会生活的各个方面。本章以轴承、密封件、泵 / 阀和齿轮为代表性机械基础零件，阐述其制造技术的发展。

轴承是机械传动轴的支承，是装备制造领域的关键基础件，同时是实现主机性能、功能与效率的重要保证，是工业领域重大装备的核心部件之一。其主要功能是传递力和运动，减少摩擦损失。轴承主要分为滚动轴承、滑动轴承、悬浮类轴承和滚动功能部件。应用最广泛，标准化、产业化程度最高的是滚动轴承。

密封件是防止流体或固体微粒从相邻结合面间泄漏以及防止外界杂质如灰尘与水分等侵入机器设备内部的零部件的材料或零件，已广泛应用于航空、航海、机械、汽车、家电、冶金、矿山等领域。

泵是将原动机的机械能转化成所输送的流体的能量的机械。阀是调节流体流量、压力和流动方向的装置。泵 / 阀被广泛应用在国民经济的各个方面，是化工、石油、农业等方面的关键基础设备之一。

齿轮是一种利用轮齿之间的啮合来实现动力和运动传递的机械零件。齿轮相关的产品主要包括各种齿轮及由其组成的各种减速器、增速器、车辆变速器和驱动桥、齿轮泵等传递运动、动力或输送介质等的装置，是机械装备的重要基础件，其性能和可靠性决定了机械装备的性能和可靠性。

机械基础零部件制造是集材料、设计、加工、测试于一体的综合技术，其研究内容包括：基础件工作表面力、热、摩擦、流动等基础理论的研究；不同加工方法如切削、磨削、特种加工等的加工机理；被加工材料的物理、化学和机械性能；加工设备和工艺装备的制造技术；服役性能与寿命检测技术等。随着各主要工业国家新一轮装备制造发展规划的提出，提升我国高端机械零部件制造水平，对我国未来装备制造业在国际竞争中获得优势地位具有重要战略意义[1]。

（二）本领域近5年来机械制造科技及产业的主要发展趋势及关键科技问题

伴随着机械、飞机、轨道交通、汽车、能源、船舶等装备制造产业的蓬勃发展，我国机械基础零部件的相关技术也逐渐成熟，在国家发展战略和科技计划的支撑下，在高端机械基础零部制造方面取得了一定的突破，如高端滚动轴承、磁性液体密封技术、核反应堆压力容器用C形密封环、大尺寸陶瓷密封环、高铁列车用齿轮传动系统、高压高速轴向柱塞泵、二维电液流量伺服阀等得到应用。随着新理论、新技术、新工艺、新装备以及新测试技术的采用，机械基础零部制造水平不断提高。本节将简要论述我国机械基础零部件制造技术在轴承、密封件、泵/阀和齿轮制造等领域的主要发展趋势及关键技术。

1. 轴承制造

现阶段轴承制造关键科技问题主要集中在如下几个方面[2-6]：①适应先进制造的大数据环境构建技术，制造过程质量保障条件、设计仿真分析、寿命评估预测、全寿命周期管理等需要以长期的数据积累为基础。②轴承的精密制造技术，制造过程需要实现的目标不只是形状的几何参数，必须包括物理参数，形成高性能轴承加工和装配工艺规范，进而实现工艺流程的数字化控制、网络化管理、智能化操作。③轴承性能试验技术，未来的轴承性能试验必须以满足工况条件和用户需求为中心来进行设计，必须开展轴承的动静态性能试验。④轴承寿命评估技术，在不同工程应用条件进行寿命与可靠性评估。

2. 密封件制造

从发展趋势来看，主要工作将集中在密封总体结构设计、材料和计算理论三个方面[7-11]；对泄漏量控制提出了更高的要求，同时要求环保效能提升，提高流体机械效率，并最大限度地降低能量损耗。受到原材料、配套件和关键工艺的约束，产品内在质量不稳定，严重影响了产品的精度、性能、使用寿命和可靠性。因此，必须在材料设计与制备，成型、加工、装配工艺流程，一体化装备，产品标准与测试方法等共性问题上取得突破。

3. 泵/阀制造

应用电子技术、计算机控制技术、自动控制技术、摩擦磨损技术及新工艺新材料等促进泵/阀元件及系统水平提升，是目前泵/阀制造技术的主要发展方向包括[12-16]：①与先进控制技术相结合，实现自动化和智能化。②降低能耗、提高液压元件的效率。③提高液压元件的可靠性。④建立绿色产品设计概念，减小对环境的污染。⑤利用 3D 打印技术等新技术加工泵阀元件，有效缩短产品开发制造时间，快速、经济地实现复杂形状零件制造，并使产品更紧凑。⑥对于典型的高端泵 / 阀产品，建立柱塞泵固液热多场耦合仿真模型，揭示摩擦副的承载特性和失效机理，实现轴向柱塞泵设计由传统的基于“尺寸驱动”向基于“性能驱动”的转变是目前研究的关键技术之一；如何提高电液伺服阀抗污染能力、减少泄漏功耗、提高定位控制精度和动态响应能力成为电液伺服阀领域发展的重要课题；数字阀阵列具有集成度高、闭环控制能力强、效率高等优点，完善其设计、控制与制造技术，促进其在微机构高频大流量控制，以及药物递送装置、高通量单细胞药物筛选、多功能免疫传感器和癌症诊断治疗等方面的应用；三级大流量高压插装阀主要应用于大功率要求场合，可解决快速响应和大流量的矛盾，提高抗负载变化能力、响应速度以及抗腐蚀能力，拓展应用范围是其主要的发展方向。

4. 齿轮制造

目前齿轮制造的主要发展趋势包括[17-21]：①齿轮产品正加速实现与电、液、气、光、磁等的融合；重大装备对齿轮的性能苛求不断。齿轮的设计具有数字化、集成化、智能化、一体化和主动式的特点。②材料和数字化制造技术的发展为齿轮制造提供了更多选择。高精高效、绿色环保、抗疲劳及极限制造是齿轮制造面临的主要问题。③齿轮的制造装备正迅速向数控化、智能化方向发展。通信技术、云计算和大数据的发展使得齿轮制造装备的互联互通、远程监控、预防维修和智能加工成为现实。④材料试验、性能试验和几何测量得到了快速发展。齿轮测量从专用测量仪发展到通用测量中心，并逐步向快速高效的非接触式测量方向迈进。

二、近年来的最新研究进展

制造技术是当前世界各国发展国民经济的战略性重要基础技术，而机械基础零部件制造是整个装备制造业的基础。我国已将高端机械基础零部件列入《国家中长期科学和技术发展规划纲要》《中国制造 2025》等国家发展战略，大力提升我国高端机械基础零部件制造技术水平，同时投入了大量的人力和物力系统性地开展研究，近些年来在高端机械基础零部件制造领域取得了长足进步，其中在轴承、密封件、泵 / 阀和齿轮制造等领域中取得了如下突出科技进展和创新成果。

1. 轴承制造

高性能滚动轴承是决定高端装备能否安全可靠运行的核心基础件，其滚动体与滚道的精度和表面质量直接决定了轴承的使役性能。滚动体高形状精度一致性和滚动面高表面完整性加工已经成为制约我国高性能滚动轴承制造的瓶颈。

浙江工业大学袁巨龙团队联合清华大学雒建斌院士团队以及洛阳轴研科技股份有限公

司、人本集团有限公司针对上述难题，联合开展攻关，在高精度滚动体成形原理、高质量滚动接触表面加工技术等方面取得了重要突破。

（1）提出了轴承滚动体加工轨迹均匀包络成形原理。现有轴承球采用同心圆 V 形槽研磨方法进行批量加工，必须通过球在研磨沟槽间随机变换改变运动姿态实现成形运动，导致球形状精度一致性差；现有圆柱滚子采用无心磨削进行批量加工，加工过程中砂轮不断磨损，导致圆柱滚子形状精度一致性差。高形状精度一致性滚动体必须通过分选获得。项目提出了轴承滚动体加工轨迹均匀包络成形原理，通过控制滚动体自转角，实现滚动体表面各点等概率切削[22-23]。基于上述成形新原理，发明了双自转式球体加工方法［图 1（a）］及偏心转摆式双平面圆柱加工方法［图 1（b）］，通过控制研磨盘转速来改变自转角，使加工轨迹均匀包络加工面，实现滚动体的高精度一致性加工。

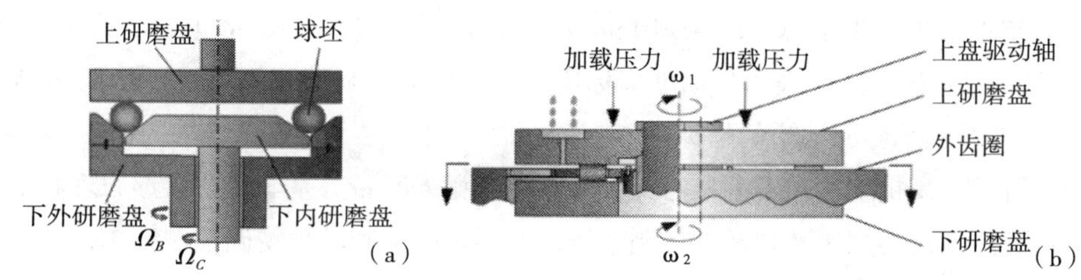

图 1 （a）双自转式球体加工方法；（b）偏心转摆式双平面圆柱加工方法

以上方法突破了现有滚动体成形原理形状精度一致性不高的局限，实现了最高精度等级 G3 级球及 0 级圆柱滚子的高一致性控形加工。球的球形误差 0.05 μm，批直径变动量 ≤ 0.08 μm；圆柱滚子圆度误差 ≤ 0.3 μm，批直径变动量 ≤ 1 μm。

（2）发明了滚动面低损伤多能量场复合加工技术。现有轴承滚动体和滚道表面采用研 / 珩磨终加工，受纯机械刚性去除原理限制，表面完整性难以进一步提高。揭示了 CeO_2 等软质磨粒与陶瓷材料间摩擦化学固相反应机理和损伤控制机制，发明了陶瓷滚动体近无损伤固相反应抛光技术，实现了超光滑近无损伤表面加工（图 2）[24]。构建了轴承钢反应－磨损交替循环微观材料去除机制和损伤控制机制，发明了金属滚动体化学机械抛光技术，实现了超精密低损伤表面高效加工（图 3）[25]。利用流变液体储 / 耗能模量随剪切速

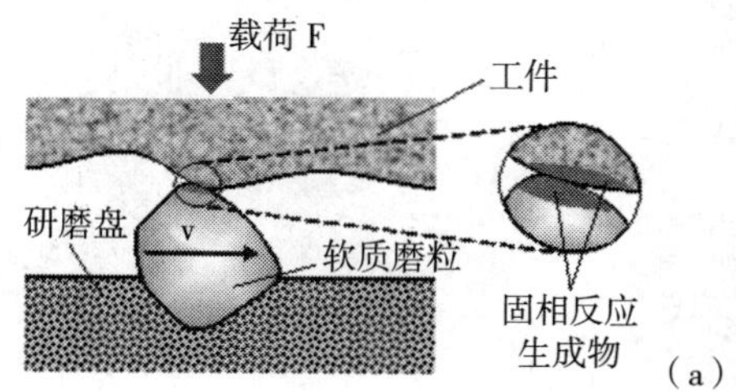

图 2 （a）固相反应抛光原理；（b）抛光的陶瓷球

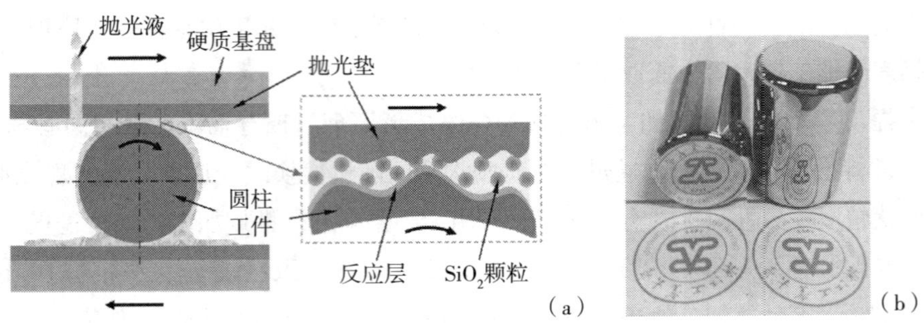

图 3 （a）化学机械抛光原理；（b）抛光的圆柱滚子

率变化规律，发明了轴承滚道曲面的力流变抛光技术，实现了轴承滚道高表面质量批量加工（图 4）[26]。

以上技术实现了轴承球（$Ra < 10$ nm）、圆柱滚子（$Ra < 20$ nm）和滚道（$Ra < 10$ nm）的高表面质量加工，表面粗糙度指标优于国家标准最高精度等级 G3 级球、0 级圆柱滚子以及 P2 级轴承套圈滚道的指标。

（3）研发了高精度滚动轴承核心元件系列精密抛光装备。基于上述成形原理和加工技术，研发了精确自动加压装置及其控制系统，研磨盘转速和转角精确控制技术，加工液自动添加、球体循环输送及自动计数等装置，专家工艺数据库等配套技术，研制了球体抛光机、圆柱滚子抛光机、滚道力流变抛光机等系列精密加工装备，实现了高精度一致性、高表面质量滚动轴承核心元件批量加工。

2. 密封件制造

（1）耐酸碱、高速、分瓣式磁性液体旋转密封关键技术

密封技术决定了设备的安全性及可靠性。密封一旦发生泄漏，极易引起重大安全事故。国际润滑协会统计结果显示：酸碱介质、高速、难拆装密封是航天、军工、核能等领域重大事故的主要诱因，一直是国内外亟待解决的密封难题。磁性液体密封能实现零泄

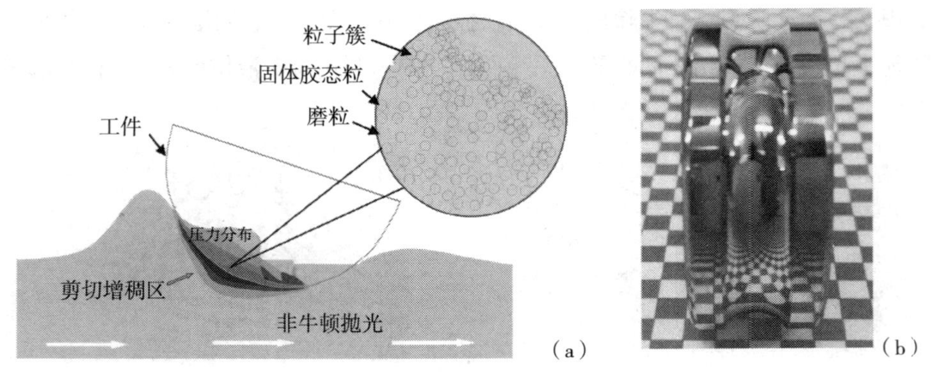

图 4 （a）力流变抛光原理；（b）抛光的轴承滚道

漏、长寿命，具有其他密封无法替代的作用。

北京交通大学李德才教授团队针对上述问题，发明了高饱和磁化强度耐酸碱的全氟聚醚油基磁性液体，可在pH值为1~14的密封中稳定工作，其饱和磁化强度达582Gs，突破了磁性液体旋转密封长期以来无法密封强酸强碱介质的壁垒；揭示了高速磁性液体旋转密封温度与离心力权重耦合失效机理，发明了基于帕尔贴半导体制冷的带有辅助极齿的高速磁性液体旋转密封新结构，密封线速度可达30m/s，提高了3倍；发明了分瓣式磁性液体旋转密封技术（图5），解决了航天、航海等领域密封需快速装拆、维护的难题，拆装维护时间缩短80%；提出了永磁材料与非磁性材料交替排列形成磁场梯度的新原理，首次实现了无齿密封[27-29]。该项目技术应用于我国空间装备的热真空实验密封以及江门中微子实验PPO纯化萃取装置的密封中，解决了飞机光电吊舱、航天电机、军用雷达等的密封难题。

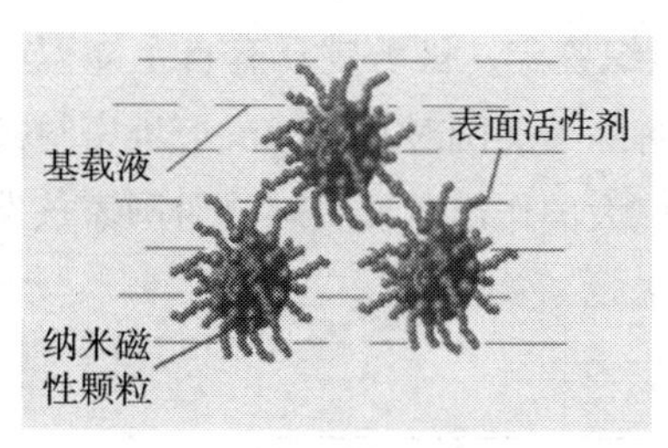

（a）全氟聚醚油基磁性液体的组成

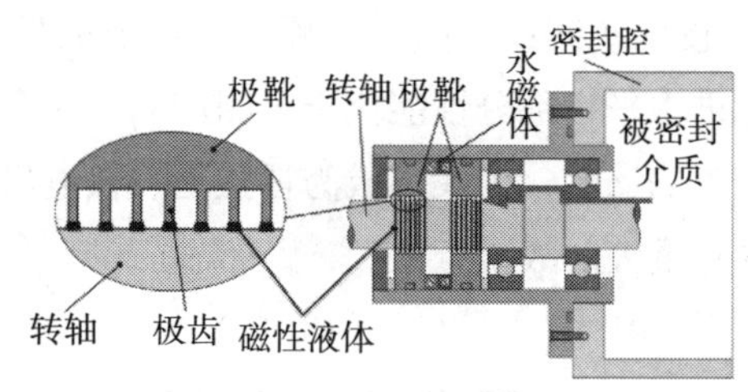

（b）磁性液体旋转密封原理

（c）分瓣式磁性液体旋转密封实物

图5　分瓣式磁性液体旋转密封

（2）核反应堆压力容器用C形密封环的研发及应用

核反应堆压力容器C形密封环，属核一级设备使用，是整个核电密封系统中最复杂、最重要的静密封。长期工作于343℃高温、15.5MPa高压、高辐射的恶劣环境，且每隔12 ~ 18个月因加换燃料必须整套更换，需求量大[30, 31]。50年来该技术一直被美国Garlock公司独家垄断，不仅价格昂贵，而且购买时还需要向美国安全管理委员会备案，保证不用于军事和出口。

宁波天生密封件有限公司励行根研究团队和清华大学王玉明院士研究团队全面合作，通过大量试验研究和技术攻关，在满足弹簧只有一个焊接接头的条件下，实现了长度超过 14 m 弹簧的截面直径公差保证在 ϕ 11.3+0.050 mm 范围内，从而确保所研发的 C 形密封环所需的初始密封预紧力仅为 150 kN，远低于美国进口产品所需的 370 kN；创立了用小设备成形大型精密件的独特工艺，自主研发出一批专用成形设备，研制出直径 4355 mm、周长公差控制在 0.6 mm 以内的 C 形金属密封环产品，泄漏率达到 1.33×10^{-9} Pa · m^3/s 的量级，总回弹量 0.501 mm，有效回弹量 0.344 mm；成功开发的 C 形密封环产品（图 6）填补了国内空白。

该产品的研发，不仅提升了高温高压下特种静密封的设计技术和产品水平，而且 C 形密封环替代国外产品成功应用于阳江、福清、秦山、方家山等多家国内核电站和科研、军用反应堆，同时已出口巴基斯坦恰希玛核电站，彻底打破了美国公司对此类密封件长达 50 多年的技术垄断；经国家能源局委托中机联组织鉴定，被认定具有自主知识产权，达到国际先进水平，部分性能优于美国产品，完全解除了美国对我国核反应堆密封技术用于军事和出口的遏制，为我国成为核强国、核电出口大国作出重要贡献，对国家核发展、国防建设具有重大的战略意义。

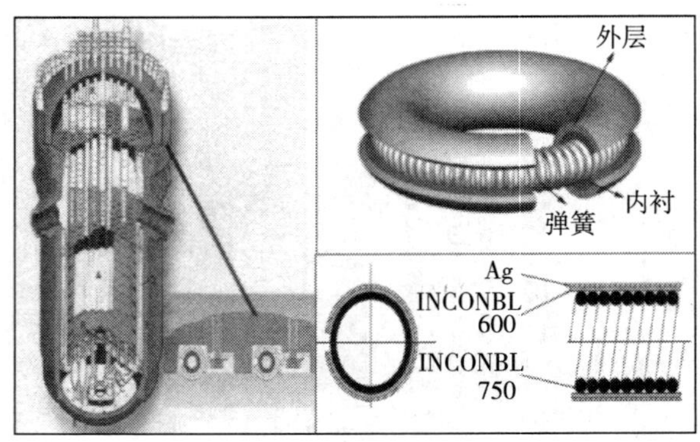

图 6　核反应堆压力容器 C 形密封环及其安装位置示意

（3）超大型高性能橡塑密封关键技术研究及应用

超大型高精度高性能橡塑密封件是超大型高端装备的关键基础件，但其浇注件易产生气泡、分层、内应力和熟化程度、硬度、质量不均的问题，且加工时面临车削变形大、散热差、排屑难、精度差的难题。超大型橡塑密封件的高质高效加工已成为我国绿色能源电力、万吨级模锻压机和大型掘进盾构机等高端装备制造领域急需解决的瓶颈问题。

广研院黄兴研究团队[32]和清华大学王玉明院士研究团队通力合作，面向上述高端装备橡塑密封关键、共性技术开展研究，创成了超大型密封件旋转增材制造成型 + 低模量弹性体精密车削工艺流程，设计并开发了大型浇注成型、高温增强、精密车削旋转加工一体化装备及生产工艺，实现了大型及特大型橡塑复合材料密封件高性能整体成型制造；基于多尺度多场耦合理论，研制橡塑动密封试验验证平台，研发应用了橡塑动密封的数字化设计方法、寿命预测及可靠性评估方法。

研制的大型整体聚氨酯精确成型一体装备能整体成型 Φ13.3 m 超大型高精度密封件，整体成型的 Φ13.3 m 和 Φ9 m 密封制品已分别在三峡电站、向家坝电站和中国铁建等盾构机等大型 / 高端装备上成功应用，打破了国外技术封锁，是国内外最大规格、无接口的整体式密封件，处世界首位，为我国大型高端装备的研制和专业化生产作出了重要贡献。

（4）高端陶瓷密封环及其成套密封技术的开发及应用

超过 Ø300 大尺寸陶瓷密封环是大型透平机械和釜、雷达水铰链、核主泵及高性能大型船舶艉轴等高端装备轴端密封的关键基础件，存在烧结技术难度大、磨削易开裂、成品率低、恶劣工况下配副难和易震碎等技术难题，且缺乏完整的密封性能测试体系。超大高性能陶瓷密封环的高质高效烧结与加工及其成套密封技术已成为我国上述高端装备制造领域急需解决的瓶颈问题。

宁波伏尔肯邬国平研究团队[33, 34]和清华大学王玉明院士、合肥通用机械研究院有限公司李鲲研究员及浙江工业大学彭旭东教授等所领导的研究团队通力合作，面向上述高端装备机械密封的关键与共性技术开展研究，创建了大型高端陶瓷密封环的材料设计与制备工艺技术体系，突破了超大型陶瓷密封环均质、增韧、烧透、无缺陷、超精表面质量、陶瓷与金属焊合等关键技术瓶颈，创新设计并开发了超大尺寸高端陶瓷密封环的制造装备及其技术体系，实现了 Ø500 直径陶瓷密封环及其成套机械密封系统的高质量整体成型制造；研制出陶瓷摩擦副配对的超大型机械密封产品全尺寸样机试验测试平台，开发了针对核主泵和雷达水铰链用机械密封的数字化设计软件与性能分析软件，填补了国内空白。

研制的 Ø300 ~ Ø500 系列大型陶瓷摩擦副配对机械密封制品已分别在我国中国电子科技集团公司的大功率雷达、中国船舶重工集团公司的大功率雷达和高性能船舶以及上海电气凯士比核电泵阀有限公司的核泵上成功应用，打破了国外技术封锁，整体技术水平达到国际先进，冲破了该类产品欧美国家对我国军工领域的技术封锁，军事、社会和经济效益非常显著。

3. 泵 / 阀制造

（1）高压高速轴向柱塞泵设计与测试关键技术及应用

据统计，发达国家生产的 95% 的工程机械、90% 的数控加工中心和 95% 以上的自动线均采用液压传动技术。轴向柱塞泵是高端液压装备的核心动力元件，被称作液压系统的“心脏”。功率密度是轴向柱塞泵的一项重要评价指标，尤其是在对减重有着严格要求的航空航天领域。高压高速化是提高柱塞泵功率密度的有效手段，但极端工况也给轴向柱塞泵的性能、使用寿命和可靠性带来挑战。

浙江大学徐兵、张军辉等在高压高速轴向柱塞泵设计方法方面[35, 36]，建立了柱塞泵固液热多场耦合仿真模型，阐明了全工况范围内泵的能耗分布规律，揭示了极端恶劣工况下关键摩擦副的承载特性和失效机理，预测了限制液压泵寿命和可靠性的薄弱环节。以固液热多场耦合模型为核心，开发了轴向柱塞泵设计软件，实现轴向柱塞泵设计由传统的基于“尺寸驱动”向基于“性能驱动”的转变。

结合自主开发的轴向柱塞泵设计软件，优化设计了泵的核心零部件，全面提升了泵的性能、使用寿命和可靠性。采用多场耦合仿真和多目标遗传算法，优化设计关键摩擦副表面织构参数（图 7a），采用织构化摩擦副的轴向柱塞泵在极端工况下（转速 10000 r/min、负载压力 28 MPa）机械效率和容积效率分别提高 10% 和 8%。建立了柱塞泵旋转组件串并联复杂油膜的变弹性阻尼模型，揭示了激振源不同传递路径的贡献率，提出了多源激励 - 传递路径 - 壳体模态 - 声传播的航空泵空气噪声分析与设计方法。利用建立的配流盘过渡区多变量多目标优化理论模型，优化柱塞腔减振几何结构参数（图 7b），有效降低流体噪声，柱塞泵声压等级降低了 3 dB。建立了柱塞泵旋转组件高速湍流 - 多圆柱耦合绕流搅拌损失理论模型，并通过搅拌损失试验修正了多圆柱绕流阻力系数。创新性地提出在旋转组件表面进行疏油涂层处理并在外周安装整流罩装置（图 7c），减小高速旋转组件在紊流场中的搅拌损失，试验结果表明，上述组合方案在全转速范围内平均降低 36% 的搅拌损失。

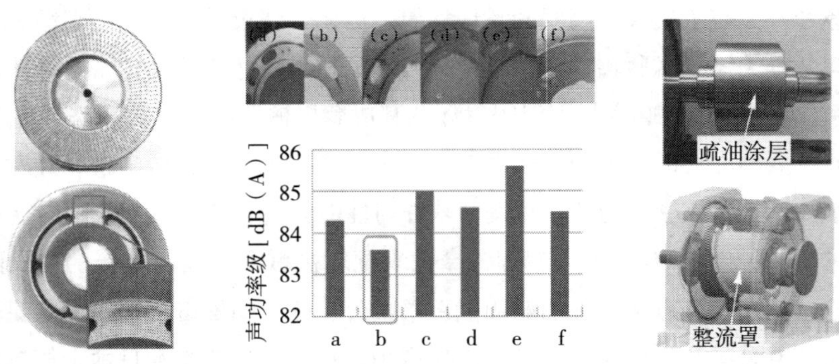

图 7　轴向柱塞泵核心零部件优化设计

提出了柱塞泵摩擦副油膜多物理场特征参数分布式测量方法，搭建了柱塞副和滑靴副油膜参数测试装备。优化设计测试泵内部空间结构，解决柱塞泵密闭狭小空间内传感器安装和数据传输的难题。提出柱塞泵中直接测量油膜参数的方法，可复现全部运动自由度、真实周期性压力冲击和摩擦副串并联耦合特性，反映油膜界面的真实工况。实现全周期范围内摩擦副油膜压力场、厚度场和温度场的拟实在线测量。同时，在国际上首次实现滑靴自旋转速的测试。试验结果不仅完善了复杂的摩擦副固液热耦合模型，而且直接用于指导柱塞泵摩擦副的创新结构和表面微观形貌设计，大幅提高极端工况下摩擦副的减摩抗磨性能。

上述研究成果获得了国内外学术界和国内企业界的高度评价。国家“973”计划“大型飞机电液动力控制与作动系统新体系基础研究”项目专家组认为上述研究成果有力地支撑了高压高速轴向柱塞泵的自主研发。航天一院18所、中航618、中航南京晨光集团（航天科工215所）、中航工业庆安集团等单位相继定制高压高速轴向柱塞泵多学科联合仿真平台和微观参数分布式测量系统。

（2）二维（2D）电液流量伺服阀关键技术

电液伺服系统具有功率密度大的突出优势，是航空航天、船舶、钢铁、机器人等领域不可或缺的高端机电装备。电液伺服阀在电液伺服系统中起机电转换和功率放大作用，是核心的关键基础件。现有的电液伺服阀结构和加工工艺复杂，零位泄漏大、抗污染能力差。国外对高端电液伺服阀禁运，严重制约我国电液伺服系统及尖端装备的技术水平。

浙江工业大学阮健对二维电液流量伺服阀进行了研究和开发[37, 38]，应用阀芯双自由度的思想发明了液压伺服螺旋机构，将导控级和功率级集成于单一阀芯上，显著地简化伺服阀的结构，抗污染能力提高4 ~ 5个NAS等级；研究并建立了具有力和位移双重放大功能的直接位置反馈机构的二维电液流量伺服阀设计方法和理论体系；建立了二维电液流量伺服阀的数字控制理论，提出了数字跟踪控制算法及数字补偿技术，拓宽其频宽至250Hz，远高于现有的功率型电－机械转换器，并显著地降低了加工工艺要求，提高了生产效率和成品率。

团队所开发的6 ~ 32通径系列二维电液流量伺服阀及其派生的二维阀是具有完全自主知识产权的原创性技术，整体技术到达国际先进水平，阀的抗污染能力处于国际领先水平，已批量应用于四代战机歼20、空警30等，打破国外对我国高端电液伺服控制元件的技术封锁，促进关键零部件和技术基础的发展。

4. 齿轮制造：高铁列车用高可靠齿轮传动系统关键技术

齿轮传动系统是高铁列车动力传递的核心部件，其工作性能直接决定了高铁列车运行的可靠性和安全性。长期以来，高铁用齿轮传动系统完全被德国和日本企业垄断，并且其箱体开裂、寿命不够等质量问题频发，严重制约了我国高铁的发展。

中车戚墅堰机车车辆工艺研究所有限公司联合北京工业大学石照耀团队[39, 40]，针对上述难题，提出了基于记忆合金流量调节的温控等技术，解决了产品低温启动充分润滑和高速重载工况下温升控制相矛盾的难题；开发了高精度齿轮拓扑修形技术和高效齿轮配对技术，降低振动响应；开发了适应高铁的铝合金箱体材料，解决了轻量化与强度的平衡，并降低了轮轨接触产生的振动冲击；提出了齿轮传动系统集成设计方法，实现了快速计算，解决了系统形变和轴承位移对载荷影响的评估难题，大幅提升了产品寿命估算和整机动力学设计精度，实现了齿轮传动系统的精确设计；提出了基于应力、强度干涉理论的可靠性设计方法，研发了基于智能制造流水线的组装工艺，保证大批量产品的一致性和可靠性。

相较国外同类产品，开发的高铁列车用齿轮传动系统温升降低 10℃ 以上，噪声降低 11%，振动得到显著控制，功率重量比提升 10%，在“复兴号”中国标准动车组中占比 90%，填补了国内空白，提升了高铁列车整体技术水平，促进了我国高端关键基础零部件进入国际领先行列。

三、国内外研究进展比较

虽然在高端机械基础零部件设计和制造方面取得了一定的突破，但是，目前我国制造业所需核心基础件仍严重依赖进口，高端基础件产品及制造技术基本上被欧洲、美国、日本等发达国家或地区所垄断。高端基础零部件发展受制于原材料、精密制造装备、检测试验技术及基础理论与技术前沿研究的落后，导致我国机械基础零部件产品尺寸一致性、动态性能、寿命与可靠性等技术指标有较大差距。我国与世界高端基础件强国的差距主要表现如下：

（1）设计方面：对复杂、极端工况的物理现象（如耦合摩擦、热与升温、寿命预测）缺少系统的实验研究和理论层面的认识，缺少数字化建模与仿真分析手段。美国、日本和欧洲等机械基础件制造技术强国仍不断继续基础研究，持续提升设计水平。虽然，我国相关产品的制造水平不断提高，与国外差距逐渐缩小，但在多学科耦合设计、机电液复合传动集成等复杂系统设计方面仍存在较大差距。

（2）制造方面：缺乏高精度加工装备及稳定的制造工艺等核心技术，制造过程智能化水平低。国内制造技术存在能耗高、材料利用率和生产效率低、产品质量稳定性差和环境污染问题。在极限制造和表面强化改性方面缺乏深入研究。基础件制造装备方面，国内在软件、在线测量、精度保持、超精密分度及刀具涂层等关键技术方面与国外存在较大差距，高端装备仍大量依赖进口

（3）服役方面：缺乏服役性能检测与测试技术及装备，服役数据采集、处理与积累少。基础件制造技术强国持续开展材料性能测试、载荷谱搜集和基础试验研究。国内制造缺少专门测试服务平台、基础研究数据。

四、发展趋势与展望

装备制造业智能化、绿色化的发展趋势明显，重大装备和主机产品的应用条件日趋超常态与恶劣，对配套的机械基础零部件和制造工艺提出了更高的要求，推动机械基础件向长寿命、高可靠性、轻量化、减免维修方向发展。信息技术、生物技术、新材料等高技术的快速发展及与传统产业的融合，将基础件产业带入一个崭新的发展阶段，使其从常规产

品、传统制造向高技术产品、现代制造及超常态制造发展。我国基础件发展不仅受到来自工业发达国家知识产权、技术标准、绿色壁垒等贸易保护措施的“高端卡位”，也面临着发展中国家更低成本竞争优势所形成的“低端挤压”。

因此，基础件应围绕重大装备和高端装备发展的配套需求，以产品突破为主攻方向，密切产需合作，加强基础技术研究，加速创新能力建设，着力推进产品质量、可靠性和寿命的升级，加大先进技术推广应用和产业化力度。在基础研究层面，对复杂、极端工况下基础件设计、制造及服役可靠性所涉及的关键科学问题开展深入系统的研究工作，完善理论体系；在前沿创新研究层面，开展设计、制造和服役与智能化、绿色化和数字化融合等前沿技术探索，进行技术储备；基础技术研究层面，重点提升结构设计、精密成形和高表面完整性加工、检测试验、可靠性及寿命评估和仿真分析等关键技术能力；在应用研究层面，建立以企业为主体、产学研用相结合的技术创新体系，并建立行业共享的基础件大数据系统；在政策层面，加强对基础件制造研发项目的支持，联合其他学科，为发展高性能基础件提供理论与技术支撑，为实现装备制造业由大变强奠定坚实基础。

1. 轴承制造

（1）轴承创新设计技术。开展基于基础理论结合实际的设计技术的系统研究，如以接触疲劳寿命为主的设计、降低振动和冲击的动力学分析、减摩降耗的发热等；建立行业共享的轴承大数据系统及设计平台，提升整个行业的技术开发和产品设计水平。

（2）轴承精密成型加工技术。加强磨削、硬车、超精等加工机理研究，实现超精密加工、精密控形控性制造技术与装备在重要轴承产品制造中的应用。

（3）表面完整性制造技术。实现工作表面微纳成形、离子注入表面处理等技术的应用，轴承服役寿命显著提高。

（4）轴承检测试验技术。突破轴承动态性能理论与测量评定方法、轴承用材料性能分析与应用技术、轴承表面完整性分析技术、轴承失效分析技术和轴承服役状态检测技术。

（5）轴承寿命评估技术。突破修正寿命与无限寿命理论与试验方法；普及轴承失效机理与分析技术；实现轴承剩余寿命预测与评估技术进入应用阶段。

2. 密封件制造

（1）简化密封结构，便于维修保养。

（2）开展新型材料研制、设计理论与方法基础研究、结构与成形工艺技术开发、设计软件平台开发、性能测试装置搭建和标准制定等与橡塑密封件密切关联领域的研究、开发工作，通过示范应用逐步推广。

（3）开展新型材料、结构设计以及智能化、绿色化和数字化等前沿技术探索，进行技术储备，以满足国家高速发展过程中对橡塑密封件新的需求。

3. 泵 / 阀制造

（1）建立完善的重大装备泵 / 阀制造理论体系。

（2）进一步深入研究泵 / 阀关键零部件的设计方法与制造工艺，实现技术原理和工艺方法的全面突破，有效融合构成系统集成。

（3）与微电子技术、计算机控制技术、传感检测技术、智能控制系统紧密结合，研发具有性能调节、控制与故障处理等功能的智能化液压元件与系统，实现泵 / 阀传动、控制、检测、显示、校正、预报等综合自动化功能，以及复杂动作的智能控制。

（4）多学科交叉建立泵 / 阀仿真和试验方法，更为接近现实，提高泵 / 阀设计和优化效率。

（5）在掌握液压元件尺寸精度保持稳定性、服役蠕变等性能演变规律的基础上，形成液压元件轻量化设计与制造新方法和新技术。

（6）发展大功率、高控制精度和平稳性电液驱动、振动系统。

4. 齿轮制造

（1）智能制造将成为齿轮行业发展的重要方向，建立产品质量稳定的自动化、智能化制造系统和在线监测系统，提高齿轮产品品质和质量稳定性。

（2）绿色制造将深入齿轮制造流程，干式切割、循环利用等绿色技术，将融入齿轮加工过程，能够极大地减少切割辅料的使用。

（3）增材制造等现代先进制造技术将得到广泛应用，利用 3D 打印技术，研发高性能齿轮材料，解决切削加工无法满足某些齿轮种类生产的问题，尤其是微小齿轮和非圆齿轮的发展。

（4）齿轮材料和热处理工艺得到突破性进展。随着新型材料将广泛运用于各类齿轮产品，攻克渗碳和渗氮催渗技术，解决齿轮钢纯净度低、淬透性差等一系列问题；在齿面强化技术和高能密度硬化技术方面取得明显进展，齿轮的承载能力和可靠性大幅提升。

参考文献

［1］中国机械工程学会．中国机械工程技术路线图［M］．北京：中国科学技术出版社，2016.

［2］中国轴承工业协会．全国轴承行业“十三五”发展规划［R］．2016.

［3］中国轴承工业协会．高端轴承技术路线图［M］．北京：中国科学技术出版社，2018.

［4］王玉明，索双富，等．高端轴承发展战略研究报告［M］．北京：清华大学出版社，2016.

［5］高性能滚动轴承基础研究课题报告［R］．西安：西安交通大学，2015.

［6］中国工程院．高端轴承发展战略研究报告［R］．2013.

［7］中国液压气动密封件工业协会．流体动力传动与控制技术路线图［M］．中国科学技术出版社，2012.

［8］胡松涛，黄伟峰，史熙，等．基于双高斯分层表面理论的机械密封研究综述［J］．机械工程学报，2019，55（1）：91-105.

［9］孙玉宙，李双鲁，李继和，等．机械密封技术［M］．北京：化学工业出版社，2014.

［10］彭旭东，王玉明，黄兴，等．密封技术的现状与发展趋势［J］．液压气动与密封，2009，29（4）：4-11.

[11] 王玉明，刘伟，刘莹．非接触式机械密封基础研究现状与展望［J］．液压气动与密封，2011，31（2）：29-33.

[12] 路甬祥．流体传动与控制技术的历史进展与展望［J］．机械工程学报，2010.46（10）：1-9.

[13] Yang Huayong，Pan Min. Engineering research in fluid power：a review［J］. Journal of Zhejiang University Science A，2015，16（6）：427-442.

[14] Xu Bing，Hu Min，Zhang Junhui. Impact of Typical Steady-state Conditions and Transient Conditions on Flow Ripple and Its Test Accuracy for Axial Piston Pump［J］.Chinese Journal of Mechanical Engineering,2015,28（5）：1012-1022.

[15] 杨华勇，马吉恩，徐兵．轴向柱塞泵流体噪声的研究现状［J］．机械工程学报，2009，45（08）：71-79.

[16] 钟麒，张斌，洪昊岑，等．基于电流反馈的高速开关阀 3 电压激励控制策略［J］．浙江大学学报（工学版），2018，52（1）：8-15，58.

[17] 中国机械工程学会．2016—2017 机械工程学科发展报告（机械设计）［M］．北京：中国科学技术出版社，2018.

[18] 秦大同．国际齿轮传动研究现状［J］．重庆大学学报，2014，37（8）：1-10.

[19] 中国通用零部件工业协会齿轮分会．中国齿轮行业“十三五”发展规划纲要.

[20] 刘忠明．中国战略性新兴产业研究与发展—齿轮［M］．北京：机械工业出版社，2013.

[21] 中国通用零部件工业协会齿轮分会．齿轮工业年鉴 2018.

[22] Zhou Fenfen，Yuan Julong，Lü Binghai，Weifeng Yao，Ping Zhao. Kinematics and trajectory in processing precision balls with eccentric plate and variable-radius V-groove. The International Journal of Advanced Manufacturing Technology，2016，84（9）：2167-2178.

[23] Yuan Julong，Yao Weifeng，Zhao Ping，BinghaiLyu，Zhixiang Chen，MeipengZhong. Kinematics and trajectory of both-sides cylindrical lapping process in planetary motion type. International Journal of Machine Tools &Manufacture，2015，92：60-71.

[24] J.L.Yuan，B.H.Lü，X.Lin，et al. Research on abrasives in the chemical-mechanical polishing process for silicon nitride balls. Journal of materials processing technology，2002，129（1）：171-175.

[25] Jiang Liang，Yao Weifeng，He Yongyong，Zhongdian Cheng，Julong Yuan，Jianbin Luo. An experimental investigation of double-side processing of cylindrical rollers using chemical mechanical polishing technique. The International Journal of Advanced Manufacturing Technology，2016，82：523-534.

[26] Li Min，Lü Binghai，Yuan Julong，Dong Chenchen，WeitaoDai. Shear-thickening polishing method. International Journal of Machine Tools & Manufacture. 2015，94：88-99.

[27] 张惠涛，李德才．分瓣式密封装置磁性液体平面密封研究［J］．机械工程学报，2018，54（5）：149-155.

[28] 李德才．磁性液体密封理论及应用［M］．北京：科学出版社，2010.

[29] 戴荣坤，陈一镖，黄串，等．新型磁性液体性能研究装置设计［J］．载人航天，2017，23（3）：370-374.

[30] 赵星宇，刘莹，黄伟峰，等．核主泵静压型轴封系统二级密封机理研究［J］．摩擦学学报，2014，34（4）：459-467.

[31] 廖传军，黄伟峰，索双富，等．核主泵机械密封的流固强耦合模型［J］．中国科学：技术科学，2011，41（12）：1649-1657.

[32] 张晓辉，黄兴，向宇，等．碳纳米管在丁腈橡胶中的应用研究［J］．润滑与密封，2018，43（8）：143-147.

[33] 郑文凯，刘莹，邬国平，等．γ 射线辐照对机械密封用烧结材料性能的影响［J］．摩擦学学报，2019，39（03）：381-386.

［34］邬国平，谢方民，陆美娣．减摩碳化硅陶瓷基复合材料研究与制备［J］．润滑与密封，2006（12）：207-209.

［35］吕飞，徐兵，张军辉．转速对 EHA 泵柱塞副柱塞位姿及泄漏量影响仿真分析［J］．机械工程学报，2018，54（20）：123-130.

［36］徐兵，李迎兵，张斌，等．轴向柱塞泵滑靴副倾覆现象数值分析［J］．机械工程学报，2010，46（20）：161-168.

［37］Ruan J，Burton R T. An electrohydraulic vibration exciter using a two-dimensional valve［J］．Proceedings of the Institution of Mechanical Engineers，Part I：Journal of Systems and Control Engineering，2009，223（2）：135-147.

［38］Jia Wen'ang，Ruan Jian，Ren Yan．Separate Control of High Frequency Electro-hydraulic Vibration Exciter［J］．Chinese Journal of Mechanical Engineering，2011，25（2）：293-302.

［39］石照耀．“山坳上”的机器人精密减速器 国产化进程艰难但更有曙光［N］．中国工业报，2018-09-04.

［40］王笑一，石照耀，舒赞辉，等．齿轮整体误差测量中异点接触误差及其修正［J］．机械工程学报，2017，53（19）：166-175.

撰稿人：袁巨龙　吕冰海　徐　兵　石照耀　张军辉　彭旭东

传感、检测及仪器

一、引言

（一）专题领域的定义和范围

传感、检测及仪器，主要研究几何量或力学参数、功能参数等物理量的获取、处理、显示及应用。传感的本质是建立在基本物理、化学效应基础上的信号变换，将被测量变换为易于处理、方便识别的信号形式（如电参量）。检测是将传感器获取的信号通过处理及显示等手段实现被测量的真实反映。仪器是用以检出、测量、分析各种物理量、物性参数等信息的设备。

机械学科中的传感技术主要实现精密仪器设备在线监控、高精度零部件生产加工，保证被测试的原始信息能够准确可靠地被转换获取。机械学科中被检测对象的目标参数也非常广泛，仅以几何量测量为例，测量对象就涉及长度、距离、角度、形貌、位置等多种要素。不同的检测方法所涉及的规律、效应不同，而且在不同环境中被测量，可能采用截然不同的检测方法。检测仪器作为信息获取的源头，实现信息的选择、转换或分析计算，使其成为易于人们阅读和识别表达的量化形式，或进一步图像化。检测仪器不是单纯的精密机械，也不是单纯的光学加精密机械，而是机械、电、光、算法、材料、物理、化学等先进技术的高度综合。

传感、检测及仪器的本身特点决定了该领域的研究方向必然结合先进制造的发展前沿，指导实际生产，因此，满足科技发展和生产的需求，尤其是重大工程中的应用需求，始终是推动检测及仪器设备研制发展的主要动力，决定着传感检测技术学科的研究内容和发展方向[1]。

（二）本领域近 5 年来机械制造科技及产业的主要发展趋势及关键科技问题

自“中国制造 2025”推出后，中国进入了“智能化”新时代。智能化是先进信息技术和制造技术融合的必然结果，也是“中国制造 2025”的必然要求。作为与信息技术和制造技术关系密切的学科，传感、检测及仪器相关技术日渐走向成熟并得到应用。新型检测原理、测量技术、测量系统及仪器设备不断出现，为传感、检测及仪器的发展提供了非常有力的发展条件。

1. 机械制造中的传感器技术

（1）传感器与机械系统集成化

与被测单元融为一体的传感器嵌入式技术，是其未来主要发展趋势。传感器与机械系统的集成，已成为机械系统智能化发展的重要保障。该集成化的实现需要依靠两方面的改进：一是传感器微型化。例如湿度、振动、噪声传感器等[2-6]，在其功能不受影响的前提下，已经能够做到形貌极小并能够嵌入物体内部。二是传感器材料新型化。例如自身具有感知和转换功能的光纤传感、压电陶瓷等新型材料[7]，可直接嵌入固定在被测体内部使用，从而诞生了智能机械手、智能飞行器等智能化产品。但是，目前精密机械系统中的传感器，由于受到工作环境及自身结构特点的限制，一般的位移传感器无法直接嵌入系统内部进行测量，尤其在精密测量和超精密测量方面，无法实现传感器与机械系统有效集成，进而严重制约了机械系统全面实现智能化的进程。

（2）传感器智能化

传感器逐步具备信息检测、信息处理、信息记忆、逻辑思维和判断等功能，是其智能化的主要发展趋势。传感器的智能化具体体现在：一是传感器应具备自校准、自标定、自适应功能；二是传感器应具备自动采集、算法判断和决策处理功能；三是传感器应具备存储、识别、通信及高数字吞吐量 I/O 功能。传感器的智能化已逐步成为国家工业及科学技术能力的重要体现。目前，基于微机电系统（MEMS）、硅微细加工、互补金属氧化物半导体（CMOS）主流技术的智能传感器，在物联网、虚拟现实、机器人等产业发展中起到关键作用。高性能、高可靠性的自动测控系统以及基于触觉传感的工业机器人的兴起与发展，越发凸显了传感器的智能化在其相关机械制造应用领域的重要性和迫切性。但是，目前传感器智能化的发展受限于设计及制备技术基础薄弱、产品技术标准不规范等因素的影响。然而，随着半导体技术及工艺的迅速发展，传感器智能化产业迎来了一个非常重要的历史契机[8]。

2. 机械制造中的检测技术

（1）微纳加工质量的高精度测量方法

随着制造技术的不断发展和过程不断复杂化，如何保证制造精度给现代检测提出了新的挑战，而高精度测量已成为保障微纳加工质量的有效技术手段。现代微纳制造尤其是超精密金刚石切削加工技术不断呈现新的特征，加工出的微纳结构形貌从原来的一维结构发展为复杂的三维结构，且具有横向跨尺度、纵向复杂化的特征。然而，现有高精度测量系统对不同特征复杂微结构的测量顾此失彼，无法同时实现大面积、大行程、高精度快速测量，尤其体现在复杂、难测微纳结构测不到、测不准的方面。现有多数高精度测量系统冗余、复杂，环境要求苛刻，无法推广到空间狭小、环境多样化的微纳加工过程中，只能用于离线测量，而现有的在线测量手段大多局限于局部线轮廓的测量，对三维复杂微纳结构的整体面型扫描仍然存在瓶颈。由于微纳加工现场诸多不确定性因素，真实可靠地综合评估面型测量结果、实现测量加工的有机融合和微纳加工面型的质量控制是当前的科学技术难题[9]。

（2）无损检测技术

无损检测技术是以不损害被检验对象的使用性能为前提，应用声、光、热、磁和电等多种物理原理和化学现象，借助现代的技术和仪器设备，对各种工程材料、零部件、结构件进行有效的检验和测试，借以评价它们的连续性、完整性、完全可靠性及某些物理性能的学科[10]。随着以航空航天为代表的尖端制造领域中新材料、新结构的逐步应用，无损检测技术发展的重点由均匀规则结构的宏观缺陷探伤转向各向异性非均匀不规则结构件的多尺度缺陷、几何特征、化学成分、组织结构和力学性能变化的表征及评价。如何结合材料学、物理学及计算机科学的理论和成果，并结合阵列式、智能化的检测设备，构建面向尖端制造领域复杂关键零部件的高精度全寿命周期评价方法是该领域发展的关键科学问题。

（3）机器视觉检测技术

机器视觉检测技术是用机器视觉、机械手代替人眼、人手来进行检测、测量、分析、判断和决策控制的智能测控技术[11]。机器视觉检测技术具有智能化程度高、信息感知能力强、检测速度快、漏检及误检率低、精度高等优点，在汽车制造、自动化焊接、表面缺陷检测等领域得到了广泛应用。在机器视觉的算法方面研究成果虽多，但工业应用不足。视觉传感器核心技术方面，与国际前沿技术差距明显，机器视觉成套系统的核心设备研发水平不高且产能不足，严重影响其工业应用。

3. 机械制造中的仪器仪表技术

仪器仪表是机械制造领域中重要的技术基础保证，是通过多种信息的测量、采集及控制实现信息的择取、转换和分析的设备。无论是基础研究领域还是复杂零部件精密测量领域，都需要对应的仪器仪表作为技术手段来开展研究工作，以保障机械制造生产的安全。近年来，仪器仪表技术逐步向智能化、网络化方向发展，且在超精密制造、大型结构及设备制造方面得到广泛应用，但仍面临中高档设备偏少，低端产品较多的局面。同时，在大型承压设备检测仪器研制、基于 MEMS 技术的流体壁面剪应力测试仪研制及大型整体结构件精密测量装备研制等方面存在瓶颈。

二、近年来的最新研究进展

近年来，智能制造技术不断发展创新，深刻影响着传感器技术、检测技术与仪器仪表技术的发展。传感、检测与仪器领域在世界各国发展中的地位不断凸显，美国早在 20 世纪 80 年代就声称世界已进入传感器检测时代，日本工商界人士声称“支配了传感检测技术就能够支配新时代”，德、英、法等国对传感器、检测技术及仪器仪表技术的开发投资逐年升级。与国外相比，我国虽然在传感、检测与仪器方面起步较晚，但是，在国家的大力支持和“中国制造 2025”的推动下，我国传感、检测与仪器领域取得了一系列进展，在工程产品质量保障方面发挥了重要作用。

1. 传感器技术代表性成果

在国家自然科学基金、国家杰出青年科学基金、“973”计划、“863”计划等项目支持下，西北工业大学、重庆理工大学、合肥工业大学等针对传感器新技术开展了相关的研究工作，在传感器的高精度、高集成度方面取得了重要突破，为机械制造的高精密测量提供了新原理、新途径。

（1）嵌入式时栅传感新技术

依托国家自然科学基金重点项目的支持，重庆理工大学彭东林等针对高速、重载等极端条件和中空、狭窄等特殊环境下的全闭环精密测量与精密控制问题，沿袭前期时栅传感器研究成果的基础，提出了一种将被测齿轮与传感器融合一体的新技术。基于该技术，直线式时栅、圆式时栅（图 1）的测量精度分别达到了 ±0.5μm/m、±0.8″，分辨力分别达到 0.1μm、0.1″ [12]，使得时栅的测量精度向纳米级测量精度迈进，拓展了时栅传感器的环境适应范围。在此研究基础上，提出了一种基于电容阵列结构和交变电场来构建匀速运动参考系的第三代时栅传感器——纳米时栅[13]。纳米时栅传感器利用时栅测量技术解决

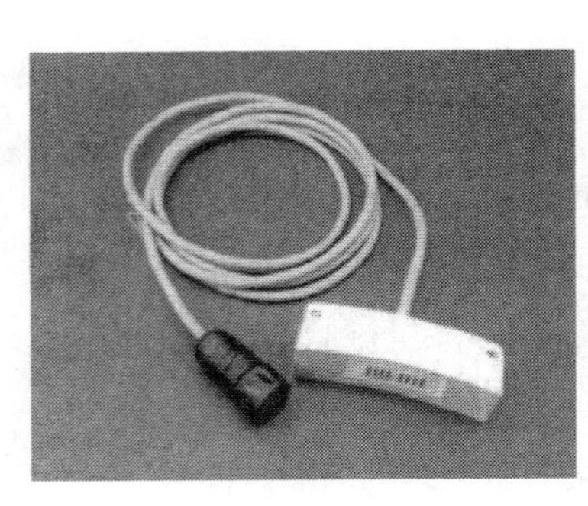

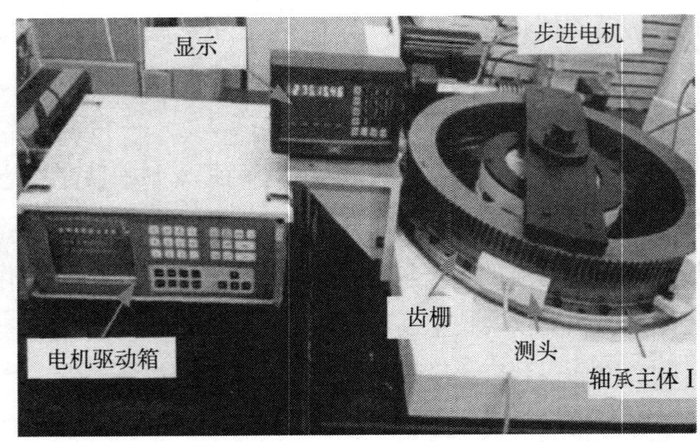

图 1　封装后的时栅测头产品以及性能测试系统

了分辨率受栅距制约的问题，采用平板电容结构作为传感单元降低了制备难度，利用面积积分滤波效应、电场匀化效应及感应电极的平均效应，并采用缝宽比调制法和偏置移相法两种空间谐波抑制方法，降低了制备误差及系统误差对测量精度的影响，形成了一套纳米时栅传感器的设计准则，达到国际领先水平，同时依托先进的微纳制造工艺实现了纳米时栅传感器高效大批量生产。

（2）基于模态局部化的高精度谐振式传感器技术

诺贝尔奖获得者菲利普·沃伦·安德森于1958年提出的模态局部化效应可将传感器输入扰动所引起的振动能量集中于其中谐振器的工作模态，放大输出信号的变化，进而增大传感器的信噪比，从而可以将特征态检测的灵敏度提高2~3个数量级。西北工业大学常洪龙研究团队对基于模态局部化的高灵敏检测技术进行了深入的研究，取得了显著的成果，提出了模态局部化传感器的闭环控制方法[14]，解决了多模态控制[15]、馈通自消除等难题[16]，实现了模态局部化传感器性能指标的实时测量；制定了“幅值比之和”[17]“幅值差”[18]等新的输出量纲，解决了模态局部化传感器在平衡位置附近固有的非线性问题，实现了模态局部化传感器全量程的线性化检测。

西北工业大学常洪龙团队运用模态局部化检测机理研制出多种高精度的谐振式传感器。将模态局部化效应用于微机械惯性传感器，研制出世界上第一个基于模态局部化效应的弱耦合谐振式加速度计[19]，实现了1.1μg/Hz$^{1/2}$的分辨率[20]，为高精度惯性传感器的研制开辟了一条新的道路；研制出了高分辨率的模态局部化静电计[21]，分辨率为9.21 e/Hz$^{1/2}$，已接近单电子检测的分辨率，超过目前最高精度商用静电计（Keithley 6517A，分辨率6300e）3个数量级，而且动态范围达到了300万e并且可在室温下进行工作。

2. 检测技术代表性成果

检测技术是基础科学研究领域的重要组成之一，在智能制造、精密测量、国防建设等领域起着不可替代的作用，促进了工业进步和国民经济发展。检测技术需要利用多种物理、化学效应，选择多种高精度、高灵敏度的仪器装置，将被测量有关特征信息通过检查与测量实现定性和定量的过程，以探测和揭示事物的现象及规律。检测技术不仅为基础研究提供了有力的手段，而且是重大装备制造和工程建设质量控制的重要手段，是灾难性事故预防不可或缺的关键技术。浙江大学、北京航空航天大学、华南理工大学等高校在微纳结构的高精度在线测量、增材制造构件无损检测、机器视觉检测等方面做了相关技术研究，取得了一系列成果。

（1）金刚石切削微纳结构的高精度在线测量关键技术

在国家自然科学基金重大研究计划和“863”计划重点项目的支持下，浙江大学居冰峰研究团队针对微纳加工结构高精度大面积扫描测试及扫描探头在机床中微纳精度定位的需求，设计了一种新型压电驱动的二维大范围微纳定位平台，通过Z形弯曲放大机构可实现两自由度的运动传递及解耦导向，为微纳结构的大面积高精度扫描及测量探头的微纳米定位奠定了基础[22]；针对传统方法对复杂微纳结构测不准、测不快的难题，提出了基于反对称变换的快速探头伺服测量技术，成功将其嵌入到金刚石飞刀切削过程中，实现了对加工面型的快速在线测量，保证了菱形微结构阵列的加工精度[23]；针对复杂微纳结构的高精度在线螺旋测量需求，提出了超精密单点金刚石切削的在线测量技术和高长径比探针的自动对中策略及空间在线螺旋测量方法，实现了探针对三维微纳结构曲面基底的法向矢量跟踪，获取了传统离线仪器难以获取的优异面型轮廓信息，实现了三维微纳结构加工误差的准确表征[24]；针对微纳结构形貌误差的高精度、高可靠性检测需求，构建了基于门特卡罗算法的加工测量一体化形貌误差在线评估模型，分析了加工和测量误差对形貌误差在线评估结果的影响，实现了在线螺旋测量系统与快速刀具伺服加工系统的协同工作，形成了加工 – 测量反馈 – 补偿加工的制造模式[25]，如图 2 所示。

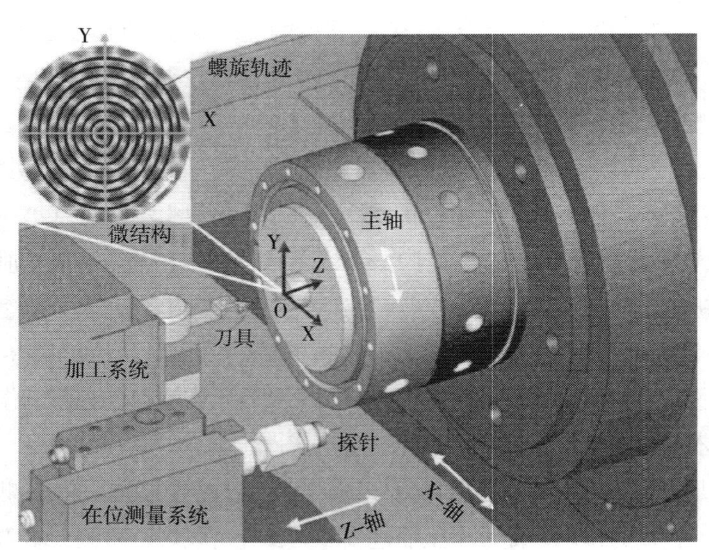

图 2　加工测量一体化示意

（2）钛合金增材制造构件的阵列超声检测技术

增材制造技术相对于传统加工方式具有可设计性强、易加工成型和材料利用率高等特点，已逐步应用于航空航天领域中复杂构件的直接成形。增材制造技术是涉及材料熔化成形的复杂物理过程，在制造过程中可能会产生气孔、裂纹等多种类型的缺陷。然而，制造工艺的特殊性使得增材制造钛合金内部具有晶粒粗大、不均匀和高衰减等特性，直接采用针对锻件或铸件的传统超声检测方法难以得到准确直观的检测结果，甚至无法检测。

针对上述问题，北京航空航天大学周正干研究团队以采用激光增材制造方法制备的 TC18 钛合金试样为对象，利用高频水浸超声方法分析了其超声衰减特性，他们提出了适用于增材制造钛合金构件的内部回波成像方法。利用线阵换能器全矩阵数据采集的方法测量了声波沿试样不同表面入射时的声波群速度随角度的变化规律，分析了增材制造钛合金试样的各向异性，基于测量结果提出了阵列超声成像的校正算法。根据增材制造钛合金构件的声学特性，他们提出了一种环形阵列超声全聚焦检测方法（TFM）及三维成像算法，搭建了增材制造钛合金阵列超声自动化检测软硬件平台并开展了实验应用研究。

他们提出的环形阵列超声全聚焦检测方法能有效检测出55mm厚度试样内部 φ0.8mm的平底孔缺陷，并在其他型号和尺寸的增材制造钛合金试样中进行了验证。由此解决了增材制造钛合金构件中声波能量的散射和衰减造成的检测精度不高的问题，是一种能准确有效评价增材制造钛合金构件质量的无损检测方法，对增材制造构件的性能保障和推广应用具有重要意义。

（3）基于机器视觉的微钻刃面智能检测技术

在国家自然科学基金支持下，华南理工大学的姚锡凡研究团队针对机器视觉的智能标定需求，根据摄像机的非线性模型，采用嵌入旋转矩阵神经网络算法、正交学习神经网络算法及改进的遗传算法，获取了非线性摄像机的内外参数、自相关矩阵最小特征值所对应的特征向量和双目视觉系统的标定参数，完成了机器视觉系统三维重建工作，实现了机器视觉系统的标定；针对微钻刃面的智能检测需求，构建了用于钻头检测的神经网络与粒子群模糊逻辑，取得了微钻头特征曲线拟合方程的全局最优解，并得到了微钻头棱边投影的椭圆拟合方程、主切削刃直线投影方程、横刃投影方程等拟合方程的系数群，实现了微钻头特征曲线的拟合和刃面缺陷的检测；针对机器人机器视觉系统的手眼定标难题，提出了混合旋转矩阵神经网络与交叉变异粒子群优化的方法，获得了相机相对于末端执行器之间的相对位姿关系，保障了较高的手眼系统标定精度要求，完成了基于计算智能的机器视觉系统的标定，研发了PCB板微钻头的自动化检测系统，实现了机器人手眼系统的定标。研究成果有利于提高精密制造与检测技术的水平，拓展了我国机器视觉工程应用的范畴。

3. 仪器仪表技术代表性成果

（1）高端电磁检测仪器与系统

以中国特种设备检测研究院沈功田为首的科研团队在大型承压设备不停机无损检测技术方面开展了深入研究，取得了一系列成果。针对大型承压设备带防腐层金属材料焊缝裂纹和应力损伤的问题，建立了地磁环境下材料损伤的非线性应力分布力磁耦合模型，分析了弱交变电磁场激励下非均匀小提离的裂纹信号相位和幅度变化特征，建立了脉冲大电流激励大提离下的腐蚀减薄多涡流环检测模型，探究了交流大电流和恒定磁场复合激励下管道金属损失的磁致伸缩超声导波响应规律，攻克了涡流提离信号的相位抑制和材料损伤微弱磁记忆信号的探测难题，研制了适用于大型承压设备的金属材料与焊缝裂纹和应力损伤检测的磁记忆－复平面涡流检测一体化仪器；针对大型承压设备常用金属材料腐蚀的难题，提出了自识别周期拓延自适应补偿信号处理算法，发明了基于局部磁饱和的瞬变磁场屏蔽效应削弱技术和非接触式扭转导波传感器，研制出可透过铁磁性保护层检测 200mm 保温层下 5% 腐蚀减薄的脉冲涡流检测系统和可非接触检测管道 3% 横截面损失的磁致伸缩导波检测系统，研究成果打破了国外技术垄断。

（2）基于 MEMS 技术的流体壁面剪应力测试仪

大型飞机、船舶的摩阻占总阻力的 40%~80%，降低摩阻是实现大承载、长航程、低能耗等设计目标的关键。流体壁面剪应力是形成摩阻的基本要素，也是表征边界层状态的有效判据。但是，由于剪应力量值极小、动态性高、被测流场极易受到干扰破坏等因素，精确测量流体壁面剪应力一直是国际难题，严重制约了空气动力学、水动力学等相关科技工业发展和重大工程建设。西北工业大学苑伟政、马炳和、姜澄宇等针对上述难题，充分发挥微机电系统（MEMS）技术的体积小、响应快、功耗低等优势，设计了柔性热膜式和浮动电容式两种不同测量原理的微剪应力传感器，攻克了张紧薄膜光刻和变曲率表面精确几何成形、通孔背引线、防水封装等关键技术。在柔性微纳结构制造技术的创新性成果基础上，实现了核心传感器的创新突破，研发出世界上首台工程化流体壁面剪应力仪。

（3）飞机大型整体结构件测量装备

北京航空航天大学赵慧洁研究团队针对飞机大型整体结构件测量中的一系列技术难题，自主研发了结构件表面强光反射条件下的极端测量技术。针对大型结构件强反光条件下测量的国际难题，设计了可实现分级扫描的光学引擎，发明了基于声光拍频相位凝固干涉技术的条纹宽度和亮度可调的激光条纹投射方法，将测量数据的有效率由不足 40% 提高到 99% 以上；针对现场环境导致原位测量精度大幅降低的难题，提出了高精度条纹参数优化方法，发明了适合数控机床的大尺寸高精度测量溯源技术，为实现现场环境下的大尺寸高精度原位测量奠定了基础。在传感器体积减小一半时，现场测量精度达到了国外传感器实验室内的测量精度；针对加工变形原位测量与控制的难题，研制了首套用于高反射率结构件数控加工的精密视觉测量装备，发明了测量数据与工艺数据融合方法，实现了大型整体结构件“测量 – 加工 – 调控”一体化，有效地控制了工件形变，使 19.5 m 整体结构件的加工精度由 1mm 提高到 0.2mm。经国家一级计量单位检测，技术指标达到国际同类产品的先进水平。同行专家鉴定结论为“填补了国内在该领域的空白，总体技术达到了国际先进水平”；针对飞机钛 / 铝合金的梁、框和壁板等典型结构件的原位测量需求，研制了五类测量装备。在国内三大飞机制造企业的重点型号任务及大飞机的研制中获得成功应用，解决了军 / 民机研制和生产的瓶颈问题，缩短了研制周期，成为我国跨代飞机研制和生产中不可或缺的装备。还应用于波音 787 及空客 A320 结构件生产中，显著提高了我国航空制造业的国际竞争力。研究成果提升了我国测量技术领域的自主创新水平，推动了我国制造业的跨越发展，对国防建设和国民经济发展意义重大。

三、国内外研究进展比较

1. 传感器技术

（1）传感器与机械系统集成化的国内外研究进展

直线位移和角位移的测量是最基本的几何量测量，目前大量存在于以制造为代表的生产实践和科学实践中。随着机械制造逐步面向高端制造领域[26]，精密机械中的位移传感器技术越发重要。目前，国外已将嵌入式位移传感器技术应用于大型精密机械及智能制造领域，如德国英纳（Ina）公司的带角位移检测大型轴承、日本带角位移检测的转台轴承是目前认可度较高的嵌入式传感器。就整体而言，国外多采用光栅尺、钢栅尺及磁栅嵌入到传动机械中实现位移等信息的高精度测量，普遍存在制造精度难以控制、装配难度大、价格高昂等弊端，对我国存在严格的技术封锁。

目前，国内生产的嵌入式传感器多是在轴承外圈安装钢栅尺为主且普遍存在动态特性差、安装精度不高等问题。在复杂工艺生产过程中，极易受到现场微小粉尘、油污和水汽的干扰，难以保证传感器的可靠性抗干扰能力。为此，国内研究人员提出了用时间量测量空间位移原理，研制了高性能的时栅位移传感器，避开了传统栅式传感器空间精密刻线的苛刻要求，采用时钟脉冲插补技术，显著改善了位移传感器高分辨力、可靠性和抗干扰能力，经中国计量科学研究院鉴定，纳米圆时栅在任意 360° 量程内，精度为 ±0.09 "，分辨力为 0.01 "，纳米直线时栅在 200mm 量程内，精度为 ±150nm，分辨力为 1nm，均达到国际先进水平[27]。

（2）传感器智能化国内外研究进展

传感器行业具有入门门槛高、壁垒高、投资大、风险大的特点。在传感器领域内，具有原创力、产品体量大的国家主要是美国、德国、意大利和法国等。相比之下，中国传感器产业核心技术积累如材料、设计、工艺方面严重不足。MEMS 企业规模相对较小，拥有完全核心自主设计能力的 MEMS 企业年销售额都未超过 1 亿美元，MEMS 制造端的产业链成熟度不高，产学研结合的平台相对不成熟。随着智能时代的到来，传感器产业恰逢一个难得的历史机遇。中国传感器产业正逐步走向一个新的技术高度，在此过程中，既面临着重大的挑战，也担负着重大的责任。为此，中国需要在以下方面努力突破：提高传感器精度，提高小批量 - 低成本量产能力，拓展多材料复合技术、电池技术和无线无源传感器，封装测试设备和系统，加工设备和耗材国产化等。同时，建立智能传感器产业大生态圈，即不仅需要有器件，而且需要有开发、测试及加工等环节。通过强大产业生态圈，提升中国智能传感器产业水平。

2. 检测技术

（1）微纳加工质量的高精度测量方法

由于微纳制造过程的空间尺度限制、微纳加工件外形的复杂难测性、测量范围受限和效率低下等原因，面向微纳加工过程的在线测量一直是非常具有挑战性的难题，也是微纳加工精度能否进一步提高的关键所在。

目前，国外只有少数几个实验室能够实现微纳加工过程的在线测量。澳大利亚昆士兰大学开发了基于触针探测原理的测量单元，提出了加工补偿方法，减小了加工件的二次装夹误差带来的影响，并将其集成在超精密磨削车床上实现了在线测量[28]。日本东北大学纳米测量及控制实验室 Gao 等首次实现了对微纳结构的高精度在线测量，同时为国内基于扫描隧道显微镜的在线测量技术和空间螺旋测量技术提供了关键性的参照[29]。此外，还开发了光学斜坡传感器和气浮微位移传感器并将其安装在超精密机床上，实现了对正弦微纳结构柱面的旋转轮廓线扫描[30]。虽然国外初步实现了在线测量，但是大部分的工作仍然是基于接触式探针或光学方法实现在线行扫描，往往只能评价微纳加工试件表面某一局部区域的粗糙度和曲率等，而对于微纳三维面型在线检测方面的研究较少。

在国内，郭东明、李圣怡、丁汉等提出了“设计 - 加工 - 测量”一体化的理念，并将其成功用于大型光学非球面、天线罩曲面精密修磨等精密加工过程，取得了一系列原创性成果[31, 32]。由于测量原理不足、集成机理成熟度不够、技术难度大等原因，还未能将“在线测量”和“设计 - 加工 - 测量”一体化拓展到微纳切削加工领域。对非球面镜头阵列、双正弦结构光栅、曲面复眼等微纳切削结构仍缺少必要的测量仪器装备，且许多未知的关键技术尚待突破。

（2）无损检测技术

目前，中国在许多无损检测新技术领域开展了技术引进、应用研究、检测标准制定和设备研发工作，这些新技术包括射线实时成像技术、超声波衍射时差检测技术（TOFD）、阵列超声检测技术、超声导波检测技术、脉冲涡流检测技术、漏磁检测技术、磁记忆检测技术、声发射检测技术和红外热成像检测技术等方面。但是，在仪器制造方面，我国的无损检测设备在品种种类、功能、性能指标等方面与国外先进的无损检测设备仍然存在较多甚至较大的差距。在标准制定方面，基础标准与国外的差距主要表现在数字射线检测、涡流检测、声发射检测和红外检测方面。产品标准各个行业过于分散，没有完整的标准体系。中国目前新开展的大型工程和建设项目众多，机械制造业十分活跃，除对常规无损检测仪器和技术有巨大需求外，对高新无损检测仪器和技术也有强劲的需求，因此需要从国外进口大量的先进设备和技术，应用并交流，努力提高科研开发能力。与发达国家相比，我国在先进无损检测仪器制造、标准制定、人员资质认可和无损检测服务方面还存在很大差距，仍需国内无损检测同人共同努力。

（3）机器视觉检测技术

目前，机器视觉检测技术在自动化焊接方面的应用，极大地提高了焊接质量和效率。主要分为以下三个方面：一是基于视觉的焊缝识别和焊前引导及焊缝跟踪技术；二是焊接过程中焊缝熔池状态实时监测，即通过对熔池图像的提取实现焊缝的熔透与熔深状态的监测；三是焊后焊缝缺陷监测及控制。英国 Meta Vision Systems 公司、加拿大 Servo-Robot 公司与德国 Scansonic 公司等均开发并制造了先进的视觉焊缝自动化跟踪设备。清华大学王胜华等提出一种纹理特征的焊缝识别方法，利用焊缝位置与钢板之间纹理特征差别，实现了焊缝区域的识别[33]。上海交通大学开发了一套可用于观察熔池区域的图像传感系统，可以清晰观察到熔池的形状尺寸以及焊缝区域的图像及熔池背面的情况，以分析熔透变化。

在汽车制造方面，机器视觉主要应用于车身测量、汽车涂装表面质量检测、视觉引导机器人装配、汽车零部件质量检测等方面。近年来，上海大众、一汽大众、上海通用以及东风汽车等公司纷纷引进了在线视觉测量系统，进行尺寸波动的监控和工艺能力的研究。此外，部分高端制造商已引入蓝光扫描测量系统对车身总成和四门两盖总成进行测量。在汽车涂装表面质量检测方面，基于机器视觉的汽车表面质量检测正在初步代替低效的人工视觉方法，福特汽车在全世界的 3 个工厂涂装线上已经采用自己开发的漆膜 3D 缺陷检测系统[34]，德国宝马汽车公司与梅赛德斯－奔驰汽车公司也纷纷将漆膜缺陷检测系统应用于生产中。目前在汽车涂装表面质量检测领域，国内对于机器视觉应用研究仍落后于国外。

此外，机器视觉在金属、印刷品、纺织品等表面缺陷检测国内外有较多的研究成果。在金属表面缺陷检测领域，美国 Westinghouse 公司采用线阵 CCD 摄像机和高强度的线光源检测钢板表面缺陷，并提出了将明域、暗域及微光域 3 种照明光路以组合的形式应用于检测系统。美国 Cognex 公司研制成功了 iS-2000 自动检测系统和 iLearn 自学习分类器软件系统[35]，有效改善了传统自学习分类方法在算法执行速度、数据实时吞吐量、样本训练集规模及模式特征自动选择等方面的不足。国内北京科技大学的高效轧制国家工程研究中心也在研制基于机器视觉的钢板表面质量检测系统[36]。

3. 仪器仪表技术

（1）电磁检测仪器与系统研制

开发研制的电磁导波检测系统、脉冲涡流检测系统和磁记忆－复平面涡流检测一体机，为电磁检测技术的工程推广应用提供了硬件保障，同时打破了国外公司的技术垄断，极大地降低了国内检测机构购买同类型仪器的成本，使国内检测机构具备高端检测能力成为可能。其中，研制的铁磁性管道电磁导波检测系统，实现了管道腐蚀非接触的远距离快速检测，该系统最新型号的性能指标大幅超过美国仪器的技术指标，价格不到国外产品的 40%；研制的可实现保温层下铁磁性材料腐蚀检测的脉冲涡流检测系统，仪器指标优于国外同类产品，但价格仅为其 50%；开发的磁记忆 - 复平面涡流检测一体化仪器，实现了带涂层内部应力损伤的定位和焊缝表面裂纹的快速检测，仪器功能和指标大幅领先于国外同类设备，并实现了产业化，市场占有率超过 70%。

（2）基于 MEMS 技术的流体壁面剪应力测试仪

仪器核心传感器的电阻温度系数、分辨力、响应时间等主要技术指标均优于美国加州理工学院、德国萨尔大学所研制的同类设备技术指标。仪器测量范围 0~60Pa，分辨力 0.3Pa，精度 5%，配备多通道探头，能捕捉不同位置流场数据并进行流动状态分析，满足了工程的实际需求。成果在 C919、ARJ21-700 等大飞机超临界翼型减阻增升设计、超燃冲压发动机内壁瞬态高温剪应力动态精确测量、潜艇减阻降噪精细化设计、水利工程中波流作用下泥沙运动特性研究等领域成功获得工程应用，为实验流体力学工程技术的发展提供了突破性技术支撑。

（3）在大型整体结构件测量 / 加工一体化方面

国外已拥有密集点视觉测量技术，但只能离线喷涂测量，同时存在金属反光使视觉传感器致盲、大尺寸结构件原位测量自动性差和溯源精度低等问题。国内系统在测量精度方面达到国外同类产品的先进水平，在强反光表面测量等关键技术上实现了跨越，是目前唯一可以实现强反光金属表面无喷涂直接测量的系统和首套数控原位视觉测量系统。不仅可用于航空制造业，还可用于航天、船舶、汽车、数控机床等多个领域，潜在经济效益超过百亿元。在测量精度、效率、自动化程度以及性价比方面均优于国外同类产品，市场竞争力强劲。

四、发展趋势与展望

1. 传感器技术

（1）传感器与机械系统集成化

随着传感器技术的不断发展，检测技术和被测系统趋于集成化，已逐渐成为未来机械智能化的重要保证。嵌入式传感技术未来自身测量精度进一步提高，如进一步研究稳定的“运动坐标系”所依赖的新型行波场的形成机理，突破现有瓶颈，从现有以磁场为媒介的磁场时栅传感技术变成以光、电场为媒介且具有更高精度的纳米时栅传感技术。其次，降低机械加工误差及电气误差，亦能显著改善时栅传感器的测量精度。此外，针对被测对象的在线、动态精密位移测量，嵌入式传感器微型化、集成化也是未来的一个重要方向。由此可见，集成于机电系统中的高精度微型化传感器技术将是未来的发展趋势。

（2）智能传感技术

在当前智能时代的推动下，智能传感器的位置逐步凸显。智能传感器的出现推动了传统产业的转型升级，通过增加智能传感装置，减少人力干预的方式提升生产效率，促进企业从劳动密集型到自动化、智能化方式的转变。同样，智能传感技术也在持续推动机器人、虚拟现实/增强现实、无人机等新型应用领域的发展。随着与CMOS兼容的MEMS技术的发展，微型智能传感器的发展得到了有力的技术支撑。在过去传感器的研究仅专注自身性能的提升，如灵敏度、动态范围、响应时间等，而现在随着MEMS技术与标准CMOS技术的深度融合，具备通信、能量收集、电源管理等多种功能的电路集成于传感器中，为传感器的微型化、多功能化以及智能化奠定了技术基础。可以预见，未来智能传感器会逐步走向集成化、能量获取自动化、高端需求多样化的趋势。

2. 检测技术

（1）微纳加工质量的高精度测量方法

随着微纳制造工艺不断发展，微纳元器件形貌结构从原来简单的一维发展为复杂的三维，且已发展为毫米级到纳米级的跨尺度特征，这为精密测量新方法、新技术的发展指明了方向。由于微纳加工过程中存在诸多不确定性因素，单次加工往往难以满足器件在几何精度和物理性能方面的要求，融合微纳加工和在线测量于一体的循环加工模式将成为解决这一难题的重要手段。通过引入在线测量技术及在线循环修正加工工艺的方式，可避免工件的二次装夹误差，可实现加工误差的补偿，进而保障微纳加工器件的最终成型精度。因此，针对微纳结构跨尺度大面积、形貌复杂、结构难测等关键问题，探索新的测量原理、测试方法和表征技术，发展面向微纳加工过程的跨尺度多参数在线检测方法、技术和装备，是微纳制造的前沿发展方向。

（2）无损检测技术

随着对检测原理认识的不断深入和相关仪器设备技术的不断进步，声学检测技术将会成为最广泛的无损检测技术之一，声学检测技术不断朝着高可靠性、多特征评价、在役检测大数据分析、定制化等方向发展。仪器设备不断数字化、智能化和图像化，尽可能摆脱人为因素对检测结果的影响；评价方法不再局限于幅度、时间等特征参量，而是综合声速、非线性系数、相位角、背散射信号、多普勒效应等多重因素，进行多特征评价；检测服务由检测向设备全寿命实时监测、大数据分析预警等方向发展；检测仪器和检测服务不断专业化、定制化，满足用户个性化需求；同时多种检测技术相互融合和竞争，不断产生新的检测方法；计算机模拟技术在检测方法和仪器开发中起到越来越重要的作用。随着物联网、智能制造等新业态的发展，声学检测因其操作便捷、无污染、成本低、自动化程度高等优点，将会获得更大范围的应用。

（3）机器视觉检测技术

随着汽车制造、高铁制造等行业自动化、智能化水平的不断提高，对机器视觉技术的要求也越来越高，从而有效促进了机器视觉技术的发展。技术和市场需求等因素决定了机器视觉表面缺陷检测的发展趋势。目前采用的成像技术大多局限于可见光成像，导致在某些应用中难以实现图像检测和识别，为此，需要从光源、光强和频谱控制、精密光路控制、先进阵列感知、信号调理等方面全面研究成像技术，还需对不同对象与电磁波相互作用和成像的新原理、新方法进行研究。将多种先进成像技术，如激光扫描成像、弱干涉成像、层析成像、太赫兹成像、电容成像等应用于工业视觉检测和控制以丰富视觉感知手段，并采用统一而开放的标准，构建标准化、一体化和通用化的解决方案，研发可靠性高、维护性好、便于不断完善和升级换代、网络化、自动化和智能化更高的机器视觉系统是今后的发展趋势。对机器视觉技术应用的研究，目前国外已经普遍出现比较成熟的产品，而国内目前还处于理论和试验阶段，相关产品还不成熟。但该技术已经引起了国内的高度重视，投入了大量的人力、物力和资金。因此，机器视觉技术未来的研究应该不仅限于理论算法的研究，还应该与机器视觉硬件核心系统的研制紧密结合，进而掌握机器视觉的核心技术。

3. 仪器仪表技术

随着航空制造业的发展，仪器仪表也逐渐被应用于大尺寸零部件的测量技术中，如针对大型飞机零部件装备的测量，采用多种测量系统能够着重关注特征区域，在单次测量过程中可获得更多感兴趣的特征信息，加快测量效率、提高测量精度和可靠性。此外，更高效地实现机械制造零部件的自动化检测也是仪器仪表技术发展的趋势之一，如现有应用广泛的激光跟踪仪，已经从传统的手动目标测量逐步改为自动目标测量。整体来说，机械制造学科的仪器仪表技术，将会始终围绕机械制造中的产品质量为前提，通过不断提升测量精度、测量效率、测量性能、测量稳定性，在服务好机械制造中测量这一“角色”的前提下，不断朝着高精尖的方向发展。

参考文献

[1] Daniilidis N，Gerber S，Bolloten G，et al. Surface noise analysis using a single-ion sensor [J]. Physical Review B，2014，89 (24)：245435.

[2] Fan Z，Li H. A hybrid approach for fault diagnosis of planetary bearings using an internal vibration sensor [J]. Measurement，2015，64：71-80.

[3] Niall R，LynamPatrick J，LawlorGarrett Coady，et al. Temperature sensor assembly for a vehicle [P]. USA：8794304，2014.

[4] Szafraniec M，Niemi S M，Walton D，et al. On-ground characterization of the Euclid low noise CCD273 sensor for precise galaxy shape measurements [J]. Journal of Instrumentation，2015，10 (01)：C01030.

[5] Tian B，Zhao Y L，Niu Z，et al. The Structure Design and Analysis of Vibration Sensor [C] //Applied Mechanics and Materials. Trans Tech Publications，2015，701：569-572.

[6] Zhang J，Liao G，Jin S，et al. All-fiber-optic temperature sensor based on reduced graphene oxide [J]. Laser Physics Letters，2014，11 (3)：035901.

[7] Jiang J，Liu T，Zhang Y，et al. Parallel demodulation system and signal-processing method for extrinsic Fabry-Perot interferometer and fiber Bragg grating sensors [J]. Optics Letters，2005，30 (6)：604-606.

[8] 陈尚，张世军，穆星科，等 .MEMS 陀螺技术国内外发展现状简述［J］. 传感器世界，2016，22（4）：19-23.

[9] Ju B F，Zhu W L，Yang S，Shunyao Scanning tunneling microscopy-based in situ measurement of fast tool servo-assisted diamond turning micro-structures［J］.Measurement Science and Technology，2014，25（5）：055004

[10] 沈玉娣. 现代无损检测技术［M］. 西安：西安交通大学出版社，2012.

[11] 卓超，杜建邦. 具有高适应性的光纤陀螺零偏非线性温度误差补偿方法［J］. 宇航学报，2017，38（10）：1079-1087.

[12] 彭东林，李彦，付敏，等. 用于极端和特殊条件下机械传动误差检测的寄生式时栅研究［J］. 仪器仪表学报，2013，34（2）：359-365.

[13] 彭凯，于治成，刘小康，等. 单排差动结构的新型纳米时栅位移传感器［J］. 仪器仪表学报，2017，38（3）:734-740.

[14] Yang J，Huang J，Zhong J，et al. Self-oscillation for mode localized sensors［C］// In 2017 19th International Conference on Solid-State Sensors，Actuators and Microsystems（TRANSDUCERS），2017：810-813.

[15] Zhang H，Yuan W，Hao Y. et al. Influences of the feedthrough capacitance on the frequency synchronization of the weakly coupled resonators. IEEE Sensors Journal，15（11），pp. 6081-6088.

[16] Kang H，Yang J，Chang H. A closed-loop accelerometer based on three degree-of-freedom weakly coupled resonator with self-elimination of feedthrough signal. IEEE Sensors Journal，2018，18（10）：3960-3967.

[17] Zhang H，Kang H，Chang H. Suppression on Nonlinearity of Mode-Localized Sensors Using Algebraic Summation of Amplitude Ratios as the Output Metric. IEEE Sensors Journal，2018，18（19）：7802-7809.

[18] Zhang H，Yang J，Yuan W. Linear sensing for mode-localized sensors. Sensors and Actuators A：Physical，2018，277：35-42.

[19] Zhang H，Li B，Yuan W. An acceleration sensing method based on the mode localization of weakly coupled resonators. Journal of microelectromechanical systems，2016，25（2）：286-296.

[20] Yang J，Kang H，Chang H. A micro resonant electrometer with 9-electron charge resolution in room temperature［C］// 2018 IEEE Micro Electro Mechanical Systems（MEMS），2018：67-70.

[21] Zhang H M，Yuan W Z，Li B Y，et al. A novel resonant accelerometer based on mode localization of weakly coupled resonators［C］//18th International Conference on Solid-State Sensors，Actuators and Microsystems. Alaska：IEEE，2015：1073-1076.

[22] Zhu W L，Zhu Z，Shi Y，et al. Design，modling，analysis and testing of a novel piezo-actuated XY compliant mechanism for large workspace nano-positioning［J］. Smart Materials and Structures，2016，25（12）：125002.

[23] Zhu W L，Yang S，Ju B F，et al. Scanning tunneling microscopy-based on- machine measurement for diamond fly cutting of micro-structured surfaces［J］.Precision Engineering，2016，43：308-314.

[24] Zhu W L，Yang S，Ju B F，et al. On-machine measurement of a slow slide servo diamond-machine 3D microstructure with a curved substrate［J］.MeasureMent Science &Technology，2015，26（7）：075003.

[25] Zhu W L，Zhu Z，Ren M，et al. Modeling and analysis of uncertainty in on-machine form characteriazation of diamond-machined optical micro-structured surfaces［J］.Measurement Science and Technology，2016，27（12）：125017.

[26] 郭东明，孙玉文，贾振元. 高性能精密制造方法及其研究进展［J］. 机械工程学报，2014，50（11）：119-134.

[27] 彭东林，付敏，陈锡侯，等. 典型位移传感器分类研究与时栅传感器特点分析［J］. 机械工程学报，2018，54（10）：36-42.

[28] Chen F，Yin S，Huang H，et al. Profile error compensation in ultra-precision grinding of aspheric surfaces with on-

machine measurement [J]. International Journal of Machine Tools and Manufacture.2010，50（5）：480–483.

[29] Gao W，Aoki J，Ju B F，et al. Surface profile measurement of a sinusoidal grid using an atomic force microscope on a diamond turning machine [J].Precision Engineering，2007，31（3）：304–309.

[30] Lee K W，Noh Y J，Gao W，et al. Experimental investigation of an air–bearing displacement sensor for on–machine surface form measurement of micro–structures [J].Int J Precis Eng Man，2018，12（4）：671–678.

[31] 吴宇列，胡晓军，戴一帆，等. 基于相位恢复技术的大型光学镜面面形在位检测技术 [J]. 机械工程学报，2009，45（2）：157–163.

[32] 孙玉文，郭东明，贾振元. 复杂曲面的测量加工一体化 [J]. 科学通报，2015：781–791.

[33] 王胜华，都东，曾凯，等. 基于纹理特征的焊缝识别方法 [J]. 焊接学报，2008，29（11）：5–9.

[34] Yu W C，Qi E S. Study the on–line measurement technology during monitoring the dimension quality of the body–in–white production [J]. Journal of Machine Design and Research，2014，（2）：96–98.

[35] Kong F，Zhang C，Feng R H，et al. Automatic inspection system for car body paint defect [J]. Modern Paint & Finishing，2017，20（3）：57–61.

[36] 汤勃，孔建益，伍世虔. 机器视觉表面缺陷检测综述 [J]. 中国图象图形学报，2017，22（12）：1640–1663.

撰稿人：周正干　滕利臣　常洪龙　苑伟政　沈功田

智能制造与数字化工厂

一、引言

（一）主要特征

智能制造是研究制造活动中的信息感知与分析、知识表达与学习、自主决策与优化、自律执行与控制的一门综合交叉技术，智能制造技术涉及产品全生命周期中的设计、生产、管理和服务等环节的制造活动，智能制造系统的基本特征是感知、学习、决策、执行[1-2]。数字化工厂是现代数字制造技术与计算机仿真技术相结合的产物，以产品全生命周期的相关数据为基础，在计算机虚拟环境中，对整个生产过程进行仿真、评估和优化，以期对工厂设计和运行提供最优解决方案。在工业互联网、传感技术与增强现实技术的支撑下，数字化工厂呈现出与现实工厂逐步融合的发展趋势。

（二）主要发展趋势

数字化、网络化、智能化是现代制造技术最本质、最主要的特征。数字化主要强调对产品设计、制造、管理和服务的数字化建模与仿真，网络化为设备与设备、设备与人、人与人之间提供信息连接与通信，智能化则聚焦提高制造装备与制造系统的自主学习与自律运行能力。基于大数据的制造技术、基于网络的制造技术、基于持续学习与自主运行的制造技术，从不同维度革新传统制造技术，并呈现交叉融合、协同发展的趋势。

基于大数据的制造技术。制造系统中包含着大量的数据、信息、经验和知识，这些数据、信息、经验和知识可能是定性或定量的、精确或模糊的、确定或随机的、连续或离散的、显性或隐性的、具体或抽象的。它们的表达模型可能是同构或异构的、结构化或非结构化的，存储形式可能是集中或分布的。它们是专家智能在不同制造活动中的具体体现，是企业长期积累的宝贵智力财富，是维持企业运行和创新的重要基础。制造技术追求的永恒目标之一就是更加有效、充分地利用这些数据、信息、经验和知识，不断提高制造系统的智能水平。

基于网络的制造技术。制造不仅涉及产品或零件的加工环节，也涉及产品设计、生产、管理、服务在内的产品全生命周期。随着5G通信技术的不断完善与应用推广，原来各自分散独立的生产设备、车间与企业局域网络系统等将逐步联网，构成网络化生产线、制造系统、生产车间和工厂企业，实现产品全生命周期网络化、产业链网络化、企业－客户网络化等发展趋势。网络将人、流程、数据和事物连接起来，通过企业内、企业间的协同和各种社会资源的共享与集成，重塑制造业的价值链。在各制造领域的生产及管理全过程、产品全生命周期过程中，5G技术还将助推增强现实技术的创新应用。

基于持续学习与自主运行的制造技术。人工智能技术中的数据分析、知识表示、机器学习、自动推理、智能计算等与制造技术相结合，不仅为生产数据和信息的分析和处理提供了新的有效方法，而且直接推动了对生产知识与智慧的研究与应用，为制造技术增添了智慧的翅膀。数学作为科学技术的共性基础，是通向一切科学大门的钥匙，它直接推动了制造活动从经验到技术、从技术向科学的发展。近几十年来，数理逻辑与数学机械化理论、随机过程与统计分析、运筹学与决策分析、计算几何、微分几何、非线性系统动力学等数学分支日益成为智能制造技术发展的理论源泉。

（三）关键科技问题

1. 智能感知与机器学习技术

装备运行特征和作业环境的智能感知是智能制造装备的必备功能。新型传感技术和RFID识别技术、高速数据传输与处理技术、视觉导航与定位技术等都是智能感知技术研发的热点。在智能感知领域涉及的关键技术主要有：①新型传感技术。突破高灵敏度、高精度、高可靠性和高环境适应性的传感技术，采用新原理、新材料、新工艺的传感技术，完善微弱传感信号提取与处理技术、光学精密测量与分析仪器仪表。②识别技术。低功耗小型化RFID制造技术、超高频和微波RFID核心模块制造技术和装备，完善基于深度的三维图像识别技术、物体缺陷识别技术。③高速实时视觉环境建模、图像理解和多源信息融合导航技术，力/负载实时感知和辨识技术，应力应变在线测量技术，多传感器优化布置和感知系统组网配置技术。

借助先进传感与信息技术，制造企业获取并存储了产品设计、生产过程、车间/企业管理、客户服务等大数据，这些大数据既是企业生产经验的累积，更是企业进一步发展的基石。为了从积累的大数据中挖掘出有用知识并加以充分利用，急需解决面向制造大数据的各类机器学习技术。在机器学习领域涉及的关键技术主要有：①面向人工智能的公共数据资源库、标准测试数据集、云服务平台，建立支持知识推理、概率统计、深度学习等人工智能范式的统一计算框架平台和基于互联网大规模协作的知识资源管理与开放式共享工具。②统计学习基础理论、不确定性推理与决策、分布式学习与交互、隐私保护学习、小样本学习、深度强化学习、无监督学习、半监督学习、主动学习等高级机器学习方法。

2. 自主决策与数控技术

智能制造装备能够自主建立强有力的知识库和基于知识的模型，并以专家知识为基础，通过运用知识库中的知识，进行有效的推理判断，并进一步获取新的知识，更新并删除低质量知识，在系统运行过程中不断丰富和完善知识库，通过学习使知识库不断进化，更加丰富、合理。智能制造装备能够依据不同来源的信息进行分析、判断和规划自身行为，能根据环境和自身作业状况的信息进行实时规划和决策，并根据处理结果自行调整控制策略至最优运行方案。这种自律能力使整个制造系统具备抗干扰、自适应和容错等能力。

数控系统是数控机床装备的核心关键部件，特别是对于国防工业急需的高档数控机床，高档数控系统是决定机床装备的性能、功能、可靠性和成本的关键因素。数控系统是数控机床的控制核心，是实现前瞻、加减速和插补、规划进给速度以及输出控制指令的中枢，应该在高速、高精度加工和复杂的动规律控制、图形显示、智能化、高速通信以及更灵活的可扩展的体系结构等方面表现出强大的功能特征。

3. 新一代人机交互技术

图形、图像、视觉、语音、触屏等人机交互方式与装置彻底改变了人们对计算机的使用方式，并将进一步改变制造系统中的人机交互方式。以 5G 为代表的高速通信技术的发展大大提高了数据的传输速度，为交互技术中的高质量图像视觉信息传输提供保障。数据手套、数据头盔已在装备制造、汽车、航空航天器、医疗设备的设计、仿真中取得应用。触觉反馈装置、三维显示技术增强现实技术等受到广泛研究和关注。

利用增强现实技术、虚拟现实技术、新型显示技术、全息激光技术、视网膜扫描技术等实现真三维场景显示，开发实时鲁棒视频处理技术和基于机器视觉的刚 / 柔体空间状态感知与运动识别技术，完善脑机接口、生机接口与生理信号模式识别技术，利用电 / 磁场力效应原理、融合温度、振动等物理信息开发具有物理作用效应的新一代人机交互技术，最终实现全浸入式的“人在场景中”智能人机交互系统。

从产品角度看，新一代人机交互技术改善了用户体验。从制造装备角度看，新一代人机交互技术扩展了人机协作方式。从生产管理角度看，新一代人机交互技术形象直观地展现了生产过程、状态，方便决策与管理。

4. 工业大数据技术

工业大数据是指在工业领域信息化应用中所产生的大数据。

随着信息技术在工业企业产业链各个环节的深入应用，条形码、二维码、RFID、工业传感器、工业自动控制系统、工业物联网、ERP、CAD/CAM/CAE/CAI、互联网、移动互联网、物联网等技术在工业领域的应用，工业企业所拥有的数据量和数据类型也日益丰富。同时，工业生产线长期处于高速运转状态，由工业设备所产生、采集和处理的数据量远大于企业中计算机和人工产生的数据，对数据的实时性要求也更高。工业数据的来源多样，且具有不同的格式和标准，有来自各种管理系统的关系型数据，还有生产流程数据、视频监控数据等非关系数据能存储的非结构化或半结构化数据。在不同的信息来源之间，就算是同类型数据也有可能因为软件厂家不同、设备生产商不同等因素，数据的格式完全不同，经常存在孤立的信息“岛”。总体来说，工业大数据具有大体量、多源异构、分布广泛、价值密度低、动态增长等几个特点，因为这些与传统数据不同的特点，使得工业大数据的数据管理面临着新的挑战。

5. 工业互联网技术

工业互联网是利用通信设备将工业设备与物料、数据资源（如产品设计数据、生产数据、管理数据等）和生产者（如现场工人、技术人员、管理人员等）联结起来而形成的网络。

工业互联网既是互联网与工业生产融合发展的结果，又是现场总线技术发展的必然产物。传统的互联网关注更多的是通信，而工业互联网不仅支持通信，而且支持控制，从而导致工业互联网有其自身的特点和技术要求。这些技术要求中最重要的是实时性、可靠性和安全性。现阶段实施工业互联网的一个更好和更切实可行的技术方案是：生产线上采用现场总线系统，保证生产现场设备通信与控制的实时性、可靠性和安全性。企业管理层采用互联网系统，技术成熟，成本低廉。底层的生产线和上层的管理层之间则开发工业级网络设备，如工业路由器、工业网关、工业防火墙等，解决上下层之间的通讯及企业信息安全问题。

6. 工业信息安全技术

工业自动化领域既得益于开放、互联技术带来的技术进步、生产率提高与竞争实力增强，也面临着越来越严峻的信息安全挑战。传统的互联网信息安全威胁正在向工业控制系统蔓延，黑客、计算机病毒等威胁正在向工业控制系统扩散，工业控制系统信息安全问题日益突出。与一般的 IT 系统相比，工业控制系统要求强实时性和高可靠性，对产品数据、生产过程与管理系统的入侵造成的后果极其严重，因而对信息安全提出了更高的要求。

与传统 IT 信息安全相比，工业信息安全有着其自身的特点，主要体现为安全防护的重点有所不同。IT 安全一般针对的是办公自动化环境，需要首先保证机密性，其次才是完整性和可用性。而工控信息安全的防护对象则是工业生产现场的 PLC 等控制设备，工业控制（实时）网络通信，DCS、SCADA 等工业控制应用，必须优先保障工控系统的可靠性和可用性，能够提供不间断的安全操作。同时工控系统的系统性能、数据的实时传输以及系统与数据的完整性不受到破坏。因此，对工业信息安全而言，首先需要满足控制系统的高可靠性、可用性和完整性。由于在工控环境下，多数数据都是设备与设备之间的通信，机密性也是工业信息安全的目标之一[3]。

二、近年来的最新研究进展

（一）智能感知与机器学习技术

1. 智能感知

以风电叶片、高铁白车身、新能源客车车身为代表的大型复杂曲面和复杂结构零件，是能源、运载领域的关键核心构件。这类构件具有尺寸大、曲面复杂、结构非规则、弱刚性等特征，其型面形位精度和表面粗糙度直接影响能源转换效率和运载寿命。目前，国内外大型构件打磨领域仍然主要采用人工打磨作业方式，劳动强度大、用工成本高、工作环境恶劣、表面质量和精度无法保证，这对智能化打磨装备提出了迫切需求。

实现大型构件多机器人智能磨抛，关键是要解决“大型复杂曲面多机器人高效加工的主动顺应与协同控制”这一科学难题，具体需要在五大关键技术上取得突破：① 磨抛法兰和力位自律跟踪；② 高能效移动机器人机构设计；③ 超大高光反射表面三维测量；④ 多机协同运动规划；⑤ 测量加工一体化协同控制。

针对以上问题，华中科技大学丁汉、严思杰等对大型构件多机器人智能磨抛进行研究，主要科技进展和创新成果如下：

1）机器人加工动力学与精度保障理论：提出了与机器人结构无关的动力学参数辨识方法；建立了机器人铣削加工动力学模型并给出了稳定性分析方法；提出了面向静变形抑制的“机器人－工具－工件”最优布局方法。

2）机器人测量－加工一体化大闭环操作方法：建立了跟踪仪－扫描仪－机器人系统参数标定模型；提出了基于大规模测点的机器人加工路径生成方法；发展了视觉伺服闭环轨迹跟踪控制和高精度力控制技术[4]。

3）机器人智能加工装备研发与工程应用：实现了大型风电叶片打磨、新能源客车车身的机器人顺应抛光和高铁白车身机器人力控磨抛。自主研制了国内首套 64.5m 长大型风电叶片多机器人并行打磨系统，在中国中车搭建 3 条生产线；自主研制了国内首套新能源客车机器人智能打磨装备，正式通过中国中车验收。

2. 机器学习技术

智能化是智能制造与数字化工厂领域的核心问题，而机器学习是实现智能化的关键，并在众多领域发挥日益重要的作用。南京大学周志华等针对机器学习中信息不充分问题开展了研究，对采样、标记、关系、目标类等方面的不充分性，分别通过挖掘数据分布信息、利用未标记数据、利用邻域关系及度量学习、利用非目标类数据来展开研究，建立了多学习器集成的理论和方法、协同训练理论与方法、不平衡样本集的学习理论与方法，用标准测试集测试了这些理论和方法的可行性[5]。推动了基于不充分信息的机器学习问题的研究，有重要的学术意义及实际应用价值。该成果（基于不充分信息的机器学习理论与方法研究），主要科技进展和创新成果如下：

1）针对采样信息不充分性，对多学习器集成学习进行了研究。理论上给出了多学习器集成能够缓解采样信息不足的条件，建立了选择性集成学习框架并提出 GASEN 等方法。

2）针对标记信息不充分性，对单视图协同训练进行了研究。给出了协同训练有效性定理，提出了 tri-training 等单视图协同训练方法。

3）针对关系信息不充分性，对局部邻域及核诱导距离度量学习进行了研究。证明了径向基类核诱导距离度量的鲁棒性，提出了类别偏置相似性度量监督流形学习方法。

4）针对目标类信息不充分性，对样本分布不平衡学习进行了研究。理论上揭示了从二类不平衡解推广到多类的一致性条件，提出了有效克服样本分布不平衡问题的 ML-KNN 等方法。

（二）自主决策与数控技术

1. 自主决策

实现生产全流程全局优化控制不仅是我国流程工业实现高效化与绿色化的重大需求，也是控制科学领域具有挑战性的难题。东北大学柴天佑教授团队从中提炼出工业过程决策与控制一体化研究方向，构建了由多冲突目标复杂工业系统的运行优化控制、多层次多尺度多目标动态智能优化算法、复杂工业过程高性能智能控制组成的生产全流程多目标动态优化决策与控制一体化理论与方法[6]。该成果对于建立决策与控制集成优化新理论，推动我国控制技术进步和智能制造核心技术持续创新具有重要意义和实际应用价值，在巴布亚新几内亚镍钴生产线和越南氧化铝生产线等冶金工业取得成功应用与验证。该成果（生产全流程多目标动态优化决策与控制一体化理论及应用）获得 2019 年度国家自然科学奖二等奖。主要发现和创新点如下：

1）发现了生产全流程决策指标与控制系统动作之间的交互作用机制，构建了生产全流程决策与控制一体化系统的架构；建立了优化与预测和前馈与反馈校正相结合的复杂动态系统多冲突目标优化控制的基础框架，解决了工业过程决策与控制过程集成优化难题。

2）提出了以实现全流程生产指标优化为目标的多层次多尺度的动态系统智能优化算法架构；发现并证明了多目标寻优方向特性，提出了多目标混合智能优化算法，解决了非线性优化易陷入局部优化的难题。

3）揭示了切换信号、未建模动态补偿信号与控制器之间的作用机理和复杂系统内部增益关联同稳定性之间的规律，提出了数据驱动的信号补偿方法，解决了控制系统快速跟踪随全局最优解而变化的控制系统设定值的难题。

2. 数控技术

高档数控系统和装备是制造业的基础，代表了国家核心竞争力。西方发达国家长期对我国进行技术封锁和价格垄断，严重影响了我国的国防安全和产业安全。

华中科技大学陈吉红等研究的高性能数控系统关键技术及产业化项目，在国家和企业科技攻关计划的支持下，以产学研用为依托，在数控系统的基础理论、系统集成、应用技术等方面取得创新。攻克了高速、高精度运动控制技术，实现了纳米级插补技术和高速、高刚度、高误差伺服驱动控制；突破了现场总线、五轴联动和多轴协同控制技术，研制了硬件可置换、软件跨平台的全数字数控系统软硬件平台，构建数控系统云服务平台，实现了全数字化的系统内部通信和外部互联；提出了指令域大数据分析方法，实现了工艺参数优化、机床健康评估、热误差补偿等工程应用[7]。华中8型数控系统通过了国家级鉴定。目前，系列化高性能数控系统成套产品替代进口，在沈飞、成飞、上海航天、核九院、大连机床、普什宁江等国内重点企业成功应用，实现了航空航天、能源动力、汽车及其零部件、3C制造、机床等领域高档数控装备的批量配套。改变了我国高性能数控系统被国外垄断的局面，为我国高档数控装备的自主可控提供了重要技术保障。

航空发动机叶片曲面构型复杂、薄厚不均，材料难加工、加工精度高，现行加工工艺很难达到其型面精度、表面完整性和产品一致性要求。重庆大学黄云等针对上述难题，发明了基于N轴力控的砂带磨削方法，实现了柔性接触状态下复杂型面构件磨削加工的材料精准去除和高完整性表面加工。项目揭示了接触轮－砂带－工件多重柔性磨削系统中弹性－摩擦－化学交互作用对材料表面精密创成的影响机制；建立了基于数据驱动的复杂型面多参数耦合自适应砂带磨削加工技术体系，发明了适用于截面余量分布不均条件下的多参数耦合自适应砂带磨削加工方法，研发了基于N轴模式的七轴六联动数控加工工艺系统，解决了多重加工变形调控难题；研发了系列高性能复杂型面构件自适应精密砂带磨削装备，发明了集检测、多工位、多工序于一体的自适应砂带磨削技术，开发出高性能构件复杂型面自适应砂带磨削系列装备[8]。装备应用于航空发动机叶片、整体叶盘、舰船螺旋桨、核电高压容器等复杂型面构件的加工，社会经济效益显著。

（三）新一代人机交互技术

1. 交互力感知与反馈

人机交互力反馈遥操作机器人系统将人的知识智慧与机器人的适应性相结合，通过人与机器人之间传感与控制信息的交互，可以实现各种远地环境或危险环境中的复杂作业任务，是当前各发达国家竞相发展的高技术。随着人机交互遥操作机器人在远程作业、远程监控、远程制造、远程医疗等领域的应用，迫切需要解决多个技术难题与技术瓶颈。东南大学宋爱国等人针对人机交互力反馈遥操作机器人的力感知、力反馈、大时延控制和人机交互界面设计等关键技术，经过十多年系统深入的研究，突破了多项核心技术，研制成功人机交互遥操作的关键支撑设备，填补了国内空白，并在多个重要领域得到成功应用[9]。人机力觉感知与反馈交互如图1所示。项目的主要科技进展和研究成果如下：

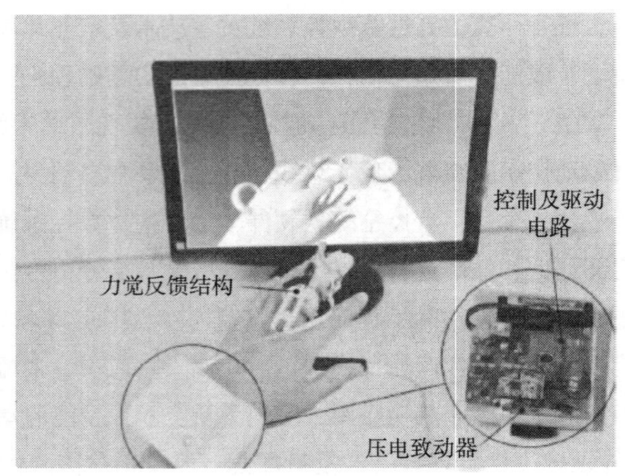

图 1　人机力觉感知与反馈交互

1）提出了一种自解耦的机器人多维力传感器的敏感单元设计方法，从传感器的结构设计上有效降低了多维力传感器的维间耦合效应；提出了一种基于误差建模的多维力传感器解耦算法；提高了多维力传感器的测量精度，测量精度可达 2%F.S.。

2）提出了一种基于磁流变液控制的无源力觉再现方法，解决了大量程力反馈人机交互设备的体积大、惯性大与不安全问题，实现了大量程安全柔性的力触觉人机交互。提出了一种基于并联机构的异构式机器人力反馈手控器设计方法，解决了力反馈手控器三维平动和三维转动之间运动与力的耦合问题，六维运动位置测量精度达 1%F.S.，力反馈精度达 2%F.S.。

3）针对人机交互力反馈遥操作机器人在双边通讯环节上存在的短时延（≤ 2 秒）造成的不稳定问题，提出了力反馈遥操作机器人的多模式控制技术和自适应阻抗匹配无源控制算法，解决了短时延情况下力反馈遥操作机器人的稳定性和操作性问题。

4）提出了以提高人的感知能力为目标的交互式力反馈遥操作机器人的多感知界面设计方法，并针对人机交互界面力触觉感知与视觉感知的协调同步问题，提出了一种分布式力触觉交互的快速计算算法和无源稳定性判据，实现了多感知通道人机交互方式下具有力觉临场感的遥操作。

成果获得 2017 年度国家技术发明奖二等奖，不仅在我国载人航天与探月工程中得到应用，而且在国内首次应用于核反应堆的安全巡检与应急处置。该成果还在智能工程机械、工业机器人、大型泵站远程监控、野生动物探查保护等重要领域得到应用或产业化。

2. 人机交互与装备的融合

现有装备技术应该怎样与信息技术融合？现有装备技术怎样借助信息技术提升装备性能？现有装备技术怎样借助信息技术提升用户友好性？针对这些问题，华中科技大学孙容磊等提出一种全新的智能制造装备——虚实同构机床。该新概念机床具有两个显著特点：

①虚实同构：虚拟的数字化机床（简称数字机床）与真实的物理机床（简称物理机床）实现了结构同构、运动链同构、切削动力学同构。②人在回路：虚实同构机床与操作者实现了双向信息交互，支持更安全、更人性化的人机协作。

在虚实机床同构空间中，操作者佩戴穿戴式传感系统与增强现实眼镜，结合带有身份标识和传感器的智能工具等，操作者的位置信息、作业信息、作业完成情况等直接反馈到设备监控系统，系统根据这些信息可提供操作指导和作业监控。另外，操作者通过手指触碰数字机床，既可操控机床，又可直观查看机床的设计信息（三维模型、二维图纸），物理机床的运动信息、加工工况及加工质量预测，其中多数信息以形象、直观的图形或动画方式原位呈现。当操作者移动位置时可从不同角度、距离观察加工过程和机床结构，具有极度真实的沉浸感。该成果的主要科技进展和创新成果如下：

1）提出了人在回路的“虚实同构”制造装备新原理，建立了具有深度沉浸感的人－信息系统－物理系统集成制造装备，实现了如下功能（图2）：①工况感知：在线、原位显示装备运行状态、分析设备运动特征。②加工预测：离线预测零件的粗糙度、表面微形貌、表面微观组织演变、表面残余应力。③人机协作：安全提示、操作引导、作业监督、手势操控。④学习示教：数控程序原位仿真，在线查看机床三维模型图、传感器布置等。⑤虚实同步：虚拟的数字化机床与真实的物理机床既可以重叠在本地同一空间，实现本地双向互操作与控制；也可以存在于异地不同空间，实现远程双向互操作与控制。

2）应用于航空发动机压气机盘等大型薄壁盘类零件车削加工，较好地解决了大型薄壁盘类零件的加工变形和加工振动难题，实现了高精度、低损伤加工，提高了零件表面完整性。

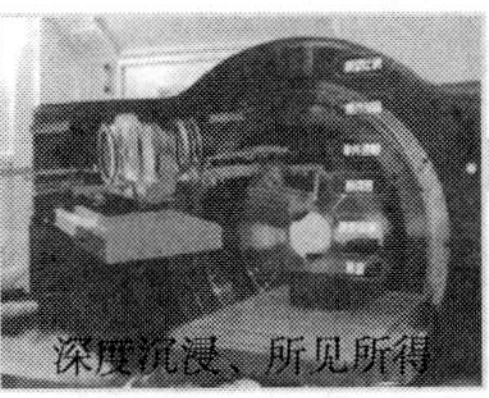

图2　人在回路的“虚实同构”智能制造装备

（四）工业大数据技术

东华大学张洁等针对防空导弹结构件生产过程中具有的多品种、变批量特性，以及由研制与批产型号混线生产带来的动态不确定性，提出智慧工厂环境下基于“协同管理策略 + 自适应决策机制”的混线生产实时优化方法。基于智慧工厂的感知数据，从多个维度实时描述防空导弹结构件产品、工艺与制造资源之间的关联关系，构建混线生产系统多维状态模型。针对混线生产系统工艺不稳定、瓶颈资源异常、订单需求变化等动态事件，研究揭示各种扰动对混线生产系统性能的影响。基于动态扰动下的实时分析，研究基于类生物化调控机制的优化方法，设计面向不同动态扰动的混线生产协同管理策略，构建策略自学习机制。研究集成多目标的混线生产自适应决策方法，实现对动态扰动的快速响应。开发防空导弹结构件混线生产实时优化协同管理系统，并选择典型产线进行应用验证，从而缩短防空导弹研制型号生产周期、提高批产型号准时交付率，为提升我国航天产品制造智能化奠定理论和方法基础[10]。该成果（面向智慧工厂的防空导弹结构件混线生产实时优化协同管理）的主要科技进展和创新成果如下：

1）针对导弹结构件混线生产系统中多种产品与大量资源之间的复杂关联关系，提出了基于大数据处理的多维状态描述方法（如图 3 所示），通过从海量实时加工过程数据中分析结构件工艺信息、辨识资源状态参数、分类任务与资源关联关系，实现了产品、资源、产线等三个维度的导弹结构件混线生产系统状态实时描述。

2）针对导弹结构件生产过程的不稳定性，提出了大数据驱动的扰动评价方法，通过构建以决策树为基分类器的随机森林集成学习模型，从扰动事件涉及的技术要素、执行资源等角度进行分析，实现了不稳定扰动事件的影响程度评估。

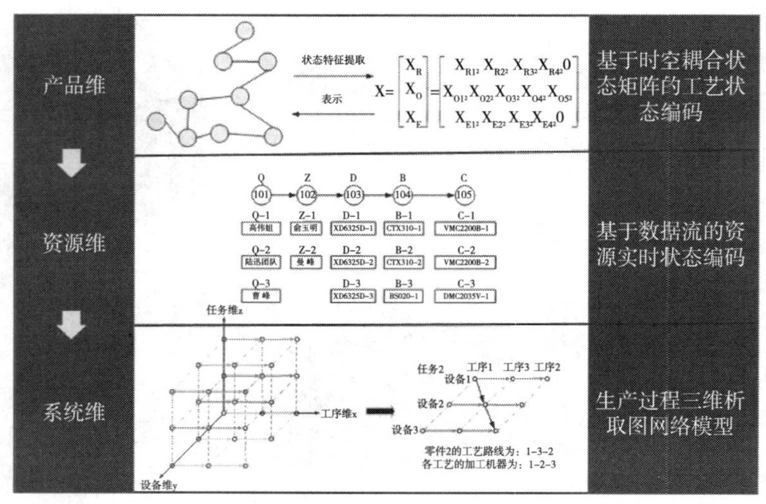

图 3　结构件混线生产多维状态模型

（五）工业互联网技术

工业互联网是推进制造业数字化、网络化、智能化发展的关键支撑。海尔推出的 COSMOPlat 是具有中国自主知识产权、全球首家引入用户全流程参与体验的工业互联网平台。COSMOPlat 将用户需求和整个智能制造体系连接起来，让用户可以全流程参与产品设计研发、生产制造、物流配送、迭代升级等环节，以“用户驱动”作为企业不断创新、提供产品解决方案的原动力，把以往“企业和用户之间只是生产和消费关系”的传统思维转化为“创造用户终身价值”。

2017 年汉诺威工业博览会召开，海尔现场展出了一条互联工厂示范线，并向全球发布了 COSMOPlat 工业互联网平台。基于 COSMOPlat 的创新性和生态性，全球非营利性专业技术学会 IEEE 通过了由海尔主导起草的大规模定制国际标准。2017 年 5 月，海尔 COSMOPlat 获美国“高德纳 2017 高科技制造创新者奖”。2017 年 6 月，COSMOPlat 入选国家工信部 2017 年制造业与互联网融合发展试点示范项目。截至 2017 年 9 月，COSMOPlat 工业平台已经构建沈阳冰箱、郑州空调、佛山滚筒、胶州空调、青岛热水器、FPA 电机、青岛模具和中央空调等 8 个互联工厂，实现了大规模定制的转型，定制定单占比 67% 以上，运营资金周转天数减少至 10 天，缩短了 38.5%。截至 2017 年年底，海尔 COSMOPlat 聚集了 3.2 亿用户，并为 3.5 万家企业转型升级提供增值服务，实现平台交易额 3133 亿元，定制订单量达到 4116 万台。2017 年 12 月，海尔 COSMOPlat 入选“世界智能制造十大科技进展”。2018 年 2 月，COSMOPlat 获批首个国家级工业“互联网 +”智能制造集成应用示范平台。

（六）工业信息安全技术

我国的重大装备制造业起步于 20 世纪五六十年代，半个多世纪以来，与之配套的高端控制装备几乎完全被国外垄断，尤其是平台性核心技术的缺失，成为中国工业大而不强、受制于人的关键之“痛”，也对国家经济和产业安全带来威胁。控制装备与控制系统是现代工业装备以及冶金、能源、化工、国防等领域重大工程的神经中枢、运行中心和安全屏障，其功能是监测、控制、优化整个工艺流程和产品质量，保障重大装备和重大王程的安全可靠和高效优化运行。

浙江大学孙优贤等针对以上问题，开发了自主可控的硬件平台和软件平台，研制出一套普适于各种重大工业控制装备的工业控制计算机系统和设计编程平台环境。在硬件平台方面，解决了控制装备冗余容错、性能在线监控、高适应性智能模块等技术，能适应各种恶劣的工业环境和复杂的控制对象进行工作；在软件平台设计中，实现了多领域工程对象模型、集群分布式实时数据库和集成编程开发环境，能针对不同行业进行算法的定制封装、重构复用以及云更新，同时，还能支持控制算法的多用户协同编程、远程维护，并实现了安全控制与防范[11-12]。该成果（高端控制装备及系统的设计开发平台研究与应用）的主要科技进展和创新成果如下：

1）解决了高端控制装备及系统的高安全性、高可靠性、高适应性、大规模化等四大难题。

2）研制成功高端控制装备及系统的设计开发平台（如图 4 所示），形成自主知识产权的完整技术体系，为重大工程控制装备和控制系统的设计开发提供硬件平台、软件平台、先控与优化平台及其设计支撑。

3）项目成果成功应用于特大型高炉 TRT 装置、特大型空气分离装置、特大型超临界火电机组以及其他重大工程 2500 余套，其中大型高炉 TRT 装置优化控制系统市场占有率 90%以上，技术性能指标全面优于国外上流控制系统，达到同类技术的领先水平，产品已出口美国、德国、日本、韩国等多个国家，具有国际市场竞争优势。

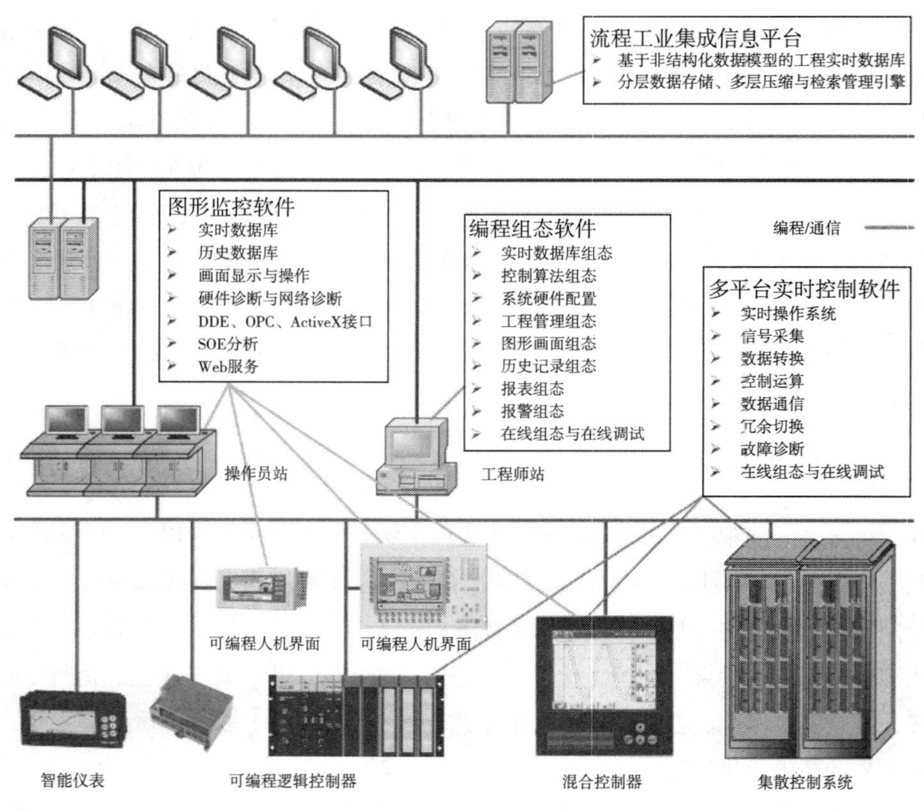

图 4　高端控制装备及系统平台架构

三、国内外研究进展比较

1. 智能感知与机器学习技术

智能感知方面涉及的关键技术有先进传感技术和感知测量技术等。在先进传感技术方面，光纤传感器凭借抗电磁干扰、耐腐蚀和灵敏度高的特点应用广泛，中国计量学院牵头研究的“基于拉曼散射的新型分布式光纤温度传感技术与工程安全监测应用”[13]，解决了光纤色散、损耗失步和信号衰减的难题，将30km长程光纤温度传感器的测温不确定度从2℃提高到0.6℃，空间分辨率从8m提高到2m，成功研制出分布式光纤拉曼温度传感产品，长、中、短程产品指标均优于或等同于国外Sensa、YOKOGAWA、Agilent等公司的指标，价格是国外同类产品的1/2；在感知测量方面，沈阳自动化研究所牵头研究开发了一种基于导波脉冲雷达及连续波雷达的高精度测量装置，其测量精度达到2mm，检测范围达到80m，在智能制造领域物位计/液位精确测量方面提供有力保障，达到国际先进水平[14]。

要对于传感器传入的数据进行智能化感知，就需要运用人工智能技术对庞大复杂的环境信息进行处理辨识，而人工智能的核心即为机器学习技术。国外，西门子中央研究院借助人工智能实现双臂机器人的高度自动化，该机器人可以实现无编程自主分工协作；通用电气推出工业物联网平台Predix[15]，监测、预测和提高燃气电厂的可靠性；IBM的Watson IoT平台[16]利用人工智能技术，以其强大的数据分析和优化能力，帮助美国惠普发动机实现预测性维护技术，从而防止发动机故障导致的飞机停场事故。国内，阿里巴巴的ET工业大脑[17]，将生产线所有端口的数据连上云端，调集大规模服务器算力，应用人工智能技术从上千个变量中找到影响良品率的关键变量，大大提高了光伏材料制造的良品率。

2. 自主决策与数控技术

工业系统的自主决策能力源于智能制造的大脑，要实现复杂工业制造过程的控制，需要充分利用大数据、云计算、人工智能等技术来优化调度控制。

在数控技术方面，德、美、日等工业发达国家已先后完成了数控机床的产业化进程，数控系统的发展日趋成熟；我国数控系统由于起步晚、研发队伍实力较弱、研发投入力度不够等多方面原因，长期以来始终处于低端迅速膨胀、中端进展缓慢、高端依靠进口的局面。国外的数控厂商有以西门子（SIEMENS）、发那科（FANUC）为代表的数控系统厂商，有以德玛吉（DMG）、山崎马扎克（MAZAK）为代表的大型机床制造商，MAZAK在基于第7代MAZATROL Smooth X技术上，提出了全新的制造理念Smooth Technology，旨在提供高性能、高智能化的产品与生产服务；国内有北京精雕数控、华中数控、沈阳数控等企业。我国数控技术在多轴联合控制、系统的智能化与开放性等领域取得了一定的成绩，但是与国外高档数控机床相比在功能、性能和可靠性方面仍存在一定差距。目前高档数控机床的数控系统和功能部件大多采用进口产品，国内产品在可靠性和精度方面仍有所不足[18-19]。

3. 新一代人机交互技术

图形、图像、视觉、语音、触屏等人机交互方式与装置彻底改变了人们对计算机的使用方式，并将进一步改变制造系统中的人机交互方式。数据手套、数据头盔已在装备制造、汽车、航空航天器、医疗设备的设计、仿真中有了广泛的应用。

国外以微软为代表的科技公司开发的 Holelens 等头戴显示器[20]，广泛应用于工业领域的人机交互，在硬件水平上领先于国内人机交互硬件设备；国内华中科技大学牵头的“高品质复杂零件智能制造基础研究”项目中，提出并建立了“虚实司构”数控装备原理以及人机协作型数控装备系统结构，建立了具有高度沉浸感的装备操控与人机协作技术，主要包括：工况及其特征的原位沉浸显示技术，“所见即所得”的加工预测技术，高度沉浸感的操作引导、作业监督和手势操控技术，真实再现机床动力学、运动学特征的仿真技术（用真实的物理机床加工虚拟工件）。

4. 工业大数据技术

在智能传感、物联网、分布式存储计算、机器学习等技术推动下，大数据驱动的智能制造应用实践开始逐渐涌现，国内外学者在产品设计、计划调度、质量优化、设备运维等方面开展了大量工作。

在智能设计方面，国外科研人员研究了大数据驱动产品组合优化方法，利用设计决策树模型对产品的组合方式进行优化；国内科研人员分析了大数据环境下产品全生命周期管理中数据的孤立性，提出了数字孪生驱动的产品设计、制造与服务模型，并通过实际案例介绍模型应用方法。

在计划调度方面，国内研究人员提出了数据驱动的车间动态调度方法，实现了基于车间实时状态的加工时间、等待时间、运输时间动态调控；针对制造过程中工艺约束带来的传递效应，提出了工期预测的深度学习方法，实现了车间调度中产品完工时间的精准预测。

在质量优化方面，国外研究人员将数据挖掘方法应用于制造过程质量提升，并在集成电路制造方面取得了较好的效果；国内研究人员提出了一种数据驱动下的复杂机械产品装配过程质量控制方法，提高了复杂机械产品的装配精度和服役安全性。

在运行维护方面，国外研究人员基于连续测量的风力涡轮机 35 个月的 SCADA 数据，设计自适应神经模糊干扰系统模型来对涡轮机故障进行自动诊断；国内研究人员对机械大数据的特点进行归纳总结，通过采用深度学习方法中的去噪自动编码机模型对机械设备的健康状况进行监测诊断，取得了较高的监测诊断精度[21]。

5. 工业互联网技术

2013 年德国提出了“工业 4.0”的计划，旨在构建信息、物品和人互联的“虚拟网络 - 实体物理系统”，2014 年 3 月美国工业互联网联盟发布了工业互联网体系结构框架，以交换数据来驱动制造业的智能转型。随着美国“工业互联网”和德国“工业 4.0”战略的推进，中国于 2015 年提出了“中国制造 2025”。

“中国制造 2025”提出以后，我国工业互联网得到了迅速发展。通过全球化的网络，将数据、机器人三者相互连接，以传感器网络、大数据分析、高级计算分析、互联网技术为基础，与已有的传统工业结合，重构工业生产模式，大大提高了工业生产效率。

国内，由海尔自主研发、具有中国自主知识产权的工业互联网平台 COS-MOPlat 获批“基于工业互联网的智能制造集成应用示范平台”，将用户需求和整个智能制造体系连接起来，让用户可以全流程参与产品设计研发、生产制造、物流配送、迭代升级等环节，实现了跨行业、跨领域的扩展与服务，成为全球首家引入用户全流程参与体验的工业互联网平台。

国外，德国西门子推出 MindSphere 平台[22]，帮助企业打造智能工厂；GE 公司开放 Predix 广泛应用于航空、医疗、能源等行业；施耐德电气在全新 EcoStruxure 架构与平台的基础上打造可编程逻辑控制器，实现针对生产过程的、面向未来的智能化升级。

6. 工业信息安全技术

工业信息安全技术包含防火墙技术、入侵防范技术、事件关联与态势分析技术。

在防火墙技术方面，需要采用类似 DPI（深度报文检测）技术来实现封装在 TCP/IP 协议负载内的工业控制协议检测，发现、识别、分类、重新路由或阻止具有特殊数据或代码有效载荷的数据包，国内外已经开始研究 DPI 技术在工业控制安全产品中的应用；在入侵防范技术中，国外研究人员已经开发了用于工业控制系统的基于统计的入侵检测系统，国内研究人员对 SCADA 特定的入侵检测 / 防护系统进行了调研和分类。对 6 种工业控制入侵检测设备从应用方案、检测方法、特殊需求等方面进行了详细的比较；在事件关联与态势分析技术中，国内外研究人员利用模式识别的方法识别当前的安全态势，为应急响应措施的部署提供决策依据，目前用来进行态势识别的技术包括神经网络、贝叶斯网络、ICA（独立分量分析）、支持向量机等。

工业和信息化部电子科学技术情报研究所牵头的项目“工业控制系统在线安全监测平台及关键技术”，针对我国工业控制系统面临的信息安全形势，以提升工业控制系统信息安全风险发现能力和防范能力为目标，研究了工业控制系统在线安全监测平台及关键技术、漏洞挖掘与网络指纹采集技术，建设了工业控制系统在线安全监测平台及仿真测试环境，开展了在线工业控制系统信息安全风险分析，进行了工业控制系统信息安全风险解决方案的有效性验证测试，形成了工业控制系统信息安全风险监测与预警能力，在工业控制系统软硬件网络指纹获取方面的技术达到国际领先水平[23]。

四、发展趋势与发展策略

（一）发展趋势

近年来，人工智能加速发展，在一些应用领域取得重要突破。先进制造技术与新一代人工智能技术深度融合，形成了新一代智能制造——数字化网络化智能化制造。新一代智能制造的主要特征表现在制造系统具备了“学习”能力。通过深度学习、增强学习、迁移学习等技术的应用，制造领域的知识产生、获取、应用和传承效率将发生革命性变化，显著提高创新与服务能力。借助高速通信技术的发展，海量工业数据传输速度加快，提高了数据处理与计算的实时性，减少了请求响应时间，促进了智能制造与数字化工厂的发展。

在新的发展阶段，新一代人工智能技术将使智能制造的人 – 信息 – 物理系统发生质的变化，形成新一代人 – 信息 – 物理系统。主要变化有以下两点：①人将部分学习型的脑力劳动转移给信息系统，因而信息系统具有了认知和学习能力，人和信息系统的关系发生了根本性的变化，即从“授之以鱼”发展到“授之以渔”。②通过“人在回路”的混合增强智能，人机深度融合将从本质上提高制造系统处理复杂性、不确定性问题的能力，极大提高制造系统的性能。新一代智能制造将进一步突出人的中心地位，是统筹协调“人”“信息系统”和“物理系统”的综合集成大系统[2]。

（二）发展策略

1. 建立智能制造基础理论与技术体系

重点突破生产过程智能化、制造装备智能化、新业态新模式智能化、管理智能化、服务智能化中的基础理论与共性关键技术，完善智能制造基础技术、技术规范与标准制定，为我国制造业实现低碳、高效、安全运行和可持续发展提供基础理论与技术支撑。

预期指标：重点突破一批智能制造的基础理论与共性关键技术，建立和完善我国智能制造技术规范与标准体系。培养造就一支高水平、高素质的科技创新队伍，建设一批高水平的智能制造国家实验室、工程技术研究中心和示范基地，发表高水平学术论文，获得一大批核心发明专利。

2. 构建开放型工业互联网、云制造平台、信息安全平台

加强工业互联网基础设施建设，推进工业互联网关键资源管理平台和关键技术试验验证平台建设。建立智慧云制造平台，加强数字化、网络化、智能化的深度融合。建立智能制造网络信息平台，完善工业信息安全保障系统，全面提高信息安全保障能力。

预期指标：制定工业互联网整体网络架构建设规划与布局，建立低时延、高可靠、广覆盖的工业互联网。健全信息安全法律法规体系，完善工业信息系统信息安全标准体系，安全可靠的产业生态体系初步建成。在制造大数据、云制造、智能装备等领域建设若干国际一流的各类科研数据开放平台、资源共享平台及全方位协同创新共创服务平台。

3. 强化智能制造工业基础能力

研发一批与智能制造产业密切相关的共性基础技术，强化前瞻性基础研究，着力解决影响核心基础零部件（元器件）产品性能和稳定性的关键共性技术，突破先进基础工艺、关键基础材料和产业化瓶颈。

预期指标：解决一批智能制造的基础技术与部件，推进智能制造技术创新的跨越式发展，核心基础零部件、关键基础材料实现自主保障，部分标志性先进工艺得到推广应用，

部分达到国际领先水平，建成较为完善的产业技术基础服务体系，逐步形成整机牵引和基础支撑协调互动的产业创新发展格局。

4. 研制一批智能化高端装备及产品

研制一批面向国民经济支柱产业的智能化高端装备及产品，重点突破大型飞机、航空发动机及燃气轮机、民用航天、智能绿色列车、节能与新能源汽车、海洋工程装备及高技术船舶、智能电网成套装备、高档数控机床、核电装备、高端诊疗设备等领域的智能化设施制造技术。

预期指标：突破一批标志性的智能化高端装备制造技术，发展和培育一批高新技术核心企业。提升自主知识产权高端装备市场占有率，打破国外产品垄断核心，增强基础设施配套能力，重要领域装备达到国际领先水平。

5. 推广一批重大工程示范应用

分类实施流程制造、离散制造、智能装备和产品、新业态新模式、智能化管理、智能化服务等试点示范及应用推广。通过智能化高端装备、制造过程智能化技术与系统、基础技术与部件的研发、示范应用及产业化，提高高端装备、技术与系统的自主率，带动我国制造业技术升级，实现制造业高效、安全及可持续发展。

预期指标：实现智能化高端装备、制造过程智能化、基础技术与部件的示范应用，部分实现产业化，高端装备、技术与系统的自主率提高，部分行业的技术水平进入国际先进行列。建设一批特色和优势突出、产业链协同高效、核心竞争力强、公共服务体系健全的新型工业化示范基地。

参考文献

[1] 中国机械工程学会 . 中国机械工程技术路线图 [M]. 北京：中国科学技术出版社，2016.

[2] 周济. 智能制造——“中国制造 2025”的主攻方向 [J]. 中国机械工程，2015，26（17）：2273-2284.

[3] 孙容磊. 中国战略性新兴产业研究与发展：智能制造装备 [M]. 北京：机械工业出版社，2016.

[4] 陶波，赵兴炜，丁汉. 大型复杂构件机器人移动加工技术研究 [J]. 中国科学：技术科学，2018.

[5] Tan X，Chen S，Zhou Z H，et al. Recognizing Partially Occluded，Expression Variant Faces From Single Training Image per Person With SOM and Soft k-NN Ensemble [J]. IEEE Transactions on Neural Networks，2005，16（4）：875-886.

[6] Tang L，Dong Y，Liu J . Differential Evolution with an Individual-Dependent Mechanism [J]. IEEE Transactions on Evolutionary Computation，2014：1.

[7] Huang W，Li X，Wang B，et al. An analytical index relating cutting force to axial depth of cut for cylindrical end mills [J]. International Journal of Machine Tools and Manufacture，2016，111：63-67.

[8] 黄云，肖贵坚，邹莱. 航空发动机叶片机器人精密砂带磨削研究现状及发展趋势 [J]. 航空学报，2019，40（03）：53-72.

[9] 莫依婷，宋爱国，秦欢欢，等. 可穿戴式双通道指端力触觉反馈方法与系统 [J]. 仪器仪表学报，2018，39（11）：188–194.

[10] Qin W，Zhang J，Song D L. An improved ant colony algorithm for dynamic hybrid flow shop scheduling with uncertain processing time [J]. Journal of Intelligent Manufacturing. 2018，29（4）：891–904.

[11] 赵春晖，李文卿，孙优贤，等. 基于多重局部重构模型的连续过程故障诊断 [J]. 自动化学报，2013，39（05）：487–493.

[12] 马翔楠，徐正国，王文海，等. 模拟电路性能退化型故障诊断方法研究 [J]. 电子测量与仪器学报，2013，27（1）：32–37.

[13] Wang J F，Liu H L，Zhang S Q，et al. New type distributed optical fiber temperature sensor（DTS）based on Raman scattering and its' application [J]. Guang Pu Xue Yu Guang Pu Fen XI，2013，33（4）：865–871.

[14] 李守晓，毕欣，曹云侠，等. 毫米波雷达的汽车盲点检测系统研究与设计 [J]. 机械设计与制造，2013（31）：25–27.

[15] 蓝楠. GE 力推以结果为导向的大数据分析 [J]. 航空维修与工程，2016（5）：43.

[16] Nandi S. Cloud-Based Cognitive Premise Security System Using IBM Watson and IBM Internet of Things（IoT）[M]. 2018.

[17] 饶翔，王怀民，陈振邦，等. 云计算系统中基于伴随状态追踪的故障检测机制 [J]. 计算机学报，2012，35（5）：856–870.

[18] 蔡锐龙，李晓栋，钱思思. 国内外数控系统技术研究现状与发展趋势 [J]. 机械科学与技术，2016，35（4）：493–500.

[19] 刘辛军，谢福贵，汪劲松. 当前中国机构学面临的机遇 [J]. 机械工程学报，2015，51（13）：2–12.

[20] Furlan Rod. The future of augmented reality：Hololens – Microsoft\"s AR headset shines despite rough edges [Resources_Tools and Toys] [J]. IEEE Spectrum，2016，53（6）：21–21.

[21] 张洁，汪俊亮，吕佑龙，等. 大数据驱动的智能制造 [J/OL]. 中国机械工程，2019（02）：1–7.

[22] Frank Koenig，Pauline Anne Found，Maneesh Kumar. Innovative airport 4.0 condition-based maintenance system for baggage handling DCV systems [J]. International Journal of Productivity and Performance Management，2019，68（3）：561–577.

[23] 彭勇，江常青，谢丰，等. 工业控制系统信息安全研究进展 [J]. 清华大学学报（自然科学版），2012（10）：1396–1408.

撰稿人：孙容磊　郑聪兴

ABSTRACTS

Comprehensive Report

Report on the Development of Manufacturing Science

The basic task of manufacturing science is to provide new theories and techniques for the manufacturing process in the manufacturing industry. Manufacturing science is the foundation for the revitalization and strength of the manufacturing industry, and it plays an extremely important role in the national economic and social development.

With the support of the National Natural Science Foundation of China, National Basis Research Program of China (973 Program), 863 Program, and the National Science and Technology Major Project of China, a series of outstanding progress have been made in the field of manufacturing in recent years, and a number of renowned scholars have emerged as well. This report first summarizes the recent landmark progress of manufacturing science in China. Afterward, the authors look forward to manufacturing science in our country.

Precision and ultra-precision manufacturing. According to the planarization requirements of the integrated circuit (IC) manufacturing, Xin-Chun Lu group performed the systematic study of the nano-scale planarization technique for large-size surface based on the mechanism of chemical mechanical polishing. This achievement ended the oversea companies' monopolies.

High-quality and high-efficiency machining. Zhen-Yuan Jia group established the new cutting theory of Carbon Fiber Reinforced Polymer and invented series of new drills and cutters as well.

Compared with the oversea and traditional tools, the machining damage induced by using the new cutting techniques is reduced, and the tool life, machining efficiency, and accuracy are also significantly improved.

Non-traditional machining. Xin-Yu Shao group proposed the shape control technique of laser welding for large-scale thin-walled surface, and both the associated devices for online measurement, for the welding seam are established as well, which can reduce the laser welding deformation and stress with the improvement of welding quality.

Micro-nano manufacturing. Bing-Heng Lu group proposed a new demolding method assisted by electric repulsion and the scan filling technique for large-area embedded functional structure assisted by the electric field. This technique can realize the filling of specific micro-nano pores with metal, low-dimensional nano ink, and other functional materials. The electrorheological forming method of irregular micro-nano structures and the new automatic imprinting method of micro-area control on the macro surface of 6-inch wafer level using the nano-imprint lithography are proposed to realize the uniform contact between the wafer level substrate with curved surface and the flexible template, promoting the development of nanoimprint lithography from 2D to 3D.

Green manufacturing. Xue-Yi Guo group invented the low-temperature continuous pyrolysis technology of the waste printed circuit boards, which can realize the deep carbonization of the organic component and the effective enrichment of valuable metals as well as the harmless conversion of organic bromine and chlorine in materials with ultra-low emission of exhaust gases. This technique could eliminate the persistent organic pollutants in the wasted boards effectively.

Bionic and biological manufacturing. Inspired by the insect wing folding when they undergo metamorphosis, bionics becomes a magical transformation mechanism from a small entity to large expansion. Yan Chen group creatively replaced the space structure by the spherical mechanism and developed a comprehensive kinematic synthesis for rigid origami of thick panels that differs from the existing kinematic model but is capable of reproducing motions identical to that of zero-thickness origami.

Surface functional structure manufacturing. Yong Tang group made breakthroughs in the design of thermal functional structure on the complex surface and its controllable manufacturing. This technique can generate the thermal functional structure on the inner and outer of the tube effectively, and the morphology of the thermal functional structure can also be controlled. This achievement fundamentally solves the thermal control problems for tubular heat exchangers, energy-extensive air conditioners and illuminations, IGBT used in high-speed rail, etc.

Additive manufacturing. Based on the selective laser sintering technology, Yu-Sheng Shi group developed an innovative new idea to solve the challenges of the integral casting of high-performance complex parts, such as aero-engine casings and turbo pumps, and the associated technology is also established. The technique has been applied to hundreds of domestic and oversea companies, and remarkable economic and social benefits have been achieved.

Manufacturing of the fundamental components. Qishuyan company developed the key technologies for the gear transmission system used in high-speed rail. The temperature is controlled by regularizing the memory alloy flow rate, solving the contradictory problem between full lubrication at low temperature and temperature rise control at high speed and heavy load. In addition, the developed high-precision gear topology modification technique and the high-efficiency gear pair technique can reduce the vibration significantly. Using the new gear transmission system, the temperature can be lowered by more than 10 degrees Celsius, the noise can be reduced by 11%.

Sensing, inspection and instrument technology. Dong-Lin Peng group presented the novel approach integrating the measured gears with sensors based on the time grating sensor. This technique utilizes the non-contact and sealed discrete coils, and the measured gears, worm wheels, worms, splines, and lead screws are directly taken as gear type grating with equal graduation to be served as novel travelling wave generators. Afterward, the high-frequency clock pulses are employed as the measuring standard for displacement measurement. This approach can achieve real-time, on-line, and dynamic displacement measurement with high precision.

Intelligent manufacturing and digital factory technology. Han Ding group solved the problems of active compliance and coordinated control for multi-robots used for high-efficiency machining of large complex curved surfaces. The key technology includes the grinding and polishing of flanges, force/position automatically tracking, mechanism design of high energy-efficiency moving robots, three-dimensional measurement of super lager and high light reflective surfaces, collaborative control of multi-machine motion, and integrated collaborative control of measurement and processing.

China has made great progresses in manufacturing science recently. However, there is still a lack of new concepts, theories, and technologies in the field of manufacturing proposed by Chinese scholars. Accordingly, the outstanding scholars is weak. Moreover, the contributions made by the theories and techniques proposed by our scholars to the domestic manufacturing industry is not enough. On the other hand, the high-end equipment that reflects the advanced attribute of manufacturing technology, such as high-end CNC machine tools, ultra-precision machine tools, large civil aircraft engines, ultro-large scale integration chips, and its manufacturing equipment, still has a big gap compared with the developed countries. The associated core technologies are not yet grasped, and there is still a lack of original and systematic progress in-depth research so far.

The developing trends of manufacturing science are demand-driven, cross-disciplinary integration and cutting-edge traction. Manufacturing science should be further interdisciplinary fusion with information science, life science, material science, management science, and nano-science to develop and perfect bionics and biological manufacturing, micro-nano manufacturing, manufacturing management, and manufacturing information. Besides, it should be also further integrated with mechanics, that is the mechanism, transmission, tribology, structural strength, design, bionics, and biology.

At present, manufacturing science is in the new era of network/information/ intelligent manufacturing, extreme manufacturing, micro-nano manufacturing, and biological manufacturing. The major trends in the manufacturing industry development are described as follows. The intelligent equipment and systems that have the functions of perception, information transfer by network, analysis, decision-making, and feedback. The multi-function and integrated manufacturing systems that can update rapidly and network-interconnect intelligently. The extreme manufacturing for the extremely functional device. The mechanical and electrical products with a high content of knowledge, as well as the manufacturing of the bionic and micro-nano scale components.

Written by Lei Yuanzhong, Wang Chengyong, Fang Fengzhou, Liu Zhanqiang, Liu Zhifeng, Zhang Deyuan, Tang Yong, Zhou Zhenggan, Yuan Weizheng, Zou Guisheng, Huang Weidong, Sun Ronglei, Yuan Julong

Reports on Special Topics

Advances in Precision and Ultra-Precision Manufacturing

In the recent decades, significant science and technology advances and achievements in precision and ultra-precision manufacturing have been achieved, specifically in application fields of optics, aerospace, and precision/ultra-precision equipment.

1) In the field of optics. This development aims to implement a systematic study of the fundamental theory of freeform manufacturing technology considering the manufacturing needs of typical components in energy, environment, aerospace and other fields, such as the fundamental issues of optical geometric mapping, the effect of physical field superposition and new principles and process of physical reconstruction in optical freeform surface generation; the materialization behavior and mechanism of material removal in the form of multi-fields of optical freeform surface; establishment of measurement system, performance evaluation, and application for optical freeform surfaces, providing theoretical basis and technical support for ultra-precision manufacturing of optical freeform surfaces.

For the high precision surfaces of advanced optic elements, the controllability of nano-accuracy processing with magnetorheological finishing (MRF) and ion beam figuring (IBF) technology is studied. Progresses have been made in the study of material removal, surface compensation accuracy and cross spatial frequency error control. Equipment and techniques about MRF and IBF with intellectual property have been developed. By virtue of these, great improvements of precision and efficiency of optic manufacturing have been achieved, and a series of processing problems have been solved.

2) In the field of aerospace: The recent development aims to solve the problems in technologies and processes for high precision grinding of aircraft engine blades using ultra-thick diamond roller, based on the development such as inventing the method for annihilating the magnitude of multi-factor coupling-induced vibration in roller manufacturing process, which provides solid foundation for improving machining accuracy of roller; developing the turning method to improve the machining accuracy of ultra-thick cavity mould; inventing the dressing method of irregular nickel burr edge, capable of solving the instable quality and low life-cycle of ultra-thick roller; and developing a nondestructive method for peeling multiple adhesion layers from cavity mould of diamond roller, ensuring the ultra-high accuracy of molded surfaces.

For the in-situ three-dimensional measurement in the processing of aviation structural part, the researchers developed the key technologies including the 3D measurement of shiny surface, online traceability with large size parts and automated measurement. The researchers firstly combined the measurement and processing in making aviation structural parts. The technology was successfully applied in the industries of aviation, aerospace, shipbuilding and CNC machine production. It improved the quality of product, productivity and the level of national intelligent manufacturing.

3) In the field of machine tools: According to the IC manufacturing's planarization requirements, a systematic study of nano-scale planarization technology and equipment based on the mechanism of chemical mechanical polishing (CMP) is performed. The processing mechanism and method of nano-scale planarization for large-size surface was established, and the CMP key technologies were broken through, such as the innovation system architecture, the multi-zone pressure control, the end detection, the CMP post cleaning and the smart process control. Finally, the CMP equipment and process were developed. The above research can provide theory and technology supports for the IC manufacturing's nano-scale planarization.

The development aims to solve the problems in manufacturing of high precision and high complexity components used in important apparatus, based on the research works such as establishing a nationalization technological platform for manufacturing of ultra-precision machining equipment; solving key technologies in manufacturing of multi-axis ultra-precision machining equipment such as design, measurement and hybrid process; developing technologies such as coordinated numerical control, calibration of multi-axis position relationship.

Written by Fang Fengzhou, Kang Renke, Dai Yifan, Zhang Junjie

Advances in High Quality and High Performance Machining

To improve the machining efficiency and the finished surface quality is an everlasting aim in mechanical manufacture field. Developing advanced manufacturing techniques provide a solution to obtain the high machined surface integrity and improved machining efficiency simultaneously. With such advanced manufacturing techniques, the excess workpiece material is removed much more effectively through an energy transformation or a relative motion between the machined workpiece and the cutting tool.

Firstly, this featured report attempts to give a definition and a scope covering the high quality and high efficiency machining.

Afterwards, twelve newest research achievements are introduced as representative cases of high quality and high efficiency machining. Such subjects as high efficiency machining mechanism, processing technology, cutting tool and machining equipment are encompassed. The twelve detailed research achievements are as following: ①High speed cutting mechanism; ②High speed grinding mechanism; ③Intelligent high speed grinding theory and key technology used in camshaft manufacture; ④Design, fabrication and application of high efficiency cutting tools; ⑤High efficiency micro cutting tool and technology in the manufacture of printed circuit boards with heterogeneous multiple layers; ⑥Key technology and application of diamond grinding tools in rock processing; ⑦Processing technology and equipment in manufacture of high performance carbon fiber composites; ⑧High performance hybrid robot processing equipment; ⑨Joint drilling and riveting technology and equipment with a structure of horizontal double machine and double five axes; ⑩Adaptive processing method with a floating fixture aimed at effective control of machining deflection of large-scale structural components; ⑪High performance machining technology of aircraft engine components; ⑫High-end CNC processing technology and equipment. The above achievements help our country to gain an international dominance in the field of high quality and high efficiency machining. A great technological progress has been obtained in the nationwide industries of high-end cutting tool and machining equipment. A comprehensive target of high production efficiency and high surface integrity in components machining has been realized. The development of manufacturing industry of high-end equipment has been promoted greatly.

At last, the state-of-the-art of high quality and high efficiency machining at home and abroad is compared, based on which the development trend and future about the discussed topic is prospected.

Written by Wang Bing, Xu Jiuhua, Deng Chaohui, Chen Ming, Wang Chengyong, Huang Hui, Wang Fuji, Liu Haitao, Dong Huiyao, Li Yingguang, Luo Ming, Zhang Jun, He Ning, Xu Xipeng, Huang Tian, Zhang Dinghua, Zhao Wanhua, Liu Zhanqiang

Advances in Green Manufacturing

Although the research on green manufacturing has been carried out rapidly, many problems need to be further studied due to the short developing history of “green manufacturing”, especially some related problems need to be considered and dealt with from the perspective of system and integration. From the point of view of product life cycle, the main research contents of green manufacturing include green design, green manufacturing process, remanufacturing, and recycling. Green design requires optimizing the environmental performance of products while fully considering the functions, quality, development cycle and cost of products, so as to minimize the overall negative impact on the environment during the whole life cycle of products, and meet the requirements of green environmental protection for the various indicators of products. Green manufacturing process means to save energy and reduce pollution as much as possible during the process of product processing. Green manufacturing process is mainly applied to mechanical processing. It studies and adopts process schemes with less material and energy consumption, less waste and less environmental pollution. It designs and manufacture green system and equipment according to process schemes to guide green machining process. The essence of remanufacturing is based on life assessment and performance failure analysis. The products that have been scrapped or about to be scrapped are repaired and upgraded through high-tech and new design, so that the performance of the product can once again meet or exceed that of the new product. Usually, the technologies include remanufacturing disassembly technology, remanufacturing cleaning technology, remanufacturing processing technology and remanufacturing inspection technology. Recycling refers to the development and utilization of edge and corner residues and defective products in the production process, damaged structural parts in the use process and materials contained in waste products at the end of the life cycle to make it become a resource with high grade through environmentally friendly and efficient process technology under the standard market operation. In recent years, the implementation of green manufacturing in China has achieved remarkable results and developed rapidly with the strong support of the state and relevant departments. However, due to the late start of the industry, there is still a big gap between domestic enterprises and foreign leading enterprises in green manufacturing technology level and concept.

Written by Liu Zhifeng, Huang Haihong, Cao Huajun, Li Fangyi, Zhu Libin

Advances in Bionic and Biological Manufacturing

The bionic and biological manufacture can be divided into three parts, including bionic manufacturing technology, biological manufacturing technology and medical instruments manufacturing technology.

Bionic manufacturing technology is about designing and fabricating functional materials, surfaces, sensors and systems that inspired from creatures in nature. It based on material properties, structure characteristics, sense organs and control systems of creature. With years development, the characterization of creature turns from micro scale to nano and quantum scale. The design and fabrication of bioinspired materials and surfaces changes from macro/micro scale and single function to high precision, micro/nano hierarchies, multi-function and smart adaptivity. The bioinspired devices and systems tend to design and fabricate in smaller scale and multi-function to realize more accurate and complex movement. With the development of bioinspired manufacturing technology, its application in biomedical, tissue engineering and intelligent equipment will be further advanced. By focusing on the interconnect of new creature outline, kinetic characteristic, material and structure, the digitization, network, high efficiency and intelligent manufacturing can be realized.

Biomanufacturing technology is to utilize living organisms or biomass for the manufacture of various functional materials，devices and systems（i.e.，bio-processing and shaping）or to manufacture the living organisms through various manufacturing means（i.e.，artificial organs manufacturing）. The manufacturing mode of bio-forming have developed from morphology replication based on biomass to the high accuracy，intelligent，and flexibility machining forming oriented by nanometer scale，biological macromolecules. The artificial organs manufacturing have developed from inactive prosthesis，mainly in geometric shape matching，to active soft tissue manufacture with biological function regeneration，from single organization manufacturing to multi-organization manufacturing，from material structure forming to intelligent life. In order to achieve the processing of excellent，intelligent and biocompatible material，it is essential to explore the multi-scale structure features of biology，understand the physiological processes of biological organisms，and accommodate the intellectual property of materials synthesis process in a controllable manner. It will also be of great significance for further expanding the biological manufacturing areas，enriching the micro-nano manufacturing technology of advanced materials，and exploring the application value of the biological functional materials.

Medical instruments includes surgical tools and surgical robots. The investigating on surgical tools includes the design theory and new manufacturing principle of minimally invasive instrument system，developing new principles of multi-purpose surface design and manufacture for minimally invasive instruments and new principle of low cost precision manufacturing for minimally invasive instruments. The objective of this research is to realize equipment innovation and improve operation quality by means of innovative design and bionic manufacturing. On the other hand，the task of the surgical robot is surgical operation，with the operating object of focal location. Surgical robot has undergone the development process from “porous” to “single hole” and then to “noninvasive”. According to the number of wounds，the operation mode of current surgical robots can be divided into “porous minimally invasive”，“single-hole minimally invasive” and “natural cavity”.

With future developing and improving of bionic and biological manufacturing technology，its application will be further expanded in fields like novel smart functional materials，molecular biomedicine，wearable electronics and minimally invasive medical surgical instruments.

Written by Zhang Deyuan, Han Zhiwu, Li Dichen, Wang Shuxin, Zhu Xiangyang, Zhao Hongwei, Wang Chengyong, Chen Huawei, Chen Yan, Cai Jun, He Jiankang, Jiang Xinggang, Jiang Yonggang, Feng Lin, Zhang Liwen

Advances in Functional Surface Structure Manufacturing

Different from traditional machining processes, the manufacturing technology of Functional Surface Structure, aims to produce structures of various morphologies, scales, dimensions and functions on machined surfaces. Functional surface structure relates to many disciplines and shows its advantages in many technical applications. It can play a crucial role in promoting energy efficiency and emissions reductions in conventional energy-intensive industries, enhancing the performance of the products and equipments in advanced aerospace industry, automotive industry and MEMS, and stimulating the development of new industries, e.g. new energy. With the continuous development of the functional surface structure manufacturing discipline, the research of the functional surface structure has been extending from special manufacturing processes to multi-disciplines integrated design, scientific problems and key technologies in manufacturing engineering. In recent years, under the support of the national strategic planning major projects, significant breakthroughs have been made in the design and controllable manufacturing of various functional surface structures, including complex surface thermal functional structures, multiscale optical functional structures for LEDs, optical functional microstructure arrays on glass surface and reaction functional structures in battery. The related technologies fundamentally solve the thermal management problem of electronic devices with high energy consumption and high heat flux density, such as air conditioners, IGBTs, and satellite data transmission devices, greatly improving the luminous efficiency and correlated color temperature uniformity of LEDs, realizing the efficient processing of multi-scale microstructure arrays on visible and infrared glass materials, and expanding the applications in new energy equipment manufacturing, biomedical technology and other fields. The relevant research results have established the international superior position of China in the field of functional surface structure manufacturing, which is of great significance to enrich the connotation and to promote the development of mechanical engineering discipline.

Written by Tang Yong, Tang Heng, Zhou Tianfeng, Yuan Wei, Han Zhiwu

Advances in Micro-Nano Manufacturing

Micro-nano manufacturing is defined as the manufacturing process with scale and at precision micron and nanometer, which represents the highest level of a country's manufacturing industry. In recent years, facing the national demand, new principles, new methods, new processes and new equipment of micro-nano manufacturing have been developed. The theoretical systems and technical bases of micro-nano manufacturing technology and equipment have been established. The era of nano-precision for Chinese manufacturing is on the horizon. In particular, in the field of SOI-based MEMS manufacturing, the problems of precise release of suspended motion structure, controllable etching of high-aspect ratio structure, coordinated interconnection of electromechanical structure and package stress control have been broken through; in the field of nano-imprint, an innovative nano-structure manufacturing principle has been proposed, the novel nano-imprint equipment for manufacturing quasi-three-dimensional structures and the multi-scale roll-to-roll nano-manufacturing equipment have been developed; large area and multi-sensing flexible electronic skin have been realized by a plurality of preparation methods in the field of electronic skin manufacturing; in the manufacturing field of the complex biomimetic micro-nano structure, the key technology methods such as the manufacture of the layer transfer self-assembly and the imprint-induced shaping of the micro-nano structure have been proposed; in the field of flexible display manufacture, a novel principle for patterned self-alignment manufacturing for the TFT active display and the manufacturing method combined nano-imprint with material-filling have been proposed; in the field of high-resolution electro-fluid spray printing and macro-micro-structure manufacturing, the processing system of high-resolution electro-fluid spray printing and the control system for spray printing have been established, the prototype of the first electronic spray printing machine in China has been developed. The achievements of these important hot spots are reviewed and compared at home and abroad. The trends of future in the field of MEMS in China are discussed which including the manufacturing technology in a large scale and low cost for the high-performance and multi-variety of MEMS products and their practical application.

Written by Yuan Weizheng, Liu Chong, Zhang Jianhua, Zhu Rong, Shao Jinyou, Huang Yongan, Liu Junshan, Chang Honglong

Advances in Non-Traditional Machining

The non-traditional machining, including laser machining, electro machining, liquid jet machining, ultrasonic machining, electron and focused ion beam machining. In this chapter, the recent main research achievements and existent key problems of the mentioned machining technologies have been surveyed and investigated, and their development tendency has also been predicted.

Laser welding has become into the new generation of green, high efficient and high quality joining technology. Its future research needs to be focused on the welding technologies for dissimilar materials, large thickness, micro- and nano-scale, hybrid welding, quality inspection and control.

Laser cutting/drilling technique has been developing. To consider high power fiber laser as the representative, the technique presents the advantages of wider application, faster and more precise processing in sheet metal fabrication industry. With the rapid development of ultrafast laser, more and more innovative machining processes have become or will be one of the development tendencies in the field.

Laser surface modification technology can greatly improve the surface properties of the key mechanical basic parts. Laser remanufacturing technology can further enhance the performances of products besides resuming damaged dimension on failed parts, even obtain better quality than the new one. The laser surface modification and remanufacturing technologies have become into the new emerging green surface engineering technology.

Ultrashort laser featuring the unique superiority of being ultrafast (pulse width$<$100 fs) and ultrastrong (instantaneous power density$>10^{12}$ W/cm^2) is expected to realize micro-nano manufacturing with high precision and high quality. It is urgently needed to reveal the non-equilibrium, non-linear and multi-scale photon-electron-phonon interaction mechanism during ultrashort laser manufacturing, and to develop novel principles, methods and processes of ultrafast laser manufacturing.

Electro machining, including electro discharge machining (EDM) and electrochemical machining (ECM), has the integrated advantages of accuracy, efficiency and cost. It has been gradually applied in complex shaped surfaces, micro/fine structures, and super-smooth/functional surfaces on the difficult-to-cut materials such as high-temperature alloy, polycrystalline diamond cubic boron nitride, etc. In recent years, research progress has been achieved in equipment technology, novel hybrid process and micro mechanism. However, the microscopic mechanism of energy field effect needs to be further explored, and the reliability of commercial CNC equipment needs to be improved. In the future, it will further develop in the directions including high precision and efficiency with surface integrity, combined energy fields, networked intelligence, environmental protection, and micro-nano-scale processing.

In recent years, liquid jet machining has made progress in abrasive waterjet turning, ultrasonic vibration assisted abrasive waterjet polishing and hybrid laser-waterjet machining, and the domestic researches are rapidly approaching the international advanced level. In the field of waterjet assisted rock breaking and cleaning technology, domestic researches have some potential and advantages. However, the domestic researches on composite material processing are still in its infancy. Generally, there is still a gap between domestic and foreign research in original research and development of key equipment.

Ultrasonic machining technology has become one of the important special machining technology, and has played an important role in more and more industrial fields. At present, our country has been in the forefront of the world in the theoretical research and technological application of ultrasonic machining technology. With the application of more and more difficult-to-machine materials and special structures, ultrasonic machining technology not only needs to be further improved and upgraded, but also needs innovative thinking to develop new technology and new fields.

Charged-particle beams, including electron beams and ion beams, have been playing a key role in fabrication and manufacturing of high-end electronic, optical and mechanical components. The main processes include nanolithography, deposition, sputtering, welding, selective melting, surface annealing etc. In recent years, the domestic researchers have made substantial progresses in design & manufacturing of key components such as electron gun and ion sources and also in process development for various applications. However, high-end electron/ion-beam systems towards industry applications are still far behind the oversea products, in which electron-beam lithography and focused ion beam systems are almost missing.

Written by Zou Guisheng, Xiao Rongshi, Ji Lingfei, Yao Jianhua, Zhang Qunli, Li Xin, Liu Lei, Liyong, Tong Hao, Zhao Wansheng, Bai Jicheng, Jin Zhuji, Huang Chuanzhen, Zhu Hongtao, Zhang Deyuan, Qin Wei, Dong Huigao, Xu Zongwei

Advances in Additive Manufacturing

Metal additive manufacturing (AM) is one kind of material processes, which uses the high energy beam to melt the metallic feedstock materials for obtaining the component layer by layer. In this technique, the construction procedure, such as scanning strategy, is determined by a numerical control system with programming. In general, the high energy beams include: laser beam, electron beam, arc etc., which all possess high energy density and absorptivity. On the other hand, the feedstock materials are divided into two types: powder and wire. For this moment, the mainstream metal AM includes but not limited to: powder feed laser AM, wire feed electron AM, wire arc AM, selective laser melting, selective electron beam melting and hydride AM etc. Aiming at the technique features of those AM, this report gives an introduction from three aspects: research background, comparison at home and abroad and the perspective.

In recent years, SL has made breakthroughs in processing technology and materials, which make it have some terminal applications. However, the gap between domestic and foreign materials is still large. Multi-material, high-speed and ultra-fine structures processing has become a trend. SLS has been applied in many fields such as aerospace, and has brought vitality to many traditional manufacturing industries. However, there is still a big gap between China and foreign countries. The new development trend is mainly reflected in the improvement of equipment and the research on the processing mechanism of new materials. FDM is usually used to fabricate conceptual models, functional prototypes, and even direct manufacture of parts and production tools. FDM technology of our country is currently lagging behind foreign countries, and is developing in the direction of high precision processing and various applications. 3DP technology has been applied to sand casting, conceptual models and other fields. However, our country has a large gap in commercial equipment and materials compared with foreign countries. The new development trend is mainly reflected in the development of equipment optimization, diversification of processable materials, and broadening of application fields.

Developing Additive Manufacturing oriented novel structure design methods and software tools, to give full play to the capability of Additive Manufacturing for complex structures, is to need the problem solving current urgently. A series of topology optimization methods have been developed, including integral structure, multi-level structure, gradient materials and integrating structure and function, and so on. Otherwise, AM has its unique limitations which should be addressed when developing an appropriate topology optimization algorithms, and some limitations (e.g. length scale, self-support design or support structure design, connectivity design) have been addressed. The software for high performance analysis and optimization design have been studied. A general 3D printing software platform has also been exploited can deal with multi-material structures, lattice structures for various processes (e.g. SL, SLS, SLM, 3 DP, WAAM) . Some technologies are successfully applied in the products of high-end equipment (e.g. aerospace industry, car industry) which improved the quality of products and efficiency of fabrication.

This report reviewed the recent development as well as the perspective of the test methods for laser-based additive manufacturing . The following aspects are involved, including the standardization of the sampling method according to the speciality of a particular additive manufacturing process, verifying the applicability of the existing AM-related test methods, the research and development of AM-related non-destructive test methods and equipment with high-energy beams and high precision for complex structures, the development of real-time monitoring technology and system integration for additive manufacturing, the research in the mechanism of defect formation and deformation based on in-situ neutron/synchronous radiation during laser additive manufacturing process, a detailed analysis of the quality of additive manufacturing products via online and offline test methods, and the establishment of a standard system for AM-related test methods and the database for additive manufacturing products.

Uniform metal droplet-based deposition, electrohydrodynamics jetting, micro/nano stereo lithography, microelectronic circuit printing and 4D printing, are new promising directions in the frontiers of additive manufacturing. By printing uniform metal droplets on-demand, uniform metal droplet-based deposition is competent for forming complex-shaped micro metal parts and heterogeneous parts. Electrohydrodynamics jetting ejects droplets of nano- and micro-meter size under action of strong electrostatic fields, to print micro parts with a resolution down to several microns. Micro/nano stereolithography forms parts with a resolution of micro- or nano-scales, which cures photosensitive resins by diminutive light points. microelectronic circuit printing can form micro circuits with the width and the aspect ratio of 1.6μm and 1.7, respectively. Multi-materials additive manufacturing benefits the innovative design and integrated manufacturing. 4D printing can change the shape, properties, and functions of the formed parts in spatial or temporal dimension. It will achieve customized manufacturing of smart structures. Those emerging technologies continuously fuse with frontiers of fundamental researches, leading to feasible solutions for bottleneck problems of traditional manufacturing technologies.

Written by Huang Weidong, Lin Xin, Shi Yusheng, Li Dichen, Liu Shutian, Huang Xiaodong, Qi Lehua, Wang Ling, Wang Shunquan, Wang Fude, Wang Lei, Tian Xiaoyong, Lan Hongbo, Gong Shuili, Zhu Jihong, Hua Ruoqi, Yan Chunze, Tang Haibo, Tang Huiping, Su Meng, Lidichen, Li Xiang, Yang Yongqiang, Yang Guang, Lian Qin, Wu Jiamin, Song Yanlin, Song Bo, Li Chao, Zhang Lijuan, Zhang Haiou, Chen Wenjiong, Lin Feng, Luo Jun, Zhou Jianlin, Mao Yuyi, He Jiankang, Gu Dongdong, Gao Tong, Kang Nan, Zeng Qingfeng, Wei Qingsong

Advances in Mechanical Base Parts Manufacturing

The manufacturing level of the mechanical base parts, which are indispensable and important components of equipment manufacturing industry, directly determines the performance, quality and reliability of major equipment and main products. It is the key to realize the transformation of equipment manufacturing industry from big to strong in our country. As the research and development of new theories, technologies, processes, and machining equipment, the manufacturing level of the mechanical base parts is constantly improved, and provide strong support for the development of equipment manufacturing industry. The significant science and technology advances and achievements in manufacturing of the mechanical base parts, specifically in fields of bearing manufacturing, seal components manufacturing, pump/valve manufacturing and gear system manufacturing are introduced. The main development trends and key scientific and technological issues of the above fields in China in the recent years are summarized, the development status at home and abroad are also compared, and the probable further research trend of seals are forecasted. The typical achievements introduced include:

1) In the field of bearing manufacturing: To solve the problems to obtain high precision consistency and high surface quality involved in manufacturing of the core components of high

performance rolling bearings, the even-trace-covering shaping principle for the high precision consistency of rolling element was put forward, the multiple energy compounded polishing method for low damage surface of rolling element was invented, and shear thickening polishing method for high quality surface of race ring raceway was developed. The research achievements have been applied in industrial production of high performance rolling bearings.

2) In the field of seal components manufacturing: For the pressure vessel of the nuclear reactor, a high precision pretension spring with super length was manufactured, a unique process of forming large-scale C-shaped precision seal parts with small equipment was established, and a large-scale C-shaped sealing ring for the pressure vessels of nuclear reactor has been developed. For the large-scale rubber-plastic seals employed in high performance equipment such as ten thousand tonnage die forging press and tunnel boring machine, a new manufacturing process combining additive-manufacturing shaping with precision turning was established, integrated equipment was developed, and the high quality manufacturing of large and super large rubber-plastic seals has been realized. For the shaft end seal of the performance equipment such as large turbine machinery, nuclear main pump and stern shaft of large ship, the manufacturing equipment and technical system of super-large size ceramic seal ring are developed, and the high quality manufacturing of large diameter ceramic seal ring is realized. To solve the seal problems with acid-base medium, high speed, and disassemble and assemble difficulty in the fields of aerospace, military industry and nuclear energy, the failure mechanism of high speed magnetic fluid rotating seal temperature coupled with centrifugal force weight was revealed, a new structure of rotating seal for fast magnetic fluid and new rotary sealing Technology of split-lobe Magnetic fluid were developed.

3) In the field of pump/valve manufacturing: For the high pressure and high speed axial piston pump, a solid-liquid multi-field coupled simulation model was established, the distribution law of energy consumption and the bearing characteristics and failure mechanism of key friction pairs were revealed. A distributed measurement method for the characteristic parameters of oil film in multiple physical fields of friction pairs was proposed, and the pseudo-real on-line measurement of oil film pressure field, thickness field and temperature field of friction pair was realized. The core parts of axial piston pump were optimized based on the simulation and test results. For the electrohydraulic servo valve, a hydraulic servo screw mechanism was invented. It greatly simplifies the structure of servo valve and improves the anti-pollution ability. The design method and theoretical system of two-dimensional flow servo valve and its digital control theory were also established, and the performance two-dimensional flow servo valves were developed.

4) In the field of gear system manufacturing: For the gear transmission system used in high-speed train, the temperature control technology based on memory alloy flow rate regulation was proposed to solve the contradictory problem between full Lubrication at low temperature and temperature rise control at high speed and heavy load. The high precision gear topology modification technology and the high efficiency gear pair technology were developed to reduce the vibration response. A reliability design method based on stress and intensity interference theory was presented, and the assembly process based on intelligent manufacturing pipeline has been developed to ensure the consistency and reliability of mass production of the gear transmission system.

Written by Yuan Julong, Lv Binghai, Xu Bing, Shi Zhaoyao, Zhang Junhui, Peng Xudong

Advances in Sensing, Inspection and Instrument Technology

Intelligent sensing technology is one of the main directions of sensor technology development in recent years. Because of the limitation of the current inspection principle and processing technology, discovering the new sensitive mechanism has become an important way to greatly improve the sensitivity of sensor. The local modal phenomenon is introduced into the intelligent sensing field. In the field of intelligent sensing field, a high-precision resonant sensor based on modal localization is designed, and the development potential of intelligent sensors is further explored. The micro-nano manufacturing structure surface has been widely used in high-end industries such as aerospace, electronics manufacturing and opto-mechatronics.

With the continuous breakthrough of manufacturing technology and the continually complication of the process, how to ensure the manufacturing precision poses new challenges for modern testing, and high-precision measurement has become the only effective technical means to guarantee the quality of micro-nano processing. For the manufacturing precision and quality control requirements of micro-nano processing, researchers from China have a wide range of rapid measurement techniques from unpredictable structures, measurement system integration, spatial in-situ spiral measurement methods for complex three-dimensional micro-nano structures, and ultra-precision single points. A series of innovative methods and solutions have been proposed such as the application of diamond cutting process, and the key technologies of the system have been formed. The three-dimensional shape of the complex micro-nano structure has been successfully realized in the online measurement and processing error evaluation feedback. The machining accuracy of the diamond cutting micro-nano structure is effectively guaranteed. Non-destructive testing technology is an indispensable part of the modern industrial field, mainly reflects in product design, product inspection, service equipment evaluation and other aspects. Ultrasonic testing technology, as one of the most widely used non-destructive testing technologies, has made important breakthroughs in the detection and application of aerospace composite materials, titanium alloy additive manufactured components, etc. which provides a technical basis for ensuring the manufacturing quality and operational safety of major equipment in China.

Machine vision detection technology has the characteristics of non-contact, high intelligence and strong anti-interference ability. Researchers have made research work on the calibration of machine vision, the face detection of micro-bits, and the hand-eye system of robots, providing theoretical and technical improvements for precision manufacturing and testing. The developed machine vision-based real-time detection system provides technical support and material preparation for intelligent manufacturing.

Instrumentation is the means and equipment for people to measure, collect, analyze and control all kinds of information in the objective world. Aiming at the worldwide problem of non-stop detection technology required for long-term operation of large-scale complete sets of equipment, three kinds of electromagnetic detection instruments and systems with independent intellectual property rights were studied, and large-scale pressure-bearing equipment with paint layer, no dismantling or partial removal of insulation layer was realized without stopping detection. Aiming at the international difficulties such as accurate measurement of fluid wall shear stress, the MEMS technology-based fluid wall shear stress tester was independently developed, and the innovation breakthrough of core sensor was realized. The world's first engineered fluid wall shear stress meter was developed. Aiming at a series of technical problems in the processing and measurement of large-scale integral structural parts of aircraft, the extreme measurement technology under the condition of strong light reflection on the surface of structural parts has been independently developed, which overcomes the calibration problem of large-scale high-precision measurement and breaks through many technical bottlenecks in in-situ measurement and process optimization. The key technologies for measurement and processing integration under the conditions of strong light reflection of large-scale structural members have been realized for the first time in the world, which provides a powerful tool for the development of advanced aircraft manufacturing technology in China.

Written by Zhou Zhenggan, Teng Lichen, Chang Honglong, Yuan Weizheng, Shen Gongtian

Advances in Intelligent Manufacturing and Digital Factory Technology

Intelligent manufacturing is a comprehensive crossover technology that studies information perception and analysis, knowledge expression and learning, self-decision-making and optimization, autonomous execution and control in manufacturing activities. With the help of mathematics, artificial intelligence technology, new generation sensor and network technology, it continuously improves the ability and operational performance of "perception, learning, decision-making and execution" in products, equipment, systems, factories and enterprises.

The digital factory is a combination of modern digital manufacturing technology and computer simulation technology. Based on the related data of the whole life cycle of the product, the whole production process is simulated, evaluated and optimized in the computer virtual environment in order to provide an optimal solution for the design and operation of the factory. With the support of industrial Internet and sensor technology, the digital factory presents a trend of gradual integration with real factories.

This chapter introduces the main features, key technologies, research status at home and abroad, and future technology development trends and countermeasures of intelligent manufacturing and digital factory technology. The key scientific and technological projects and achievements in this field in China in the past five years are selected. Emphasis is laid on the review and comparison of intelligent perception and machine learning technology, autonomous decision-making and numerical control technology，new generation human-computer interaction technology，industrial big data technology，industrial Internet technology and industrial information security technology. This paper compares and analyses the research results of our country in this field with the advanced level of foreign countries，forecasts the development trend of intelligent manufacturing and digital factory technology，and puts forward the development countermeasures of our country in this field.

Written by Sun Ronglei, Zheng Congxing

索引

G

H

J

L

M

N

R

S

T

W

X

Y

Z